高等院校材料类创新型应用人才培养规划教材

铸造金属凝固原理

主　编　陈宗民　于文强

内 容 简 介

本书主要内容包括液态金属的结构和性质、凝固过程的热力学和动力学原理、凝固过程的传热与传质、常规铸造条件下的凝固组织及其控制原理、特殊条件下的凝固技术、凝固过程中产生的铸造缺陷等。为了帮助学生更好地理解和掌握基础内容，每章后面都附有适量的习题。

本书注重基础理论和工程实践的结合，在讲解中兼顾凝固过程的理论分析、研究手段和工程控制。这样的编排既有利于提高读者对凝固过程的理论认识，又可促进学以致用；同时，有利于培养学生深度发现问题、正确分析问题和有效解决问题的能力。在内容上尽可能地糅合了现代凝固理论和技术的最新成果，体现了凝固理论和技术的历史传承和发展趋势。

本书可作为工科院校本科、研究生材料成型类专业的教材和参考书，也可作为金属材料、铸造工程方面工程技术人员的学习参考书。

图书在版编目(CIP)数据

铸造金属凝固原理/陈宗民，于文强主编. —北京：北京大学出版社，2014.1
（高等院校材料类创新型应用人才培养规划教材）
ISBN 978-7-301-23469-3

Ⅰ. ①铸… Ⅱ. ①陈…②于… Ⅲ. ①熔融金属—凝固理论—高等学校—教材 Ⅳ. ①TG111.4

中国版本图书馆 CIP 数据核字(2013)第 273482 号

书　　　　名：	**铸造金属凝固原理**
著作责任者：	陈宗民　于文强　主编
策 划 编 辑：	童君鑫
责 任 编 辑：	黄红珍
标 准 书 号：	ISBN 978-7-301-23469-3/TG・0047
出 版 发 行：	北京大学出版社
地　　　　址：	北京市海淀区成府路 205 号　100871
网　　　　址：	http://www.pup.cn　新浪官方微博：@北京大学出版社
电 子 信 箱：	pup_6@163.com
电　　　　话：	邮购部 62752015　发行部 62750672　编辑部 62750667　出版部 62754962
印 　刷 　者：	北京虎彩文化传播有限公司
经 　销 　者：	新华书店
	787 毫米×1092 毫米　16 开本　21.25 印张　494 千字
	2014 年 1 月第 1 版　2022 年 2 月第 4 次印刷
定　　　　价：	59.00 元

未经许可，不得以任何方式复制或抄袭本书之部分或全部内容。
版权所有，侵权必究
举报电话：010-62752024　电子信箱：fd@pup.pku.edu.cn

高等院校材料类创新型应用人才培养规划教材
编审指导与建设委员会

成员名单（按拼音排序）

白培康（中北大学）	陈华辉（中国矿业大学）
崔占全（燕山大学）	杜彦良（石家庄铁道大学）
杜振民（北京科技大学）	耿桂宏（北方民族大学）
关绍康（郑州大学）	胡志强（大连工业大学）
李 楠（武汉科技大学）	梁金生（河北工业大学）
林志东（武汉工程大学）	刘爱民（大连理工大学）
刘开平（长安大学）	芦 笙（江苏科技大学）
裴 坚（北京大学）	时海芳（辽宁工程技术大学）
孙凤莲（哈尔滨理工大学）	孙玉福（郑州大学）
万发荣（北京科技大学）	王春青（哈尔滨工业大学）
王 峰（北京化工大学）	王金淑（北京工业大学）
王昆林（清华大学）	卫英慧（太原理工大学）
伍玉娇（贵州大学）	夏 华（重庆理工大学）
徐 鸿（华北电力大学）	余心宏（西北工业大学）
张朝晖（北京理工大学）	张海涛（安徽工程大学）
张敏刚（太原科技大学）	张 锐（郑州航空工业管理学院）
张晓燕（贵州大学）	赵惠忠（武汉科技大学）
赵莉萍（内蒙古科技大学）	赵玉涛（江苏大学）

前　　言

本书是按照高等院校材料成型及控制工程专业规范、培养方案和课程教学大纲的要求，结合目前铸造行业发展对人才知识结构的要求编写而成的。编者曾在生产技术一线工作多年，并具有丰富的铸造教育培训经验。

随着我国经济与技术的飞速发展和产业结构的调整，铸造业也发生了很大的变化。市场对铸件的需求量呈繁荣昌盛趋势，对铸件质量、生产周期的要求也越来越苛刻。虽然近年来，通过技术改造，一批企业有了较大的进步和改观，形成一批具有先进水平的铸造骨干生产厂，但总体来说，我国铸造产业仍面临着经济效益差，铸件质量低，能源、材料消耗高，劳动条件恶劣，环境污染等严重问题，满足不了日益激烈的市场竞争。为了消除这些差距，满足我国经济建设的需要，也为了铸造行业自身的存在与发展，我国的铸造行业应以提高铸件质量和经济效益为中心，面向国内和国际两个市场；加强管理，打好基础，提高铸造业人才和企业素质；调整研究人员和工程技术人员的知识结构，在研究和工程中面向高精尖产品，合理配置资源，继续以适用先进的生产工艺和技术装备改造铸造行业，实现清洁化生产，保证可持续发展。凝固过程对铸件质量具有最重要的影响，提高铸件质量最首要的任务是精确控制铸件的凝固过程，得到所需要的组织和性能。编写本书的目的是给读者提供最基本的凝固理论和技术的基本知识，使读者能够在这些知识的基础上解决铸造生产中产生的若干与凝固相关的技术问题。

本书以目前凝固理论和技术的发展趋势及铸造生产的发展特点为基点，以应用和指导为目的，在理论讲解方面以必需、够用为度，在技术特点方面，尽量以实际生产为例，并提供尽可能宽的知识面和尽可能新的发展信息。书中的技术名词、定义符号均采用国际标准化组织和最新国家或行业标准。

在编写本书时，吸收了许多正规出版物、公开发布的内部技术信息、产品信息的内容以及网络信息，这些内容对充实、完善本书至关重要。由于篇幅所限，故不在此一一列举，编者谨向有关单位和个人致以诚挚的谢意。

本书由山东理工大学陈宗民、于文强主编，由山东理工大学材料成型及控制工程系铸造方向课程组全体同仁审阅并提供各种技术材料，在此表示衷心的感谢。

本书可作为高等院校工科材料类、材料成型类专业的教材和参考书，也可作为材料和材料成型类的科研及工程技术人员的学习参考书。

由于作者水平有限，书中难免有疏漏之处，敬请读者、专家和同仁不吝赐教。

编　者
2013 年 9 月

目 录

第1章 导论 ·················· 1
  1.1 铸造技术简介 ············ 2
    1.1.1 铸造的概念和特点 ······ 2
    1.1.2 铸造技术的发展概况 ····· 3
  1.2 铸件凝固理论和技术 ········ 7
    1.2.1 凝固理论的发展概况 ····· 7
    1.2.2 凝固过程的基本问题 ····· 9
    1.2.3 凝固过程的研究方法 ···· 10

第2章 液态金属的结构和性质 ······ 12
  2.1 固体金属的加热、熔化 ······ 13
  2.2 液态金属的结构 ·········· 14
    2.2.1 液态金属的热物理性质 ··· 14
    2.2.2 X射线结构分析 ······· 15
    2.2.3 液态金属的结构特征 ···· 16
  2.3 液态金属的某些物理性质及其
    对凝固成型的影响 ········ 17
    2.3.1 液态金属的粘滞性
        （黏度） ··········· 17
    2.3.2 表面张力和界面张力 ···· 19
  习题 ···················· 23

第3章 液态金属的充型能力 ······· 24
  3.1 液态金属充型能力的基本概念 ··· 25
  3.2 液态金属的停止流动机理和
    充型能力计算 ··········· 28
    3.2.1 液态金属的停止流动
        机理 ············· 28
    3.2.2 液态金属充型能力的
        计算 ············· 29
  3.3 影响充型能力的因素及提高
    充型能力的措施 ·········· 31
    3.3.1 金属性质方面的因素 ···· 32

    3.3.2 铸型性质方面的因素 ···· 38
    3.3.3 浇注条件方面的因素 ···· 40
    3.3.4 铸件结构方面的因素 ···· 41
  习题 ···················· 42

第4章 凝固过程的
      热力学和动力学 ·········· 43
  4.1 凝固的热力学基础 ········· 44
    4.1.1 热力学的基本术语和
        概念 ············· 45
    4.1.2 常用的热力学函数 ····· 45
    4.1.3 状态函数间的关系 ····· 46
    4.1.4 自发过程的判断 ······ 47
  4.2 液态金属（合金）凝固热力学 ··· 47
    4.2.1 液态金属（合金）凝固
        热力学条件 ········· 47
    4.2.2 液态金属（合金）凝固过程及
        该过程中能量的增加 ···· 49
  4.3 均质形核 ············· 50
    4.3.1 形核热力学 ········· 50
    4.3.2 均质形核速率 ········ 51
    4.3.3 均质形核理论的局限性 ··· 52
  4.4 异质形核 ············· 52
    4.4.1 形核热力学 ········· 52
    4.4.2 异质形核速率 ········ 53
  4.5 固-液界面的结构 ········· 54
  4.6 晶体长大（固-液界面的推进）
    方式和速率 ············ 58
    4.6.1 固-液界面的长大方式 ···· 58
    4.6.2 粗糙界面连续长大（Continuous
        Growth）速率 ········ 59
    4.6.3 光滑界面二维晶核台阶
        长大速率晶核台阶长大
        方式 ············· 61
    4.6.4 螺型位错长大速率 ····· 63

习题 ·········· 64

第5章 凝固过程中的传热 ·········· 65

5.1 铸件与铸型的热交换特点 ·········· 66
- 5.1.1 铸件-中间层-铸型系统传热分析 ·········· 66
- 5.1.2 铸件在非金属型中的冷却 ·········· 68
- 5.1.3 铸件在金属型中的冷却 ·········· 69
- 5.1.4 非金属铸件在金属型中的冷却 ·········· 70

5.2 凝固过程的温度场 ·········· 70
- 5.2.1 数学解析法 ·········· 71
- 5.2.2 数值计算法 ·········· 74
- 5.2.3 测温法 ·········· 78
- 5.2.4 影响铸件温度场的因素 ·········· 80

5.3 铸件凝固方式 ·········· 82
- 5.3.1 凝固动态曲线 ·········· 82
- 5.3.2 凝固区域及其结构 ·········· 83
- 5.3.3 铸件的凝固方式及其影响因素 ·········· 84
- 5.3.4 铸件的凝固方式与铸件质量的关系 ·········· 86

5.4 铸件凝固时间和速度的计算 ·········· 88
- 5.4.1 理论计算法 ·········· 88
- 5.4.2 经验计算法——平方根定律 ·········· 89

习题 ·········· 90

第6章 凝固过程中的传质 ·········· 92

6.1 凝固过程中的溶质平衡 ·········· 93
6.2 传质过程的控制方程 ·········· 94
6.3 凝固界面上的溶质再分配 ·········· 95
- 6.3.1 溶质再分配与平衡分配系数 ·········· 95
- 6.3.2 平衡凝固时溶质的再分配 ·········· 97
- 6.3.3 近平衡凝固时溶质的再分配 ·········· 98
- 6.3.4 非平衡凝固时溶质的再分配 ·········· 104

6.4 凝固过程中的液体流动 ·········· 104
- 6.4.1 凝固过程中液相区的液体流动 ·········· 104
- 6.4.2 液态金属在枝晶间的流动 ·········· 107

习题 ·········· 108

第7章 单相合金的凝固 ·········· 109

7.1 纯金属凝固过程 ·········· 110
- 7.1.1 平面方式长大 ·········· 110
- 7.1.2 树枝晶方式生长 ·········· 111

7.2 成分过冷 ·········· 111
- 7.2.1 合金的溶质富集引起界面前液体凝固温度的变化 ·········· 111
- 7.2.2 成分过冷的形成条件 ·········· 112
- 7.2.3 成分过冷的过冷度值 ·········· 113
- 7.2.4 成分过冷和热过冷的比较 ·········· 115

7.3 成分过冷对单相合金凝固过程的影响 ·········· 116
- 7.3.1 无成分过冷的平面生长 ·········· 116
- 7.3.2 窄成分过冷区的胞状生长 ·········· 117
- 7.3.3 较宽成分过冷区的柱状树枝晶生长 ·········· 119
- 7.3.4 宽成分过冷区的自由树枝晶生长 ·········· 120
- 7.3.5 树枝晶的生长方向和枝晶间距 ·········· 121
- 7.3.6 晶体形貌间的关系 ·········· 123

习题 ·········· 124

第8章 多相合金的凝固 ·········· 125

8.1 共晶合金的凝固 ·········· 126
- 8.1.1 共晶合金的分类及共晶组织的特点 ·········· 126
- 8.1.2 共晶合金的结晶方式 ·········· 127
- 8.1.3 规则共晶凝固 ·········· 130
- 8.1.4 非规则共晶凝固 ·········· 138

8.2 偏晶合金的凝固 ………… 145
　　8.2.1 偏晶合金大体积的凝固 ………… 145
　　8.2.2 偏晶合金的定向凝固 … 145
8.3 包晶合金的凝固 ………… 147
　　8.3.1 包晶合金的平衡凝固 … 147
　　8.3.2 近平衡凝固条件下包晶合金的凝固 ………… 148
　　8.3.3 利用包晶转变细化晶粒 ………………… 150
习题 ………………………………… 151

第9章　铸件凝固组织的形成和控制 …………………… 152

9.1 铸件宏观凝固组织的特征及形成机理 ……………… 154
　　9.1.1 铸件宏观凝固组织的特征 ………………… 154
　　9.1.2 铸件宏观凝固组织的形成机理 …………… 155
9.2 铸件宏观凝固组织的控制 … 160
　　9.2.1 铸件凝固组织对铸件性能的影响 ………… 160
　　9.2.2 铸件宏观组织中等轴晶的控制途径和措施 … 162
　　9.2.3 共晶合金铸件凝固组织的控制 …………… 170
习题 ………………………………… 171

第10章　定向凝固技术 ………… 172

10.1 定向凝固工艺 …………… 174
　　10.1.1 定向凝固工艺参数 … 174
　　10.1.2 定向凝固的方法 …… 176
10.2 单晶生长 ………………… 177
　　10.2.1 单晶生长的特点 …… 178
　　10.2.2 单晶生长的方法 …… 179
10.3 柱状晶的生长 …………… 183
　　10.3.1 柱状晶生长的条件和特点 ………………… 184
　　10.3.2 柱状晶的力学性能 … 185
10.4 连续定向凝固技术 ……… 187

　　10.4.1 OCC连续定向凝固技术的原理与特点 …… 187
　　10.4.2 OCC连铸工艺方法 … 188
　　10.4.3 OCC连铸的凝固过程与质量控制 ………… 190
习题 ………………………………… 192

第11章　快速凝固技术 ………… 193

11.1 快速凝固基本原理 ……… 195
11.2 激冷凝固技术 …………… 196
　　11.2.1 模冷技术 …………… 196
　　11.2.2 雾化技术 …………… 197
　　11.2.3 表面熔化与沉积技术 … 199
11.3 大过冷凝固技术 ………… 201
　　11.3.1 小体积大过冷凝固法 … 201
　　11.3.2 大体积大过冷凝固法 … 201
11.4 快速凝固传热特点 ……… 202
　　11.4.1 薄层熔体在固体衬底上的导热传热 ……… 202
　　11.4.2 金属液滴在流体介质中的对流传热 ……… 203
11.5 快速凝固合金的组织和性能特征 …………………… 204
　　11.5.1 快速凝固晶态合金的组织和性能 ………… 204
　　11.5.2 快速凝固非晶态合金的组织和性能 ……… 206
习题 ………………………………… 206

第12章　其他超常规条件下的凝固技术 ………………… 208

12.1 微重力凝固技术 ………… 209
　　12.1.1 微重力场下金属流动的特点 ……………… 209
　　12.1.2 微重力场对金属凝固组织的影响 ………… 213
　　12.1.3 微重力试验环境的获得 …………………… 215
12.2 超重力凝固技术 ………… 215
　　12.2.1 超重力场的获得及产生原理 ……………… 215

12.2.2 超重力下熔体的重新层流化及对流强度的增加 …… 216
12.3 声悬浮凝固技术 …… 218
12.4 高压凝固技术 …… 219
习题 …… 221

第 13 章 金属基复合材料的凝固 …… 222
13.1 概述 …… 223
13.2 金属基人工复合材料的凝固 …… 224
   13.2.1 金属基纤维强化复合材料 …… 224
   13.2.2 金属基颗粒强化复合材料 …… 226
13.3 自生复合材料的凝固 …… 229
   13.3.1 共晶自生复合材料 …… 229
   13.3.2 非共晶成分的自生复合材料 …… 233
习题 …… 235

第 14 章 铸件的收缩及缩孔和缩松 …… 236
14.1 铸造合金的收缩 …… 237
   14.1.1 收缩的基本概念 …… 237
   14.1.2 铸钢的收缩 …… 240
   14.1.3 铸铁的收缩 …… 242
   14.1.4 铸件的收缩 …… 245
14.2 铸件中的缩孔和缩松 …… 246
   14.2.1 缩孔 …… 246
   14.2.2 缩松 …… 250
   14.2.3 灰铸铁和球墨铸铁件的缩孔和缩松 …… 253
14.3 防止铸件产生缩孔和缩松的途径 …… 256
   14.3.1 合适的凝固原则——顺序凝固和同时凝固 …… 256
   14.3.2 浇注系统的引入位置及浇注工艺 …… 259
   14.3.3 冒口、补贴和冷铁的应用 …… 260
   14.3.4 加压补缩 …… 262
习题 …… 263

第 15 章 铸件凝固过程中产生的偏析 …… 264
15.1 概述 …… 265
15.2 微观偏析 …… 266
   15.2.1 枝晶偏析（晶内偏析）…… 266
   15.2.2 胞状偏析 …… 270
   15.2.3 晶界偏析 …… 271
15.3 宏观偏析 …… 271
   15.3.1 正常偏析 …… 271
   15.3.2 逆偏析 …… 274
   15.3.3 V 型偏析和逆 V 型偏析 …… 276
   15.3.4 带状偏析 …… 277
   15.3.5 密度偏析 …… 279
习题 …… 280

第 16 章 铸件中产生的气孔与非金属夹杂物 …… 281
16.1 气孔的种类 …… 282
16.2 气孔的形成机理 …… 283
   16.2.1 析出性气孔的形成机理 …… 283
   16.2.2 反应性气孔的形成机理 …… 286
   16.2.3 侵入性气孔的形成机理 …… 287
16.3 气孔的防止 …… 288
   16.3.1 防止或减少析出性气孔的措施 …… 288
   16.3.2 防止皮下气孔的措施 …… 288
   16.3.3 防止侵入性气孔的措施 …… 289
16.4 夹杂物 …… 289
   16.4.1 液态金属中非金属夹杂物的来源与类型 …… 289
   16.4.2 非金属夹杂物对铸件质量的影响 …… 290
   16.4.3 初生夹杂物的形成与防止措施 …… 291

16.4.4 二次氧化夹杂物的
形成与防止措施 ········ 292
16.4.5 次生夹杂物 ············· 293
习题 ····································· 295

第17章 铸件凝固后期产生的热裂纹 ············· 297

17.1 概述 ····························· 298
17.2 热裂形成的温度范围及
形成机理 ······················· 299
  17.2.1 热裂形成的温度范围 ··· 299
  17.2.2 热裂形成机理 ············· 301
17.3 影响热裂形成的因素 ······· 304
  17.3.1 铸造合金性质的影响 ··· 305
  17.3.2 铸型性质的影响 ········· 307
  17.3.3 浇注条件的影响 ········· 308
  17.3.4 铸件结构的影响 ········· 309
17.4 防止铸件产生热裂形成的
途径 ····························· 310
  17.4.1 合金成分、熔炼工艺的
精炼方面 ····················· 310
  17.4.2 造型工艺方面 ············· 311

  17.4.3 浇注条件方面 ············· 311
  17.4.4 铸件结构方面 ············· 312
习题 ····································· 312

第18章 铸件凝固后产生的应力、变形和冷裂纹 ········ 313

18.1 概述 ····························· 314
18.2 铸件在冷却过程中产生的
热应力 ··························· 315
  18.2.1 热应力的产生过程 ······ 315
  18.2.2 影响残余热应力的
因素 ··························· 316
18.3 铸件在冷却过程中产生的
相变应力 ······················· 319
18.4 铸件在冷却过程中产生的
机械阻碍应力 ················· 320
18.5 减小或消除铸造应力的途径 ··· 321
18.6 铸件的变形 ··················· 323
18.7 铸件的冷裂 ··················· 324
18.8 防止铸件产生变形和冷裂的
途径 ····························· 325
习题 ····································· 327

第 1 章 导 论

 本章教学要点

知识要点	掌握程度	相关知识
金属铸造的基本概念和发展	(1) 掌握铸造的基本原理及特点 (2) 了解铸造技术的发展历史	(1) 铸造的主要工艺过程 (2) 铸造生产的特点
凝固过程在铸造生产中的作用及其发展历史、研究方法	(1) 掌握凝固对铸造生产过程及铸件质量的影响 (2) 了解凝固过程的研究方法 (3) 了解凝固技术和理论的发展	(1) 凝固过程与铸件质量 (2) 几种具有代表性的凝固理论和技术 (3) 3种主要的研究方法

导入案例

中国古代的钢铁冶炼技术

古代的炼铁方法是块炼铁，即在较低的冶炼温度下，将铁矿石固态还原获得海绵铁，再经锻打成的铁块。冶炼块炼铁，一般采用地炉、平地筑炉和竖炉3种。我国块炼铁始于春秋时代，在掌握块炼铁技术的不久，就炼出了含碳2%以上的液态生铁，并用以铸成工具。战国初期，我国已掌握了脱碳、热处理技术方法，发明了韧性铸铁。战国后期，又发明了可重复使用的"铁范"（用铁制成的铸造金属器物的空腹器）。西汉时期，出现坩埚炼铁法。同时，炼铁竖炉规模进一步扩大。1975年，在郑州附近古荥镇发现和发掘出汉代冶铁遗址，场址面积达12万平方米，发掘出两座并列的高炉炉基，高炉容积约50立方米。西汉时期还发明了"炒钢法"，即利用生铁"炒"成熟铁或钢的新工艺，产品称为炒钢。同时，还兴起"百炼钢"技术。东汉（公元25—220年）光武帝时，发明了水力鼓风炉，即"水排"。我国古代水排的发明，大约比欧洲早1100多年。汉代以后，发明了灌钢方法。《北齐书·綦母怀文传》称为"宿钢"，后世称为灌钢，又称为团钢。这是中国古代炼钢技术的又一重大成就。据《中华百科要览》记载：中国是最早用煤炼铁的国家，汉代时已经试用，宋、元时期已普及。到明代（公元1368—1644年）已能用焦炭冶炼生铁。在公元14—15世纪，铁的产量曾超过2000万斤。西方最先开始工业革命的英国，约晚两个世纪，才达到这个水平。

总的来看，中国古代钢铁发展的特点与其他各国不同。世界上长期采用固态还原的块炼铁和固体渗碳钢，而中国铸铁和生铁炼钢一直是主要方法。由于铸铁和生铁炼钢法的发明与发展，中国的冶金技术在明代中叶以前一直居世界先进水平。

众所周知，铸造是机械制造中最重要的成形方法。铸件的质量和性能很大程度上取决于其凝固组织特征，而凝固组织主要受合金成分、冷却速率和冷却方向等控制。在这一过程中涉及析出相组成、形态、分布以及偏析、裂纹、缩孔、疏松以及夹杂物的数量等，其对铸件性能具有重要的影响，控制凝固过程已成为提高铸件性能和研制新型铸造工艺，开发新型铸造材料的最关键的手段之一。

铸件凝固过程是热力学原理和动力学条件决定的相变过程，涉及凝聚态物理学、界面与表面科学、传热传质学、流体力学、流变学、弹性力学、化学及数值计算等。所以，铸造金属凝固理论是一门多学科交叉的综合性学科。

1.1 铸造技术简介

1.1.1 铸造的概念和特点

铸造是利用金属在液态时容易成形的原理来生产金属制品的一种加工工艺。首先，把金属或合金的原材料熔化成具有一定的化学成分和一定温度的液体，然后在重力或外力作用下将它浇注到铸型型腔中，经凝固冷却后便形成所需要的铸件。大多数铸件只是零件的毛坯，它要经过切削加工才能成为机器零件。但是，随着少余量与无余量铸造技术的发展,有的铸件可以不需切削加工即能满足零件精度和粗糙度的要求。

铸造是多工部、多工序的生产过程,主要工部有熔化、砂处理(砂型铸造)、造型与制芯、浇注、清砂与清理等。此外,还包括热处理和表面处理等辅助工部。每个工部包括若干工序。任一工部和任一工序都将直接地或间接地影响着铸件的最终质量。它的影响因素是多方面的。其中包括金属炉料的品质,熔化过程所产生的冶金反应,造型材料的性质及铸型性能,铸型与液态金属之间的相互作用,浇注方案及其工艺参数(浇注温度和浇注速度等),以及由温度场所决定的凝固速度、凝固方向和凝固方式等。铸件绝大多数宏观缺陷,例如缩孔、缩松、气孔、夹渣和夹杂以及裂纹等,均与这些方面的因素有关。要克服铸件的缺陷,必须掌握多方面的理论知识和实践经验。

铸件的性能除了受到缺陷的影响以外,还受到液态金属一次凝固组织的直接影响。因此,铸造工作者必须对液态金属的结晶(凝固)过程十分通晓。

铸造与其他的加工工艺方法比较,其基本特点在于液态金属的抗剪应力很小,易于成形。因此铸造具有以下的优点。

1. 适应范围很大

首先,可供铸造用的金属(合金)十分广泛。除了常用的铸铁、铸钢和铝、镁、铜、锌等合金以外,还有以钛、镍、钴等为基的合金。甚至不能接受塑性加工和切削加工的非金属,如陶瓷类的材料也能用铸造的方法液态成型。其次,铸造可用于制造形状最复杂的整体零件(无论是外形还是内腔,其复杂程度原则上不受限制)。最后,铸件的重量和尺寸可以在很大范围内变化。目前,其可铸的最小壁厚为 0.2mm,最大壁厚为 1m;最小长度为数毫米,最大长度为十几米;可铸造的铸件质量为数克至数百吨。

2. 可生产复合铸件

由于铸件是在液态下成型的,所以用铸造的方法生产复合铸件是一种最经济的方法,使铸件由不同的材质构成(例如衬套)。此外,通过一次结晶过程的控制,可使铸件的各个部位获得不同的结晶组织及性能。

3. 成本低廉

在一般机器中,铸件质量为 40%~80%,但其成本只占 25%~30%。铸件成本低廉的原因:一是铸件的形状及尺寸与零件十分接近,因此材料的消耗和切削加工的费用很小(只有锻件的 1/3~1/2);二是可以大量利用报废的零件和废料进行重新熔铸;三是容易组织机械化的大量生产,从而降低产品的单件成本。

1.1.2 铸造技术的发展概况

人类文明大致经历石器时代、铜器时代和铁器时代 3 个历史阶段。石器时代长达约 300 多万年的漫长历史。使用金属的历史才有几千年,但它使人类文明产生了根本性的飞跃(质的变化),而铸造技术的发明是与金属的使用分不开的。

我国是世界文明古国之一,铸造技术的发展源远流长。据历史考证,我国铸造技术开始于夏朝初期,即堰师二里头文化早期,迄今已有 5000 多年。到了晚商和西周,青铜的铸造得到蓬勃发展,从而形成了灿烂的青铜文化,出现了以司母戊、四羊尊、大方鼎、莲鹤方壶(图 1.1)等为代表的青铜珍品。到了春秋战国时期,音乐界出现了百家争鸣的繁荣局面，编钟成为当时的主要乐器。1976年湖北随县出土的曾侯乙墓青铜器重达10余吨，其中有64件编钟和楚惠王赠送曾侯乙的傅钟（图1.2）。全套编钟每件都铸有错金铭文，分别在正鼓与侧鼓部位标出不同的音名与音律，只要准确敲击标音部位就能发出与铭文相符的两音。钟架上层为音色清脆的钮钟，中层为音色嘹亮的甬钟，下层为音色浑厚的甬钟。每钟均可旋宫转调，全组音域辽阔，可以演奏现代多声部的乐曲，音色十分迷人。

图1.1　莲鹤方壶图（春秋时期）
（尺寸22厘米×10厘米×8厘米）

图1.2　青铜蟠钮傅钟

春秋战国齐国官书《周礼·考工记》中，有世界上最早的合金配料规律——"六齐"的记载。根据青铜中含锡量的高低而可将"六齐"分为上齐（少锡）和下齐（多锡）两段。当含锡量提高到15%~20%时，抗拉强度可达极大值；而含锡量提高到30%左右时，硬度最高。钟鼎类铸件要求有足够强度而又需避免变形和脆硬，因此"六分其金而锡居一"乃为钟鼎之齐（合金）。斧钺、戈戟、刀剑则要求既有一定强度又需一定硬度，故应逐步增高其含锡量。根据近代研究，含锡量约30%（铜-锡半）为化合物，其硬度很高（400HB）而强度适当（300MPa），谓之鉴（青铜镜）燧（利用阳光取火的凹镜）之齐，表面抛光之后十分光亮平整。这种对硬度和强度要求不同的铸件，用含锡量高低分成6档，证明我国在2000多年以前对成分与性能之间的关系已经有着深刻的了解。

我国从公元前6世纪开始使用铁器，并完成了由低温固态还原法（块炼法）向高温液态冶铁的过渡。到战国中期，在农具和兵器等方面，铸铁逐渐代替了青铜。为了满足生产力发展而对生铁工具的大量需要，便发明了金属型（古称铁范）铸造法。1953年在河北省兴隆县出土的铁范共87件，就是战国时期用来铸造铁锄、铁镰、铁斧等工具、农具和车具的。兴隆铁范是我国乃至世界最早发明和使用的金属型。金属型与泥型相比，具有快速冷却的特点而容易获得亚稳态白口铸铁的组织，铸件经过石墨化退火或脱碳退火就可以制成黑心可锻铸铁件或白心可锻铸铁件。1957年和1975年分别在长沙出土的战国铁铲和在洛阳出土的空首铁铺镈，经金相分析鉴定，其石墨呈团絮状，前者是典型的黑心可锻铸铁，后者是白心可锻铸铁，它们便是利用当时的金属型铸造并经热处理退火后制造出来的。尤其令人惊奇的是在河南巩县发现的西汉铁锛具有球状石墨的组织。现代球墨铸铁是对铁水进行球化处理后直接获得铸态球状石墨的。这项技术于1947年由英国莫洛研制成功。它大大提高了铸铁的力学性能和生产成本。但中国的铸造匠师早在公元前1世纪就已经创造了类似现代球铁的铸件。由此可见，中国不仅是最先发明和使用金属型铸造的国家，而且也是最先发明和掌握铸铁强韧化技术的国家。

我国古人有"型范正，工冶巧，然后可铸"的说法。要获得优质铸件，除了有适当的合金成分和精湛的熔炼技术外，还需要有设计合理和良好的铸型，两方面缺一不可。因此，"型范正，工冶巧"这正道破了铸造生产的关键。在悠久的铸造生产历史中，古代的铸冶匠师在铸型工艺方面，有着丰富的经验和独特的创造。

泥型（古称陶范）在古代铸造中占有重要的地位。泥型可分为一次型和半永久型两类。泥型铸造至今仍有强大的生命力，为薄壁铸件（例如铁锅）生产所普遍使用。其中，薄壳泥型叠型串铸工艺，起源于西汉铸钱手工业，这项技术流传下来，可用来铸造缝纫机零件、汽车活塞环、小齿轮等小件。如果将我国传统的薄壳泥型结合现代树脂砂壳型进行研究提高，很可能发展成为具有我国特点的先进工艺。

现代航空和航天发动机重要的涡轮部件——导向叶片，全世界都要用熔模铸造的方法制造。现代熔模铸造（包括各种专利）起源于我国古代的失蜡铸造法。举世闻名的晚商四羊铜尊（图1.3），是商代奴隶主用的盛酒器。它造型奇特，花纹十分复杂，尊身四隅有四只羊头，各长一对卷曲的羊角，尊的扇边镂空。这一作品经专家分析鉴定，是采用失蜡法铸造而成的。因此，我国失蜡法的发明可推到殷商时期，而文献记载始于唐代（《唐会要》）。公元340年左右（日本仁德天皇时期）失蜡法和铜镜一起传入日本及四邻国家。经过不断完善，最后发展成为现代的熔模铸造工艺。

图1.3 晚商四羊铜尊

据英国李约瑟博士在《中国科学技术史》书中所述，中国古代传入欧洲的重大科技成果共22项，其中属于铸造方面的就占有5项。在1974年前后，我国出土文物曾在欧洲一些国家展出，其优美的艺术构思和精湛的铸造技巧使各国铸造专家叹为观止。

我国铸造技术有着悠久的历史，并在人类文明进步的过程中做出了不可磨灭的贡献。发掘、整理、研究和提高我国的传统铸造技术，使其古为今用，无疑具有重要的现实意义。

铸造技术经过几千年来的演变和发展才达到现代铸造技术的水平。尤其值得注意的是，最近几十年来由于一些边缘科学和工业领域中有许多突破性的发展，整个铸造行业发生了许多深刻的变化。其中，以金属凝固理论和凝固技术的发展和计算机的应用尤为突出。

传统的观点认为合金凝固过程中的过冷现象仅与冷却速率有关。1953年，查尔默斯等人提出成分过冷理论，接着杰克逊提出界面结构原理，并以 α 因子作为划分凝固界面形态的相似准则。从此，使理论研究从宏观转入微观原子尺度的研究，加深了人们对结晶过程的认识，揭示了结晶过冷现象的本质及其对结晶组织与铸件性能之间的关系，丰富了人们控制铸件结晶的手段。这几十年以来，由于凝固理论向更高层次的发展，而推动了定向凝固和复合材料的生产应用。

计算机在铸造中的应用之一是作为一种有效的信息处理手段用来模拟铸件的凝固过程。所谓计算机数值模拟，是指对表征凝固过程的数学模型用计算机进行解析。它可以形象地显示铸件任一截面在凝固过程中的温度分布，这是计算机辅助设计和优化工艺的前提。目前，已经可以用自动设计系统来预测铸件的缩孔、气孔、夹杂物以及应力分布的情况，并将经过优化的工艺方案自动录成工艺卡。

计算机的另一重要应用是作为生产过程的一种控制手段。对于铸造这样工序繁多、劳动条件恶劣、影响因素复杂的行业，一些国家的铸造厂商纷纷认识到在生产中应用计算机控制将会给他们创造利润和保证质量。目前，新一代造型生产线基本上已采用微机控制的自动化系统。例如，德国 KW 公司的真空压实造型线，荷兰 Rademker 铸造厂和法国 Peug Cor 汽车厂的燃气冲击造型生产线，丹麦 Disa 公司垂直分型无箱射压造型线及我国第二汽车制造厂的高压造型线都采用微机控制系统。采用微机控制之后，生产率可提高 60%，最先进的造型生产率可达 550 型/h。以微机为基础的微电子技术在压铸机上的应用，已实现了压铸过程的自动化。全自动压铸机，在日本已占压铸机总数的 80%。以计算机为基础的自动化系统也应用于砂处理和熔化、浇注及质量检测等方面。此外，铸件的清理是工作繁重及环境比较恶劣的工序。因此，在铸件清理工序中采用以计算机为基础的机械手或机器人是十分必要的。目前机械手能够清理的铸件质量已达 800kg，整个清理过程在全封闭的隔音室内完成。此外，在蜡模涂挂涂料的工作中，采用机械手可以做出尺寸为 800～1000mm 的大型熔模精铸件。

最近几十年来，在铸件的材质性能方面也取得了长足的发展。球墨铸铁作为高强度工程材料已有 60 多年的使用历史，但它的性能获得大幅度的提高还是近 20 多年才实现的。目前，采用等温淬火技术而制成的贝氏体或奥贝体球铁，其抗拉强度已达 900～1300MPa，延伸率已达 5%～15%。用它代替锻钢制造汽车齿轮，既能降低成本又能提高性能。

铸铁中的蠕虫状石墨曾经长期地被认为是球化处理不良的产物。从 20 世纪 60 年代开始才发现蠕墨铸铁的应用价值。目前，它已作为新型的一种工程铸铁而被广泛使用。其特点是具有与灰铸铁相媲美的铸造性能与切削加工性能，它和灰铸铁一样具有良好的吸震性与抗缺口敏感性，不同之处是其力学性能优于灰铸铁。它与球铁比较，虽然力学性能不如球铁高，但成本低于球铁，而且耐磨性和导热性比球铁好，所以很适用于制造内燃机的缸头和缸套之类的零件。

铝镁锂系合金是目前引人注目的一种轻合金。它的优点是密度特别小（约 $2.5g/cm^3$），因此比强度和比弹性模量特别高。此外，还有良好的耐腐蚀性能，很适用于制造海陆空的载运器。钛合金也是一种发展较快的轻质结构材料，除了比强度和比弹性模量高之外，还有相当高的耐热、耐腐蚀性能。目前，在世界钛产量中有 10%～15% 用于航天和航空工业，在日本则有 80%～90% 的钛用于化工机械制造业。值得注意的是，正在研制中的钛基金属间化合物将有可能成为涡轮元件的优异材料。

在这几十年中,复合材料作为新型的一种工程材料有了很大进展。自从20世纪50年代末和60年代初展现钨纤维强化复合材料以来,至今复合材料的类型已有几十种之多。用铸造方法生产复合材料已经成为铸造技术发展的重要分支。比强度和比弹性模量是衡量结构材料承载能力和机器特性的重要指标之一,尤其是对高速运动的动态结构更是这样。硼纤维铝复合材料的比强度和比模量为钢的3倍。长纤维增强(铝)基复合材料还具有优良的高温强度、吸振能力、抗疲劳能力以及防止零件突然性破坏的能力。但因成本昂贵,故只用于宇航等少数工业领域。目前,发展最快的是短纤维型或粒子型铸造复合材料。这些复合材料是汽车、电机等工业中最经济而有效的耐磨和耐腐蚀材料,用来制造轴承、活塞、汽缸、集电器等零件。复合材料具有单一材料所不能及的许多重要的性能,无疑是材料发展的一个重要方向。据日本技术调查株式会社的预测,21世纪将要确立复合材料优先发展相应用的地位。

工艺和设备方面的发展,主要围绕着铸件的优质、精化、高产以及生产过程的无害或少害进行。目前,砂型铸造虽然仍以黏土砂型为主,但化学硬化砂的使用范围正在不断扩大。树脂砂造型材料及其工艺方法有了不少的创新,使铸件的质量和尺寸幅度有了新的提高,生产环境有了新的改善。此外,20世纪50年代使用广泛的震击式或震压式造型机,因其噪声大、生产率低、紧砂质量和尺寸精度差,目前已由气动微震压、高压、射压以及真空造型和气流冲击造型等新一代造型设备逐渐代替。

随着产业结构以及世界经营环境的发展和变化,压力铸造在整个铸造行业中将占有日益重要的位置。目前,在发展大型压铸机的同时十分重视发展5~20T的热室小型压铸机,用来生产薄壁、高精度的小型—微型压铸件。例如,DM100型压铸机注料质量只有100~200g,生产率为1000型/h,一型多腔。其铸件可直接用来组装灯具、相机、音响设备、计算机和各种仪表。锌压铸合金和镁压铸合金的使用也在不断发展和扩大。我国已经建立了教学、科研和生产的完整体系,并拥有一支具有相当水平的铸造科技队伍。铸件年产量已跃居世界第一,每年可以为机床、汽车、农机、动力、冶金、化工、纺织机械、飞机、船舶以及重型机械等工业部门提供数量充足的铸件,而且有越来越多的铸件进入国际市场,标志着我国悠久的铸造生产在现代工业化进程中已经占有举足轻重的地位。

1.2 铸件凝固理论和技术

1.2.1 凝固理论的发展概况

如前所述,我国在古代已具有很高的冶铸技术水平,如对化学成分和凝固过程的控制已达到很精确的水平。尽管如此,在古代对液态金属的凝固控制只是停留在经验的基础上。近代凝固理论的发展大约经历了以下几个阶段。20世纪60年代前诞生了经典的凝固理论,该理论认为凝固首先是成核,接着是核心长大直至成为固态。在多伦多大学B. Chalmers的指导下,许多著名的凝固学家脱颖而出。他们在对凝固界面附近溶质分析求解的基础上,总结出"成分过冷"理论,并提出了可操作性的成分过冷判据;首次将传热和传质耦合起来,研究其对晶体生长方式和形态的影响。Flemings等从工程的角度出发,研究了两相区内液相流动效应,提出了局部溶质再分配方程等理论模型,推动了凝固科学的发展。捷克的Chvorinov通过对大量铸件凝固冷却曲线的分析,引入了铸件模数的概念,建立了求解铸件凝固层厚度和铸件凝固时间的数学方程,导出了著名的平方根定律。该定律仍是现在铸造工艺设计的重要理论依据之一。20世纪60年代后的较长一段时间内,研究的重点放在经典理论的应用上,以提高材料的质量,降低产品的成本,以便用低的消耗获得优质产品。同时,出现了快速凝固、定向凝固、等离子熔化技术、激光表面重熔技术、半固态铸造、扩散铸造、调压铸造等先进的凝固技术和材料成形方法,积累了大量的凝固过程参数,为凝固理论的进一步发展奠定了基础。近期,凝固学的发展进入了新的历史时期。其显著的特点是,对凝固过程的认识逐渐从经验主义中摆脱出来,对经典理论的局限性有进一步的认识。日本的大野笃美在总结前人经验的基础上,做了大量的试验研究,提出了晶粒游离和晶粒增殖的理论,从而使人们从以前用静止的观点发展到用动态的观点来研究和分析凝固过程。特别是由于计算机和计算技术的发展,能定量地描述液态金属(合金)的凝固过程,可以对凝固过程和凝固缺陷进行预测,以便更合理地控制凝固过程,大幅度节约材料和能源,以低的价格获得优质产品。如大型电站水轮机主轴、转子、叶片等类铸件,性能要求高,质重件大,若报废将带来重大损失。采用对凝固过程的数学模型和计算机辅助设计的方法能有效地控制凝固过程,以最小的投入,获得大的产出。在此基础上,出现了许多新的凝固理论和模型。它们将温度场、应力场、流动场耦合起来进行研究,其结果更接近实际。国际上已经出现了许多商品化的凝固模拟软件,它们在科研和生产中发挥着重要作用。国内紧随其后,研究开发的凝固模拟软件,在科研和实际生产中得到了较广泛的应用。

国内学者近年来在凝固理论方面取得了很大的进展,中国已成为国际凝固过程研究的重要成员之一。西北工业大学凝固技术重点实验室,发现了凝固组织形态选择的时间相关性和历史相关性的现象,并用实验验证了一定条件下枝晶生长间距也不是唯一的。中国科学院沈阳金属研究所快速凝固及非平衡合金国家重点实验室,在超高温条件下,研究非晶的形成规律时,发现了新的亚稳定相和具有分形结构的自组织。

凝固技术是以凝固理论为基础进行凝固过程控制的技术,是对各种凝固过程控制手段的综合应用。其目标是以尽可能简单、节约、高效的方法获得具有预期凝固组织的优质产品。

凝固过程的控制是通过对各种传输过程和物理场的控制实现的。可控制的主要传输过程包括传热、传质(溶质扩散)和动量传输(对流)。此外,也可通过非重力场、电磁场等实现凝固过程的控制。这些过程和场量在凝固过程中的演变规律及交互作用决定着凝固进程、凝固组织形态和成分分布。

各种凝固过程控制方法的应用导致一系列凝固新技术的产生,如定向凝固、快速凝固、连续铸造、连铸连轧、半固态铸造、铸造法复合材料制备技术、电磁场控制铸造、微重力凝固等。这些凝固技术不仅使得传统材料性能得到超常的发挥,还推动了各种新材料的研制和发展。

熔化过程就其所反映的物理现象来说,与凝固过程具有同等重要的科学意义。然而,熔化远没有像凝固过程那样,得到广泛重视和系统深入的研究。因此,对其理解非常有限。这主要是因为在传统的材料制备和加工体系中,熔化不像凝固过程那样,其过程特征记录在制备的工件或材料中,对工件或材料的使用性能和工艺性能具有举足轻重的直接影响。另一个原因可能是人们认为直接采用凝固过程的理论研究成果则可以解释它的反过程。事实上，至少某些数值上的差异会导致二者基本现象和规律的巨大差别。

1.2.2 凝固过程的基本问题

凝固成形属液态金属质量不变过程。它是将满足化学成分要求的液态合金在重力场或其他力作用下引入到预制好的型腔中，经冷却使其凝固成为具有型腔形状和相应尺寸的固体制品的方法。

一般将液态金属凝固成形获得的制品被称为铸件，因此这种成形方法通常称为铸造。铸造的基本过程是充填和凝固。充填或称浇注是一种机械过程，用以改变材料的几何形状；凝固则是液态金属转变为固体的冷却过程即热过程，用以改变材料的性能。按工艺形态学观点，可以进行如下描述：液态材料在场的作用下产生的质量力，为其有效的运动提供了能量，作为传递介质的铸型，则为材料提供了形状信息，而材料的性能信息来自材料自身状态的转变特性和介质的传热特性。

凝固过程中热量传递方式有传导、对流和辐射。材料所具有的热量通过这三种方式传递给铸型或环境，使得材料自身冷却。凝固过程中一方面使材料的几何形状固定下来；另一方面赋予材料所希望的性能信息。从微观来看，凝固就是金属原子由"短程有序"向"长程有序"或"长程无序"的过渡，使原子成为按规则排列的晶体或无序排列的非晶体；从宏观来看，凝固就是把液态金属所具有的热量传给环境，使之形成一定形状和性能的铸件。

尽管凝固成形包括充填和凝固两个主要过程，但大多数情况下，凝固过程显得更为重要。这是由于材料从液态一旦凝固成固体后，则在以后的其他加工中几乎无法对其品质有本质上的改变。因此强调凝固过程的重要性并不等于否认充填对铸件质量的影响。对于某些形状的铸件或易氧化合金的成形，充填是否充分、平稳对最终质量仍具有重要作用。

由于凝固在成形中的重要作用，因此了解和认识液态向固态的转变和控制凝固对获得内部组织合格的铸件是很关键的。在实际工程中，为了便于不同材料的成形，人们已发明和建立了许多凝固成形方法。从如何获得健全的、满足工程上各种不同要求的铸件来说，尽管凝固成形方法繁多，但在成形加工中都存在以下 3 个基本问题或关键问题应予考虑。

1. 凝固组织的形成与控制

凝固组织包括晶粒大小、形态、分布等，它们对铸件的物理性能和力学性能有着重大的影响。控制铸件的凝固组织是凝固成形中的一个基本课题，能随心所欲地获得所希望的组织是长期以来人们所追求的目标之一。但由于铸件组织的表现形式受许多因素的影响和制约，欲控制凝固组织，就必须对其形成机制和过程有深层次的认识。关于凝固组织的形成机理和影响因素已有了广泛研究，且建立了许多控制组织的方法，如孕育、动态凝固、定向凝固等。

2. 凝固缺陷的防止与控制

凝固缺陷对产品质量是一个严重的威胁，是造成废品的主要原因。存在于铸件上的缺陷很多，有内在缺陷和外观缺陷之分。由于凝固成形时条件的差异，缺陷的种类、存在形态和表现部位不尽相同。液态凝固收缩可形成缩孔、缩松；凝固期间元素在固相和液相中的再分配会造成偏析缺陷；冷却过程中热应力的集中可能会造成铸件变形和裂纹。这些缺陷的成因对所有铸造合金都相同，关键是在实际凝固成形中如何加以控制，从而使铸件中的缺陷消除或降至最低程度。此外，还有许多缺陷如夹杂物、气孔、冷隔等，出现在充填过程中，它们不仅与金属种类有关，而且还与具体成形工艺有关。总之，在各种凝固成形方法中，如何与缺陷作斗争仍是一个重要的基本问题。

3. 铸件尺寸精度和表面粗糙度控制

在现代制造的许多领域，对铸件尺寸精度和外观质量的要求越来越高，也正是这种要求促使了近净成品铸造技术的迅猛发展，它改变着铸造只能提供毛坯的传统观念。然而，铸件尺寸精度和表面粗糙度要受到凝固成形方法和工艺中诸多因素的制约和影响，其控制难度很大，这阻碍着近净成品铸造技术的发展。这一基本问题涉及各种成形方法和许多工艺措施，而且随着成形方法、合金、铸型的不同而不同，在一种成形方法中很奏效的措施可能在另一种成形方法中毫无效果。

1.2.3 凝固过程的研究方法

在凝固过程中除了固液界面的迁移外，伴随着传热、传质、液相流动和固相运动。这些过程不仅对固液界面的迁移速率及形态产生影响，而且这些场量之间互相影响，是一个非常复杂的过程。在如此复杂的过程中，找出主要矛盾和规律并加以描述是进行凝固过程控制，发展各种凝固技术的基础。采用合适的研究方法则是解决这一问题的第一步。以下对凝固过程常用的研究方法作一简要分析。

1. 数学解析方法

对于一个科学问题，如果能够用数学语言精确地进行描述始终是人们梦寐以求的目标，也是一门学科成熟的标志。数学解析包括数学模型的建立和数理方程的求解。数学模型的建立首先要找出所研究问题中的所有影响因素（参量）（容量），然后通过具体的数量级的估计，忽略次要因素，保留主要因素。试图把所有因素都归纳在一个统一的理论模型中的可能性是非常小的。数学模型的建立过程就是寻找这些参量之间逻辑关系的过程。寻找各种影响因素和数学模型的建立往往需要借鉴本门学科的已有知识和其他学科的理论，并进行数学逻辑的思维。凝固理论如同其他科学理论一样，其理论模型在不断发展和完善。认识的不断深入和数学方法的发展，使人们有可能考虑更多的因素，并找出合适的模型。随着凝固条件的变化，主要矛盾可能发生转变，随之也需要对数学模型进行修正。

在数学模型建立之后，人们首先想到的是求出解析解。为此，需要寻找定解条件。这些定解条件包括几何形状条件、边界条件和初始条件。然而，在凝固过程遇到的问题中，能够找到解析解的非常有限。因此，其他的研究方法是必不可少的。

2. 数值计算方法

当对已经建立的数学模型无法找到解析解的时候，采用数值计算方法是解决问题的有效途径。数值计算方法首先需要对已有的数学模型进行离散处理，将连续的变化过程转化为离散的数值点，在这些点的密度非常大，间距非常小的情况下，可以较为准确地反映实际情况。常用的离散方法包括差分法和有限元法。一旦完成了数学模型的离散过程，则一个凝固问题便转变为计算问题。现代计算机技术和计算方法的发展使得可以找到数学模型的问题都能够通过数值计算方法解决。

数值计算的另一个方法是 Monte Carlo 模拟方法，它是通过随机赋值而由大量随机过程获得统计结果的方法。

3. 实验方法

实验不仅可以验证理论模型的合理性，而且对于尚且无法找到数学模型的过程，采用实验方法是解决问题的有效手段。实验方法还是获得物理性能参数和发现新现象、新规律的主要途径。

进行实验工作的第一步是设计实验模型和实验过程以及测量参数的确定。对于实际凝固过程进行直接的实验测试可以获得比较准确结果。然而，由于受到铸件尺寸、实验费用、场地、测试技术和方法的限制，有时无法直接对实际凝固过程进行测试。此外，简单地对一具体凝固过程的测试，所获取的结果往往也不具备广泛的适用性。因此，设计一个实验模型，通过对实验模型凝固过程系统的研究，获取实验数据和结论，往往能够找出适用范围广的一般性规律，并可能发现一些新现象。

成功的实验包括以下几个。

（1）实验方案合理巧妙的设计，采用尽可能少的实验次数，获得尽可能多的实验数据和信息。

（2）实验结果具有广泛的指导价值和普遍性。

（3）实验过程具有好的可操作性。

（4）以一定的凝固过程作为模拟对象的模拟实验，其实验过程和结论能够正确地反映实际过程，并能够反推到实际过程中去。

第2章 液态金属的结构和性质

本章教学要点

知识要点	掌握程度	相关知识
液态金属的近程有序结构特点	(1) 从固态金属的熔化过程理解液态金属的结构特点 (2) 掌握近程有序的概念和特点	(1) 固态金属加热熔化过程中结构的变化 (2) 从热物理性能的变化及液态X衍射实验可知,液态结构是近程有序的
液态金属的某些性质及其对凝固过程的影响	(1) 理解黏度、表面张力的意义 (2) 掌握液态金属的黏度、表面张力对铸造过程的影响	(1) 黏度、表面张力的物理意义 (2) 黏度、表面张力对流动性、充填性、金属净化过程及某些铸造缺陷的影响

液态金属的结构和性质 第 2 章

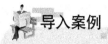

导入案例

液态金属结构的主要研究方法

液态金属结构的研究方法主要分为实验研究和理论研究。理论研究主要有 ab 从头计算法、分子动力学模拟、Monie Calo 模拟计算等。实验研究有直接测试和物性测试，直接测试如 X 射线衍射（X-ray diffractino）、中子衍射（Neutron dirffraction）、电子衍射（Electron diffracotion）、扩展 X 射线精细结构吸收技术（Extended X-ray absorbed fine structure）等；物性测试如内耗、电阻、密度、黏度、表面张力、等压膨胀系数、等温压缩系数、高温 DSC、高温 DAT 等。

液体的性质包括其内耗、密度、黏度、表面张力、扩散系数、电导率等均与液体的结构因子密切相关。研究液态结构，对于单组元体系，用 X 射线散射或中子散射可以获得其原子径向分布的信息。

凝固是液态金属转变成固态金属的过程，因而液态金属的特性必然会影响凝固过程。研究和了解液态金属的结构和性质是分析和控制金属凝固过程必要的基础。

近代用原子论方法研究液态金属，并采用经典液体统计力学的各种理论探讨它，对液态金属结构有了进一步的认识，在一定范围和程度上能定量地描述液态金属的结构和性质。

2.1 固体金属的加热、熔化

常规工艺下形成的固态金属一般都是晶体结构，晶体的结构和性能主要取决于组成晶体的原子的结构和它们之间的相互作用力和热运动。尽管各种不同的晶体具有不同的结合力类型，但它们的结合力在定性上仍具有共同的普遍性质。这种普遍性表现为两原子间的相互作用力和作用能随原子间距离的变化，在定性上存在着共同规律。

图 2.1 所示为一双原子模型。以 R 表示原子间距，$W(R)$ 表示两原子的相互作用能，则可以按照式（2-1）计算相互作用力。

$$F(R) = -\frac{\partial W(R)}{\partial R} \tag{2-1}$$

当原子间的距离为 R_0 时，$F(R_0)=0$，原子受到的引力与斥力相等，故处于平衡状态，对应能量的极小值为 W_0，而向左和向右运动都会受到一个指向平衡位置的力的作用。于是，原子在平衡位置附近做简谐振动，维持晶体的固定结构。当温度升高时，原子振动能量增加，振动频率和振幅增大。假设左边的原子被固定不动而右边的原子是自由的，则随着温度的升高，原子间距将由 $R_0 \rightarrow R_1 \rightarrow R_2 \rightarrow R_3 \rightarrow R_4$，原子的能量也不断升高，由 $W_0 \rightarrow W_1 \rightarrow W_2 \rightarrow W_3 \rightarrow W_4$，即产生膨胀，如图 2.2 所示。显然，原子在平衡位置时，能量最低；而两边能量较高，这称为势垒。势垒的最大值为 Q，称为激活能（也称结合能或键能）；势垒之间称为势阱。当原子受热时，若其获得的动能大于激活能 Q，原子就能越过原来的势垒，进入另一个势阱。这样，原子处于新的平衡位置，即从一个晶格常数变成另一个晶格常数。晶体比原先尺寸增大，即晶体受热而膨胀。

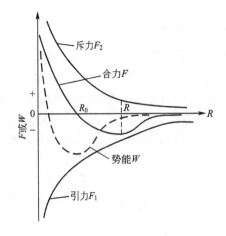

图 2.1　原子间作用力和自由能

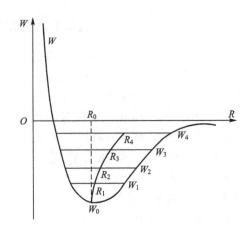

图 2.2　加热时原子间距和原子势垒的变化

若对晶体进一步加热，则达到激活能值的原子数量也进一步增加；当这些原子的数量达到某一数量值时，首先在晶界处的原子跨越势垒而处于激活状态，以致能脱离晶粒的表面，而向邻近的晶粒跳跃，导致原有晶粒失去固定的形状与尺寸。晶粒间可出现相对流动，称为晶界粘性流动。此时，金属处于熔化状态。金属被进一步加热，其温度不会进一步升高，而是晶粒表面原子跳跃更频繁。晶粒进一步瓦解为小的原子集团和游离原子，形成时而集中、时而分散的原子集团、游离原子和空穴。此时，金属从固态转变为液态。金属由固态变成液态，体积膨胀 3%～5%。而且，金属的其他性质，如电阻、粘性也会发生突变。在熔点温度的固态变为同温度的液态时，金属要吸收大量的热量，称为熔化潜热。

2.2　液态金属的结构

从固态金属的熔化过程可看出，在熔点附近或过热度不大的液态金属中仍然存在许多的固态晶粒，其结构接近固态而远离气态，这已被大量的试验数据所证实。以下从几方面进行阐述，并在此基础上提出液态金属的结构模型。

2.2.1　液态金属的热物理性质

金属的汽化潜热远大于其熔化潜热，某些金属的物理性质见表 2-1。铝的汽化热是熔化热的 27 倍，而铁的汽化热是熔化热的 22 倍。这意味着固态金属原子完全变成气态比完全熔化所需的能量大得多，即对气态金属而言，原子间结合键几乎全部被破坏，而液态金属原子间结合键只破坏了一部分。

熵值变化是系统结构紊乱性变化的量度。金属由固态变为液态熵值增加不大，说明原子在固态时的规则排列熔化后紊乱程度不大。表 2-2 为一些金属的熵值变化，可见金属由熔点温度的固态变为同温度的液态比其从室温加热至熔点的熵变要小。

表 2-1 一些金属的物理性质

金属	晶体结构	熔点/℃	熔化潜热 L_l/(J/mol)	沸点/℃	汽化潜热 L_g/(J/mol)	L_g/L_l
Al	面心立方	660.2	10676	2450	284534	26.7
Au	面心立方	1063	12686	2966	342522	27.0
Cu	面心立方	1083	13021	2595	305636	23.5
Pb	面心立方	327.4	5107	1737	177520	34.8
Zn	六方密排	419.5	6698	906	116727	17.4
Cd	六方密排	321	6112	765	19434	3.2
Mg	六方密排	651	9043	1103	131758	14.6
Fe	面心/体心立方	1535	15170	3070	339830	22.4

表 2-2 某些金属的熵值变化

金属	从 25℃到熔点熵值变化 ΔS/(J/K)	熔点时的熵值变化 ΔS_m/(J/K)	$\Delta S_m/\Delta S$
Cd	4.53	2.46	0.54
Zn	5.45	2.55	0.47
Al	7.51	2.75	0.37
Mg	7.54	2.32	0.31
Cu	9.79	2.30	0.24
Au	9.78	2.21	0.23
Fe	15.50	2.00	0.13

从以上两表中几个热物理参数的变化情况，可间接地说明液态金属的结构接近固态金属而远离气态金属。

2.2.2 X射线结构分析

将 X 射线衍射运用到液态金属的结构分析上，如同研究固态金属的结构一样，可以找出液态金属的原子间距和配位数，从而确定液态金属同固态金属在结构上的差异。

图 2.3 为根据衍射资料绘制的 $[4\pi r^2 \rho dr]$ 和 r 的关系图，表示某一个选定的原子周围的原子密度分布状态。r 为以选定原子为中心的一系列球体的半径，$[4\pi r^2 \rho dr]$ 表示围绕所选定原子的半径为 r，厚度为 dr 的一层球壳中原子数。$\rho(r)$ 为球面上的原子密度。直线和曲线分别表示固态铝和 700℃ 的液态铝中原子的分布规律。固态铝中的原子位置是固定的，在平衡位置做热振动，故球壳上的原子数显示出是某一固定的数值，呈现一条条的直线。每一条直线都有明确的位置和峰值（原子数），如图 2.3 中直线 3 所示。若 700℃ 液体铝是理想的均匀的非晶质液体，则其原子分布为抛物线，如图 2.3 中曲线 2 所示。而图 2.3 中曲线 1 为实际的 700℃ 液体铝的原子分布情况。曲线 1 为一条由窄变宽的条带，是连续非间断的。但条带的第一个峰值和第二个峰值接近固态的峰值，此后

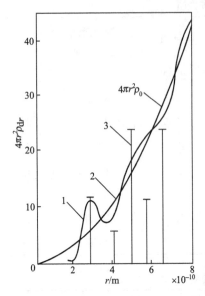

图 2.3 700℃时液态 Al 中原子分布曲线

就接近于理想液体的原子平均密度分布曲线2了。这说明原子已无固定的位置，是瞬息万变的。液态铝中的原子的排列在几个原子间距的小范围内，与其固态铝原子的排列方式基本一致，而远离原子后就完全不同于固态了。这种结构称为"微晶"。液态铝的这种结构称为"近程有序"、"远程无序"的结构，而固态的原子结构为远程有序的结构。

表 2-3 为一些液态和固态金属的原子结构参数。固态金属铝和液态铝的原子配位数分别为 12 和 10~11，而原子间距分别为 0.286nm 和 0.298nm。气态铝的配位数可认为是零，原子间距为无穷大。

X 射线衍射所得到的有关参数，有力地证明在熔点和过热度不大时的液态金属的结构是接近固态金属而远离气态金属。

表 2-3 射线衍射所得液态和固态金属的原子结构参数

金属	液态			固态	
	温度/℃	原子间距/nm	配位数	原子间距/nm	配位数
Li	400	0.324	10[①]	0.303	8
Na	100	0.383	8	0.372	8
Al	700	0.298	10~11	0.286	2
K	70	0.464	8	0.450	8
Zn	460	0.294	11	0.265、0.294	6+6[②]
Cd	350	0.306	8	0.297、0.330	6+6[②]
Sn	280	0.320	11	0.302、0.315	4+2[②]
Au	1100	0.286	11	0.288	12
Bi	340	0.332	7~8[③]	0.309、0.346	3+3[②]

① 其配位数虽增大，但密度仍减小。
② 这些原子的第一、二层近邻原子非常相近，两层原子都算作配位数，但以"+"号表示区别，在液态金属中两层合一。
③ 固态结构较松散，熔化后密度增大。

2.2.3 液态金属的结构特征

由以上的分析可知，纯金属的液态结构是由原子集团、游离原子、空穴或裂纹组成的。原子集团由数量不等的原子组成，其大小为 10^{-10}m 数量级，在此范围内仍具有一定的规律性，称为"近程有序"。原子集团间的空穴或裂纹内分布着排列无规则的游离的原子。这样的结构不是静止的，而是处于瞬息万变的状态，即原子集团、空穴或裂纹的大小、形态、分布及热运动的状态都处于无时无刻不在变化的状态。液态中存在着很大的能量起伏。

纯金属在工程中的应用极少,特别是作为结构材料,在材料成形过程中也很少使用纯金属。即使平常所说的化学纯元素,其中也包含着无数其他杂质元素。对于实际的液态金属,特别是材料成形过程中所使用的液态合金具有两个特点,一是化学元素的种类多,二是过热度不高,一般为100~300℃。各种元素的加入,除影响原子间的结合力外,还会发生各种物理的或化学的反应,同时在材料成形过程中还会混入一些杂质。实际的液态金属(合金)的结构是极其复杂的,但纯金属的液态结构原则具有普遍的意义。综合起来,实际的液态金属(合金)是由各种成分的原子集团、游离原子、空穴、裂纹、杂质及气泡组成的鱼目混珠的"混浊"的液体。所以,实用的液态合金除了存在能量起伏外,还存在浓度起伏和结构(或称相)起伏。3个起伏影响液态合金凝固过程,从而对产品的质量有着重要的影响。

上述特点决定了液态金属具有以下基本特征。
(1) 有固定的体积。
(2) 有很好的流动性。
(3) 各种物理化学性质接近于固态,而远离气态。

2.3 液态金属的某些物理性质及其对凝固成型的影响

液态金属有各种性质,在此仅阐述与材料成形过程关系特别密切的两个性质,即液态金属的粘滞性(黏度)和表面张力以及它们在材料凝固成形过程中的作用。

2.3.1 液态金属的粘滞性(黏度)

1. 黏度的实质及影响因素

液态金属由于原子间作用力大为削弱,且其中存在空穴、裂纹等,其活动能力比固态金属要大得多。当外力$F(x)$作用于液态表面时,其速度分布如图2.4所示。第一层的速度v_1最大,第二层、第三层……依次减小,最后v等于零。这说明层与层之间存在内摩擦力。

设y方向的速度梯度为dv_x/dy。根据牛顿液体粘滞性定律$F(x)=\eta A dv_x/dy$得

$$\eta = F(x)/(A dv_x/dy) \qquad (2-2)$$

式中,η为动力黏度;A为液层接触面积。

富林克尔在关于液体结构的理论中,对黏度做了数学处理,表达式为

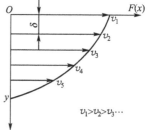

图2.4 力作用于液面各层的速度

$$\eta = \frac{2t_0 k_B T}{\delta^3} e^{\frac{U}{k_B T}} \qquad (2-3)$$

式中,t_0为原子在平衡位置的振动时间;k_B为波尔兹曼常数;U为原子离位激活能;δ为相邻原子平衡位置的平均距离;T为热力学温度。

由富林克尔公式可知,黏度与原子离位激活能U成正比,与其平均距离的三次方δ^3成反比,这二者都与原子间的结合力有关,因此黏度本质上是原子间的结合力。黏度与温

度的关系如下：当温度不太高时，指数项的影响是主要的，即 η 与 T 成反比；当温度很高时，指数项接近于1，η 与 T 成正比。此外，夹杂物及合金元素等对黏度也有影响。

材料成形过程中的液态合金一般要进行各种冶金处理，如孕育、变质、净化处理等对黏度也有显著影响。如铝硅合金进行变质处理后细化了初生硅或共晶硅，从而使黏度降低。

2. 黏度对凝固成形的影响

(1) 对液态金属净化的影响。液态金属中存在各种夹杂物及气泡等，必须尽量除去。否则，会影响材料或成形件的性能，甚至发生灾难性的后果。杂质及气泡与金属液的密度不同，一般比金属液低，故总是力图离开液体，以上浮的方式分离。脱离的动力是二者重度之差，即

$$P=V(\gamma_1-\gamma_2) \tag{2-4}$$

式中，P 为动力；γ_2 为杂质体积；γ_1 为液态金属重度。

杂质在 P 的作用下产生运动，一运动就会有阻力。试验指出，在最初很短的时间内，它以加速度进行，往后便开始匀速运动。根据斯托克斯原理，半径 0.1cm 以下的球形杂质的阻力 P_c 可由式(2-5)确定。

$$P_c=6\pi r v \eta \tag{2-5}$$

式中，r 为球形杂质半径；v 为运动速度。

杂质匀速运动时，$P_c=P$，故

$$6\pi r v \eta=V(\gamma_1-\gamma_2) \tag{2-6}$$

由此可求出杂质上浮速度为

$$v=\frac{V(\gamma_1-\gamma_2)}{6\pi r \eta}=\frac{4\pi r^3(\gamma_1-\gamma_2)}{3\times 6\pi r \eta}=\frac{2r^2(\gamma_1-\gamma_2)}{9\eta} \tag{2-7}$$

此为著名的斯托克斯公式。

(2) 对液态合金流动阻力的影响。流体的流动分层流和紊流两种流态，流态由雷诺数 Re 的大小来决定。根据流体力学，$Re>2300$ 为紊流，$Re<2300$ 为层流。Re 的数学式为

$$Re=\frac{Dv\gamma}{\eta} \tag{2-8}$$

式中，D 为管道直径；v 为流体流速；γ 为流体重度。

设 f 为流体流动时的阻力系数，则有

$$f_{层}=\frac{32}{Re}=\frac{32\eta}{Dv\gamma}$$
$$f_{紊}=\frac{0.092}{Re^{0.2}}=\frac{0.092\eta^{0.2}}{(Dv\gamma)^{0.2}} \tag{2-9}$$

显然，当液体以层流方式流动时，阻力系数大，流动阻力大。因此，在材料凝固成形过程金属液体的流动中，紊流方式有利于提高流动性，由于流动阻力小，液态金属能顺利地充填型腔，但紊流不利于去除夹杂物，并容易加剧液态金属氧化。一般在充型过程中，液态金属的流态多为紊流，但在充型的后期或狭窄的枝晶间的补缩流和细薄铸件中，则呈现为层流。总之，液态合金的黏度大其流动阻力也大。

(3) 对凝固过程中液态合金对流的影响。液态金属在冷却和凝固过程中，由于存在温度差和浓度差而产生浮力，它是液态合金对流的驱动力。当浮力大于或等于粘滞力时，则产生对流，其对流强度由无量纲的格拉晓夫准则度量，即

$$G_T = \frac{g\beta_T l^3 \gamma^2 \Delta T}{\eta^2}$$
$$G_C = \frac{g\beta_C l^3 \gamma^2 \Delta C}{\eta^2} \tag{2-10}$$

式中，G_T 为温差引起的对流强；G_C 为浓度差产生对流强度；β_T、β_C 分别为温度和浓度引起的体膨胀系数；ΔT 为温差；ΔC 为浓度差；l 为水平方向上热端到冷端距离的一半。

可见，黏度 η 越大对流强度越小。液体对流对结晶组织、溶质分布、偏析、杂质的聚合等产生重要影响。

2.3.2 表面张力和界面张力

1. 表面张力的实质

液体或固体同空气或真空接触的面叫表面，表面是一类特殊界面。由于表面具有特殊的性质，由此产生一些表面特有的现象——表面现象，如荷叶上晶莹的水珠呈球状，雨水总是以滴状的形式从天空落下。总之，一小部分的液体单独在大气中出现时，力图保持球状形态，说明总有一个力的作用使其趋向球状，这个力称为表面张力。

液体内部的分子或原子处于力的平衡状态，如图 2.5(a) 所示；而表面层的分子或原子受力不均匀，结果产生指向液体内部的合力 F，如图 2.5(b) 所示，这就是表面张力产生的根源。可见，表面张力是质点（分子、原子等）间作用力不平衡引起的。这就是液珠存在的原因。

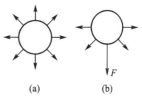

图 2.5 位置不同的分子或原子作用力模型

液态金属表面的质点，由于受到周围质点对它作用的力是不平衡的，若是与气体接触，则相对来说在液体内部受到的力较大，所以就产生了方向垂直于液面，且指向液体内部的力 F。这样就使得液面有如被一弹性薄膜所包围，力求减少其表面，因此产生了表面张力。表面受力的不对称性越大，则表面张力越大。力场不对称性是由于物质本身质点间的作用力和表面质点与相邻相的质点间的作用力不同而引起的。所以，表面张力的大小既与液体本身性质有关，又与和它接触的相的性质有关。一般所说的表面张力都是指液体和气体相接触界面上的一类界面张力。

取一小块表面薄膜（图 2.6），其宽为 b，薄膜受到一个绷紧的力 F，此力可以用式（2-11）表示。

$$F = \sigma b \tag{2-11}$$

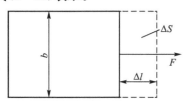

图 2.6 受拉伸的小块液膜

式中，σ 为表面张力系数，或称表面张力，单位为 N/m，其意义是液膜在单位长度上所受到的绷紧力。

从图 2.6 可知，由于力 F 的作用，将表面液膜拉长 Δl 时，则对液膜所做的功为

$$\Delta W = F \times \Delta l = \sigma b \Delta l = \sigma \times \Delta S \tag{2-12}$$

这项做进去的功即成为液膜的能量 ΔE，因此得

$$\Delta E = \sigma \times \Delta S \tag{2-13}$$

故 $\sigma = \dfrac{\Delta E}{\Delta S}$，这个公式是表面张力的另一个物理意义，表面张力可以看做是单位面积上的能量，它的单位为 J/m²。

从物理化学可知,当外界所做的功仅用来抵抗表面张力而使系统表面积增大时,该功的大小则等于系统自由能的增量,即表面张力和表面能大小相等,只是单位不同,体现为从不同角度来描述同一现象。

下面以晶体为例进一步说明表面张力的本质。面心立方金属,内部原子配位数为12,如果表面为(100)界面,晶面上的原子配位数是8。设一个结合键能为U,平均到每个原子上的结合键能为$U/2$(因一个结合键为两个原子所共有),则晶体内一个原子的结合键能为$12 \times U/2 = 6U$,而表面上一个原子的键能$8 \times U/2 = 4U$,表面原子比内部原子的能量高出$2U$,这就是表面内能。既然表面是高能区,那么一个系统会自动地尽量减少其区域。

从广义而言,任一两相(固-固、固-液、固-气、液-气、液-液)的交界面称为界面,界面处也会存在质点受力不平衡现象,就出现了界面张力、界面自由能之说。因此,表面能或表面张力是界面能或界面张力的一个特例。

将一个单位面积的液柱分为两段时(图2.7(a))则新生成了两个表面,每一个表面上增加的表面能为σ_{LG},增加的总表面能为$2\sigma_{LG}$。这一部分能量是由外力克服原液柱本身之内聚力而做的功,故称为内聚功$W_内$。

$$W_内 = 2\sigma_{LG} \tag{2-14}$$

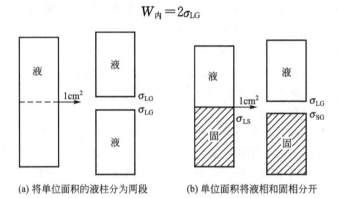

(a) 将单位面积的液柱分为两段　　(b) 单位面积将液相和固相分开

图2.7　两相分离的示意图

若将原先相连在一起的单位面积的液柱和固体柱分开时,则新生成的两个表面上的能量为$\sigma_{LG} + \sigma_{SG}$。而消失掉的原有界面上之能量为$\sigma_{LS}$,如图2.7(b)所示。因此,分开后纯增加的能量为$\sigma_{LG} + \sigma_{SG} - \sigma_{LS}$。这一部分能量是由外力克服原液柱和固体柱之间的附着力而做的功,故称为附着功$W_附$。

$$W_附 = \sigma_{LG} + \sigma_{SG} - \sigma_{LS} \tag{2-15}$$

式中,σ_{LG}、σ_{SG}的分别是液、固两相的表面张力;σ_{LS}为固液两相的界面张力;$W_附$是将两个单位面积结合或拆开外界所做的功。

因此,当两相间的作用力大时,$W_附$越大,则界面张力越小。

润湿角是衡量界面张力的标志,图2.8中的θ即为润湿角。当界面张力达到平衡时,存在下面的关系。

$$\sigma_{SG} = \sigma_{LS} + \sigma_{LG}\cos\theta$$

$$\cos\theta = \frac{\sigma_{SG} - \sigma_{LS}}{\sigma_{LG}} \tag{2-16}$$

可见,θ角是由界面张力σ_{SG}、σ_{LS}和σ_{LG}来决定的。当$\sigma_{SG} > \sigma_{LS}$时,液体能润湿固体,$\theta = 0$称为绝对润湿;当$\sigma_{SG} < \sigma_{LS}$时,$\theta > 90°$,液体不润湿固体,而$\theta = 180°$称为绝对不润

湿。润湿角是可测定的。

2. 影响界面张力的因素

影响液态金属界面张力的因素主要有熔点、温度和溶质元素。

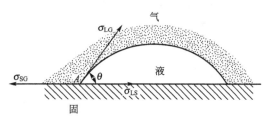

图 2.8　接触角与界面张力

（1）熔点。界面张力的实质是质点间的作用力，故原子间的结合力大的物质，其熔点、沸点高，则表面张力往往就大。材料成形过程中常用的几种金属的表面张力与熔点的关系见表 2-4。

表 2-4　几种金属的表面张力与熔点的关系

金属	熔点/℃	表面张力($\times 10^{-7}$)/N·m	液态密度/(g/cm³)
Zn	420	782	6.57
Mg	650	559	1.59
Al	660	914	2.38
Cu	1083	1360	7.79
Ni	1453	1778	7.77
Fe	1537	1872	7.01

（2）温度。大多数金属和合金，如 Al、Mg、Zn 等，其表面张力随着温度的升高而降低。这是因为温度升高使液体质点间的结合力减弱所致。但对于铸铁、碳钢、铜及其合金则相反，即温度升高表面张力反而增加，其原因尚不清楚。

（3）溶质元素。溶质元素对液态金属表面张力的影响分两大类。使表面张力降低的溶质元素叫表面活性元素，"活性"之义为表面浓度大于内部浓度，如钢液和铸铁液中的 S 即为表面活性元素，也称正吸附元素。提高表面张力的元素叫非表面活性元素，其表面的含量少于内部含量，称负吸附元素。图 2.9 和图 2.10 分别为各种溶质元素对 Al、Mg 液表面张力的影响。

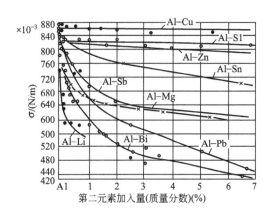

图 2.9　Al 中加入第二组元后表面张力的变化

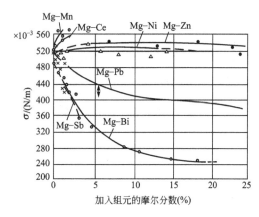

图 2.10　Mg 中加入第二组元后表面张力的变化

弗伦克尔提出了金属表面张力的双层电子理论，认为是正负电子构成的双电层产生一个势垒，正负离子之间的作用力构成了对表面的压力，有缩小表面面积的倾向。

当溶质元素的原子体积大于溶剂的原子体积时，将使溶剂晶格严重歪曲，势能增加。

而体系总是自发地维持低能态，因此溶质原子将被排挤到表面，造成表面溶质元素的富集。体积比溶剂原子小的溶质原子容易扩散到晶体的间隙中去，也会造成同样的结果。

3. 表面或界面张力在铸造凝固成形过程中的意义

表面张力对铸造过程的影响主要通过毛细现象所产生的附加压力而产生。

从物理化学可知，由于表面张力的作用，液体在细管中将产生图 2.11 所示的现象。A 处液体的质点受到气体质点的作用力 f_1、液体内部质点的作用力 f_2 和管壁固体质点的作用力 f_3。显然，f_1 是比较小的。当 $f_3 > f_2$ 时，产生指向固体内部且垂直于 A 点液面的合力 F，此液体对固体的亲和力大，此时产生的表面张力有利于液体向固体表面展开，使 $\theta < 90°$，固、液是润湿的，如图 2.11(a) 所示。当 $f_3 < f_2$ 时，产生指向液体内部且方向与液面垂直的合力 F'，表面张力的作用使液体脱离固体表面，固、液是不润湿的，如图 2.11(b) 所示。由于表面张力的作用产生了一个附加压力 p。当固、液互相润湿时，p 有利于液体的充填，否则反之。附加压力 p 的数学表达式为

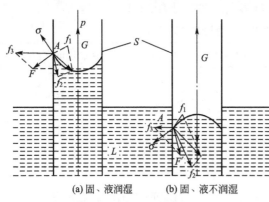

(a) 固、液润湿　　(b) 固、液不润湿

图 2.11　附加压力的形成过程

$$p = \sigma\left(\frac{1}{R_1} + \frac{1}{R_2}\right) \quad (2-17)$$

式中，R_1 和 R_2 分别为曲面上两个相互垂直弧线的曲率半径。

式(2-17)称为拉普拉斯公式。由表面张力产生的附加压力叫拉普拉斯压力。

因表面张力而产生的曲面为球面时，即 $R_1 = R_2 = R$，则附加压力 p 为

$$p = \frac{2\sigma}{R} \quad (2-18)$$

显然，附加压力与管道半径成反比。当 R 很小时，将产生很大的附加压力，这对铸造过程液态合金的充型性能和铸件表面质量产生很大影响。

造型材料一般不被液态金属润湿，即 $\theta > 90°$（θ 为润湿角）。因此液态金属在铸型细管道内的表面是凸起的，如图 2.12(b) 所示，此时产生指向内部的附加压力。R 是凸面的曲率半径，附加压力为 $p = \frac{2\sigma}{R}$，要克服管壁中的附加压力，必须有一个高度为 h 的静压头，满足下面的表达式。

$$\frac{2\sigma}{R} = hg\rho \quad (2-19)$$

式中，ρ 为液体的密度。

又如图 2.12 所示，在

$$\frac{r}{R} = \cos\theta$$

式中，r 为管子的半径。

则得到下面表达式。

$$h = \frac{2\sigma\cos\theta}{\rho g r} \tag{2-20}$$

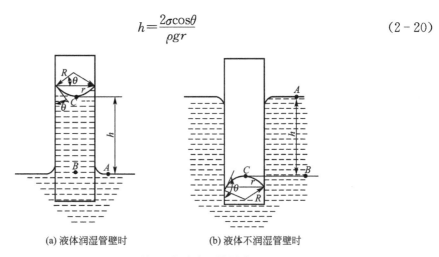

(a) 液体润湿管壁时　　　　(b) 液体不润湿管壁时

图 2.12　附加压力对液面的影响

因此，浇注薄小铸件时必须具有足够的静压头 h 或提高浇注温度和压力，以克服附加压力的阻碍，防止产生浇不足或冷隔。

反之，如果液态金属润湿铸型，则会产生图 2.12(a)所示的情况，液态金属会在附加压力的作用下侵入半径为 r 的型壁空隙中，从而产生粘砂。铸造过程中所用的铸型或涂料材料的选择是比较严格的。首先，所选择的材料与液态合金应是不润湿的，如采用 SiO_2、Cr_2O_3 和石墨砂等材料，在这些细小砂粒之间的缝隙中，产生阻碍液态合金渗入的附加压力(图 2.12(b))，从而使铸件表面得以光洁。通常，一般的造型材料和液态金属都不润湿，但与大部分液态氧化物润湿，所以氧化促进粘砂。

另外，金属凝固后期，枝晶之间存在的液膜小至 10^{-6} mm，表面张力产生的附加压力对铸件的凝固过程的补缩状况将对是否出现热裂缺陷有重大的影响。

总之，界面现象影响到铸造凝固成形的整个过程。晶体成核及生长、缩松、热裂、夹杂及粘砂、气泡等铸造缺陷都与界面张力关系密切。

在近代新材料的研究和开发中，如复合材料，界面现象更是担当着重要的角色。

 习 题

1. 纯金属和实际合金的液态结构有何不同？举例说明。
2. 液态金属的表面张力和界面张力有何不同？表面张力和附加压力有何关系？
3. 通过哪些现象和实验说明金属熔化并不是原子间结合力全部被破坏？
4. 斯托克斯公式在什么条件下方可应用？在充型过程中金属液中夹杂物的上浮或下沉速度能否用斯托克斯公式描述？为什么？
5. 同一种元素在不同液态金属中的表面吸附作用以及同一种元素在同一种液态金属中的表面吸附和界面吸附作用是否相同？为什么？
6. 试推导 $p = \sigma\left(\dfrac{1}{R_1} + \dfrac{1}{R_2}\right)$。
7. 在球铁液中，石墨球的半径 $r = 5 \times 10^{-3}$ cm，$\rho_{石} = 0.002 \text{kg/cm}^3$，铁水包高为 0.5m，计算石墨球从包底上浮至包顶所需时间。

第3章 液态金属的充型能力

本章教学要点

知识要点	掌握程度	相关知识
流动性和充型能力的概念、充型能力的数学模型	(1) 掌握流动性和充型能力的概念及对铸造过程的影响 (2) 理解流动性的测定方法 (3) 理解充型能力的数学模型	(1) 流动性和充型能力 (2) 螺旋形试样测定流动性 (3) 液态金属停止流动的机理 (4) 充型能力的数学模型
影响充型能力的主要工艺因素及提高充型能力的措施	(1) 掌握四大类因素对充型能力的影响 (2) 掌握提高铸造合金充型能力的工艺方法	(1) 合金性质、铸型性质、浇注条件、铸件结构对充型能力的影响 (2) 改进充型能力的方法

液态金属的充型能力 第3章

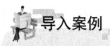 导入案例

大型复杂薄壁铝合金铸件调压成形精密铸造技术

西北工业大学周尧和院士等针对大型复杂薄壁部件的铸造生产难题而发明了一种大型复杂薄壁铝合金铸件调压成形精密铸造技术。采用该技术生产大型复杂薄壁铸件，能够在金属液平稳进入铸型型腔的同时保持优异的充型能力和补缩能力，在保证大型复杂薄壁铸件成形精度的同时获得优异的冶金质量，使铸件晶粒细化，致密度提升，铸件性能提高。针对铝合金进行的实验表明，与传统重力铸造试样比较，调压铸造试样的抗拉强度提高约10%，延伸率提高120%左右。某桶型航空类铸件，外径约为400mm，高度约为800mm，桶壁大面积壁厚为4mm。铸件内腔结构十分复杂，内部有各类筋板及栅板结构；铸件两端为厚大法兰，厚度达到45mm，与桶壁直接连接，形成很大的壁厚跃变。在工厂生产条件下利用调压成形精密铸造技术结合树脂砂组合铸型实现该铸件的批量化生产，前期生产的30个铸件经X射线探伤检查及荧光检测，全部符合HB963-90的I类铸件验收标准。为提高系统可靠性降低加工周期和成本，对大型复杂薄壁铸件的需求正不断增长，因此本项技术的推广应用具备广泛的发展空间。

铸造生产的主要特点是直接将液态金属浇入铸型并在其中凝固和冷却而得到铸件。液态金属充型过程是铸件形成的第一个阶段，它很重要。一些铸造缺陷如浇不足、冷隔、砂眼、铁豆、抬箱，以及卷入性气孔、夹砂等都是在充型不利的情况下产生的。为了获得优质健全的铸件，必须掌握和控制这个过程的进行。为此，首先要研究液态金属能否充满铸型、得到形状完整轮廓清晰的铸件的能力，即液态金属充填铸型的能力，简称为充型能力，这是生产合格铸件最基本的要求。研究充型过程中液态金属在浇注系统中和铸型型腔中的流动规律，它是设计浇注系统的重要依据之一；研究液态金属在充型过程中与铸型之间热的、机械的和物理化学的相互作用；以及在不利的情况下，此过程中可能产生的缺陷和防止措施。

浇注系统除对液态金属于其中的流动状态有直接影响外，还对铸件在铸型中的凝固和冷却过程中的热状态，从而对于与铸件热状态有关的一些缺陷，如铸件凝固后的金属组织、偏析、气孔、缩孔、热裂、铸造应力和变形等的形成有密切关系，这些关系将在后面有关章节中叙述。本章主要讨论液态金属充型能力的有关内容。

3.1 液态金属充型能力的基本概念

液态金属充满铸型型腔，获得形状完整、轮廓清晰的铸件的能力，称为液态金属充填铸型的能力，简称液态金属的充型能力。液态金属充填铸型一般是在纯液态下充满型腔，也有边充型边凝固的情况。如果停止流动出现在型腔被充满之前，则将造成铸件"浇不足"的缺陷。

实践证明，同一种金属用不同的铸造方法，所能铸造的铸件最小壁厚不同。同样的铸造方法，由于金属不同，所能得到的金属壁厚也不同，具体见表3-1。

表 3-1 不同金属和不同铸造方法所铸造铸件的最小壁厚　　　　（单位：mm）

铸造方法	砂型	金属型	熔模	壳型	压铸
灰铸铁	3	>4	0.4～0.8	0.8～1.5	—
铸钢	4	8～10	0.5～1	2.5	—
铝合金	5	3～4	—	—	0.6～0.8

所以，液态金属的充型能力首先取决于金属本身的流动能力，同时又受外界条件，如铸型性质、浇注条件、铸件结构等因素的影响，是各种因素的综合反映。

液态金属本身的流动能力称为流动性，是金属的铸造性能之一，与金属的成分、温度、杂质含量及其物理性质有关。

金属的流动性对排出其中的气体、杂质和补缩、防裂、获得优质铸件有影响。金属的流动性好，气体和杂质易于上浮，使金属净化，有利于得到没有气孔和杂质的铸件。良好的流动性，能使铸件在凝固期间产生的缩孔得到金属的补缩，还可使铸件在凝固末期受阻而出现的热裂得到液态金属的弥合，因此有利于这些缺陷的防止。

流动性好的铸造合金充型能力强，流动性差的合金充型能力也就较差。但是，可以通过改善外界条件提高其充型能力。在不利的情况下，由于液态金属的充型能力不好，则可能在铸件上产生"浇不足"、"冷隔"等缺陷。

液态金属的流动性是用浇注"流动性试样"的方法衡量的。在实际中，将试样的结构和铸型性质固定不变，在相同的浇注条件下（例如在液相线以上相同的过热度或在同一浇注温度下），以试样的长度或以试样某处的厚薄程度表示该合金的流动性。流动性试样的种类很多，有螺旋形、球形、U形、真空试样等，在生产和科学研究中应用最多的是螺旋形试样和真空试样。由于影响液态金属充型能力的因素很多，很难对各种合金在不同的铸造条件下的充型能力进行比较，所以常常用上述固定条件下所测得的合金流动性表示合金的充型能力。因此，可以认为合金的流动性是在确定条件下的充型能力。也可以说，流动性是金属固有的铸造工艺性能，是影响充型能力的内因，而工艺条件是影响充型能力的外因。

对于同一种合金，也可以用流动性试样研究各铸造因素对其充型能力的影响。例如，采用某一种结构的流动性试样，改变型砂的水分、煤粉含量、浇注温度、直浇道高度等因素中的一个因素，以判断该变动因素对充型能力的影响。

图 3.1 所示为螺旋形试样，其优点是结构

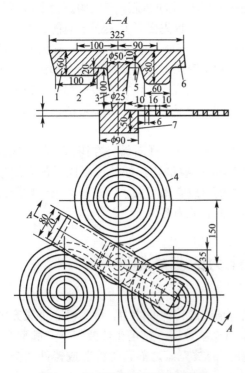

图 3.1　螺旋形流动性试样示意图
1—浇口杯；2—低坝；3—直浇道；
4—螺旋形；5—高坝；6—溢流道；7—全压井

简单、易操作、灵敏度高、对比形象、可供金属液流动相当长的距离(如 1.5m),而铸型的轮廓尺寸并不太大。其缺点是金属流线弯曲,沿途阻力损失较大,流程越长,散热越多,故金属的流动条件和温度条件都在随时改变,这必然影响到所测流动性的准确度;各次试验所用铸型条件也很难精确控制;每做两次试验要造一次铸型。在生产和科研中螺旋形试样应用较多。表 3-2 为一些合金的流动性数据。

表 3-2 一些合金的流动性(螺旋形试样,沟槽断面 8mm×8mm)

合 金	造型材料	浇铸温度/℃	螺旋线长度/mm
铸铁(ω_{C+Si}=6.2%) (ω_{C+Si}=5.9%) (ω_{C+Si}=5.2%) (ω_{C+Si}=4.2%)	砂型	1300	1800 1300 1000 600
铸钢(ω_C=0.1%)	砂型	1600 1640	100 200
铝硅合金	金属型(300℃)	680~720	700~800
镁合金(Mg-Al-Zn)	砂型	700	400~600
锡青铜(ω_{Sn}=9%~11% ω_{Zn}=2%~4%) 硅黄铜(ω_{Si}=1.5%~4.5%)	砂型	1040 1100	420 1000

目前,在科学研究中真空试样的应用也有发展,如图 3.2 所示。它的优点是铸型条件和液态金属的充型压头稳定,真空度可以随液态金属的密度不同而改变,使各种金属能在相同的压头下填充,从而增加了试验结果的可比性,还可以观察充填过程,记录流动长度与时间的关系。

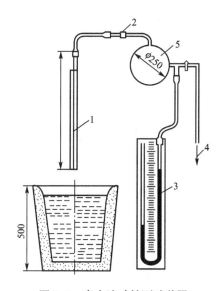

图 3.2 真空流动性测试装置

1—石英玻璃管;2—阀;3—真空压力计;4—抽真空系统;5—真空室

3.2 液态金属的停止流动机理和充型能力计算

3.2.1 液态金属的停止流动机理

图 3.3 为 Al-Sn 合金的平衡状态图。取纯铝（$w_{Al}=99.99\%$）和 Al-Sn 5% 两种金属浇注流动性试样。Al-Sn5% 合金的结晶温度范围约为 430℃。

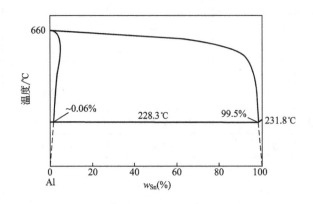

图 3.3　Al-Sn 合金状态图

通过分析纯铝和 Al-Sn 5% 合金流动性试样纵剖面上的宏观组织。发现纯金属流动性试样的宏观组织是柱状晶，试样的末端有缩孔。这说明液态金属停止流动时，其末端仍保持有热的金属液。停止流动的原因，是末端之前的某个部位从型壁向中心生长的柱状晶相接触，金属的流动通道被堵塞。而 Al-Sn 5% 合金流动性试样的宏观组织是等轴晶，离入口处越远，晶粒越细，试样前端向外突出。由此可以判断，液态金属的温度是沿程下降的，液流前端；冷却最快，首先结晶，当晶体达到一定数量时，便结成了一个连续的网络，发生堵塞，停止流动。

上述两种金属由于结晶特点不同，从而造成的两种不同的停止流动机理。具体分析如下。

图 3.4 为纯金属、共晶成分的合金和结晶温度范围很窄的合金停止流动机理示意图。在金属的过热量未散失尽之前为纯液态流动(图 3.4(a))，为第Ⅰ区。金属液继续流动，冷的前端在型壁上凝固结壳(图 3.4(b))，而后的金属液是在被加热了的沟道中流动，冷却强度下降。由于液流通道Ⅰ区终点时，尚具有一定的过热度，将已凝固的壳重新熔化，为第Ⅱ区。所以，该区是先形成凝固壳，又被完全熔化。第Ⅲ区是未被完全熔化而保留下来的一部分固相区，在该区的终点金属液耗尽了过热热量。在第Ⅳ区里，液相和固相具有相同的温度-结晶温度。由于在该区的起点处结晶开始较早，断面上结晶完毕也较早，往往在它附近发生堵塞(图 3.4（c）)。这类金属的流动性与固体层内表面的粗糙度、毛细管阻力及在结晶温度下的流动能力有关。

图 3.5 为结晶温度范围很宽的合金的停止流动机理示意图。在过热热量未散失尽之前，金属液也以纯液态流动。当温度下降到液相线以下时，液流中析出晶体，顺流前进，

并不断长大。液流前端不断与冷的型壁接触,冷却最快,晶粒数量最多,使金属液的黏度增加,流速减慢。当晶粒数量达到一临界数量时,便形成一个连续的网络,液流的压力不能克服此网络的阻力时就停止流动。

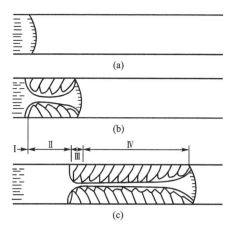

图 3.4　窄结晶温度范围的合金停止流动机理　　图 3.5　宽结晶温度范围的合金停止流动机理

3.2.2　液态金属充型能力的计算

液态金属在过热情况下充填型腔,与型腔之间发生着强烈的热交换,是一个不稳定的传热过程。因此,液态金属对型腔的充填也是一个不稳定的流动过程。由于影响过程的因素很多,难以从理论上准确计算。以下介绍一种计算方法,仅是半定量地表述了液态合金的充型能力。

假设用某合金浇一水平圆棒形试样,在一定的浇注条件下合金的充型能力以其能流过的长度 l 来表示(图 3.6)。其值为

$$l = vt \quad (3-1)$$

式中,v 为在静压头 H 作用下液态金属在型腔中的平均流速;t 为液态金属自进入型腔到停止流动的时间。

从水力学中已知

$$v = \mu\sqrt{2gH} \quad (3-2)$$

式中,H 为液态金属的静压头;μ 为流量消耗系数。

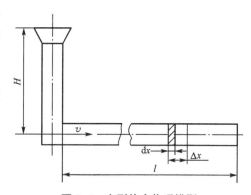

图 3.6　充型能力物理模型

关于流动时间的计算,液态金属不同的凝固方式和停止流动机理则有不同的计算方法。宽凝固范围,即体积凝固方式的合金,其液流前端不断地与冷的型壁表面接触。在第一阶段,液态合金只是温度不断地降低直至液相线温度,在此阶段液态合金的流动性很好。在第二阶段,即由液相线温度至固相线温度间的凝固区,一方面温度继续降低,另一方面不断地结晶出固相。在液流前端阻塞区 Δx 范围内,当其固相量达到某一临界值时,则停止流动,故总的停止流动时间为两阶段的时间之和。在这种情况下,可应用牛顿定律建立热平衡方程求解。为使问题简化,对过程作如下假设:①自进入型腔直至停止流动的

时间内，型腔与液态金属的接触表面温度不变；②液态金属在型腔中以等速流动；③流体横断面上各点温度是均匀的；④热量只按垂直于型壁的方向传导，表面无热辐射，沿液流方向无热流。

设液态金属停止流动的时间为 t，则可由前述两个阶段的热平衡方程式求得。

第一阶段液态金属的流动时间 t' 的求解：距液流端部 Δx 的 dx 元段，在 dt 时间内通过表面积 dA 所散发出的热量，等于该时间内液态金属温度下降 dT 放出的热量，其热平衡方程式为

$$\alpha(T-T_{型})dAdt = -dV\rho_1 c_1 dT \tag{3-3}$$

式中，T 为 dx 元段的金属温度（℃）；$T_{型}$ 为铸型的初始温度（℃）；dA 为 dx 元段与型腔接触的表面面积（m²）；dV 为 dx 元段的体积（m³）；t 为时间（s）；ρ_1 为液体金属的密度（kg/m³）；c_1 为液态金属的比热容（J/(kg·℃)）；α 为换热系数（W/(m²·℃)）。式（3-3）可写为：

$$dt = -\frac{F\rho_1 c_1}{P\alpha}\frac{dT}{(T-T_{型})} \tag{3-4}$$

$t=\Delta x/v$，$T=T_{浇}$；$T=T_L$，$t=t_L$ 积分得

$$t_L = \frac{F\rho_1 c_1}{P\alpha}\ln\frac{T_{浇}-T_{型}}{T_L-T_{型}} + \frac{\Delta x}{v} \quad t' = t_L - \frac{\Delta x}{v} = \frac{F\rho_1 c_1}{P\alpha}\ln\frac{T_{浇}-T_{型}}{T_L-T_{型}} \tag{3-5}$$

式中，T_L 为合金液相线温度；$T_{浇}$ 为合金的浇注温度；F 为试样的断面积；P 为断面积 F 的周长。

第二阶段液态金属的流动时间 t'' 的求解：金属液继续向前流动时开始析出固相。此时，金属液放出的热量包括降温和潜热两部分所组成，其热平衡方程式为

$$\alpha(T-T_{型})dAdt = -dV\rho_1^* c_1^* dT \tag{3-6}$$

式中，ρ_1 为合金在 T_L 到 T_K 温度（停止流动温度）范围的密度，近似地 $\rho_1^* = \rho_1$；c_1^* 为合金在 T_L 到 T_K 温度范围内的当量比热容，近似地取

$$c_1^* = c_1 + \frac{KL}{T_L - T_K} \tag{3-7}$$

式中，T_K 为液态金属停止流动时的温度；K 为液态金属停止流动时，液流前端析出的晶体数量；L 为金属的结晶潜热。

上述微分式可变为

$$dt = -\frac{F\rho_1 c_1^*}{P\alpha}\frac{dT}{(T-T_{型})} \tag{3-8}$$

边界条件为

$t=t_L$，$T=T_L$；$t=t_{停}$，$T=T_K$

$$t_{停} = \frac{F\rho_1 c_1^*}{P\alpha}\ln\frac{T_L-T_{型}}{T_K-T_{型}}T + t_L \tag{3-9}$$

$$t'' = t_{停} - t_L$$

总的流动时间为：

$$t = t' + t''$$
$$= \frac{F\rho_1}{P\alpha}\left(c_1^*\ln\frac{T_L-T_{型}}{T_K-T_{型}} + c_1\ln\frac{T_{浇}-T_{型}}{T_L-T_{型}}\right) \tag{3-10}$$

将 $\ln x$ 按级数展开，并略去高次无穷小项，即 $\ln x \approx x-1$，所以

$$\ln\frac{T_L-T_型}{T_K-T_型} \approx \frac{T_L-T_K}{T_K-T_型}$$

$$\ln\frac{T_浇-T_型}{T_L-T_型} \approx \frac{T_浇-T_L}{T_L-T_型}$$

(3-11)

式(3-11)中 T_L 和 T_k 的值比较接近，故可近似认为

$$\frac{T_L-T_K}{T_K-T_型} \approx \frac{T_L-T_K}{T_L-T_型}$$

(3-12)

将上述简化处理式带入的 l 表达式得

$$l = \mu\sqrt{2gH}\frac{F\rho_1}{P\alpha}\frac{KL+c_1(T_浇-T_K)}{T_L-T_型} \quad (3-13)$$

在有涂料的情况下(图3.7)，换热系数 α 可按式(3-14)计算(涂料层视作薄壁)。

$$\frac{1}{\alpha} = \frac{1}{\alpha_1} + \frac{x_涂}{\lambda_涂} + \frac{1}{\alpha_2} \quad (3-14)$$

式中，α_1 为铸件侧的换热系数(W/(m²·℃))；$x_涂$ 为涂料层的厚度(m)；$\lambda_涂$ 为涂料层的导热系数(W/(m·℃))；α_2 为铸型侧的换热系数(W/(m²·℃))。

上式半定量地描述了液态金属的充型性能，可见它与液态金属和型腔的性质、浇注条件、型腔的结构形状等因素有关。

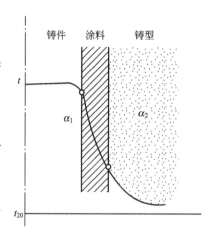

图3.7 铸件-涂料层-铸型间的换热

3.3 影响充型能力的因素及提高充型能力的措施

如前所推导，液态金属的充型能力 l 为平均流速 v 和流动时间 t 的乘积。因此，影响充型能力的因素是通过两个途径发生作用的：影响金属与铸型之间热交换条件，而改变金属液的流动时间；影响金属液在铸型中的水动力学条件，而改变金属液的流速。但是，由于液态金属与铸型之间是一个不稳定的热交换过程，故有些因素既影响流动时间，也影响流速，不能截然划分。

由式（3-13）可看出，影响液态金属充型能力的因素很多。为便于分析，将所有的因素(包括式中未计入的)归纳为如下四类。

第Ⅰ类因素——金属性质方面的因素，具体如下。
(1) 金属的密度 ρ_1，单位为 kg/m³。
(2) 金属的比热容 c_1，单位为 J/(kg·℃)。
(3) 金属的导热系数 λ_1，单位为 W/(m·℃)。
(4) 金属的结晶潜热 L，单位为 J/kg。
(5) 金属的动力黏度 η，单位为 N·s/m。
(6) 金属的表面张力 σ，单位为 N/m。
(7) 金属的结晶特点。

第Ⅱ类因素——铸型性质方面的因素，具体如下。
(1) 铸型的蓄热系数 b_2，单位为 J/(m²·℃·s^{1/2})。

(2) 铸型的密度 ρ_2，单位为 kg/m^3。

(3) 铸型的比热容 c_2，单位为 $J/(kg \cdot ℃)$。

(4) 铸型的导热系数 λ_2，单位为 $W/(m \cdot ℃)$。

(5) 铸型的温度，单位为℃。

(6) 铸型的涂料层。

(7) 铸型的发气性和透气性。

第Ⅲ类因素——浇注条件方面的因素，具体如下。

(1) 液态金属的浇注温度 $T_{浇}$，单位为℃。

(2) 液态金属的静压头 H。

(3) 浇注系统中压头损失总和 $\sum h_{浇}$。

(4) 外力场(压力、真空、离心、振动等)。

第Ⅳ类因素——铸件结构方面的因素，具体如下。

(1) 铸件的折算厚度 R，$R = \dfrac{V}{S}$。

(2) 由铸件结构所规定的型腔的复杂程度引起的压头损失 $\sum h_{型}$。

应该指出，任何铸件的形成过程都是将具有一定成分的液态金属浇入铸型，在铸型中凝固冷却而获得合格铸件的过程，和试样形成过程的实质是相同的。因此，以上所列举的因素，不仅对充型过程发生作用，而且在铸件形成的其他阶段也发生不同的作用。将所有因素按其性质划分为四类，在分析问题时，就可以逐类考虑各因素的作用，避免顾此失彼，或者由于影响因素繁多，而显得杂乱无章。

对影响因素进行分析，其目的在于掌握它们的规律以后，能够采取有效的工艺措施提高液态金属的充型能力。

上列因素中主要因素的影响作用及提高充型能力的相应措施如下。

3.3.1 金属性质方面的因素

这类因素是内因，决定了金属本身的流动能力——流动性。

1. 合金的成分

图 3.8 和图 3.9 分别是 Pb-Sn、Sb-Cd 合金流动性与成分的关系。可以看出，合金的流动性与其成分之间存在着一定的规律性。在流动性曲线上，对应着纯金属、共晶成分和金属间化合物的地方出现最大值，而有结晶温度范围的地方流动性下降，且在最大结晶温度范围附近出现最小值。合金成分对流动性的影响，主要是通过成分对合金的凝固特点影响不同造成的。可根据前述的液态金属停止流动机理进行分析。

图 3.10 所示为 Fe-C 合金流动性和成分的关系，也具有同样的规律性。纯铁的流动性好，随碳量的增加，结晶温度范围扩大，流动性下降，在 $w_C = 2.11\%$ 附近，结晶温度范围最大，在液相线以上过热度相同的情况下，流动性最差。

在亚共晶铸铁中，越接近共晶成分，流动性越好，共晶成分铸铁的流动性最好。这是因为含碳量越低，结晶温度范围越宽，初生奥氏体枝晶就越发达，数量不多的奥氏体枝晶，即足以阻塞液流的流动。共晶铸铁的结晶组织比较细小，凝固层的表面平整，流动阻力小，而且共晶成分铁液浇注温度低，向铸型散热慢，流动时间也较长，所以流动性最好。

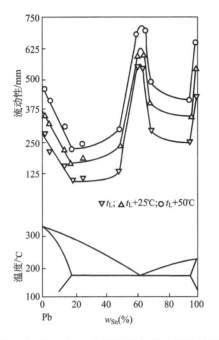
图 3.8 Pb-Sn 合金流动性与状态图的关系

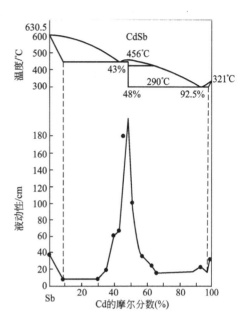
图 3.9 Sb-Cd 合金流动性与状态图的关系

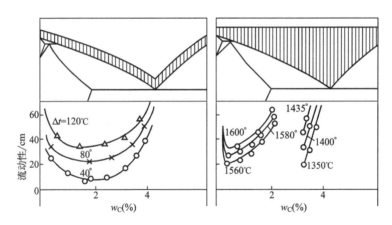
图 3.10 Fe-C 合金流动性和成分的关系

当碳含量增加时，亚共晶铸铁的液相线温度下降，在相同的浇注温度下，铁液的流动性随碳量增加而迅速提高。

铸铁的结晶温度范围一般都比铸钢的宽，但铸铁的流动性却比铸钢的好，这是由于铸钢的熔点高，钢液的过热度一般都比铸铁的小，维持液态的流动时间就要短；另外，由于钢液的温度高，在铸型中散热速度大，很快就析出一定数量的枝晶，使钢液失去流动能力。高碳钢的结晶温度范围虽然比低碳钢的宽，但是由于液相线温度低，容易过热，所以实际流动性并不比低碳钢差。以上是对 Fe-C 合金流动性与状态图之间关系的分析，其他元素对流动性的影响如下所述。

铸铁中磷含量增加，液相线温度下降，铁液黏度下降；由于磷共晶增加，固相线温度也下降，因此可以提高流动性。但是，磷含量增加使铸铁变脆。通常不采用增加磷含量提高铸铁的流动性。对于艺术品铸件，因不承受载荷，只要求轮廓清晰，花纹清楚，而铁液要求有很好的充型能力，这时可适当增加磷的含量。图 3.11 为铸铁的流动性与含磷量的关系。

铸铁中硅的作用和碳相似，硅含量增加，液相线温度下降。因此，在同一过热度下，铸铁的流动性随硅含量增加而提高，如图 3.12 所示。

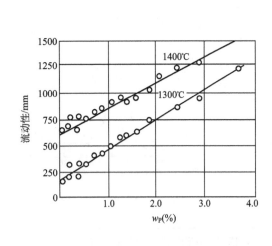

图 3.11　铸铁的流动性与含磷量的关系

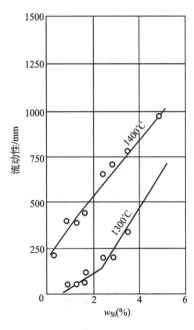

图 3.12　铸铁的流动性与含硅量的关系

当锰的质量分数低于 0.25% 时，锰本身对铸铁的流动性没有影响。但是，当含硫量增加时，一方面会产生较多的 MnS 夹杂物，悬浮在铁液中，增加铁液的黏度；另一方面，含硫量越高，越易形成氧化膜，致使铁液流动性降低。

镍和铜降低铸铁的液相线温度，而稍许提高其流动性，铬提高液相线温度，而使流动性下降。但是，这些元素在一般含量(质量分数小于 1%)情况下，对流动性的影响不明显。

在化学成分和浇注温度相同的情况下，稀土镁球墨铸铁的流动性比灰铸铁好。这是由于稀土镁有脱硫、去气和排除非金属夹杂物使铁液净化的作用，但是原铁液经球化处理后，温度下降很多。若原铁液温度较低、含硫高，则其流动性比普通铸铁要差。

当硅含量小于 0.6% 时，提高硅含量，钢液的流动性增加。当锰含量小于 2% 时，对钢液流动性的影响不明显，在 2%～14% 之间，使流动性提高。

当钢液中的磷含量超过 0.05% 时，提高其流动性，但是使铸件变脆，随碳含量的增加，这种现象更为严重。硫能形成难熔的 MnS、Al_2S_3 等夹杂物，使流动性下降。当铬含量大于 1.5% 时，降低钢液的流动性。在钢的所有元素中，铜最有利于提高流动性。

2. 结晶潜热

结晶潜热占液态金属热含量的 85%～90%，但是它对不同类型合金的流动性影响是不同的。

纯金属和共晶成分的合金在固定温度下凝固，在一般的浇注条件下，结晶潜热的作用能够发挥,是估计流动性的一个重要因素。凝固过程中释放的潜热越多,则凝固进行得越缓慢,流动性就越好。将具有相同过热度的纯金属浇入冷的金属型试样中,其流动性与结晶潜热相对应:Pb 的结晶潜热最小,故流动性最差;Al 的结晶潜热最大,故流动性最好;Zn、Sb、Cd、Sn 依次居于中间,如图 3.13 所示。

对于结晶温度范围较宽的合金,散失一部分(约 20%)潜热后,晶粒就连成网络而阻塞流动,大部分结晶潜热的作用不能发挥,所以对流动性影响不大。但是,也有例外的情况,当初生晶为非金属,或者合金能在液相线温度以下以液固混合状态,在不大的压力下流动时,结晶潜热则可能是个重要的因素。例如,在相同的过热度下 Al-Si 合金的流动性,在共晶成分处并非最大值,而在过共晶区里继续增加(图 3.14),就是因为初生硅相是比较规整的块状晶体,且具有较小的强度,不形成坚强的网络,能够以液固混合状态在液相线温度以下流动,结晶潜热得以发挥。硅相的结晶潜热为 $141×10^4$ J/kg,比 α 相约大 3 倍。此外,图 3.15 还表明,和亚共晶合金对比,当析出相同数量的固相量时,过共晶合金具有较高的实际过热度。

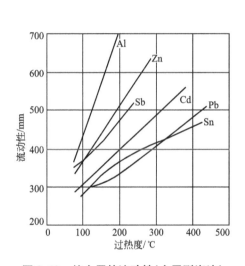

图 3.13 纯金属的流动性(金属型浇注)

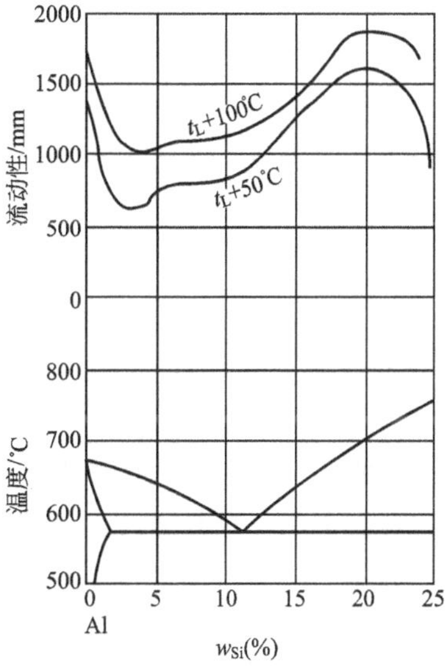

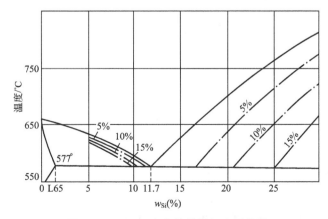

图 3.14 Al-Si 合金的流动性与成分的关系

图 3.15 Al-Si 合金的等量初生晶曲线

由于较大的结晶潜热而使流动性在过共晶区继续增长的情况,据目前的资料,只有铸铁(石墨的潜热为 383×10^4 J/kg,比铁大 14 倍)、Pb-Sb 和 Al-Si 合金。

综上所述,结晶潜热相对合金的结晶特性而言,是一个次要的因素,而结晶特性对流动性的作用是主导的。

3. 金属的比热容、密度和导热系数

比热容和密度较大的合金,因其本身含有较多的热量,在相同的过热度下,保持液态的时间长,流动性好。导热系数小的合金,热量散失慢,保持流动的时间长;导热系数小,在凝固期间液固并存的两相区小,流动阻力小,故流动性好。

金属中加入合金元素后,一般都使导热系数明显下降。但是,有时加入合金元素后初晶组织发生变化,反而使流动性下降。例如,在 Al 合金中加入少量的 Fe 或 Ni,合金的初晶变为发达的枝晶,并出现针状 $FeAl_3$,流动性显著下降。在 Al 合金中加入 Cu,结晶温度范围扩大,也降低流动性。

4. 液态金属的黏度

液态金属的黏度与其成分、温度、夹杂物的含量和状态等有关。根据水力学分析,黏度对层流运动的流速影响较大;对紊流运动的流速影响较小。实际测得,金属液在浇注系统中或在试样中的流速,除停止流动前的阶段外都大于临界速度,是紊流运动。在这种情况下,黏度对流动性的影响不明显。在充型最后很短的时间内,由于通道截面积缩小,或由于液流中出现液固混合物时,特别是在此时因温度下降而使黏度显著增加时,黏度对流动性才表现出较大的影响。

5. 表面张力

造型材料一般不被液态金属润湿,即润湿角 $\theta>90°$。因此,液态金属在铸型细薄部分的液面是凸起的,而由表面张力产生一个指向液体内部的附加压力,阻碍对该部分的充填。所以,表面张力对薄壁铸件、铸件的细薄部分和棱角的成形有影响。型腔越细薄,棱角的曲率半径越小,表面张力的影响越大。为克服附加压力的阻碍,必须在正常的充型压头上增加一个附加压头 h。

【例】 铸铁件某细薄部分的曲率半径 $r=1$mm,铸件中碳的质量分数 $w_C=3.3\%$,表面张力 $\sigma=1.2$N/m,当浇注温度 $T_{浇}=1380℃$时,铁水的密度 $\rho=7000$kg/m³,并假设对铸型完全不润湿,即润湿角 $\theta=180°$,求附加压头 h。

$$h=\frac{2\sigma\cos\theta}{\rho g r}=\frac{2\times1.2\times(-1)}{7000\times9.81\times0.001}=-0.035\text{m}$$

可见,附加压头的数值很小,在一般情况下可不予考虑。

图 3.16 为 Al-Si 合金充填铸型尖角处的能力 ϕ 与合金的表面张力 σ、运动黏度 ν 的关系。该充填能力 ϕ 与随成分变化的 σ 和 ν 的倒数有很好的吻合。

液态金属充填铸型尖角处的能力除与 σ 有关外,还与铸型的激冷能力有关。在激冷作用较大的铸型中,可在合金中加入表面活性元素或采用特殊涂料降低 σ 或润湿角 θ。在激冷能力较小或预热的铸型中,如果浇注终了在尖角处合金仍为液态,直浇道中的压头则能克服附加压力,而获得足够清晰的铸件轮廓。

如果液态金属表面上有能溶解的氧化物,如铸铁和铸钢中的氧化亚铁,则润湿铸型。

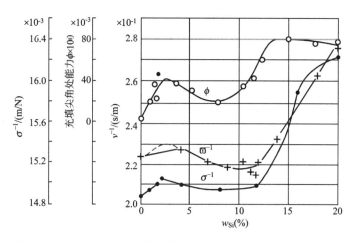

图 3.16　Al–Si 合金 ϕ 与合金的表面张力 σ、运动黏度 v 的关系

这时附加压力是负值,有助于金属液向细薄部分充填,同时也有利于金属液向铸型砂粒之间的孔隙中渗透,促进铸件表面粘砂的形成。

综上所述,为提高液态金属的充型能力,在金属方面可采取以下措施。

(1) 正确选择合金的成分。在不影响铸件使用性能的情况下,可根据铸件大小、厚薄和铸型性质等因素,将合金成分调整到实际共晶成分附近,或选用结晶温度范围小的合金。对某些合金进行变质处理使晶粒细化,也有利于提高其充型能力。

(2) 合理的熔炼工艺。正确选择原材料,去除金属上的锈蚀、油污,熔剂烘干;在熔炼过程中尽量使金属液不接触或少接触有害气体;对某些合金充分脱氧或精炼去气,减少其中的非金属夹杂物和气体。多次熔炼的铸铁和废钢,由于其中含有较多的气体,应尽量减少用量。

当对钢液进行脱氧时,先加硅铁后再加锰铁会形成大量细小的尖角形 SiO_2,不易清除,钢液流动性很差。先加锰铁后再加硅铁是正确的,脱氧产物主要是低熔点硅酸盐,数量较少,也容易清除,钢液的流动性好(表 3–3)。

表 3–3　脱氧方法对钢液充型能力的影响

脱氧方法	浇注温度/℃	螺旋线长度/mm	非金属夹杂物总量（质量分数）
先加硅铁	1560	57	
	1650	66	0.0193%
后加锰铁	1670	68	
先加锰铁	1590	154	
后加硅铁	1635	158	0.0062%

"高温出炉,低温浇注"是一项成功的生产经验。高温出炉能使一些难熔的固体质点熔化,未熔的质点和气体在浇包中镇静阶段有机会上浮而使金属净化,从而提高金属液的流动性。图 3.17 为金属液的过热度与流动性的关系。

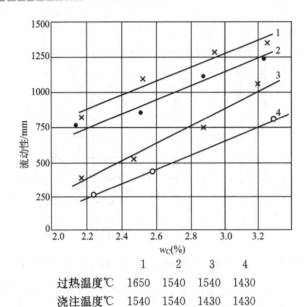

图 3.17 铁液的过热度与流动性的关系

	1	2	3	4
过热温度/℃	1650	1540	1540	1430
浇注温度/℃	1540	1540	1430	1430

3.3.2 铸型性质方面的因素

铸型的阻力影响金属液的充型速度，而铸型与金属的热交换强度影响金属液保持流动的时间。所以，铸型性质方面的因素对金属液的充型能力有重要的影响。同时，通过调整铸型性质来改善金属的充型能力，也往往能得到较好的效果。

1. 铸型的蓄热系数

铸型的蓄热系数 b_2 表示铸型从其中的金属液中吸取并储存于本身中热量的能力。蓄热系数越大，铸型的激冷能力就越强，金属液于其中保持液态的时间就越短，充型能力下降。表3-4为几种铸型材料的蓄热系数。

表 3-4 几种铸型材料的蓄热系数

材料	温度/℃	密度 ρ_z/(kg/m³)	比热 C_2/[J/(kg·℃)]	导热系数 λ_2/[W/(m·℃)]	蓄热系数 b_2(×10⁴)/[J/(m²·℃·s^{\frac{1}{2}})]
钢	20	8930	385.2	392	3.67
铸铁	20	7200	669.9	37.2	1.34
铸钢	20	7850	460.5	46.5	1.3
人造石墨		1560	1356.5	112.8	1.55
镁砂	1000	3100	1088.6	3.5	0.344
铁屑	20	3000	1046.7	2.44	0.28
黏土型砂	20	1700	837.4	0.84	0.11
黏土型砂	900	1500	1172.3	1.63	0.17

(续)

材　料	温度/℃	密度 ρ_2/ (kg/m³)	比热 C_2/ [J/(kg·℃)]	导热系数 λ_2/ [W/(m·℃)]	蓄热系数 $b_2(\times 10^4)$/ [J/(m²·℃·s$^{\frac{1}{2}}$)]
干砂(50/100)	900	1700	1256	0.58	0.11
湿砂(50/100)	20	1800	2302.7	1.28	0.23
耐火黏土	500	1845	1088.6	1.05	0.145
锯末	20	300	1674.7	0.174	0.0296
烟黑	500	200	837.4	0.035	0.0076

在金属型铸造中，经常采用涂料调整其蓄热系数。为使金属型浇口和冒口中的金属液缓慢冷却，常在一般的涂料中加入 b_2 很小的石棉粉。

在砂型铸造中，利用烟黑涂料解决大型薄壁铝镁合金铸件的成形问题，已在生产中收到效果。砂型的 b_2 与造型材料的性质、型砂成分的配比、砂型的紧实度等因素有关。

2. 铸型的温度

预热铸型能减小金属与铸型的温差，从而提高其充型能力。例如，在金属型中浇注铝合金铸件，将铸型温度由 340℃ 提高到 520℃，在相同的浇注温度(760℃)下，螺旋线长度由 525mm 增加到 950mm。当用金属型浇注灰铸铁件时，铸型的温度不但影响充型能力，而且影响铸件是否出现白口组织。在熔模铸造中，为得到清晰的铸件轮廓，可将型壳焙烧到 800℃ 以上进行浇注。

3. 铸型中的气体

铸型有一定的发气能力，能在金属液与铸型之间形成气膜，可减小流动的摩擦阻力，利于充型(表 3-5)。

表 3-5　湿砂型和干砂型中钢液流动能力的比较

螺旋线长度 l/mm ＼ 浇注温度 $t_{浇}$/℃	1570	1600	1625	1650
干砂型	515	575	600	665
湿砂型	580	700	750	775

根据实验，当湿型中加入质量分数小于 6% 的水和小于 7% 的煤粉时，液态金属的充型能力提高，高于此值时型腔中气体反压力增大，充型能力下降，如图 3.18 所示。型腔中气体反压力较大的情况下，金属液可能浇不进去，或者浇口杯、顶冒口中出现翻腾现象，甚至飞溅出来伤人。所以，铸型中的气体对充型能力影响很大。

减小铸型中气体反压力的途径有两条：①适当降低型砂中的含水量和发气物质的含量，即减小砂型的发气性；②提高砂型的透气性，在砂型上扎通气孔，或在离浇注端最远或最高部位设通气冒口，增加砂型的排气能力。

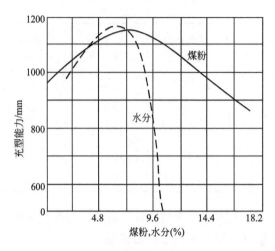

图 3.18　铸型中水分和煤粉含量对低硅铸铁充型能力的影响

3.3.3　浇注条件方面的因素

1. 浇注温度

浇注温度对液态金属的充型能力有决定性的影响。浇注温度越高，充型能力越好，如图 3.19 所示。在一定温度范围内，充型能力随浇注温度的提高而直线上升。当超过某界限后，由于金属液吸气多，氧化严重，充型能力的提高幅度越来越小。在比较低的浇注温度下，铸钢的流动性随碳量增加而提高，当浇注温度提高时，碳的影响减弱。

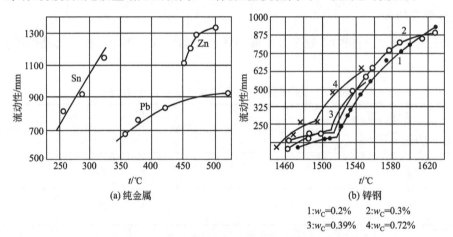

(a) 纯金属　　　　　　(b) 铸钢

1: w_C=0.2%　　2: w_C=0.3%
3: w_C=0.39%　　4: w_C=0.72%

图 3.19　液态金属的充型能力与浇注温度的关系

对于薄壁铸件或流动性差的合金，利用提高浇注温度改善充型能力的措施，在生产中经常采用，也比较方便。但是，随着浇注温度的提高，铸件一次结晶组织粗大，容易产生缩孔、缩松、粘砂、热裂纹等缺陷，因此必须综合考虑。

根据生产经验，一般铸钢的浇注温度为 1520～1620℃，铝合金的浇注温度为 680～780℃。薄壁复杂铸件取上限，厚大铸件取下限。

2. 铸型压头

液态金属在流动方向上所受的压力越大,充型能力就越好。在生产中,用增加金属液静压头的方法提高充型能力,也是经常采取的工艺措施。用其他方式外加压力,如压铸、低压铸造、真空吸铸等,也都能提高金属液的充型能力。

金属液的充型速度要合适,当过高时,不仅要发生喷射和飞溅现象,使金属氧化和产生"铁豆"缺陷,而且型腔中气体来不及排出,反压力增加,还造成浇不足或冷隔缺陷。

3. 浇注系统的结构

浇注系统的结构越复杂,流动阻力越大,在静压头相同的情况下,充型能力就越差。在铝镁合金铸造中,为使金属流动平稳,常采用的蛇形、片状直浇道,流动阻力大,充型能力显著下降。在铸件上常用的阻流式、缓流式浇注系统也影响金属液的充型能力。浇口杯对金属有净化作用,但是其中的液态金属散热很快,使充型能力降低。

在设计浇注系统时,必须合理地布置内浇道在铸件上的位置,选择恰当的浇注系统结构和各组元(直浇道、横浇道和内浇道)的断面积。否则,即使金属液有较好流动性,也会产生浇不足、冷隔等缺陷。

3.3.4 铸件结构方面的因素

衡量铸件结构特点的因素是铸件的折算厚度 $R\left(R=\dfrac{V}{S}\right)$ 和复杂程度,它们决定了铸型型腔的结构特点。

1. 折算厚度(换算厚度、当量厚度、模数)

如果铸件的体积相同,在同样的浇注条件下,折算厚度大的铸件,由于它与铸型的接触表面积相对较小,热量散失比较缓慢,则充型能力较强。铸件的壁越薄,折算厚度就越小,就越不容易被充满。

各种几何体的折算厚度:

球体:$d/6$

圆柱体:$d/6(h=d)$

立方体:$a/6$

无限长立方截面棒:$a/4$

无限长圆柱棒:$d/4$

半无限大平面:$t/2$

当铸件壁厚相同时,在铸型中水平壁和垂直壁相比较,垂直壁液面上升速度较大,容易充满,如图 3.20 所示。因此,对薄壁铸件应正确选择浇注位置。

图 3.21 为盖类铸件的 3 种浇注方案。方案(a)薄壁处于垂直位置,容易充满,但是工艺上要平做立浇,操作麻烦。方案(b)薄壁处于水平位置,又在上箱,静压头比较小,容易出现冷隔和浇不足缺

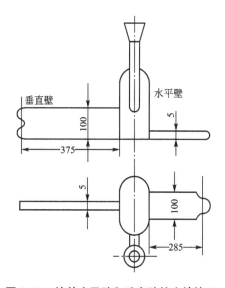

图 3.20 铸件水平壁和垂直壁的充填情况

陷。方案(c)薄壁主要部分在下箱，虽然是水平壁，但是金属液自上而下流动，而且增加了静压头，不易出现缺陷。

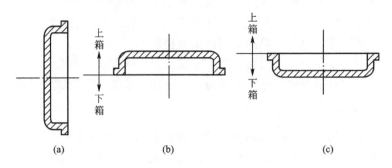

图 3.21　盖类铸件的不同浇注方案

2. 铸件的复杂程度

若铸件结构复杂、厚薄部分过渡面多，则铸型型腔结构复杂，流动阻力大，铸型的充填就困难。

以上将影响液态金属充型能力的因素划分四类，并对主要因素进行了分析，指出了提高充型能力的途径。由于影响因素很多，在实际中它们又是错综复杂的，必须根据具体情况进行分析，考虑所有因素之后，找出其中的主要矛盾，针对主要矛盾采取措施，就能有效地提高充型能力，防止和消除浇不足和冷隔缺陷，提高铸件的质量。

1. 试述液态金属的充型能力和流动性之间在概念上的区别，并举例说明。影响流动性和充型能力的工艺因素有哪些？

2. 常用的流动性试验有哪些？螺旋形试样的优缺点各是什么？用螺旋形试样测定合金的流动性时，为了使测得的数据稳定和重复性好，应控制哪些因素？

3. 碳钢（$w_C=0.25\%\sim0.4\%$）流动性螺旋试样流束前端常出现豌豆形突出物，经化学分析，S、P 含量较高，试解释生成原因。

4. Al-Mg 合金机翼（壁厚为 3mm，长 1500mm）其铸造工艺采用黏土砂型，常压下浇注，常因浇不足而报废。请指出采用哪些工艺措施可提高该铸件的成品率？

5. 欲铸造壁厚为 3mm、外形尺寸为 580mm×355mm×305mm 的箱体（材质为 ZL106），如何浇注更为合理？

6. 采用石膏铸型可生产出壁厚达 0.8mm 的铝合金铸件（石膏是绝热材料），但常出现浇不足，分析产生该缺陷的可能原因和消除方法。

7. 浇注一半径为 r 的细长圆棒，试证明液态金属在型腔流经 L 长时的温度降。

$$\Delta T=2\alpha(T_0-T_{型})L/r\rho_1 c_1 v$$

式中，v 为液态金属流速；T_0 为 $x=0$ 处的温度。

8. 为什么 Al-Si 合金最大流动性对应的成分不在共晶点？

9. 脱氧为什么先加锰后加硅？

第 4 章

凝固过程的热力学和动力学

本章教学要点

知识要点	掌握程度	相关知识
凝固过程的热力学基础	（1）理解常用的热力学参数 （2）理解状态函数及其各状态函数之间的关系 （3）理解自发过程的判断	（1）熵、焓、自由能的概念 （2）常用的热力学状态函数 （3）热力学定律 （4）自发过程的判断
凝固过程的热力学和动力学	（1）掌握凝固的热力学条件 （2）掌握均质形核和异质形核原理	（1）凝固的热力学条件 （2）均质形核、异质形核的临近晶核半径、形核功和形核速率
固-液界面的微观结构	（1）掌握光滑界面和粗糙界面的热力学判定 （2）熟悉固液界面的微观长大方式和长大速度	（1）微观界面结构的 Jackson 因子判定式 （2）连续长大和侧面长大机理及其长大速度的推导

导入案例

热力学四大基本定律

1. 热力学第零定律(热平衡传递性)

设 A、B、C 是 3 个处于任意平衡态的系统。若系统 A 与 B 相互热接触而平衡不被破坏，则 A、B 处于热平衡。同理，则 A、C 也热平衡。通过实验可发现，B、C 热接触，它们的平衡态也不会被破坏，则二者必定热平衡，这叫做热平衡的传递性。

由该定律可知：①处于热平衡的系统存在一个态函数——温度；②可以用温度计比较各个系统的温度。该定律是测温原理(和温度计)的来源。

2. 热力学第一定律(能量守恒定律，也表述为第一类永动机不可能)

系统不可能经历一个循环之后没有从外界吸收热量却对外界作了不等于 0 的功。换句话说，不可能让一个系统不消耗能量，却不断做功(即不存在第一类永动机——可以不消耗能量却不断对外做功的机器)。

3. 热力学第二定律

其具有以下两种等价表述。

(1) 克劳修斯表述：热量从低温向高温物体传递而不产生任何其他影响是不可能的。

(2) 开尔文表述：从单一热源吸收的热量全部转变为功，而不产生任何其他影响是不可能的(这里说的任何其他影响指除了对外界做功以外的影响)。克表述说的是，热传导过程不可逆，即没有外界做功(或其他影响)，热量不可能"自觉"的从低温物转向高温物；开表述说的是，功转变为热是不可逆过程。第二类永动机说的就是单源热机，所以第二定律又被表述为：第二类永动机不可能。虽然第二类永动机不违反第一定律，但是违反第二定律。第二定律说明：热现象的一切实际宏观过程都是不可逆的。一切不可逆的正过程可以自发进行(温度由高温到低温物，功变热)，但是其逆过程则不能自发进行。

4. 热力学第三定律(能斯特定律)

能斯特总结了大量低温下的化学反应实验，提出了关于确定熵常量的定理：当温度趋于绝对零度时，系统的熵趋近于一个极限值，该极限值可以取作 0，而与系统的其他状态参量无关。该定律有重要推论：用任何方法都不能使系统达到绝对零度。

凝固热力学和动力学的主要任务是研究液态金属(合金)由液态变成固态的热力学和动力学条件。凝固是体系自由能降低的自发过程，如果仅是如此，问题就简单多了。凝固过程中各种相的平衡产生了高能态的界面。这样，凝固过程中体系自由能一方面降低，另一方面又增加，而且阻碍凝固过程的进行。因此，当液态金属凝固时，必须克服热力学能障和动力学能障凝固过程才能顺利完成。

4.1 凝固的热力学基础

金属凝固过程可以用热力学原理来描述。热力学可以用于判断一个凝固过程是否可能发生,以及发生的程度如何。对于凝固过程的判断,同样也是使用热力学状态函数来进行的。本节主要涉及状态函数的概念、状态函数之间的关系及自发过程的判据。为下面学习凝固的形核与生长,创造必要的基础。

4.1.1 热力学的基本术语和概念

系统:具有指明界限与范围的研究对象。系统有下列几类。
(1) 敞开系统:与环境有物质交换也有能量交换。
(2) 封闭系统:与环境无物质交换有能量交换。
(3) 隔离系统:与环境无物质、能量交换。

环境:系统外与其密切相关的部分。

状态:由一系列表征体系性质的物理量(如温度、压力、形态等)所确定下来的体系的存在形式称为体系的状态。

始态:体系发生变化前的状态。

终态:体系发生变化后的状态。

状态函数:若决定体系某种性质的物理量仅与体系所处的状态有关,那么这一物理量称为状态函数。若体系的一个状态函数或几个状态函数发生了改变,则体系的状态也发生了变化。例如,某理想气体的物质的量 n、压强 p、体积 V、温度 T 就是体系的状态函数,理想气体的标准状况就是由这些状态函数确定下来的体系的一种状态。

状态方程:体系状态函数之间的定量关系式叫做状态方程。例如,理想气体方程式 $pV=nRT$ 就是一个状态方程。

一旦体系的始态和终态确定下来,各状态函数的改变量也就确定了。状态函数的改变量常用希腊字母 Δ 表示,如 Δp、ΔV、ΔT、Δn 等。一个状态函数就是体系的一种性质,体系的状态确定之后,它具有一定值,并且它与体系的过去历史无关。状态函数的特征:当体系的状态变化时,状态函数的改变量,只与体系的起始和最终状态有关,而与状态变化的具体途径无关。

过程:体系的状态发生变化,从始态变到终态,则说体系经历了一个热力学过程,简称过程。常见过程有下列几种。
(1) 恒压过程:体系的变化过程中始态、终态和外界压强保持恒定不变。
(2) 恒温过程:将发生反应的体系保持在恒温状态之下的这种过程叫做恒温过程。
(3) 恒容过程:体系的始态和终态保持体积不变。
(4) 绝热过程:变化过程中体系和环境之间没有热量传递。

途径:体系由始态到终态的变化过程可以采取多种不同的方式。每一种具体方式称为一种途径。

自发过程:从不平衡自发地移向平衡状态的过程,不可逆过程。

4.1.2 常用的热力学函数

描述金属凝固过程,可以采用热力学函数。但某些热力学函数,在描述过程变化的状态时,与过程所经历的"历程"有关。例如功,在纯做体积功时,某容器内的气体由状态1,即该状态下的压力及体积分别为 p_1、V_1 经过不同的路径,变到状态2,即压力为 p_2,

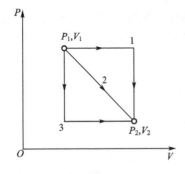

图 4.1 容器内气体压力做体积功的示意

体积为 V_2 的状态。当路径改变时(图 4.1),虽然,始态与终态系相同,压力所做的体积功必然不同。

$$\delta W = p dV$$

或

$$W = \int_{V_1}^{V_2} p(V) dV$$

此外,还有一类热力学函数,与过程经历的"历程"无关,只与研究体系所处的状态有关。人们把这类热力学函数,称为状态函数。讨论凝固过程常用的几个热力学函数有以下几个。

热(Q):系统与环境之间由于存在温差而传递的能量。热不是状态函数。规定:系统吸热 $Q>0$;系统放热 $Q<0$。

功(W):系统与环境之间除热之外以其他形式传递的能量。系统对环境做功,则 $W<0$(失功);环境对系统做功,则 $W>0$(得功)。

热力学能(U):系统内所有微观粒子的全部能量之和,也称内能。它包括分子运动的动能,分子间的位能以及分子、原子内部所蕴藏的能量。绝对值无法确定,热力学能变化只与始态、终态有关,与变化途径无关,$U_2-U_1=\Delta U$。U 是状态函数。

热力学第一定律:热力学定律的实质是能量守恒与转化定律。当一个封闭系统当状态微量改变时有

$$dU = \delta Q - \delta W$$

如果改变体积是做功的唯一形式,即 $\delta W = PdV$,则有

$$dU = TdS - PdV$$

焓(H):体系等压过程中热量的变化,用 H 来表示,$q_p = H_2 - H_1 = \Delta H$。

$$C_p = \left(\frac{\partial H}{\partial T}\right)_p$$

熵(S):体系热量和温度的商值,用 S 来表示。熵是体系混乱程度的量度,即组成体系的粒子越混乱,其熵值越大。

除上述基本热力学函数外,还有另外两个常用的状态函数,可用于判断体系过程进行的方向与限度。

(1) 吉布斯自由能(等压位),用 G 来表示,有时也叫自由焓。
(2) 亥姆霍兹自由能(等容位),用 F 来表示。

4.1.3 状态函数间的关系

焓 H 与内能 U 的关系为

$$H = U + pV \tag{4-1}$$

吉布斯自由能 G、焓 H 和熵 S 的关系为

$$G = H - TS \tag{4-2}$$

$$dG = dH - TdS$$

亥姆霍兹自由能 F、内能 U 和熵 S 的关系为

$$F=U-TS$$
$$\mathrm{d}F=\mathrm{d}U-T\mathrm{d}S \tag{4-3}$$

根据

$$G=pV+F$$

得

$$\mathrm{d}G=p\mathrm{d}V+\mathrm{d}F$$

4.1.4 自发过程的判断

当两种不同的气体相遇时，将自发地混合，直至形成完全均匀的混合气体；当不同温度的两个物体接触时，热将由高温的物体流向低温的物体，直到两个物体的温度相等，达到平衡态。因此，从不平衡态自发地移向平衡态的过程称为自发过程。在没有外界影响下，这个过程不可逆转，故自发过程又叫不可逆过程。

为判别系统的自发过程能否进行，有以下两个判据可供利用。

(1) 自由能最低原理：$\Delta F_{T,V} \leqslant 0$。

用文字来表述，即等温等容条件下体系的自由能永不增大；自发过程的方向力图减低体系的自由能，平衡的标志是体系的自由能为极小。

(2) 自由焓判据：$\Delta G_{T,p} \leqslant 0$。

有时人们把吉布斯自由能也叫自由焓。用文字表述，即等温等压条件下，一个只做体积功的体系，其自由焓永不增大；自发过程的方向是使体系自由焓降低，当自由焓减到极小值时，体系到达平衡。

运用自发过程判据，可判别一个凝固过程能否自发地进行，从而进一步了解形核与生长得以开展的热力学条件。

4.2 液态金属(合金)凝固热力学

4.2.1 液态金属(合金)凝固热力学条件

水冷却到0℃以下会结冰，液态金属(合金)从高温冷却到低温，也会发生从液态向固态转变的结晶过程，结晶是一个体系自由能降低的自发进行的过程。现以纯金属为例，进行说明。

由热力学状态函数间的关系，可导出下列关系。

$$\mathrm{d}G=V\mathrm{d}p-S\mathrm{d}T \tag{4-4}$$

金属结晶一般在恒压下进行，故式(4-4)又可简化为

$$\left(\frac{\partial G}{\partial T}\right)_p=-S \tag{4-5}$$

已知体系的熵恒为正值。对金属来说，温度升高时，其吉布斯自由能降低，降低速率取决于熵值大小。另一方面，液态金属属短程有序排列结构，紊乱度自然大于固态金属，故有高的熵值，其吉布斯自由能随温度上升而降低的速率高于固态金属。对式(4-5)求二阶偏导数，有

$$\left(\frac{\partial^2 G}{\partial T^2}\right)_p=-\left(\frac{\partial S}{\partial T}\right)_p \tag{4-6}$$

并利用基本关系式

$$dH = TdS + Vdp \tag{4-7}$$

等压条件下，式(4-7)第二项为零。
又知等压热容可表示为

$$C_p = \left(\frac{\partial H}{\partial T}\right)_p \tag{4-8}$$

于是有

$$\left(\frac{\partial^2 G}{\partial T^2}\right)_p = -\left(\frac{\partial S}{\partial T}\right) = -\frac{C_p}{T} < 0 \tag{4-9}$$

运用上面公式推导，可以描绘出纯金属液、固两相吉布斯自由能与温度的关系曲线。由图 4.2 可见，液、固金属的吉布斯自由能曲线，在温度为 T_m 时相交，液、固金属达到平衡，T_m 即为纯金属的熔点。当温度 $T > T_m$ 时，液态金属比固态金属的吉布斯自由能低。据吉布斯最小自由能原理，金属便自发地发生熔化过程。温度 T 时两相吉布斯自由能差 ΔG，即为熔化的驱动力。反之，当温度 $T < T_m$ 时，金属即发生凝固。

$$G_L = H_L - TS_L$$
$$G_S = H_S - TS_S \tag{4-10}$$
$$\Delta G = G_L - G_S = \Delta H - T\Delta S$$

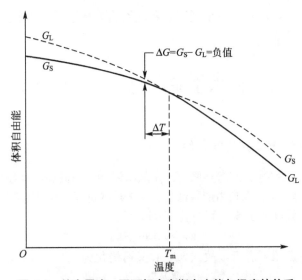

图 4.2 纯金属液、固两相吉布斯自由能与温度的关系

在熔点附近凝固时，热焓和熵值随温度变化的数值可忽略不计，则有

$$T = T_m, \quad \Delta G_{T_m} = 0 \quad \Delta S_{T_m} = \frac{\Delta H_{T_m}}{T_m}$$

$$T \approx T_m \quad H \approx H_{T_m} \quad \Delta S \approx \Delta S_{T_m} \quad \Delta H \approx \Delta H_{T_m} = L \tag{4-11}$$

$$\Delta G = \frac{L(T_m - T)}{T_m} = \frac{L\Delta T}{T_m}$$

式中，$\Delta T = T_m - T$，称为过冷度。

过冷度是结晶自发进行的必要条件。

可见，金属凝固的驱动力，主要取决于过冷度 ΔT，过冷度越大，凝固的驱动力越大。因此，金属不可能在 $T = T_m$ 时凝固。

4.2.2 液态金属（合金）凝固过程及该过程中能量的增加

在相变驱动力 ΔG 或过冷度 ΔT 的作用下，液态金属开始凝固。凝固过程不是在一瞬间完成的。首先产生结晶核心，然后是核心的长大直至相互接触为止。但生核和核心的长大不是截然分开的，而是同时进行的，即在晶核长大的同时又会产生新的核心。新的核心又同老的核心一起长大，直至凝固结束。

总的来说，凝固过程是由于体系自由能降低自发进行的。但在该过程中，自由能一方面降低，另一方面又增加。当能量降低起主要作用时，凝固过程就进行；当能量以增加为主时，就发生熔化现象。

根据相变动力学理论，液态金属中原子在结晶过程中的能量变化如图4.3所示，高能态的液态原子变成低能态的固态中的原子，必须越过能态更高的高能态 ΔG_A 区，高能态区即为固态晶粒与液态相间的界面，界面具有界面能，它使体系的自由能增加。生核或晶体的长大，是液态中的原子不断地经过界面向固态晶粒堆积的过程，是固-液界面不断地向前推进的过程。这样，只有液态金属中那些具有高能态的原子，或者说被"激活"的原子才能越过高能态的界面变成固体中的原子，从而完成凝固过程。ΔG_A 称为动力学能障，之所以称为动力学能障，是因为单从热力学考虑，此时液相自由能已高于固相自由能，固相为稳定态，相变应该没有障碍，但要使液态原子具有足够的能量越过高能界面，还需动力学条件。因此，液态金属凝固过程中必须克服热力学和动力学两个能障。

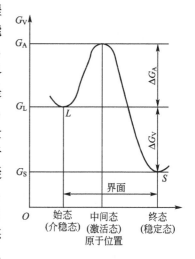

图 4.3 金属原子在结晶过程中的能量变化

热力学能障和动力学能障都与界面状态密切相关，热力学能障是由被迫处于高自由能过渡状态下的界面原子所产生；动力学能障是由金属原子穿越界面过程所引起的，原则上与驱动力大小无关而仅取决于界面结构与性质，激活自由能属于这种情况。液态金属在成分、温度、能量上是不均匀的，即存在成分、相结构和能量3个起伏，也正是这3个起伏才能克服凝固过程中的热力学能障和动力学能障，使凝固过程不断地进行下去。

凝固过程中产生的固-液界面使体系自由能增加，导致凝固过程不可能瞬时完成，也不可能同时在很大的范围内进行，只能逐渐地形核生长，逐渐地克服两个能障，才能完成液体到固体的转变。同时，界面的特征及形态又影响着晶体的形核和生长。也正是由于这个原因，使高能态的界面范围尽量缩小，至凝固结束时成为范围很小的晶界。

4.3 均质形核

亚稳定的液态金属通过起伏作用在某些微观小区域内生成稳定存在的晶态小质点的过程称为形核。形核的首要条件是系统必须处于亚稳态以提供相变驱动力；其次，需要通过起伏作用克服能障才能形成稳定存在的晶核并确保其进一步生长。由于新相和界面相伴而生，因此界面自由能这一热力学能障就称为形核过程的主要阻力。根据构成能障的界面情况的不同，液态金属（合金）凝固时的形核有两种方式。

(1) 均质形核（Homogeneous nucleation）。在没有任何外来界面的均匀熔体中，依靠液态金属（合金）内部自身的结构自发地形核，均质形核在熔体各处概率相同。晶核的全部固-液界面皆由形核过程所提供。因此，热力学能障较大，所需的驱动力也较大。理想液态金属的形核过程就是均质形核。

(2) 异质形核（Heterogeneous nucleation）。在不均匀的熔体中依靠外来夹杂或型壁界面所提供的异质界面进行形核。异质形核首先发生在外来界面处，因此热力学能障较小，所需的驱动力也较小。实际金属的形核过程一般都是异质形核。

4.3.1 形核热力学

给定体积的液态金属（合金）在一定的过冷度 ΔT 下，若其内部产生 1 个核心，并假设晶核为球形，则体系吉布斯自由能的变化为

$$\Delta G_{\text{均}} = -\frac{4}{3}\pi r_{\text{均}}^3 \Delta G_V + 4\pi r_{\text{均}}^2 \sigma_{\text{CL}} \tag{4-12}$$

式中，$r_{\text{均}}$ 为均质形核球形核心的半径；ΔG_V 为单位体积液态金属凝固时体积自由能的变化；σ_{CL} 为固相核心与液体间的界面能。

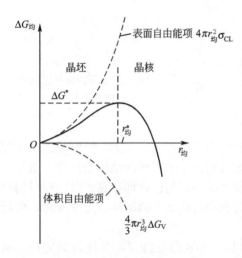

图 4.4 吉布斯自由能变化与原子集团半径的关系

由式(4-12)可以看出，形核时体系自由能的变化由两部分构成，第一项为体积自由能的降低，第二项为界面自由能的升高。当 r 很小时，第二项起支配作用，体系自由能总的倾向是增加的，此时形核过程不能发生；只有当 $r_{\text{均}}$ 增大到一定值 $r_{\text{均}}^*$ 后，第一项才能起主导作用，使体系自由能降低，形核过程才能发生，如图 4.4 所示。因此，$r < r_{\text{均}}^*$ 时的原子集团在液相中是不稳定的，还会溶解至消失。只有 $r > r_{\text{均}}^*$ 时的原子集团在液相中才是稳定的，其继续长大能使自由能 $\Delta G_{\text{均}}$ 降低，才可成为核心。$r_{\text{均}}^*$ 称为晶核临界尺寸。也就是说，只有大于 $r_{\text{均}}^*$ 的原子集团，才能稳定地形核。$r_{\text{均}}^*$ 可从式(4-12)求得，对其求导数并令等于零，即 $\dfrac{d\Delta G_{\text{均}}}{dr_{\text{均}}} = 0$ 则

$$r^*_{\text{均}} = \frac{2\sigma_{\text{CL}}}{\Delta G_V} \qquad (4-13)$$

将 $\Delta G_V = \dfrac{L\Delta T}{T_m}$ 代入式(4-13),可得

$$r^*_{\text{均}} = \frac{2\sigma_{\text{CL}}}{\Delta G_V} = \frac{2\sigma_{\text{CL}} T_m}{L\Delta T}$$

将 $r^*_{\text{均}}$ 和 ΔG_V 的表达式带入式(4-12),可得相应于 $r^*_{\text{均}}$ 的临近形核功为

$$\Delta G^*_{\text{均}} = \frac{16}{3}\pi \frac{\sigma_{\text{CL}}^3}{L^2} \frac{T_m^2}{\Delta T^2} = \frac{1}{3} A^* \sigma_{\text{CL}} \qquad (4-14)$$

式中,$A^* = 4\pi r^{*2}_{\text{均}}$ 为临近晶核的表面积。

从式(4-14)可以看出,临近形核功等于临近晶核界面能的 1/3,此即晶核体积自由能减小只能抵消界面能的 2/3,剩下的 1/3 必须通过液相中能量起伏提供,而液态金属在一定的过冷度下,临界核心由能量起伏和结构起伏提供。

4.3.2 均质形核速率

形核率为单位时间、单位体积生成固相核心的数目。临界尺寸 $r^*_{\text{均}}$ 的晶核处于介稳定状态,既可溶解,也可长大。当 $r > r^*_{\text{均}}$ 时,才能成为稳定核心,即在半径为 $r^*_{\text{均}}$ 原子集团上附加一个或一个以上的原子即成为稳定核心。其成核率 $I_{\text{均}}$ 为

$$I_{\text{均}} = f_0 N^*$$

式中,N^* 为单位体积内液相中 $r > r^*_{\text{均}}$ 的原子集团数目;f_0 为单位时间转移到一个晶核上的原子数目。

$$N^* = N_L \exp\left(-\frac{\Delta G^*_{\text{均}}}{k_B T}\right)$$

$$f_0 = N_S v p \exp\left(-\frac{\Delta G_A}{k_B T}\right) \qquad (4-15)$$

式中,N_L 为单位体积液相中的原子数;N_S 为固-液界面紧邻固体核心的液体原子数;v 为液体原子振动频率;p 为被固相接受的概率;$\Delta G^*_{\text{均}}$ 为形核功;ΔG_A 为液体原子扩散激活能。整理式(4-15),得

$$I_{\text{均}} = v N_S p N_L \exp\left[-\left(\frac{\Delta G_A + \Delta G^*_{\text{均}}}{k_B T}\right)\right] = k_1 \exp\left[-\left(\frac{\Delta G_A + \Delta G^*_{\text{均}}}{k_B T}\right)\right] \qquad (4-16)$$

式(4-16)由以下两项组成。

(1) $e^{-\Delta G^*_{\text{均}}/k_B T}$ 由于生核功随过冷度增大而减小,它反比于 ΔT^2,故随过冷度的增大,此项迅速增大,即生核速度迅速增大。

(2) $e^{-\Delta G_A/k_B T}$ 由于过冷增大时原子热运动减弱,故生核速度相应减小。

上述两个矛盾因素的综合作用,使生核速度 $I_{\text{均}}$ 随过冷度 ΔT 变化的曲线上出现一个极大值,如图 4.5 所示。当过冷度开始增大时,前一项的贡献大于后一项,故这时生核速度随过

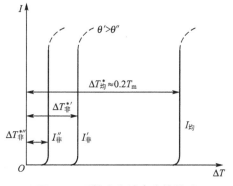

图 4.5 形核率和过冷度的关系

冷度而急剧增大；但当过冷度过大时，液体的黏度迅速增大，原子的活动能力迅速降低，液体金属的原子集团聚集到临界尺寸发生困难，后一项的影响大于前者，故生核速度逐渐下降。在实际生产条件下，过冷度不是很大，故形核率随过冷度增加而上升。

4.3.3 均质形核理论的局限性

均质形核是对纯金属而言的，其过冷度很大。大量试验表明，均质形核过冷度为金属熔点的 0.18～0.2 倍，如纯液态铁的 $\Delta T=1590\times0.2=318℃$。这比实际液态金属凝固时的过冷度大多了。实际上金属结晶时的过冷度一般为几分之一摄氏度到几十摄氏度。这说明了均质形核理论的局限性。因实际的液态金属（合金）都含有多种夹杂物，同时其中还含有同质的原子集团。某些夹杂物和这些同质的原子集团即可作为凝固核心。固体夹杂物和固体原子集团对于液态金属而言为异质，因此实际的液态金属（合金）在凝固过程中多为异质形核。虽然实际生产中几乎不存在均质形核，但其原理仍是液态金属（合金）凝固过程中形核理论的基础，其他的形核理论也是在他的基础上发展起来的，因此必须学习和掌握它。

4.4 异 质 形 核

4.4.1 形核热力学

实际的液态金属（合金）中存在的大量高熔点既不熔化又不溶解的夹杂物（如氧化物、氮化物、碳化物等）可以作为形核的基底。晶核即依附于其中一些夹杂物的界面形成，其模型如图 4.6 所示。假设晶核在界面上形成球冠状，达到平衡时则存在以下关系。

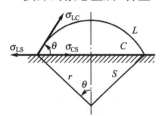

图 4.6 异质形核模型

$$\sigma_{LS}=\sigma_{CS}+\sigma_{LC}\cos\theta$$

式中，σ_{LS}、σ_{LC}、σ_{CS} 分别为液相和基底、液相和晶核、晶核和基底的界面张力；θ 为润湿角。

该系统的吉布斯自由能的变化为

$$\Delta G_{异}=-V_C\Delta G_V+A_{CS}(\sigma_{CS}-\sigma_{LS})+A_{CL}\sigma_{CL} \tag{4-17}$$

式中，V_C 为球冠的体积，即固态核心的体积；A_{CS} 晶核与夹杂物（基底）间的界面面积；V_{CL} 为晶核与液相的界面面积。

假定作为异质核心球冠的半径为 $r_{异}$，式（4-18）中各项参数的计算如下。

$$V_C=\int_0^\theta \pi(r_{异}\sin\theta)^2 d(r_{异}-r_{异}\cos\theta)=\frac{\pi r_{异}^3}{3}(2-3\cos\theta+\cos^3\theta)$$

$$V_{CL}=\int_0^\theta 2\pi r_{异}\sin\theta(r_{异}d\theta)=2\pi r_{异}^2(1-\cos\theta) \tag{4-18}$$

$$V_{CS}=\pi(r_{异}\sin\theta)^2=\pi r_{异}^2\sin^2\theta=\pi r_{异}^2(1-\cos^2\theta)$$

将各参数代入式（4-17），得

$$\Delta G_{异}=\left(-\frac{4}{3}\pi r_{异}^3\Delta G_V+4\pi r_{异}^2\sigma_{CL}\right)\frac{(2-3\cos\theta+\cos^3\theta)}{4} \tag{4-19}$$

从中可以看出，右边第一项为均质形核自由能变化表达式(式(4-12))，第二项为润视角θ的函数，

令

$$f(\theta)=\frac{(2-3\cos\theta+\cos^3\theta)}{4}$$

则有

$$\Delta G_{\text{异}}=\Delta G_{\text{均}} f(\theta)$$

对$\Delta G_{\text{异}}$求导，并令$\frac{\mathrm{d}\Delta G_{\text{异}}}{\mathrm{d}r_{\text{异}}}=0$，可求出

$$r_{\text{异}}^*=\frac{2\sigma_{\text{CL}}}{\Delta G_V}=\frac{2\sigma_{\text{CL}} T_\text{m}}{L\Delta T}$$

$$\Delta G_{\text{异}}^*=\frac{16}{3}\pi\frac{\sigma_{\text{CL}}^3}{L^2}\frac{T_\text{m}^2}{\Delta T^2}f(\theta)=\frac{1}{3}A^*\sigma_{\text{CL}}f(\theta) \tag{4-20}$$

由上可知，均质形核和异质形核的临界晶核尺寸相同，但异质核心只是球体的一部分，它所包含的原子数比均质球体核心少得多，所以异质形核阻力小。异质形核的临界功与润湿角θ有关。当$\theta=0°$时，$f(\theta)=0$，故$\Delta G_{\text{异}}^*=0$，此时界面与晶核完全润湿，新相能在界面上形核；当$\theta=180°$时，$f(\theta)=1$，$\Delta G_{\text{异}}^*=\Delta G_{\text{均}}^*$，此时界面与晶核完全不润湿，新相不能依附界面而形核。实际上晶核与界面的润湿角一般为$0°\leqslant\theta\leqslant180°$，晶核与界面为部分润湿，$0<f(\theta)<1$，总是有$\Delta G_{\text{异}}^*<\Delta G_{\text{均}}^*$，如图4.7所示。图4.8为过共晶Al-Si18%合金初生硅的形核及长大，中心深颜色为AlP异质核心，Si从其两侧生长，慢慢从两侧包围核心。之所以AlP能成为Si的核心，是因为AlP为闪锌矿晶型，并与金刚石晶型的硅相似。其晶格常数为0.546nm，非常接近硅的晶格常数0.542nm，且熔点高达1060℃。

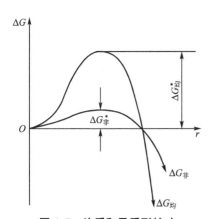

图4.7 均质和异质形核功

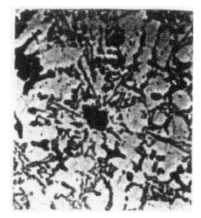

图4.8 过共晶Al-Si 18%合金初生硅的核心及长大

4.4.2 异质形核速率

据均质形核规律，异质形核的形核速率为

$$I_{\text{异}}=f_1 N_1^*=f_1 N_L^* \exp\left(-\frac{\Delta G_{\text{异}}^*}{k_B T}\right)=f_1 N_L^* \exp\left(-\frac{\Delta G_{\text{均}}^* f(\theta)}{k_B T}\right)$$

$$=f_1 N_L^* \exp\left[-\frac{B\cdot f(\theta)}{\Delta T^2}\right] \tag{4-21}$$

式中,f_1 为单位时间自液相转移到晶核上的原子数;N_L^* 为单位体积中液相与异质核心部位接触的原子数;$B=\dfrac{16\pi\sigma_{CL}^3 T_m^2}{3L^2 k_B T}$。

由式(4-21)可知,异质形核速率与下列因素有关。

(1) 过冷度(ΔT):过冷度越大形核速率越大,如图 4.9 所示。

(2) 界面:界面由夹杂物的特性、形态和数量来决定。如夹杂物基底与晶核润湿,则形核速率大。润湿角难于测定,因影响因素多,可根据夹杂物的晶体结构来确定。当界面两侧夹杂和晶核的原子排列方式相似,原子间距离相近,或在一定范围内成比例,就可能实现界面共格对应。共格对应关系用点阵失配度 δ 来衡量,即

$$\delta=\frac{|a_S-a_C|}{a_C} \tag{4-22}$$

式中,a_S 和 a_C 分别为夹杂物、晶核原子间的距离。

$\delta \leqslant 5\%$ 为完全共格,形核能力强;$5\%<\delta<25\%$ 为部分共格,夹杂物衬底有一定的形核能力;$\delta \geqslant 25\%$ 时为不共格,夹杂物衬底无形核能力。这是选择形核剂的理论依据。如 Mg 和 α-Zr,Mg 的晶格常数中 $a=0.3209$nm,$c=0.5120$nm,$T_m=650℃$;而 α-Zr 的晶格常数 $a=0.3220$nm,$c=0.5133$nm,而且 α-Zr 的熔点 $T_m=1850℃$。α-Zr 和 Mg 完全共格,α-Zr 可作为 Mg 的强形核剂。

夹杂物基底形态影响临界晶格的体积。如图 4.10 所示,凹形基底的夹杂物形成的临近晶核的原子数最少,形核率大。

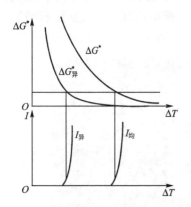 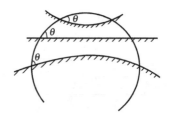

图 4.9 异质形核与过冷度关系曲线　　　图 4.10 均质核心基底形态与核心容积的关系

(3) 液态金属(合金)的过热及持续时间的影响:异质核心的熔点比液态金属的熔点高。但当液态金属过热温度接近或超过异质核心的熔点时,异质核心将会熔化或是其表面的活性消失,失去了夹杂物应有特性。从而,减少了活性夹杂物数量,形核率则降低。

4.5　固-液界面的结构

晶核形成后,紧接着就是长大过程。长大是通过液相原子向晶核表面堆砌来实现的,结果使固-液界面不断向液相推进,固相逐渐增多,液相逐渐减少。晶体长大方式及速率

与晶体表面结构有关。

从微观尺度考虑，人们自然将固-液界面划分为粗糙界面与光滑界面，或非小晶面(Non-faceted Structure)及小晶面(Faceted Structure)。界面结构是由界面的热力学条件决定的。Jackson 运用热力学方法分析了晶体表面结构选择的主要影响因素。

假定原子在界面上堆砌无规则，由于这些原则的堆砌，自由能变化为

$$\Delta G_S = \Delta H - T\Delta S$$

而

$$H = U + pV$$

$$\Delta H = \Delta U + p\Delta V$$

当液固转变时可以忽略金属体积的变化，所以 $\Delta H \approx \Delta U$，即结晶潜热可以看做相变时金属原子内能的差值，故有

$$\Delta G_S = \Delta H - T\Delta S = (\Delta U + p\Delta V) - T\Delta S \approx \Delta U - T\Delta S \tag{4-23}$$

若液态金属内部原子间结合能很小，则当固液转变时，一个固体原子具有的结合能就可以等效于一个液态原子转变成固体原子释放出的结晶潜热 L，若固体内一个原子的配位数为 v，则原子一个结合键的键能为 $\dfrac{L}{v}$。

若固液界面上有 N 个位置供原子占据，表面配位数为 η，表面原子与下层固体原子的配位数为 B，晶体内部的配位数为 v，L 为单个原子结晶潜热，则表面层原子的结合能为

$$\frac{L}{v}(\eta + B)$$

如果界面上 N 个原子位置只被 N_A 个原子所占据，界面原子实际的占据率为

$$x = \frac{N_A}{N}$$

则界面原子实际的结合能为

$$\frac{L}{v}(\eta x + B)$$

因此，由于界面上原子堆砌不满而产生的结合能之差为

$$N_A\left[\frac{L}{v}(\eta + B) - \frac{L}{v}(\eta x + B)\right] = \frac{LN_A}{v}\eta(1-x) = \Delta U \tag{4-24}$$

又由热力学得知，凝固时原子空位与排列紊乱引起的组态熵变化为

$$\Delta S = -Nk_B[x\ln x + (1-x)\ln(1-x)] \tag{4-25}$$

将式(4-24)和式(4-25)代入 ΔG_S 表达式，并整理得

$$\frac{\Delta G_S}{Nk_B T_m} = \alpha x(1-x) + x\ln x + (1-x)\ln(1-x) \tag{4-26}$$

式中，$\alpha = \dfrac{L}{k_B T_m}\dfrac{\eta}{v} \approx \dfrac{\Delta S_m}{R}\dfrac{\eta}{v}$。

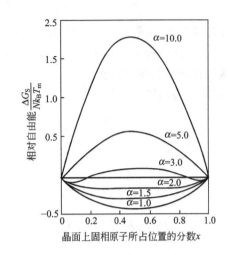

图 4.11 界面自由能变化与界面原子所占位置分数的关系

当 α 值从 $1\sim10$ 变化时，$\dfrac{\Delta G_{\mathrm{S}}}{Nk_{\mathrm{B}}T_{\mathrm{m}}}$ 与 x 的关系曲线如图 4.11 所示。计算表明，对于 $\alpha\leqslant2$ 的金属，当 $x=\dfrac{N_{\mathrm{A}}}{N}=0.5$ 时，界面的自由能最低，处于热力学稳定状态；面对 $\alpha>2$ 的物质，只有当 $x=\dfrac{N_{\mathrm{A}}}{N}<0.05$ 或 $x=\dfrac{N_{\mathrm{A}}}{N}>0.95$ 时，界面的自由能才是最低，处于热力学稳定状态。因此，不同材料 α 不同，呈现出两种不同结构的界面。

(1) 粗糙界面。当 $\alpha\leqslant2$，$x=0.5$ 时，界面为最稳定的结构，这时界面上有一半位置被原子占据，而一半位置则空着，其微观上是粗糙的，高低不平，称为粗糙界面，如图 4.12(a) 所示。大多数的金属界面属于这种结构。粗糙界面又称为非小晶面 (Non-Faceted Structure) 或非小平面。

(2) 光滑或平整界面。当 $\alpha>2$，$x<0.05$ 或 $x>0.95$ 时，界面为最稳定的热力学结构，这时界面上的位置几乎全被原子占满，或者说几乎全是空位，其微观上是光滑平整的，称为平整界面，如图 4.12(b) 所示。非金属及化合物大多数属于这种结构。光滑界面又称为小晶面 (Faceted Structure) 或小平面。

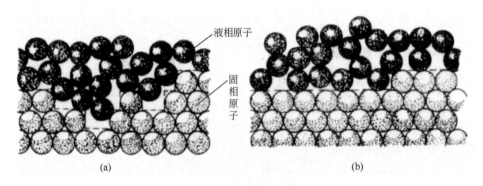

图 4.12 两种界面结构

由此可见，金属凝固时的微观界面结构取决于其 α 值。α 称为 Jackson 因子，L 为单个原子的结晶潜热 (J/原子)；k_{B} 为波尔兹曼常数；R 为气体常数 (8.31J/(mol·K))；ΔS_{m} 为熔化熵 (J/(mol·K))。α 表达式由以下两项组成。

(1) $\dfrac{L}{k_{\mathrm{B}}T_{\mathrm{m}}}\approx\dfrac{\Delta S_{\mathrm{m}}}{R}$，它取决于两相的热力学性质，在熔体结晶的情况下可以近似地由熔化熵决定。

(2) $\dfrac{\eta}{\nu}$，称为界面取向因子，它与晶体结构及界面的晶面指数有关，如面心立方晶体的 $\{111\}$ 面为 6/12；$\{110\}$ 面为 4/12。对于绝大多数结构简单的金属晶体，其值最大为

0.5。取向因子反映了晶体在结晶过程中的各向异性，低指数的密排面具有较高的 $\frac{\eta}{v}$ 值。

图 4.13(a)为光滑界面，从下部放大图可以看出，固-液界面上的原子排列是光滑的，但从宏观尺度来看，却是不光滑的，如上部图所示呈锯齿状。图 4.13(b)为粗糙界面，从下部放大图可以看出，固-液界面上的原子排列是粗糙的；但从宏观尺度来看，如上部图所示固-液界面形貌却是平滑的。在非平界面生长(定向凝固)条件下，粗糙界面将生长成光滑的树枝晶(图 4.14(b))，光滑界面将生长成多棱角的晶体如图 4.14(a)所示。

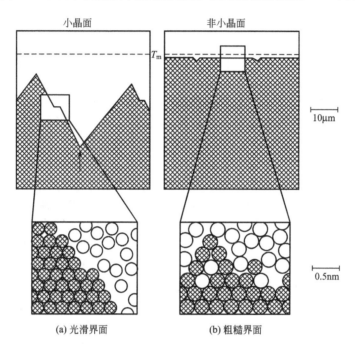

(a) 光滑界面　　(b) 粗糙界面

图 4.13　光滑界面和粗糙界面的结构

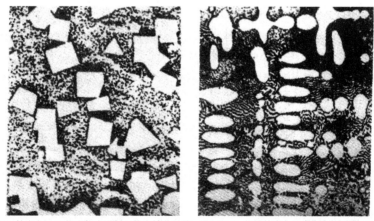

(a) Sn基底上SnSb化合物光滑界面的多棱角晶体　(b) Cu-Ag共晶基底上Ag的粗糙晶面枝晶

图 4.14　合金的固液界面形貌

由实际的观察发现，物质是按粗糙界面长大还是按光滑界面长大，单靠熔融熵值的大小是不够的，它还和物质在溶液中的浓度和凝固的过冷度有关。例如，在 Al-Si 合金中，随着 Al 的浓度的减少，先共晶相（初晶）Al 的结晶形态由非小晶面转变为小晶面。

4.6 晶体长大（固-液界面的推进）方式和速率

4.6.1 固-液界面的长大方式

固-液相界面结构不同，晶体长大的方式也不一样。因此，可以将长大机制归纳为以下几种。

(1) 连续长大，也叫正常长大，其界面结构为粗糙界面，这种界面用原子的尺度来衡量是坎坷不平的。对于接纳从液相中沉积来的原子来说各处都是等效的（图 4.15(a)），从液相中扩散来的原子很容易与晶体连接起来，由于这种缘故，其晶体长大远比光滑界面容易，只要沉积原子的供应不成问题，其长大可以连续不断地进行，因此称为"连续长大"。

(2) 侧面长大，其界面结构为光滑界面，这种界面用原子尺度来衡量是光滑的，对于这种界面结构，因为单个原子与晶面的结合力较弱，它很容易跑走，所以这类界面的长大，只有依靠在界面上出现台阶（图 4.15(b)），然后从液相中扩散来的原子沉积在台阶的边缘，依靠台阶向其侧面（与界面平行的方向）扩展而进行长大，因此称之为"侧面长大"。根据台阶来源不同，侧面长大又可分为二维晶核台阶（图 4.16(a)）和缺陷形成的台阶（图 4.16(b)~(d)）长大。对于二维晶核台阶长大，首先要求在光滑界面上产生二维晶核，然后原子再向二维晶核提供的台阶处沉积，一旦台阶消耗殆尽，必须再形成新的二维晶核，而这需要较大的过冷度，因此依这种长大机制长大的可能性不大。对于依靠缺陷形成的台阶长大，如图 4.16(b)~(d)所示，可分为螺型位错台阶、反射孪晶沟槽台阶、旋转晶界台阶等。螺型位错的台阶是最易沉积原子的地方，原子不断地落在台阶边缘上，台阶就不断地扫过晶面。当台阶扫过晶面时，台阶上每点的线速度是相等的，由于台阶上任一点捕获原子的机会是一样的，故位错中心处台阶扫过晶面的角速度比离开中心处远的地方要大，结果便产生一种螺旋塔尖状的晶体表面，图 4.17 就是这种长大机制的示意图。反射孪晶的沟槽与旋转孪晶的凹角，也是捕获原子的台阶源，原子可直接向沟槽或凹角根部堆砌。

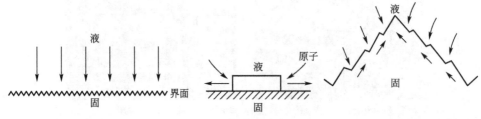

(a) 粗糙界面上原子的堆砌　　(b) 光滑界面的长大方式　(c) 光滑界面晶体生长表面的侧向长大方式

图 4.15　晶体长大方式

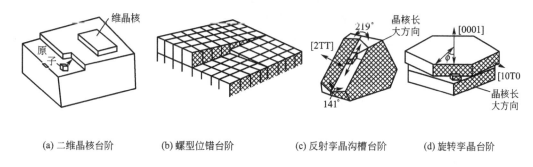

(a) 二维晶核台阶　　(b) 螺型位错台阶　　(c) 反射孪晶沟槽台阶　　(d) 旋转孪晶台阶

图 4.16　侧面长大的各种台阶

4.6.2　粗糙界面连续长大(Continuous Growth)速率

连续生长在金属及合金中占主导地位。正如前面所谈到的,这种长大在其界面上的所有位置都是等效的。界面的向前推进主要是原子随机地、连续不断地附着在界面上。现用古典速率理论导出连续生长的速率表示式

图 4.18 中的 ΔG_b 为一个原子从液相过渡到固相所需要越过的能垒,原子越过这一能垒的频率为

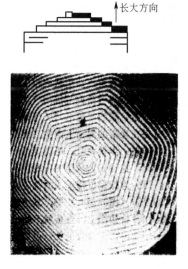

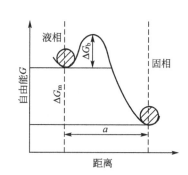

图 4.17　螺型位错长大方式　　图 4.18　固液界面的吉布斯自由能

$$v_{LS} = v_0 \exp[-\Delta G_b/(kT)] \qquad (4-27)$$

式中,v_0 为原子的振动频率。

如果所考虑的温度是在熔点温度以下,如图 4.18 所示,此时若原子由固态转变为液态,所要克服的能垒将是 ΔG_b 和 ΔG_m 二者之和。因此,原子从固态转变为液态时的频率为

$$v_{SL} = v_0 \exp[-(\Delta G_b + \Delta G_m)/(kT)] \qquad (4-28)$$

只有当一个原子由液态变为固态的频率大于由固态变为液态的频率时,长大才能进行。为此,原子由液相穿过界面净跳跃频率为

$$v_{net} = v_{LS} - v_{SL} = v_0 \exp[-\Delta G_b/(kT)] \times \{1 - \exp[-\Delta G_m/(kT)]\}$$
$$= v_{LS}\{1 - \exp[-\Delta G_m/(kT)]\} \tag{4-29}$$

与前面推导的公式 $\Delta G = \dfrac{L\Delta T}{T_m}$ 相似,式(4-30)成立。

$$\Delta G_m = \frac{L_0 \Delta T_k}{T_m} \tag{4-30}$$

式中,L_0 为单个原子的结晶潜热;ΔT_k 为晶体长大时的动力学过冷度。

将式(4-30)代入式(4-29),同时凝固过冷度很小,$T \approx T_m$

$$v_{net} = v_{LS}\left[1 - \exp\left(-\frac{L_0 \Delta T_k}{kT_m^2}\right)\right] \tag{4-31}$$

当指数很小时,有

$$\exp\left(-\frac{L_0 \Delta T_k}{kT_m^2}\right) = 1 - \frac{L_0 \Delta T_k}{kT_m^2} \tag{4-32}$$

$$v_{net} = v_{LS}\left[1 - \left(1 - \frac{L_0 \Delta T_k}{kT_m^2}\right)\right] = v_{LS}\frac{L_0 \Delta T_k}{kT_m^2} \tag{4-33}$$

晶体的长大速度 R 为

$$R = av_{net} = av_{LS}\frac{L_0 \Delta T_k}{kT_m^2} \tag{4-34}$$

式中,a 为当界面上增加一个原子时,界面向前推进的距离。

从扩散的角度来衡量原子越过固-液界面的能垒跳向固相的频率,可得

$$v_{LS} = \frac{D_L}{a^2} \tag{4-35}$$

式中,D_L 为液相中原子的扩散系数。

将式(4-35)代入式(4-34),最终得

$$R = a\frac{D_L}{a^2}\frac{L_0 \Delta T_k}{kT_m^2} = \frac{D_L L_m \Delta T_k}{6.023 \times 10^{23} a k T_m^2} \tag{4-36}$$

式中,L_m 为 1mol 金属的结晶潜热;6.023×10^{23} 为阿伏加德罗常数。

对于一定的金属来说,当扩散系数 D_L 与温度无关时,式(4-36)变为

$$R = \mu_1 \Delta T_K \tag{4-37}$$

式中,μ_1 为常数(cm/(s·℃))。

此时,长大速度与过冷度呈直线关系。一般金属多属于这种情况。有人估计 μ_1 约为 100cm/(s·℃)数量级,而通常铸锭凝固或定向生长的生长速率为 10^{-2} cm/s,这样,界面的过冷度约为 10^{-4} ℃,这是很难准确测量的。当 D_L 随温度改变较大时,R 在一定过冷度下增加到极大值,然后随过冷度增加而减小,非金属粘性液体如氧化物、有机物等多属这种情况。

4.6.3 光滑界面二维晶核台阶长大速率晶核台阶长大方式

光滑界面二维属于光滑界面的侧面长大(Iateral Growth)方式。图 4.19 为这种长大方式的示意图。在图 4.19 中，a 为台阶高度，约为一个原子距离，l 为台阶与台阶之间的距离。界面的长大靠台阶的侧向扩展，界面向前推进的方向与台阶扩展方向相垂直。设界面的台阶均以 R_l 的速度侧向扩展并越过某一点，则单位时间通过某一点的台阶数为及 R_l/l，此乃台阶通过某一点的频率，当每一台阶平面通过该点时，该点移动一个台阶高度 a。这样，界面向前推进的速度应为

$$R=\frac{R_l}{l}a \tag{4-38}$$

这就是长大速度与台阶移动速度的关系，可以把这种关系运用到二维晶核的长大上。

假设在晶体平面上形成二维晶核，如图 4.20 所示，每一个二维晶核很快长大，并在下一个晶核形成之前向侧向扩展成一个原子平面。

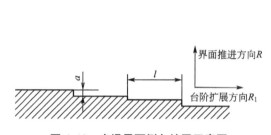
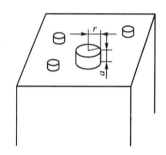

图 4.19 光滑界面侧向扩展示意图　　图 4.20 平面上形成二维晶核

这样，台阶通过某点的频率 R_l/l 应为单位面积上二维晶核形核率 I_{2d} 乘以长大晶面的表面积 A，为此，界面长大速度为

$$R=\frac{R_l}{l}a=I_{2d}Aa$$

式中，I_{2d} 与三维晶核形核率相似，其表达式为

$$I_{2d}=n_{2d}^*W^*v_{LS}$$

式中，W^* 为接近于临界晶核边缘处的原子数目，设形成的二维晶核为圆柱形，其值为

$$W^*=\frac{晶核周边面积}{1个原子所占面积}=\frac{2\pi r^*a}{a^2}$$

式中，v_{LS} 为原子由液相向固相的跳跃频率，其值为

$$v_{LS}=\frac{D_L}{a^2}$$

n_{2d}^* 为单位面积上形成的临界晶核数。设单位面积上的原子总数为 n_s，按波尔兹曼原则其值为

$$n_{2d}^*=n_s\exp\left[-\frac{\Delta G_g^*}{kT}\right]$$

其中，由

$$\Delta G_g=2\pi ra\sigma-\pi r^2 a\frac{\Delta G_m}{V_s} \tag{4-39}$$

求出 ΔG_g^*。

式中，V_s 为摩尔体积；ΔG_m 为 1mol 体积自由能的变化，其值由式(4-40)表示。

$$\Delta G_m = \frac{L_m \Delta T_k}{T_m} \tag{4-40}$$

对 ΔG_g 求导可求出二维晶核的临界半径为

$$r^* = \frac{\sigma T_m V_s}{L_m \Delta T_k} \tag{4-41}$$

则临界形核功为

$$\Delta G_g^* = 2\pi \left(\frac{\sigma T_m V_s}{L_m \Delta T_k}\right) a\sigma - \pi \left(\frac{\sigma T_m V_s}{L_m \Delta T_k}\right)^2 a \left(\frac{L_m \Delta T_k}{T_m V_s}\right) = \frac{\pi a \sigma^2 T_m V_s}{L_m \Delta T_K}$$

应该指出的是，撞击到二维晶核台阶上的原子，除直接来自液体金属外，还会有其他原子通过表面扩散落到台阶两侧的可能性。这样，对于曲率半径为无穷大的台阶，其增长速度应为单向扩展的 3 倍，即

$$R = 3 l_{2d} A a \tag{4-42}$$

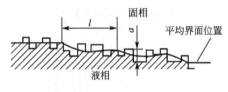

图 4.21 扩散式界面的台阶

但是，界面的结构是比较复杂的，在理想的光滑界面与粗糙界面之间还存在着"散开式界面 (Diffuse Interface)"，图 4.21 为这种界面的示意图。这种界面从其平均位置来看，具有台阶的形式，但在每个台阶上，原子的分布又是粗糙的，因此散开式界面的生长速度要比式(4-42)计算快得多，取 g 为散开系数，其值由完全光滑界面时的"1"变化到非常粗糙时的极小值，这样经过修正后的生长速度为

$$\begin{aligned}
R &= l_{2d} A a (2 + g^{-\frac{1}{2}}) = n_{2d}^* W v_{LS} A a (2 + g^{-\frac{1}{2}}) \\
&= n_S \left(\exp \frac{-\pi a \sigma^2 V_S}{k L_m \Delta T_k}\right) \frac{2\pi}{a} \left(\frac{\sigma T_m V_S}{L_m \Delta T_k}\right) \frac{D_L}{a^2} A a (2 + g^{-\frac{1}{2}}) \\
&= A n_S \frac{2\pi \sigma T_m V_S D_L}{a^2 L_m \Delta T_k} (2 + g^{-\frac{1}{2}}) \left(\exp \frac{-\pi a \sigma^2 V_S}{k L_m \Delta T_k}\right)
\end{aligned} \tag{4-43}$$

式(4-43)简化后可写为

$$R = \mu_2 e^{-\frac{b}{\Delta T_k}} \tag{4-44}$$

式中，μ_2、b 均为常数。

二维晶核长大速度与过冷度的关系如图 4.22 所示，它与三维均质形核率非常相似，在过冷度很小时，其长大速度几乎等于零，当过冷度增加到一定数值后，长大速度突然增加很大，但是突然增加的长大速度所需要的过冷度与散开系数 g 值有关。当过冷度很大时，长大速度曲线与粗糙界面长大速度曲线相遇。若继续提高过冷度，则将完全按粗糙界面长大方式进行。这是由于在大的过冷度下，二维晶核的形核速度很大，以致在晶面上同时形成很多晶核，它们之间的间隔距离为原子间距的数量级，此时的界面结构事实上已成为粗糙界面，在这种情况下，长大速度和

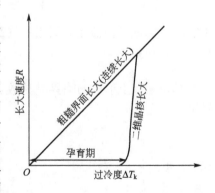

图 4.22 二维晶核长大速度与过冷度的关系

长大方式将与粗糙界面相同。

4.6.4 螺型位错长大速率

在固-液界面上出现的简单螺型位错如图 4.16(b)所示,由于台阶的一端固定在位错线上,故台阶将缠绕位错线而长大。这种长大与二维晶核不同,由于台阶永远不会消失,所以长大可以连续不断地进行。因此,长大速度要比二维晶核快。但在界面上,毕竟不会到处都有原子附着的有利位置,原子附着的有利位置仅在台阶的边缘,所以其长大速度要比粗糙界面慢。螺旋位错台阶长大方式如图 4.23 所示。

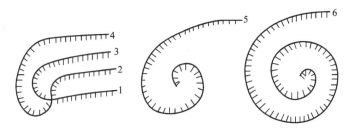

图 4.23 螺旋台阶结构的发展

在螺旋中心达到 1 个临界半径时 r^*,台阶的边缘同其四周的液相平衡,此临界半径也可称为二维晶核的临界半径,这种晶核迅速长大,其长大方式是继续缠绕螺旋线向外围扩展。界面长大方向与螺旋台阶的侧面扩展相垂直,因此界面向前推进的速度仍然可以按侧面长大速度公式表示,即

$$R = \frac{R_l}{l} a$$

式中,l 为螺旋台阶之间的距离。

根据阿基米德螺线关系式及其图形(图 4.24),台阶间距为

$$\rho_1 = A\theta$$
$$\rho_2 = A(\theta + 2\pi) \quad (4-45)$$
$$l = \rho_2 - \rho_1 = 2\pi A$$

式中,ρ 为螺旋线上任一点距坐标原点的距离;θ 为极角。

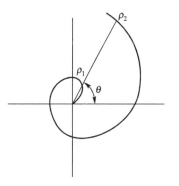

图 4.24 阿基米德螺线

从图 4.24 可以看出,每 2π 有一个螺旋台阶,$A = 2r^*$,所以

$$l = 4\pi r^*$$

式中,r^* 为螺旋中心所具有的最小曲率半径,它相当于二维临界晶核半径,可以用式(4-46)表示。

$$r^* = \frac{\sigma T_m V_s}{L_m \Delta T_k} \quad (4-46)$$

螺旋台阶横向扩展速度 R_l 可以近似地看作粗糙界面的长大速度,同二维晶核的长大一样,考虑到台阶在 3 个方向同时扩展及多原子层固-液界面的散开系数 g,则横向扩展速度 R_l 可变。

$$R_l = \frac{D_L L_m \Delta T_k}{6.023 \times 10^{23} a k T_m^2}(2+g^{-\frac{1}{2}}) \quad (4-47)$$

螺型位错界面的长大速度为

$$R = \frac{R_l}{l}a = \frac{R_l}{4\pi r}a = \frac{D_L L_m^2 \Delta T_k^2 (2+g^{-\frac{1}{2}})}{4\pi \sigma k T_m^3 V_s \times 6.023 \times 10^{23}} = \mu_3 \Delta T_k^2 \quad (4-48)$$

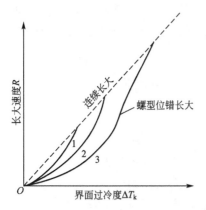

图 4.25 连续长大、螺型位错长大 R 与 ΔT_k 之间的关系

长大速度与过冷度的关系如图 4.25 所示。在过冷度较大时，螺旋位错长大速度与粗糙界面的连续长大相重合。将图 4.25 与图 4.22 进行比较，发现二维晶核在小的过冷度下不能长大，而螺旋位错界面却可以长大。在图 4.25 中，1、2、3 这三条曲线说明散开系数 g 值对长大速度的影响。g 值越小，螺旋台阶长大与连续长大越接近。

从图 4.22 和图 4.25 可以看出，在小的过冷度下，具有光滑界面结构的物质，其长大按螺旋位错方式进行；但在大的过冷度下，其长大将变为按粗糙界面的连续长大方式进行；而以形成二维晶核方式进行的长大，在任何情况下其可能性都是很小的。这是因为在过冷度很小时，二维晶核不可能形成；当过冷度很大时，又易于按连续长大方式进行。此外，对于熔化熵值较大的物质，其固-液界面属于光滑界面，在小的过冷度下，长大出来的晶体形态呈多角形或板条状的特定形态，这种晶态一般来说易于恶化材料的力学性能。为此，可以人为地增加过冷度，使其按粗糙界面的连续长大方式进行，这样就可以获得球状或粒状结构，从而有利于力学性能的改善。

一些金属，虽然其熔化熵值较小，属于粗糙界面，但在非常小的过冷度下，其固-液界面也可以变为"光滑"的，从而形成带棱角的晶体。

1. 为什么过冷度是液态金属凝固的驱动力？
2. 设想液体在凝固时形成的临界核心是边长为 a 的立方体形状：
（1）求均质形核时的 a^* 和 ΔG^* 的关系式。
（2）证明在相同过冷度下均质形核时，球形晶核较立方形晶核更易形成。
3. 液态金属生核率曲线特点是什么？在实际的非均质生核过程中这个特点又有何变化？
4. 什么样的界面才能成为异质结晶核心的基底？
5. 固-液界面结构达到稳定的条件是什么？
6. 阐述粗糙界面和平整界面间的关系。
7. 从原子尺度看，决定固-液界面微观结构的条件是什么？各种界面结构与其生长机理和生长速度之间有何联系？它们的生长表面和生长方向各有什么特点？

第 5 章
凝固过程中的传热

知识要点	掌握程度	相关知识
铸造过程传热特点	掌握不同条件下铸件-中间层-铸型系统的热传递特点	(1) 铸件与铸型的热交换特点 (2) 魏氏准则 (3) 不同铸型条件下的热传递
传热过程的数学解析法、数值计算方法和测温法	(1) 理解数学解析法的基本原理 (2) 理解数值计算的基本原理 (3) 掌握测温法	(1) 一维导热温度场的推导 (2) 有限差分的基本原理 (3) 测温法及其应用
影响温度场的工艺因素；铸件凝固方式；凝固时间的平方根定律	(1) 掌握影响温度场的工艺因素 (2) 理解铸件的三种凝固方式 (3) 掌握平方根定律	(1) 四类铸造工艺因素对温度场的影响 (2) 动态凝固曲线及凝固方式 (3) 凝固时间的平方根定律

导入案例

铸件充型过程流动与传热耦合模拟

充型过程对铸件质量起着关键作用，浇注系统设计不合理、充型方式不适当，均会导致氧化物夹杂、卷气、冷隔、浇不足、缩孔、疏松等铸造缺陷。多数铸造缺陷均与充型过程所伴随的热量散失有关。因为热量散失会引起温度下降，使密度、热容、导热率、黏度等热物性值发生变化，进而改变金属液的流动特性。所以，对铸件充型过程的数值模拟，尤其是对于低压金属型铸造或者小型薄壁件充型过程的模拟(图5.01)，必须进行流动与传热耦合计算，才能更加准确地反映实际的生产过程，才能使模拟结果有效地指导生产。近年来，国内外许多学者都在这方面做了研究，取得了一些进展，并推出了一些商业软件，如德国的MAGMASOft、美国的FLOW-3D、清华大学的FTStar、北京北方恒利科技发展有限公司的CASTSoft等。目前，多数铸造商业软件在充型过程流动与传热耦合计算方面，对于多种传热行为并存的情况尚无统一的计算公式。林首位等人在《铸件充型过程流动与传热耦合模拟》一文中通过研究建立了综合考虑辐射、对流、传导等多种传热行为的计算公式，增加了流场计算软件的代码重用性，并提高了计算效率。

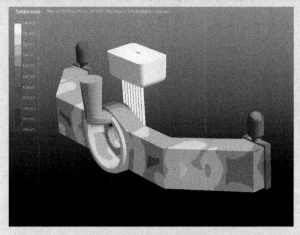

图 5.01 充型过程模拟

凝固过程首先是从液体金属传出热量开始的。当高温的液体金属浇入温度较低的铸型时，金属所含的热量通过液体金属、已凝固的固体金属、金属-铸型的界面和铸型的热阻而传出。它是凝固能否进行的驱动力。

本章从传热学的观点出发，研究铸件与铸型的传热过程、铸件断面上凝固区域的大小、凝固方式与铸件质量的关系，以及铸件的凝固时间等规律。

5.1 铸件与铸型的热交换特点

5.1.1 铸件-中间层-铸型系统传热分析

液态金属注入铸型以后，随即发生两个过程：液态金属的温度不断下降；铸型受热温度上升。实践证明，铸型的内表面温度与其接近的铸件表面温度是不同的。这个现象说明，在铸件和铸型之间存在着一个中间层。该中间层可能是由于金属收缩使铸件各方向的尺寸缩小和铸型受热后发生膨胀形成的，可能是铸型表面的涂料层，也可能是间隙和涂料兼而有之的中间层。因此，铸件和铸型之间是一个"铸件-中间层-铸型"的不稳定热交换系统。在"铸件-中间层-铸型"系统未到达同一温度之前，可以把铸件视为在"间隙"中冷却，而铸型型壁通过"间隙"被加热。因此，要分析此"系统"的热交换情况，以便有效地控制铸件的冷却强度，进而达到控制铸件质量的目的。

为了使问题简化，假设铸件是无限大的板件，其厚(x方向)为铸型所限，长和宽伸展到无穷远，即y和z方向无热流；并假定"系统"是稳定传热，"系统"中各组元的温度场呈直线分布规律(图 5.1)纵坐标表示温度$t(℃)$，横坐标表示距离$x(m)$。

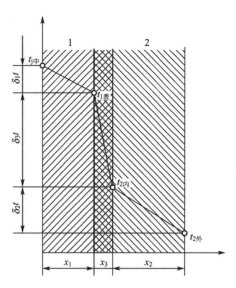

图 5.1 "铸件-中间层-铸型"系统的温度分布

在稳定热交换过程中，通过"系统"中各组元的比热流q都相同，根据傅里叶定律得

$$q = \lambda \frac{dt}{dn} \tag{5-1}$$

q值可有下述三式表达。

$$q = \lambda_1 \frac{\delta_1 t}{x_1} = \lambda_1 \frac{(t_{1中} - t_{1表})}{x_1}$$

$$q = \lambda_2 \frac{\delta_2 t}{x_2} = \lambda_2 \frac{(t_{2内} - t_{2外})}{x_2}$$

$$q = \lambda_3 \frac{\delta_3 t}{x_3} = \lambda_3 \frac{(t_{1表} - t_{2内})}{x_3}$$

式中，λ_1，λ_2，λ_3分别为铸件、金属型壁和间隙的导热系数(W/m·℃)；x_1，x_2，x_3分别为板形铸件壁厚之半，间隙厚度和金属型壁厚度(m)；$t_{1中}$，$t_{1表}$，$t_{2内}$，$t_{2外}$分别为铸件中心温度、铸件表面温度，型壁工作表面温度和外表面温度(℃)。

整理以上三式，相加得比热流q为

$$q = \frac{t_{1中} - t_{2外}}{\frac{x_1}{\lambda_1} + \frac{x_2}{\lambda_2} + \frac{x_3}{\lambda_3}} \tag{5-2}$$

从传热学知，$\frac{x_1}{\lambda_1}$，$\frac{x_2}{\lambda_2}$及$\frac{x_3}{\lambda_3}$分别为铸件、铸型和间隙的"热阻"。可见，通过"系统"的比热流q与铸件断面中心温度和金属型外表面温度之差成正比，而与热阻之和$\left(\frac{x_1}{\lambda_1} + \frac{x_2}{\lambda_2} + \frac{x_3}{\lambda_3}\right)$成反比。显然，比热流$q$越大，铸件的冷却强度越大。因而，影响比热流$q$的各个因素也影响铸件的冷却强度。

令 K_1、K_2 分别等于式(5-3)的比值,即

$$K_1 = \frac{t_{1中} - t_{1表}}{t_{1表} - t_{2内}} = \frac{\delta_1 t}{\delta_3 t} = \frac{\dfrac{x_1}{\lambda_1}}{\dfrac{x_3}{\lambda_3}}$$

$$K_2 = \frac{t_{2内} - t_{2外}}{t_{1表} - t_{2内}} = \frac{\delta_2 t}{\delta_3 t} = \frac{\dfrac{x_2}{\lambda_2}}{\dfrac{x_3}{\lambda_3}} \tag{5-3}$$

式中,K_1、K_2 被称为传热的"魏氏准则"。K_1 是铸件热阻与中间层热阻之比,或是铸件断面的温差与中间层断面温差之比,它表示铸件与中间层之间的传热特点;K_2 是铸型的热阻与中间层热阻之比,或是铸型断面的温差与中间层断面温差之比,它表示铸型和中间层之间的传热特点。

当传热准则 K 很小时($K \ll 1$),则铸件或铸型断面上的温差与中间层断面上的温差相比较,就显得很小。当传热准则很大时($K \gg 1$),则中间层断面上的温差与铸件或铸型断面上的温差相比较,就显得很小。

将 K_1 和 K_2 结合起来考虑,则有以下 4 种实际上可能发生的铸件-铸型间不同的传热情况,即

(1) $K_1 \ll 1$,$K_2 \gg 1$。
(2) $K_1 \ll 1$,$K_2 \ll 1$。
(3) $K_1 \gg 1$,$K_2 \gg 1$。
(4) $K_1 \gg 1$,$K_2 \ll 1$。

应该指出,对于平板形铸件在稳定导热和系统中各组元断面上温度按直线规律分布时,K_1 和 K_2 分别体现了铸件、铸型的温差与中间层温差的比值。如果是不稳定导热和铸件形状复杂,则传热准则 K 虽然不能十分精确地表示温度关系,但仍具有这种关系的物理意义。

下面分别讨论这 4 种情况下铸件和铸型断面上温度场分布的特点。

5.1.2 铸件在非金属型中的冷却

非金属型(一般皆指砂型)的导热系数比金属铸件的导热系数小很多,即 $\lambda_2/\lambda_1 \ll 1$。当铸件在非金属型中凝固冷却时,由于铸型的导热系数小,所以铸件冷却缓慢,其断面上的温差很小。由于同样理由,故铸型内表面被铸件加热至很高的温度,而其外表面仍处于较低的温度,断面上的温差很大,这种热交换特点可用下式表达,即

$$K_1 \ll 1, \quad K_2 \gg 1$$

或

$$\frac{\delta_1 t}{\delta_3 t} \ll 1, \quad \frac{\delta_2 t}{\delta_3 t} \gg 1$$

在这种情况下,铸件和铸型断面上的温度分布如图 5.2 所示。可见,铸件和中间层断面上的温差与铸型的温差相比较,是相当小的,可以忽

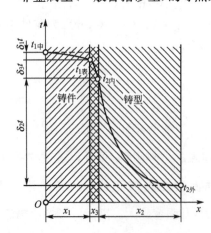

图 5.2 铸件和非金属型断面上的温度分布

略不计。

因此，可以认为在整个热传导过程中，铸件断面上的温度分布实际上是均匀的，铸型内表面的温度接近铸件的温度。所以，当砂型铸造时，砂型本身的热物理性质是决定整个系统热交换过程的主要因素，即铸件的冷却强度主要取决于铸型的热物理参数。

5.1.3 铸件在金属型中的冷却

铸件在金属型中凝固冷却可能有以下两种情况。

（1）当铸件的冷却和铸型的加热都不十分激烈时，传热情况可用下式表达，即

$$K_1 \ll 1, \quad K_2 \ll 1$$

或

$$\frac{\delta_1 t}{\delta_2 t} \ll 1, \quad \frac{\delta_2 t}{\delta_3 t} \ll 1$$

在这种情况下，铸件、中间层和铸型断面上的温度分布如图 5.3 所示。可见，在"铸件-中间层-铸型"系统中，大部分温度降在中间层上。当金属型的工作表面涂有较厚的涂料时，就属于这种情况。

这种类型的传热特点是，铸件断面上的温差 $\delta_1 t$ 和铸型断面上的温差 $\delta_2 t$ 与中间层的温差 $\delta_3 t$ 相比，显得很小，可以忽略不计。所以，可以认为铸件和铸型断面上的温度分布实际上是均匀的，传热过程主要取决于涂料层的热物理性质。

（2）当铸件的冷却和铸型的加热都很激烈时，传热情况可用下式表达，即

$$K_1 \gg 1, \quad K_2 \gg 1$$

或

$$\frac{\delta_1 t}{\delta_2 t} \gg 1, \quad \frac{\delta_2 t}{\delta_3 t} \gg 1$$

在这种情况下，铸件和铸型断面上的温度分布如图 5.4 所示。可见，铸件和铸型断面上都有很大温度降。当金属型的涂料层很薄时，就属于这种传热情况。

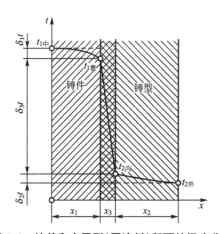
图 5.3 铸件和金属型(厚涂料)断面的温度分布

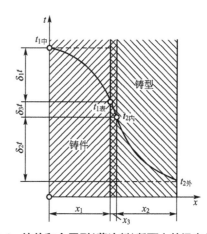
图 5.4 铸件和金属型(薄涂料)断面上的温度分布图

这种类型的传热特点是，中间层断面的温差 $\delta_3 t$ 与铸件和铸型的温差相比较，就显得很小，可以忽略不计。因此，可以认为铸型内表面温度和铸件表面温度相同，传热过程取决于铸件和铸型的热物理性质。

上述两种情况说明，金属型铸造完全可以用改变涂料层厚度或其热物理性质控制铸件的冷却强度。在实际生产中，铸铁件的金属型铸造就是利用涂料或衬料防止铸件产生白口。当金属型铸造铝合金铸件时，经常在冒口用的涂料中加入一定比例的石棉粉，增加热阻，以提高冒口的补缩效果。

5.1.4 非金属铸件在金属型中的冷却

非金属铸件的导热系数比金属型的导热系数小得多，即 $\lambda_2/\lambda_1 \gg 1$。当非金属铸件在金属型中冷却时，由于铸件的导热系数小，其内部热量不能及时传递至外表面，所以冷却缓慢，断面上的温差很大。相反，由于金属型的导热系数很大，故其断面上的温差则很小。这种传热特点可用下式表达，即

$$K_1 \gg 1, \quad K_2 \ll 1$$

或

$$\frac{\delta_1 t}{\delta_2 t} \gg 1, \quad \frac{\delta_2 t}{\delta_3 t} \ll 1$$

在这种情况下，铸件和铸型断面上的温度分布如图5.5所示。熔模精密铸造中用金属压型压制蜡模，在金属型中制造塑料制品，就属于这种情况。这种类型的热交换特点是，中间层和金属铸型断面上的温差很小，可以忽略不计。传热过程主要取决于非金属铸件本身的热物理性质。

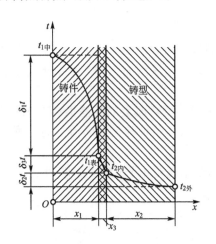

图 5.5 非金属铸件和金属型断面的温度分布

通过对4种不同类型铸造条件的分析可以看出，"铸件-中间层-铸型"系统中各组元的热阻对系统的温度分布影响极大，而热阻最大的组元是传热过程的决定性因素。因此，利用该因素控制铸件的凝固是最有效的。

5.2 凝固过程的温度场

在一般情况下，热量可视为某些状态参数的函数，也就是直接由状态参数（温度、压力等）来确定的。对于固体，状态则取决于温度这一个参数。因此，铸件和铸型间的传热过程的唯一表现是铸件和铸型各部分的温度变化，液态金属（合金）凝固过程中热量的传递有3种形式，即传导、辐射和对流。铸造过程中的传热特点是传导起主要作用。热传导过程取决于场中的温度分布，对热传导的分析归结为研究表征传热现象的基本物理量：温度在空间和时间的变化，即温度场的变化。在直角坐标中其温度 T 的求解方程式为

$$T = f(x, y, z, \tau)$$

运用数学方法研究铸件和铸型间的热交换，其主要目的是利用传热学的知识，建立起表明铸件凝固过程传热特征的各种物理量之间的方程式，即铸件和铸型的温度场方程式。根据铸件温度场随时间变化的特征，就能够预计铸件凝固过程中其断面上各时刻的凝固区域的大小及变化、凝固前沿向中心的推进速度、铸件结构上各部分的凝固次序等重要问题，为正确

设计浇注系统、设置冒口、冷铁，以及采取其他工艺措施控制凝固过程提供可靠的依据。这对于消除铸造缺陷，获得健全铸件，提高铸件的组织和性能都是非常重要的。

应该指出，铸件在铸型中的凝固和冷却过程是非常复杂的。这是因为，它首先是一个不稳定的传热过程，铸件上各点的温度随时间下降，而铸型温度则随时间上升。其次，铸件的形状是各种各样的，可能是一个三维的传热过程；铸件在凝固过程中又不断地释放出结晶潜热；其断面上存在着已凝固完毕的固态外壳、液固态并存的凝固区域和液态区，在金属型中凝固时还可能出现中间层；因此，铸件与铸型的传热是通过若干个区域进行的。此外，铸型和铸件的热物理参数还都随温度而变化，不是固定的数值；等等。将这些因素都考虑进去，建立一个符合实际情况的微分方程式是很困难的。因此，运用计算方法研究铸件的凝固过程时，必须对过程进行简化，并做一些假设。

凝固过程传热的研究方法有数学解析法、试验法和数值计算法。

5.2.1 数学解析法

为了确定正在凝固和冷却的铸件中和铸型中的温度分布规律（温度场），必须列出不稳定导热的微分方程，然后求解。在不稳定导热过程中，温度与时间和空间的关系可用固体内热传导理论的基本方程，即傅里叶方程描述。

$$\frac{\partial T}{\partial \tau} = \alpha \left(\frac{\partial^2 T}{\partial x^2} + \frac{\partial^2 T}{\partial y^2} + \frac{\partial^2 T}{\partial z^2} \right) \tag{5-4}$$

$$\alpha = \frac{\lambda}{c\rho}$$

式中：T 为温度(℃)；τ 为时间(s)；x、y、z 分别为空间坐标(m)；α 为导温系数（或热扩散系数）(m^2/s)；λ 为导热系数$(W/(m·℃))$；c 为比热容$(J/(kg·℃))$；ρ 为密度(kg/cm^3)；

因为导热微分方程是从普遍的物理法则——能量守恒和能量转换定律得出的，在推导时未考虑过程的任何具体条件，所以方程式给出的是各参数之间的最普遍关系，它可以确定一切固体内的导热现象。因此，导热微分方程可以用来确定铸件和铸型的温度场。由于导热微分方程是一个基本方程式，故当用它来解决某一具体问题时，为了使方程式的解确实成为具体问题的定解，就必须对基本方程式补充一些附加条件。这些附加条件就是一般所说的单值性条件。它们把所研究的特殊问题从普遍现象中区别出来。

在不稳定导热 $\left(\frac{\partial T}{\partial \tau} \neq 0\right)$ 的情况下，导热微分方程的解具有非常复杂的形式。目前，只能用来解决某些特殊的不稳定问题。例如，对于形状最简单的物体，如平壁、圆柱、球。

下面以半无限大铸件为例，运用导热微分方程式求铸件和铸型的温度场。

假设具有一个平面的半无限大铸件在半无限大的铸型中冷却，如图5.6所示。铸件和铸型的材料是均质的，其导温系数 α_1 和 α_2 近似为不随温度变化的定值；另外，做如下假设。

(1) 金属结晶范围很窄；
(2) 不考虑结晶潜热；
(3) 铸件和铸型热物理参数不随温度变化；

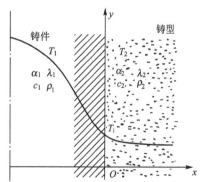

图5.6 半无限大铸件和铸型的温度场

(4) 铸件铸型无间隙,以导热方式传热;
(5) 液态金属充满铸型后即停止流动,且各处温度均匀,即铸件初始温度 T_{10};
(6) 铸型的初始温度为 T_{20};
(7) 坐标原点在铸件-铸型界面。

在这种情况下,铸件和和铸型任意一点的温度 T 与 y 和 z 无关,为一维导热问题,即

$$\frac{\partial^2 T}{\partial y^2}=0, \frac{\partial^2 T}{\partial z^2}=0 \tag{5-5}$$

傅里叶方程具有如下形式。

$$\frac{\partial T}{\partial \tau}=\alpha \frac{\partial^2 T}{\partial x^2} \tag{5-6}$$

其通解为

$$T=C+D\,\mathrm{erf}\left(\frac{x}{2\sqrt{\alpha\tau}}\right) \tag{5-7}$$

式中,T 为当时间为 τ 时,物体(铸件或铸型)内距平面为 x 处的温度;C、D 为不定积分常数,可利用单值条件求出;$\mathrm{erf}\left(\frac{x}{2\sqrt{\alpha\tau}}\right)=\frac{2}{\sqrt{\pi}}\int_0^{\frac{x}{2\sqrt{\alpha\tau}}}e^{-\beta^2}\mathrm{d}\beta$,称为高斯函数,可查表求得。

高斯函数的性质如下:$x=0$,$\mathrm{erf}(x)=0$;$x=\infty$,$\mathrm{erf}(x)=1$;$x=-\infty$,$\mathrm{erf}(x)=-1$。

对于铸件,其傅里叶方程为

$$\frac{\partial T_1}{\partial \tau}=\alpha_1 \frac{\partial^2 T}{\partial x^2} \tag{5-8}$$

其通解为

$$T_1=C_1+D_1\,\mathrm{erf}\left(\frac{x}{2\sqrt{\alpha_1\tau}}\right) \tag{5-9}$$

边界条件 $x=0(\tau>0)$,$T_1=T_2=T_i$;$x=-\infty$,$T_1=T_{10}$,求得积分常数内
$$C_1=T_i, \quad D_1=T_i-T_{10}$$

得到铸件温度场方程,即

$$T_1=T_i+(T_i-T_{10})\,\mathrm{erf}\left(\frac{x}{2\sqrt{\alpha_1\tau}}\right)$$

同理,对于铸型,其傅里叶方程为

$$\frac{\partial T_2}{\partial \tau}=\alpha_2 \frac{\partial^2 T}{\partial x^2} \tag{5-10}$$

其通解为

$$T_2=C_2+D_2\,\mathrm{erf}\left(\frac{x}{2\sqrt{\alpha_2\tau}}\right) \tag{5-11}$$

边界条件 $x=0(\tau>0)$,$T_2=T_1=T_i$;$x=\infty$,$T_2=T_{20}$,求得积分常数为
$$C_2=T_i, \quad D_2=T_{20}-T_i$$

得到铸型温度场方程

$$T_2=T_i+(T_{20}-T_i)\,\mathrm{erf}\left(\frac{x}{2\sqrt{\alpha_2\tau}}\right)$$

温度场表达式中 T_i 为铸件-铸型界面温度,利用傅里叶方程和热流连续性(即铸件放出的比热流量等于铸型吸收的比热流量)可求出

$$\lambda_1 \frac{\partial T_1}{\partial x}\bigg|_{x=0}=\lambda_2 \frac{\partial T_2}{\partial x}\bigg|_{x=0} \tag{5-12}$$

对 T_1、T_2 表达式在 $x=0$ 处求导,得

$$\frac{\partial T_1}{\partial x}\bigg|_{x=0}=\frac{T_i-T_{10}}{\sqrt{\pi\alpha_1\tau}},\quad \frac{\partial T_2}{\partial x}\bigg|_{x=0}=\frac{T_{20}-T_i}{\sqrt{\pi\alpha_2\tau}} \tag{5-13}$$

将式(5-13)带入式(5-12)得到界面处温度为

$$T_i=\frac{b_1 T_{10}+b_2 T_{20}}{b_1+b_2} \tag{5-14}$$

式中,b_1、b_2 分别为铸件和铸型的蓄热系数,$b_1=\sqrt{\lambda_1\rho_1 c_1}$,$b_2=\sqrt{\lambda_2\rho_2 c_2}$。

将上述推导带入 T_1、T_2 表达式(式(5-13)),分别得到铸件和铸型在距离界面 x 处的温度分布方程为

$$T_1=\frac{b_1 T_{10}+b_2 T_{20}}{b_1+b_2}+\frac{b_1 T_{10}+b_2 T_{20}}{b_1+b_2}\mathrm{erf}\left(\frac{x}{2\sqrt{\alpha_1\tau}}\right)$$

$$T_2=\frac{b_1 T_{10}+b_2 T_{20}}{b_1+b_2}-\frac{b_1 T_{10}+b_2 T_{20}}{b_1+b_2}\mathrm{erf}\left(\frac{x}{2\sqrt{\alpha_2\tau}}\right)$$

如果在推导温度场方程式时将金属的比热和结晶潜热分开考虑,并确认液态金属与固态金属的导热系数和比热是不同的,则解法就要复杂得多。

图 5.7 所示为铸件在砂型和金属型浇注后的温度场,是用计算法求得的,所用热物理

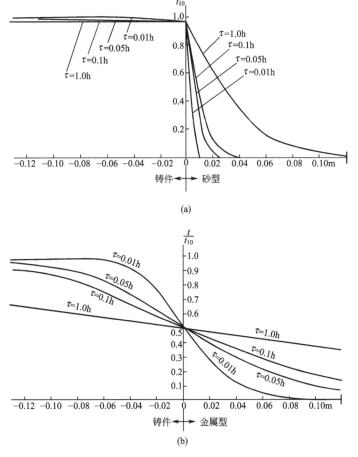

图 5.7　铸件在砂型和金属型浇注后的温度场

参数见表 5-1。

表 5-1　铸铁和铸型的热物理参数

材　料	导热系数/[W/(m·℃)]	比热 C/[J/(kg·℃)]	密度 ρ/(kg/m³)	导温系数 α/(m²/s)
铸铁	46.5	753.6	7000	8.8×10^{-6}
砂型	0.314	963.0	1350	2.4×10^{-7}
金属型	61.64	544.3	7100	1.56×10^{-5}

5.2.2　数值计算法

以上讨论了导热微分方程最简单情况的定解问题,并得出了解的解析表达式,即包括位置和时间在内的温度场方程式 $T=f(x,\tau)$。因此,可以很方便地计算出任何时刻任意位置的温度。但是,对于较复杂的问题,这种解析表达式很难得到,或者即使得到了解析表达式,也难以进行数值计算。另外,实际中所遇到的问题,又往往只要求得到具有一定准确度的近似解,所以数值计算法在工程上的应用很广泛。

数值计算法有有限差分法、有限元法、边界元等方法。有限差分法的实质是把所研究的物体从时间和位置上分割成许多小单元,对于这些小单元用差分方程式近似地代替微分方程式,给出初始条件和边界条件,逐个计算各单元温度的一种方法。即使铸件形状很复杂,也只是计算式和程序繁杂而已,在原则上都是可以计算的。数值计算法比其他近似计算法准确性高,当单元选得足够小时,差分方程的离散误差趋于零。用差分法把定解问题转化为代数方程,就可由电子计算机计算。这种方法的缺点是,当计算中在某单元上出现错误时,就必须从头校正。

有限差分法进行数值计算,按三个步骤进行:单元剖分、建立数学模型、编制序。

1. 有限差分法的基本概念

函数的导数(或叫微商) $\dfrac{\mathrm{d}y}{\mathrm{d}x}$ 就是差分 Δx 和 Δy($\mathrm{d}x$ 和 $\mathrm{d}y$ 称为微分)同时趋于零时,差商 $\dfrac{\Delta y}{\Delta x}$ 的极限。导数概念的引入,或者说差商向微商的转化,使人们有可能更精确地描述物质的运动、变化规律,从而更深刻地认识自然界。但是,在数值计算中,往往只需要计算未知函数在离散点上的近似值,在一些离散点上用差商 $\dfrac{\Delta y}{\Delta x}$ 来近似微商 $\dfrac{\mathrm{d}y}{\mathrm{d}x}$,即用直线的斜率来代替切线的斜率。从而,有可能用代数方法求出函数在一些点上的近似值。

对于一般的常微分方程和偏微分方程,先在所考察的区域中选取一些离散点,在这些离散点上用相应的差商代替微商,建立与原微分方程相对应的差分方程,然后求解这差分方程,得到在离散点上解的近似值,这种方法称为差分方法。由此可见,差分方法是"曲直转化"在计算方法中的应用。

为了应用差分方法,必须知道应该用怎样的差商来代替出现在微分方程中的微商。如果记自变量的增量 Δx,对于一阶微商 $\dfrac{\mathrm{d}y}{\mathrm{d}x}$,可以用

$$\frac{y(x+\Delta x)-y(x)}{\Delta x}$$

来近似它，称为函数 $y=f(x)$ 在 x 点的向前差商；也可以用
$$\frac{y(x)-y(x-\Delta x)}{\Delta x}$$
来近似它，称为函数 $y=f(x)$ 在 x 点的向后差商；还可以用这两个数的平均值
$$\frac{1}{2}\left[\frac{y(x+\Delta x)-y(x)}{\Delta x}+\frac{y(x)-y(x-\Delta x)}{\Delta x}\right]=\frac{y(x+\Delta x)-y(x-\Delta x)}{2\Delta x} \quad (5-15)$$
来近似它，称为函数 $y=f(x)$ 在 x 点的中心差分商。

这 3 种差商都是函数 $y=f(x)$ 的一阶差商。当 Δx 固定时，差商就是 x 的函数，所以还可以求差商的差商。一阶差商的差商为二阶差商。对二阶微商 $\frac{d^2 y}{dx^2}$ 来说，自然可用二阶差商来近似它。一般用向前差商的向后差商
$$\frac{\frac{y(x+\Delta x)-y(x)}{\Delta x}-\frac{y(x)-y(x-\Delta x)}{\Delta x}}{\Delta x}=\frac{y(x+\Delta x)-2y(x)+y(x-\Delta x)}{\Delta x^2} \quad (5-16)$$
来近似 $\frac{d^2 y}{dx^2}$。

对于偏导数，也可同样地用相应的差商代替。例如
$$\frac{\partial T}{\partial \tau}\approx\frac{T(x,\tau+\Delta\tau)-T(x,\tau)}{\Delta\tau}$$
$$\frac{\partial^2 T}{\partial x^2}\approx\frac{T(x+\Delta x,\tau)-2T(x,\tau)+T(x-\Delta x,\tau)}{\Delta x^2}$$
$$\frac{\partial^2 T}{\partial y^2}\approx\frac{T(y+\Delta y,\tau)-2T(y,\tau)+T(y-\Delta y,\tau)}{\Delta y^2}$$

用差商代替微商，必然带来一定的误差。所取的差商形式不同，用它们代替微商所带来的误差也不同。这个误差是截去了泰勒展开式中的高阶无穷小项而引起的，所以称为截断误差。用向后差商或向前差商代替一阶微商的截断误差，当 $\Delta x \to 0$ 时是 Δx 同阶的无穷小量。用中心差商代替一阶微商，其截断误差减小为与 Δx^2 的同阶无穷小量。对二阶微商，当用向前差商的向后差商代替时，其截断误差也是与 Δx^2 同阶的无穷小量。所以，当 Δx 选得足够小时，截断误差是很小的。

2. 一维系统

图 5.8 所示为一维导热问题。沿热流方向把均质物体分割为若干单元，各单元的端面为一单位面积。几何步长为 Δx，取 3 个单元分析 t_1 温度的变化。

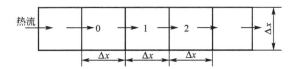

图 5.8　一维均质物体的单元分割

在时间步长 $\Delta\tau$ 内从 0 单元向 1 单元流入的热量为
$$q_0=\lambda\frac{T_0-T_1}{\Delta x}\Delta\tau$$

从 1 单元流出的热量为

$$q_1 = \lambda \frac{T_1 - T_2}{\Delta x} \Delta \tau$$

其导热微分方程为

$$\frac{\partial T}{\partial \tau} = \alpha \frac{\partial^2 T}{\partial x^2}$$

用差分方程代替微分方程

$$\frac{T(x, \tau+\Delta\tau) - T(x, \tau)}{\Delta \tau} = \alpha \frac{T(x+\Delta x, \tau) - 2T(x, \tau) + T(x-\Delta x, \tau)}{\Delta x^2} \quad (5-17)$$

式中，$T(x, \tau+\Delta\tau) = T_1^1$；$T(x+\Delta x, \tau) = T_2^0$；$T(x-\Delta x, \tau) = T_0^0$；$\alpha = \frac{\lambda}{\rho c}$；

其中，温度 T 的右上标表示时刻，右下标表示离散点位置。所以，式(5-17)可写为

$$\frac{T_1^1 - T_1^0}{\Delta \tau} = \alpha \frac{T_2^0 - 2T_1^0 + T_0^0}{\Delta x^2} \quad (5-18)$$

整理后，得

$$T_1^1 = \frac{1}{M} [T_0^0 + T_2^0 + (M-2)T_1^0] \quad (5-19)$$

式中，$M = \frac{(\Delta x)^2}{\alpha \Delta \tau}$。

从式(5-19)可直观地看出，离散点"1"处在经过时间步长 $\Delta\tau$ 后的温度取决于前一时刻本身"1"和周边单元"0"、"2"点的温度。只要知道某一时刻($\tau = p\Delta\tau$，$p = 0, 1, 2, 3$)的温度场，便可直接算出 $\Delta\tau$ 时间后($\tau = (p+1)\Delta\tau$)的温度场。因此，只要知道浇注温度和浇注当时的铸型温度，便可以此温度为初始温度，算出任意时刻的温度场。选择时间和空间步长时必须保证 $M \geq 2$。反之，单元的温度对其本身的未来值具有负效应，这与热力学第二定律不符。

计算案例：一块12cm厚的无限板，初始温度为1000℃，板的表面瞬时冷却到0℃，而后保持这个温度不变，求100s后中心平面上的温度。材料的导温系数 $\alpha = 0.05 \text{cm}^2/\text{s}$。如果决定 $M = 3$，$\Delta x = 1\text{cm}$，则 $\Delta\tau = \frac{(1)^2}{0.05 \times 3} = 6.667\text{s}$

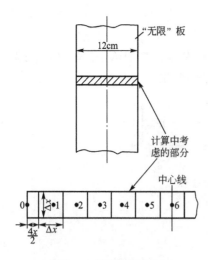

图 5.9 计算用网格图

解答该问题所用的网格如图5.9所示。因为板是无限的，所以就没有棱角和边缘的影响，是一维导热。图5.9中所示为 Δx(1cm)的一条，点0和点12位于表面，点6在板的中心。画出记录表，把初始温度填入第一行。建议0点的初始温度($\tau = 0$)取平均值，即500℃。由于系统是对称的，故点7的温度与点5相同，点8的温度与点4相同，以此类推。因为需要用点7计算点6的温度，所以表中包括了点7。根据式(5-19)求 $\Delta\tau$ 后点1的新温度为

$$T_1^1 = \frac{1}{M} [T_0^0 + T_2^0 + (M-2)T_1^0]$$

$$= \frac{1}{3} [500 + 1000 + 1000] = 838℃$$

也就是，把点 0、点 1 和点 2 在这个时间间隔开始时的温度加起来，并在表中填入这个总数 2500，以 3 除之，便得到时间间隔终了时的温度 833℃。计算继续到必要的步骤为止。计算结果为 100s 以后板中心（点 6）的温度为 839℃。部分计算记录表见表 5-2。

表 5-2 部分计算记录表

步骤序号 （=$\Delta\tau$ 单位数）	各点数的温度/℃							
	0	1	2	3	4	5	6	7
0	500	1000 2500	1000	1000	1000	1000	1000	1000
1	0	833 1833	1000 2833	1000	1000	1000	1000	1000
2	0	811 1555	944 2555	1000 2944	1000	1000	1000	1000
3	0	518 1370	852 2351	981 2833	1000 2981	1000	1000	1000
4	0	457 1241	784 2135	944 2722	994 2938	1000 2994	1000	1000
5	0	417 1145	728 2052	907 2614	979 2884	998 2977	1000 2996	998
6	0	382 1066	684 1937	871 2516	961 2824	992 2952	999 2983	992
7	0	355 1001	646 1840	839 2426	941 2764	984 2919	994 2962	984
8	0	334 947	613 1754	807 2341	921 2701	973 2881	987 2993	973

3. 二维系统

如果铸件的形状使之只在 x、y 方向上有热流，z 方向上无热流，或相对于 x、y 方向可忽略不计，则傅里叶方程如下。

$$\frac{\partial T}{\partial \tau} = \alpha \left(\frac{\partial^2 T}{\partial x^2} + \frac{\partial^2 T}{\partial y^2} \right) \tag{5-20}$$

当按图 5.10 对铸件进行单元分割时，其差分方程如下。

$$\frac{T_{i,j}^{n+1} - T_{i,j}^n}{\Delta \tau} = \alpha \frac{T_{i-1,j}^n - 2T_{i,j}^n + T_{i+1,j}^n}{\Delta x^2} + \frac{T_{i,j-1}^n - 2T_{i,j}^n + T_{i,j+1}^n}{\Delta y^2} \tag{5-21}$$

取 $\Delta x = \Delta y$，则

$$T_{i,j}^{n+1} = \frac{1}{M} [T_{i-1,j}^n + T_{i+1,j}^n + T_{i,j-1}^n + T_{i,j+1}^n + (M-4)T_{i,j}^n] \tag{5-22}$$

$$M = \frac{(\Delta x)^2}{\alpha \Delta \tau}$$

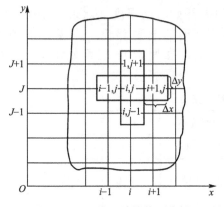

图 5.10 二维系统的单元分割

$i-1$、i、$i+1$ 为系统在 x 方向上任意相邻三点
$j-1$、j、$j+1$ 为系统在 y 方向上任意相邻三点

式中，$T_{i,j}^{n+1}$ 为 $\Delta\tau$ 终了时，(i,j) 单元的温度；$T_{i,j}^{n}$ 为 $\Delta\tau$ 开始时，(i,j) 单元的温度；$T_{i-1,j}^{n}$、$T_{i+1,j}^{n}$、$T_{i,j-1}^{n}$、$T_{i,j+1}^{n}$ 分别为与 (i,j) 单元相邻各单元在 $\Delta\tau$ 开始时的温度。

对于二维导热系统，M 值不得小于 4。

给出初始条件和边界条件，确定热物理参数和结晶潜热的处理方法后，即可根据式(5-22)计算出系统中任意时刻各点的温度，同一时刻各点温度的综合即为该时刻的温度场。系统中点数很多，且时间步长一般较短，需要大量的计算，所以只有计算机才能实现运算操作。图 5.11 为计算机数学模拟的 T 形铸件的温度场。

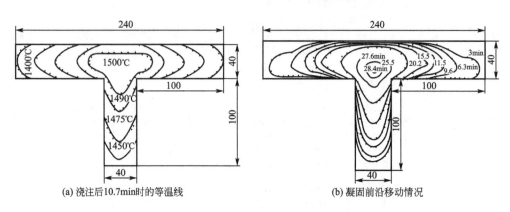

图 5.11 T 形铸件浇注后 10.7min 时的等温线和凝固前沿移动情况

5.2.3 测温法

铸件温度场测定方法的装置如图 5.12 所示。将一组热电偶的热端固定在型腔中（和铸型中）的不同位置，利用多点自动记录电子电位计（或其他自动记录装置）作为温度测量和记录装置，即可记录自金属液注入型腔起至任意时刻铸件断面上各测温点的温度-时间曲线，如图 5.13 所示。根据该曲线可绘制出铸件断面上不同时刻的温度场（图 5.14）和铸件的凝固动态曲线。

铸件温度场的绘制方法如下：以温度为纵坐标，以离开铸件表面向中心的距离为横坐标，将图 5.13 上同一时刻各测温点的温度分别标注在图 5.14 的相应点上，连接各标注点即得到该时刻的温度场。以此类推，则可绘制出各时刻铸件断面上的温度场。

可以看出，铸件的温度场随时间而变化，为不稳定温度场。铸件断面上的温度场也称作温度分布曲线。如果铸件均匀，壁两侧的冷却条件相同，则任何时刻的温度分布曲线对铸件壁厚的轴线是对称的。温度场的变化速率，即温度梯度表征铸件的冷却强度。温度场能更直观地显示出凝固过程的情况。

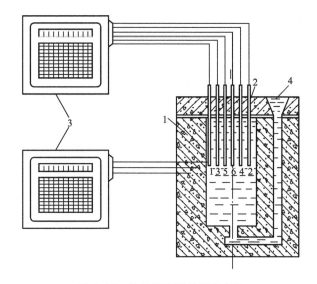

图 5.12 铸件温度场的绘制方法
1—铸型；2—热电偶；3—多点自动记录电子电位计；4—浇注系统

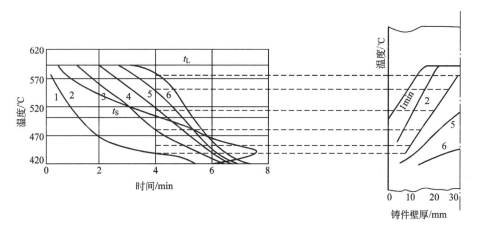

图 5.13 各测温点的温度-时间曲线　　**图 5.14 铸件断面温度场**

图 5.15 是直径 250mm 的纯铝圆柱形铸件的温度场，是根据实测的温度-时间曲线绘制的。从曲线可以看出，铸型中的全部液态合金几乎同时从浇注温度很快降至凝固温度，接近铸件表面的合金结晶时释放出结晶潜热阻止了内部合金液的温度继续下降，而保持在凝固温度上，在曲线上表现为平台。曲线上的拐点表示铸件中该等温面上发生凝固的时刻。所以，注意发生这种情况的时刻，就能确定凝固前沿从铸件表面向内部的进程。当铸件热中心出现拐点时，整个铸件即凝固完毕。可以看出，凝固初期温度场梯度大，温度下降快，以后逐渐缓慢，凝固由表及里逐层达到铸件中心。

对于固溶体合金，由于在固相线附近，释放的结晶潜热很少，不能明显地改变曲线的性质，所以各温度场都看不到明显的固相线拐点，其温度场和纯金属的相似。

图 5.16 所示为共晶类型合金的典型温度场，是根据相应的温度-时间曲线绘制的。铸型内液态合金很快降至液相线温度，并保持在此温度上。各时刻的温度场在对应液相线温

度和共晶转变温度的地方发生弯曲,如图 5.16 所示。

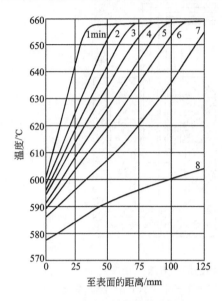

图 5.15 纯 Al 铸件的温度场图

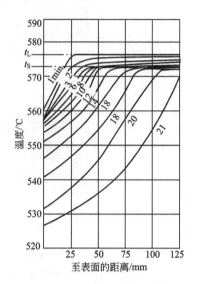

5.16 Al－Si 12.3% 铸件的温度场

某一瞬间温度场中温度相同点组成的面(或线)称为等温面(或等温线)。它可能是平面(或直线),也可能是曲面(或曲线)。有时,铸件内的温度场用等温面(或线)表示。图 5.15 所示的圆柱形铸件,其等温面为平行铸件表面的圆柱面,纵断面上的等温线为平行铸件表面的直线。对于形状不规则的铸件,其等温面一般要实际测定。根据铸件的等温面,可以直观地判断铸件的凝固顺序,找出缩孔的位置,这对铸造工艺设计是很有意义的。

5.2.4 影响铸件温度场的因素

任一瞬间的温度场是由不同温度的等温面组成的。温度场任何点的温度沿等温面法线方向上的增加率称为该点的温度梯度。

$$\mathrm{grad}T = \lim_{\Delta x \to 0} \frac{\Delta T}{\Delta x} = \frac{\partial T}{\partial x}(\text{℃/m}) \tag{5-23}$$

因此,温度梯度是表示温度场沿单位长度上的温度变化速率,也是时间和空间的函数。温度梯度大,铸件的温度场峻陡,铸件的凝固速度大。

将 T 表达式对 x 求导数,则得到铸件断面上的温度梯度

$$\frac{\partial T}{\partial x} = -\frac{b_2}{b_1+b_2}T_{10}\frac{e^{-\frac{x^2}{4a_1\tau}}}{\sqrt{\pi a_1 \tau}} \tag{5-24}$$

式中,T_{10} 为铸件的初始温度,约为浇注温度 $T_{浇}$。

由式(5-24)可知,铸件的温度梯度与合金的导温系数 α、浇注温度 $T_{浇}$、铸型的蓄热系数 b_2 等有关。

1. 金属性质的影响

(1) 金属的导温系数 $\left(\alpha = \frac{\lambda}{\rho c}\right)$。铸件的凝固是依靠铸型吸热而进行的,因此铸件表面

温度比中心部分的温度低。金属的导温系数大,铸件内部的温度均匀化的能力就大,温度梯度就小,断面上温度分布曲线就比较平坦。反之,温度分布曲线就比较峻陡。液态铝合金的导温系数比液态铁碳合金的导温系数高 9~11 倍,而且铝的 $c\rho$ 较小,所以在相同的铸型条件下,铝合金铸件断面上的温度分布曲线平坦得多,具有比较小的温度梯度。相反,高合金钢的导温系数一般都比普通碳钢小得多,如高锰钢的导温系数比普通碳钢小 3 倍多。所以,合金钢在砂型铸造时也有较大的温度梯度。

(2) 结晶潜热。金属的结晶潜热大,向铸型传热的时间则要长,铸型内表面被加热的温度也高。因此,铸件断面的温度梯度减小,铸件的冷却速度下降,温度场较平坦。

(3) 金属的凝固温度。金属的凝固温度越高,在凝固过程中铸件表面和铸型内表面的温度越高,铸型内外表面的温差就越大,且铸型的导热系数随温度升高而升高,致使铸件断面的温度场有较大的梯度。有色合金铸件与铸钢件和铸铁件比较,在凝固过程中有较平坦的温度场,其凝固温度低是主要原因之一。

2. 铸型的影响

铸件在铸型中的凝固是因铸型吸热而进行的。所以,任何铸件的凝固速度都受铸型吸热速度的支配。铸型的吸热速度越大,则铸件的凝固速度越大,断面上的温度场的梯度也就越大。

(1) 铸型的蓄热系数 $b_2 = \sqrt{\lambda_2 \rho_2 c_2}$。铸型的蓄热系数越大,对铸件的冷却能力越强,铸件中的温度梯度就越大。

(2) 铸型的预热温度。在熔模铸造中为了提高铸件的精度和减少热裂等缺陷,型壳在浇注前被预热到 600~900℃。在金属铸造中,铸型的预热温度为 200~400℃。铸型预热温度越高,冷却作用就越小,铸件断面上的温度梯度也就越小。

3. 浇注条件的影响

液态金属的浇注温度很少超过液相线以上 100℃,因此金属由于过热所得到的热量比结晶潜热要小得多,一般不大于凝固时期放出的总热量的 5%~6%。但是,实验证明,在砂型铸造中非等到液态金属的所有过热热量全部散失,铸件的凝固实际上是不会进行的。所以,增加过热程度,相当于提高了铸型的温度,使铸件的温度梯度减小。

在金属型铸造中,由于铸型具有较大的导热能力,而过热热量所占比重又很少,能够迅速传导出去,所以浇注温度的影响不十分明显。

4. 铸件结构的影响

(1) 铸件的壁厚。厚壁铸件比薄壁件含有更多的热量,当凝固层逐渐向中心推进时,必然要把铸型加热到更高的温度。铸件越厚大,温度梯度就越小。

(2) 铸件的形状。铸件的棱角和弯曲表面,与平面壁的散热条件不同,在铸件表面积相同的情况下,向外部凸出的曲面,如球面、圆柱表面、L 形铸件的外角,对应着渐次放宽的铸型体积,散出的热量由较大体积的铸型所吸收,铸件的冷却速度比平面铸件要大。如果铸件表面是向内部凹下的,如圆筒铸件内表面、L 形或 T 形铸件的内角,则对应着渐次收缩的铸型体积,铸件的冷却速度比平面部分要小。

由此可以推论,铸型中被液态金属几面包围的突出部分、型芯以及靠近内浇道附近的铸型部分,由于有大量金属液通过,被加热到很高温度,吸热能力显著下降,故相对应的铸件部分温度场比较平坦。

图 5.17 所示为 L 形和 T 形断面砂型铸造条件下各时刻的等固相线位置,是由实测得到的。可以看出,外角的冷却速度大约为平面壁的 3 倍,而内角的冷却速度最慢。因此,当铸件收缩受阻时,在内角处最容易产生热裂。

把内角改成圆内角,由于扩大了散热面积,角上的凝固层加厚,使内直角的不良情况得到改善,如图 5.18 所示。因此,生产上经常采用加大内圆角半径的方法防止热裂。如果铸件某断面必须做成直角,则一定要采取措施加速此处的凝固(如放置外冷铁)。

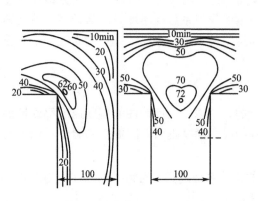

图 5.17 L 形和 T 形断面砂型各时刻的等固相线位置

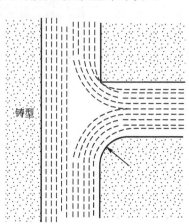

图 5.18 L 形内圆角和外圆角的凝固情况

5.3 铸件凝固方式

5.3.1 凝固动态曲线

图 5.19 所示为铸件的凝固动态曲线,也是根据直接测量的温度-时间曲线绘制的。首先,在图 5.19(a)上给出合金的液相线和固相线温度,把两直线与温度-时间曲线相交的各点分别标注在图 5.19(b) $[x/R, \tau]$ 坐标系上;再将各点连接起来,即得凝固动态曲线。纵坐标分子 x 是铸件表面向中心方向的距离,分母 R 是铸件壁厚之半或圆柱体和球体的半径。因凝固是从铸件壁两侧同时向中心进行,所以 $x/R=1$ 表示已凝固至铸件中心。

曲线(Ⅰ)与铸件断面上各时刻的液相线等温线相对应,称为"液相边界"。曲线(Ⅱ)与固相线等温线相对应,称为"固相边界"。从图 5.19(b)可以看出,在第 2min,距铸件表面 $x/R=0.6$ 处合金开始凝固,由该处至铸件中心的合金仍为液态(液相区);$x/R=0.2$ 处合金刚刚凝固完毕,从该处至铸件表面的合金为固态(固相区),二者之间是液-固两相区(凝固区)。到第 3.2min,液相区消失。经过 5.3min,铸件凝固完毕,所以这两条曲线是表示铸件断面上液相和固相等温线由表面向中心推进的动态曲线。"液相线"边界从铸件表面向中心移动,所到之处凝固既开始;过一段时间,"固相线"边界离开铸件表面向中心移动,所到之处凝固就完毕。因此,也称液相线边界为"凝固始点",固相线边界为"凝固终点"。图 5.19(c)是铸件断面上某时刻的凝固情况。

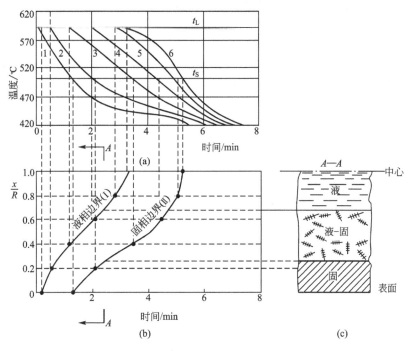

图 5.19 铸件凝固动态曲线

5.3.2 凝固区域及其结构

铸件在凝固过程中，除纯金属和共晶成分合金外，断面上一般都存在三个区域，即固相区、凝固区和液相区。铸件的质量与凝固区域有密切关系。

图 5.20 是根据铸件断面温度场确定的某一瞬间的凝固区域。左图是状态图的一部分，M 合金的结晶温度范围为 t_L-t_S。右图是砂型中正在凝固的铸件断面，壁厚为 D，该瞬时的温度场为 T。在此瞬间，铸件断面上的 b 和 b′ 点已达到固相线温度 t_S。因此，Ⅰ-Ⅰ 和 Ⅰ′-Ⅰ′ 等温面为固相线等温面。同时，c 和 c′ 点已达到液相线温 t_L，Ⅱ-Ⅱ 和 Ⅱ′-Ⅱ′ 为"液相线等温面"。所以，在Ⅰ和Ⅱ之间、Ⅰ′和Ⅱ′之间的合金都处于凝固状态，即液固共存状态。这个液相线等温面和固相线等温面之间的区域就是凝固区。

从铸件表面到固相等温面Ⅰ和Ⅰ′之间的合金温度低于固相线温度 t_S，因此这个区域

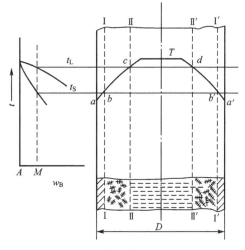

图 5.20 某瞬间的凝固区域

内的合金已凝固成固相，为固相区；液相等温面Ⅱ和Ⅱ′之间的合金温度高于液相线温度 t_L，为液相区。

随着铸件的冷却，液相线等温面和固相线等温面不断向铸件中心推进，铸件全部凝固

后，凝固区域消失。某一瞬间的凝固状况，就是动态图的一个剖面。

5.3.3 铸件的凝固方式及其影响因素

一般将铸件的凝固方式分为3种类型：逐层凝固方式、体积凝固方式（或称糊状凝固方式）和中间凝固方式。铸件的凝固方式取决于凝固区域的宽度。

图 5.21(a)为恒温下结晶的纯金属或共晶成分合金某瞬间的凝固情况。t_C是结晶温度，T_1和T_2是铸件断面上两个不同时刻的温度场。

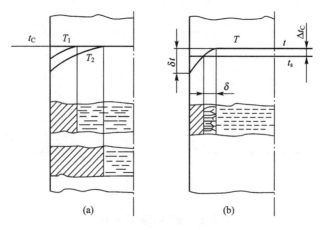

图 5.21　逐层凝固方式示意图

从图中可观察到，恒温下结晶的金属，在凝固过程中其铸件断面上的凝固区域宽度等于零，断面上的固体和液体由一条界线（凝固前沿）清楚地分开。随着温度的下降，固体层不断加厚，逐层到达铸件中心，这种情况为"逐层凝固方式"。

如果合金的结晶温度范围很小，或断面温度梯度很大，铸件断面的凝固区域则很窄，也属于逐层凝固方式（图 5.21(b)）。

如果合金的结晶温度范围很宽（图 5.22(a)），或因铸件断面温度场较平坦（图 5.22(b)），则铸件凝固的某一段时间内，其凝固区域很宽，甚至贯穿整个铸件断面，而表面温度尚高于t_S，这种情况为"体积凝固方式"，或称"糊状凝固方式"。

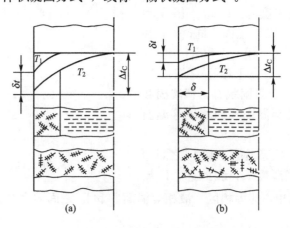

图 5.22　体积凝固方式示意图

如果合金的结晶温度范围较窄(图5.23(a))，或因铸件断面的温度梯度较大(图5.23(b))，而铸件断面上的凝固区域宽度介于前二者之间，则属于"中间凝固方式"。

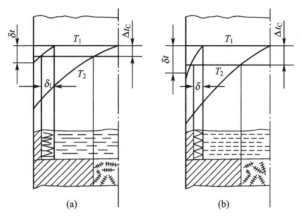

图5.23 中间凝固方式示意图

凝固区域的宽度可以根据凝固动态曲线上的"液相边界"与"固相边界"之间的纵向距离直接判断，因此这个距离的大小是划分凝固方式的一个准则。如果两条曲线重合在一起，如恒温下结晶的金属，或者其间距很小，则趋向于逐层凝固方式。如两曲线的间距很大，则趋向于体积凝固方式。如果两曲线的间距较小，则为中间凝固方式。

由上述可知，铸件断面凝固区域的宽度是由合金的结晶温度范围和温度梯度两个量决定的。结晶温度范围取决于金属自身，是内因；温度梯度主要取决于工艺条件。

1. 合金结晶温度范围的影响

在铸件断面温度梯度相近的情况下，凝固区域的宽度取决于合金的结晶温度范围。图5.24所示是3种不同含碳量的碳钢在砂型和金属型中铸造时测得的凝固动态曲线。

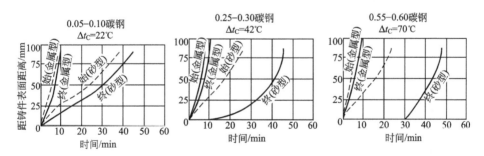

图5.24 不同含碳量碳钢的凝固动态曲线

含碳量增加，碳钢的结晶温度范围扩大，铸件断面的凝固区域随之加宽。低碳铸钢在砂型中的凝固为逐层凝固方式；中碳铸钢为中间凝固方式；高碳铸钢为体积凝固方式。

合金的结晶温度范围与其成分有关，当合金成分确定后，合金的结晶温度范围即确定。

2. 温度梯度的影响

梯度很大的温度场，可以使宽结晶温度范围的合金成为中间凝固方式(如高碳钢在金属型中凝固)，甚至成为逐层凝固方式；很平坦的温度场，可以使窄结晶温度范围的合金成为体积凝固方式。所以，温度梯度是凝固方式的重要调节因素。

图 5.25 为工业用铝(99%Al)在砂型和金属型中铸造时所测得的凝固动态曲线。将它在砂型中的凝固动态曲线与图 5.24 中低碳钢的相应曲线比较则可看到，虽然工业纯铝的结晶温度范围约为 6℃，比低碳钢(约 22℃)小得多，但是低碳钢为逐层凝固方式，而工业纯铝却以体积方式进行凝固。其原因是铝的凝固温度低、结晶潜热和导温系数大，铸件断面的温度场平坦。

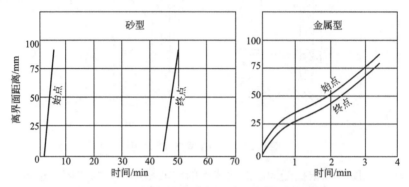

图 5.25 纯铝在砂型和金属型中的凝固动态曲线

综上所述，凝固区域的宽度决定铸件的凝固方式，由合金的结晶温度范围 Δt_c 与温度降 δt(可近似表示温度梯度)的比值确定的。若 $\Delta t_c/\delta t \ll 1$，则铸件的凝固趋于逐层凝固方式；若 $\Delta t_c/\delta t \gg 1$ 时，则趋向于体积凝固方式。

5.3.4 铸件的凝固方式与铸件质量的关系

铸件的致密性和健全性与合金的凝固方式密切相关，可分别从充型能力、补缩条件、缩孔类型、热裂纹愈合能力等方面分析。

1. 逐层凝固的情况

当铸件断面温度梯度已经确定时，如在一般铸造条件下，纯金属、共晶合金及其他结晶温度间隔很窄的合金如低碳钢、铝青铜等，常为逐层凝固方式。

在液态金属充型过程中(图 5.26)，金属在流路的型壁结壳，一层层增厚，通道光滑，阻力小，流速大，因流路阻塞而停止流动前析出的固相量多，即释放结晶潜热多，流动时间长，因此逐层凝固的充型能力好。

补缩条件主要取决于凝固区域宽度及形貌。当逐层凝固时，凝固区域窄，凝固前沿较平滑或呈锯齿状。液体补缩的流路短，阻力小，补缩容易。在固-液区内也较少出现为补缩边界隔开的孤立而无补缩来源的小熔池，凝固期间所发生的各种收缩，可方便地得到液体的补充，成为集中的缩孔。集中缩孔都在铸件最后凝固部位，若安置适当冒口即可将缩孔排除于铸件体外，如图 5.27 所示。

当铸件凝固后期收缩受阻而出现热裂纹时，由于凝固区域窄小，裂纹距液相较近，液体流动性也好，故裂纹被液体重新充填而愈合的可能性较大。由于逐层凝固铸件具有充型能力好、补缩条件优良、热裂纹容易愈合等特点，因此容易获得致密和健全的铸件。

2. 体积凝固的情况

在一般铸造条件下，结晶温度范围宽的合金，其凝固区域宽，倾向于体积凝固方式。

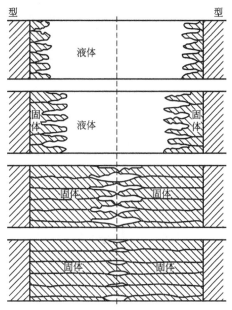

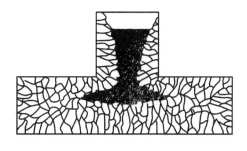

图 5.26 窄结晶温度范围合金的凝固过程　　图 5.27 逐层凝固方式的缩孔特点

这种凝固方式在充型能力、补缩情况和热裂纹愈合等方面的表现与逐层凝固完全不同。

伴随着充型过程进行的凝固现象，发生在液流的前端部，结晶分布在整个断面上，枝晶发达，流动阻力大，流速小，如图 5.28 所示。因此，体积凝固时充型能力差。

体积凝固由于凝固区域宽，枝晶发达，补缩通道长，阻力大，枝晶间补缩困难。凝固后期，发达的树枝晶很容易将枝晶间的残留液体分割成孤立的小熔池，断绝了补缩来源，形成分散的收缩孔洞即缩松，如图 5.29 所示。体积凝固形成的缩松分散而且区域广，在一般铸造条件下难以根除，因此铸件的致密性差。

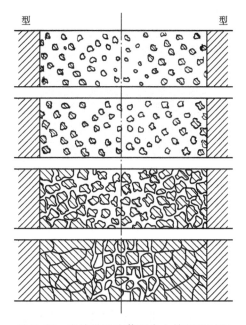

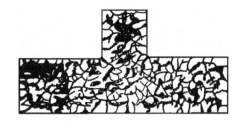

图 5.28 宽结晶温度范围合金的凝固过程　　图 5.29 体积凝固方式的缩孔特点

体积凝固的铸件热裂倾向性也大。这是因为枝晶搭成骨架后即开始线收缩。凝固期间发生线收缩的温度间隔(也称有效结晶温度间隔)越大,收缩量越大,收缩受阻而产生热裂纹的危险性也大。由于凝固后期液相量已很少,聚集在枝晶间甚至被分割为孤立熔池,故产生的热裂纹难以由液态金属弥合。

另外,逆偏析缺陷容易在体积凝固的条件下产生。这将在凝固偏析一章中分析。

5.4 铸件凝固时间和速度的计算

铸件的凝固时间是指从液态金属充满铸型后至凝固完毕所需要的时间;单位时间凝固层增长的厚度为凝固速度。

铸件的凝固控制,实质上是采取相应的工艺措施控制铸件各部分的凝固速度。所以,在设计冒口和冷铁时需要对铸件的凝固时间进行估算,以保证冒口具有合适的尺寸和正确地布置冷铁。对于大型或重要铸件,为了掌握其打箱时间,也需要对凝固时间进行估算。

确定铸件凝固时间的方法有试验法、数值模拟法和计算法。在此只阐述计算法,并以无限大平板铸件为例计算凝固时间。

5.4.1 理论计算法

对铸型温度场表达式 $T_2 = C_2 + D_2 \text{erf}\left(\dfrac{x}{2\sqrt{\alpha_2 \tau}}\right)$ 在 $x=0$ 处求导得

$$\left.\frac{\partial T_2}{\partial x}\right|_{x=0} = \frac{T_{20} - T_i}{\sqrt{\pi \alpha_2 \tau}} \tag{5-25}$$

根据傅里叶定律计算比热流为

$$\frac{\partial Q_2}{\partial \tau} = \frac{\lambda_2 (T_i - T_{20})}{\sqrt{\pi \alpha_2 \tau}} = \frac{b_2 (T_i - T_{20})}{\sqrt{\pi \tau}} \tag{5-26}$$

将式(5-26)积分后得铸型单位面积在时间 τ 内所吸收的热量 Q_2

$$Q_2 = \frac{2b_2}{\sqrt{\pi}} (T_i - T_{20}) \sqrt{\tau} \tag{5-27}$$

铸型经过整个工作表面积 A_1 在时间 τ 内所吸收的总热量 Q'_2

$$Q'_2 = \frac{2A_1 b_2}{\sqrt{\pi}} (T_i - T_{20}) \sqrt{\tau} \tag{5-28}$$

在同一时间内(假定铸件全部凝固所用时间为 τ)铸件放出的热量(包括放出的潜热)为

$$Q_1 = V_1 \rho_1 [L + c_1 (T_{浇} - T_S)] \tag{5-29}$$

又因在界面处热量为连续,则

$$Q_1 = Q'_2$$

由此得

$$\sqrt{\tau} = \frac{\sqrt{\pi} V_1 \rho_1}{2 b_2 A_1} \cdot \frac{L + c_1 (T_{浇} - T_S)}{T_i - T_{20}}$$

如前所述,在计算铸件温度场时,便于数学处理做了许多假设。因此,引用其结论计算出来的凝固时间是近似的,仅供参考。同时在实际中应用也较少,以下的经验计算法至今仍在科学研究和生产中广泛应用。

5.4.2 经验计算法——平方根定律

铸型单位面积在时间 τ 内从铸件吸收的热量 Q_2 已由上述部分推导公式给出。

设在此时间 τ 内半无限大平板铸件凝固厚度为 ξ（而不是全部凝固），则放出的热量为 Q_1'

$$Q_1' = \xi \rho_1 [L + c_1 (T_{浇} - T_S)]$$

由于 $Q_1' = Q_2$，则得

$$\xi = \frac{2b_2 (T_i - T_{20})}{\sqrt{\pi} \rho_1 [L + c_1 (T_{浇} - T_S)]} \sqrt{\tau}$$

令

$$K = \frac{2b_2 (T_i - T_{20})}{\sqrt{\pi} \rho_1 [L + c_1 (T_{浇} - T_S)]}$$

则有

$$\tau = \frac{\xi^2}{K^2} \tag{5-30}$$

这就是著名的"平方根定律"的数学表达式，即凝固时间与凝固层厚度的平方成正比，K 为凝固系数，可由试验测定。表 5-3 列出了几种合金的凝固系数。

表 5-3 几种合金的凝固系数

材质	铸型	$K/\text{cm} \cdot \text{min}^{-1/2}$
灰铸铁	砂型 金属型	0.72 2.2
可锻铸铁	砂型 金属型	1.1 2.0
铸钢	砂型 金属型	1.3 2.6
黄铜	砂型 金属型	1.8 3.6
铸铝	砂型 金属型	— 3.1

在这里，是在默认无限大平板凝固时所作的假定仍适用于实际铸件的前提下才推导出 Q_2 的表达式，但实际上，这一关系早在 20 世纪 30 年代末就由捷克和斯洛伐克著名工程师 Chvorinov 通过实验首先得出，因而又称为 Chvorinov 公式。Chvorinov 通过对大量实验结果的分析处理，创造性地引入"折算厚度"M 或"模数"R 的概念，即

$$R = \frac{V}{A}$$

式中，R 称为铸件的模数；V 为铸件的体积；A 为铸件的有效散热面积。

因此，平方根定律又可用式(5-31)表达

$$\tau = \frac{R^2}{K^2} \tag{5-31}$$

推导平方根定律时所做的一维传热和在整个凝固阶段铸件的断面温度一直保持凝固点不变的假设，与实际铸件的凝固条件不符。但 Chvorinov 的实验却很好地符合了平方根定律所表达的关系。这一似乎矛盾的现象，可以从图 5.30 和图 5.31 中得到解释。

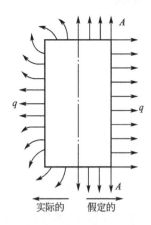 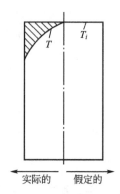

图 5.30　铸件表面附近的热流线　　　图 5.31　铸件凝固结束时刻的温度分布

图 5.30 是铸件表面附近的热流线，其中左侧为实际情况，右侧为推导时所做的假定，即在铸件的所有的表面上进行垂直于该面的一维传热。很明显，这就忽略了棱角效应，这时图中 A 处即为热的真空，也就是用推导公式计算时，相对于少算了使热传入 A 处的传热面。因此，计算的凝固时间要比实际的凝固时间长。

再看图 5.31，该图是铸件断面上的温度分布，左侧表示实际的情况，右侧表示假定的情况。当实际铸件凝固时，凝固层中的温度不可能始终保持不变，而是不断下降为在其断面上形成抛物形的温度分布，如图中 T 曲线所示。在用平方根定律计算凝固时间时，相当于少算了图中斜线部分代表的物理热，因此计算的凝固时间要比实际的凝固时间短。这两项互相抵消的结果，使实测结果符合了公式所表示的关系。

对于大多数形状复杂的铸件，这样的抵消并不是总能达到，所以 Chvorinov 公式只是一个近似式。但通过试验和经验得到的凝固系数 K 可以进一步修正其误差。

平方根定律比较适合于大平板和结晶间隔小的合金铸件。其计算结果与实际情况很接近。这说明平方根定律虽然有其局限性，但它揭示了凝固过程的基本规律。它是计算铸件凝固时间的基本公式，许多其他的计算方法都是在它的基础上发展起来的。

1. 试分析铸件在砂型、金属型、保温铸型中凝固时的传热过程，并讨论在上述几种情况影响传热的限制性环节及温度场的特点。

2. 试应用凝固动态曲线分析铸件的凝固特征。根据铸件的凝固动态曲线能否判断其停止流动的过程？

3. 试证明铁在熔点浇入铝制铸型中，铝铸型内表面不会熔化。

4. 当用 Chvorinov 公式计算铸件的凝固时间时，误差来源于哪几方面？半径相同的圆柱和球哪个误差大？大铸件与小铸件哪个误差大？金属型和砂型哪个误差大？

5. 一面为砂型而另一面为某种专用材料制成的铸型中浇注厚为 50mm 的铝板，浇注时无过热。凝固后检查其组织，在位于砂型 37.5mm 处发现轴线缩松，计算专用材料的凝固系数。

6. 已知厚为 50mm 的板形铸件在砂型中的凝固时间为 6min，在保温铸型中的凝固时间为 20min，如采用复合铸型（即一面为砂型，另一面为保温铸型），欲在切削后得到 47mm 厚的致密板件，铸件厚度至少应为多大？

7. 立方体、等边圆柱和球形冒口，试证明球形冒口的补缩能力最大。

第 6 章

凝固过程中的传质

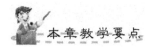
本章教学要点

知识要点	掌握程度	相关知识
传质过程的溶质平衡及控制方程	(1) 了解传质过程界面平衡的基本规律 (2) 理解传质过程的控制方程	(1) 各种条件下的溶质守恒 (2) 扩散定律
凝固界面上的溶质再分配	掌握平衡凝固、近平衡凝固条件下的溶质再分配规律	(1) 平衡分配系数 (2) 3 种典型近平衡条件下的溶质分配规律
凝固过程中液体的流动	掌握各种条件下流动的规律	(1) 凝固过程中液体的流动、描述对流强度的准则数 (2) 枝晶间液相的流动规律

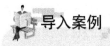

导入案例

扩散及其系数

扩散是物质内质点运动的基本方式,当温度高于绝对零度时,任何物系内的质点都在做热运动。当物质内有梯度(化学位、浓度、应力梯度等)存在时,由于热运动而导致质点定向迁移即所谓的扩散。因此,扩散是一种传质过程,宏观上表现出物质的定向迁移。在气体和液体中,物质的传递方式除扩散外还可以通过对流等方式进行;在固体中,扩散往往是物质传递的唯一方式。扩散的本质是质点的无规则运动。晶体中缺陷的产生与复合就是一种宏观上无质点定向迁移的无序扩散。晶体结构的主要特征是其原子或离子的规则排列。然而,实际晶体中原子或离子的排列总是或多或少地偏离了严格的周期性。在热起伏的过程中,晶体的某些原子或离子由于振动剧烈而脱离格点进入晶格中的间隙位置或晶体表面,同时在晶体内部留下空位。显然,这些处于间隙位置上的原子或原格点上留下来的空位并不会永久固定下来,它们将可以从热涨落的过程中重新获取能量,在晶体结构中不断地改变位置而出现由一处向另一处的无规则迁移运动。在日常生活和生产过程中遇到的大气污染、液体渗漏、氧气罐泄漏等现象,则是有梯度存在情况下,气体在气体介质、液体在固体介质以及气体在固体介质中的定向迁移即扩散过程。由此可见,扩散现象是普遍存在的。

晶体中原子或离子的扩散是固态传质和反应的基础。无机材料制备和使用中很多重要的物理化学过程,如半导体的掺杂、固溶体的形成、金属材料的涂搪或与陶瓷和玻璃材料的封接、耐火材料的侵蚀等都与扩散密切相关,受到扩散过程的控制。通过扩散的研究可以对这些过程进行定量或半定量的计算以及理论分析。无机材料的高温动力学过程-相变、固相反应、烧结等进行的速度与进程也取决于扩散进行的快慢。并且,无机材料的很多性质,如导电性、导热性等也直接取决于微观带电粒子或载流子在外场-电场或温度场作用下的迁移行为。因此,研究扩散现象及扩散动力学规律,不仅可以从理论上了解和分析固体的结构、原子的结合状态以及固态相变的机理,而且可以对无机材料制备、加工及应用中的许多动力学过程进行有效控制,具有重要的理论及实际意义。

扩散系数就是表示气体(或固体)扩散程度的物理量。扩散系数是指当浓度为一个单位时,单位时间内通过单位面积的气体量,在气体中,如果相距1厘米(或者每米)的两部分,其密度相差为1克每立方厘米(或者每米),则在1秒内通过1平方厘米(或者平方米)面积上的气体质量,规定为气体的扩散系数。单位为 cm/s 或者 m/s。

6.1 凝固过程中的溶质平衡

凝固过程中的溶质传输决定着凝固组织中的成分分布,并影响到凝固组织结构。凝固过程中液相内的溶质除因凝固而进入固相的部分外,主要通过图 6.1 所示的途径而发生变化。因此凝固系统的溶质守恒方程为

$$\int C_S \rho_S \mathrm{d}V_S + \int C_L \rho_L \mathrm{d}V_L + \int q_v \mathrm{d}\tau + \int q_o \mathrm{d}\tau \int q_r \mathrm{d}\tau + \int q_g \mathrm{d}\tau + \int q_p \mathrm{d}\tau = C_0 \rho_L V_0 \quad (6-1)$$

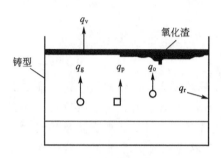

图 6.1 金属凝固过程中造成溶质变化的主要途径

q_v—溶质汽化率；q_r—溶质与铸型反应的损失率；q_o—溶质的氧化率；q_g—单位时间液相气体析出带走的溶质；q_p—单位时间液相区形成固体杂质带走的溶质

式中，τ 为凝固时间；V_L、V_S 为分别为时刻 τ 时液相和固相的体积；V_0 为凝固前液相的总体积；ρ_L 为液相密度；C_0 为初始溶质质量分数；C_L 为液相溶质质量分数；C_S 为固相溶质质量分数。

其他符号含义如图 6.1 所示。

q_g 和 q_p 是造成冶炼过程中合金成分变化的关键因素，而在一般的凝固过程中这两项可得到严格控制。通过合理选择铸型材料，防止合金与铸型的反应可使 q_r 得到控制。因此，表达式中左边通常需要考虑的是前四项，特别在高温合金的凝固过程中气化项 q_v 和氧化项 q_o 是造成某些组元，如 Al、Ti 等大量损失的主要原因。

对于 q_v、q_r、q_g、q_p 和 q_o 均可忽略的保守体系凝固过程，溶质守恒方程可表示为

$$\int C_S \rho_S dV_S + \int C_L \rho_L dV_L = C_0 \rho_L V_0 \tag{6-2}$$

而总的质量守恒为

$$\int \rho_S dV_S + \int \rho_L dV_L = \rho_L V_0 \tag{6-3}$$

如果凝固过程中的体积变化可以忽略，即 $\rho_S \approx \rho_L$，则式(6-2)可简化为

$$\int C_S d\varphi_S + \int C_L d\varphi_L = C_0 \tag{6-4}$$

式中，φ_L、φ_S 分别为液相和固相的体积分数，并满足 $\varphi_L + \varphi_S = 1$。

上述各式是讨论凝固过程质量传输的重要定解条件。

6.2 传质过程的控制方程

溶质传输规律决定固相和液相内的溶质分配，固相和液相内溶质传输的基本规律可用菲克第一定律和第二定律来描述。菲克第一定律为

$$J_C = -D \frac{\partial C}{\partial n} \tag{6-5}$$

菲克第二定律为

$$\frac{\partial C}{\partial \tau} = D \left(\frac{\partial^2 C}{\partial x^2} + \frac{\partial^2 C}{\partial y^2} + \frac{\partial^2 C}{\partial z^2} \right) \tag{6-6}$$

式中，J_C 为溶质扩散通量($g/(cm^2 \cdot s)$)；D 为溶质扩散系数(cm^2/s)；τ 为时间(s)。

对于菲克定律，除了初始条件、边界条件以及前节所述的各溶质守恒条件外，其定解条件还包括固液界面上的溶质分配系数 k，即

$$k = \frac{C_S^*}{C_L^*}$$

及界面上溶质守恒条件

$$\rho_L C_L^* (-dV_L) - \rho_S C_S^* dV_S = D_L \rho_L \left(-\frac{\partial C_L}{\partial n}\right) \quad (6-7)$$

式中，C_L^*、C_S^* 分别为液、固界面上液相和固相溶质的质量分数；ρ_L、ρ_S 分别为液相和固相的密度；V_L、V_S 分别为液相和固相的体积；D_L 为溶质在液相中的扩散系数；$\frac{\partial C_L}{\partial n}$ 为液相溶质质量分数在凝固界面法线方向指向液相的方向导数。

式(6-7)的左边表示凝固过程由于溶质再分配而自凝固界面排出的溶质量，这部分溶质通过扩散进入液相。式中忽略了固相中的扩散及扩散引起的凝固界面附近液相溶质质量分数的变化。

随着凝固条件的变化，上述定解条件可能获得不同的形式。由基本传质方程和这些定解条件至少可通过数值计算获得凝固过程传质问题的解、即求出析出固相的溶质质量分数和凝固过程液、固相中质量分数的变化和分布。

在实际遇到的凝固过程传质现象的研究中还需要考虑的因素包括以下几个。
(1) 液相流动对传质过程的影响。
(2) 自由凝固过程中析出固相的运动对传质过程的影响。
(3) 施加的各种物理场(磁场、电场、温度场等)的传质效应。

6.3　凝固界面上的溶质再分配

液态合金凝固过程中溶质传输的结果，使溶质在固-液界面两侧的固相和液相中进行再分配，掌握其分配规律是控制晶体生长行为的重要因素。以下讨论固-液界面为平界面的一维体单相合金凝固过程中溶质的再分配规律。

6.3.1　溶质再分配与平衡分配系数

除纯金属外，单相合金的凝固过程一般是在一个固、液两相共存的温度区间内完成的。在平衡凝固过程中，这一温度区间是从平衡相图中液相线温度开始，至固相线温度结束。随着温度的下降，固相成分沿固相线变化，液相成分沿液相线变化。可见，凝固过程中必有传质过程发生，固-液界面两侧都将不断地发生溶质再分配的现象。

二元合金凝固过程中溶质的再分配具有典型和普遍意义。由于各组元在液相和固相中的化学位不同，故析出固相中溶质含量将不同于其周围液相内溶质的含量。从而，固相和液相中产生浓度梯度，引起溶质的扩散。描述液态金属凝固过程中溶质再分配的关键参数为热力学参数 k，k 也称溶质分配系数。k 的定义为凝固过程中固-液界面固相侧溶质质量分数 C_S 与液相中溶质质量分数 C_L 之比，即

$$k = \frac{C_S}{C_L}$$

溶质再分配系数分三种类型，即平衡凝固分配系数 k_0，近平衡凝固分配系数 k_e 和非平衡凝固分配系数 k_a。图 6.2 为三种凝固条件下的溶质再分配情况。

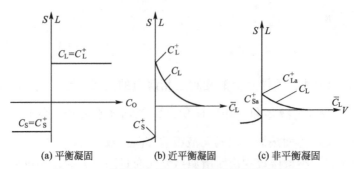

(a) 平衡凝固　　(b) 近平衡凝固　　(c) 非平衡凝固

图 6.2　三种凝固条件下凝固界面附近溶质的分配

1. 平衡溶质分配系数 k_0

在极其缓慢的冷却条件下凝固时，固-液界面两侧固相和液相内溶质扩散非常充分，整个固相和液相内溶质含量是均匀的，如图 6.2(a)所示。这一过程称为平衡凝固，其溶质分配系数为平衡分配系数，用 k_0 表示，其值为固相中的溶质质量分数和液相中溶质质量分数之比。平衡凝固时固液成分变化完全按照平衡相图进行，其 k_0 值与平衡相图相符。

在热力学范围内可以计算 k_0 值

$$k_0 = \frac{f^L}{f^S} \exp\left[\frac{\mu_0^L(p_0, T) - \mu_0^S(p_0, T)}{RT}\right] \tag{6-8}$$

式中，f^L、f^S 分别为溶质元素在液相和固相中的活度因数，是温度的函数；$\mu_0^L(p_0, T)$、$\mu_0^S(p_0, T)$ 分别为溶质元素在液相和固相中的标准化学位；R 为气体常数；p_0 为标准大气压；T 为热力学温度。

2. 近平衡分配系数 k_e

平衡凝固在普通的工业条件下是不存在的，因冷却速度可达 $10^3℃/s$。在这样的冷却条件下，当液态合金凝固时，固-液界面两侧大范围内溶质的扩散是不均匀的，但由于界面推进速率小于溶质原子析出速率，故在紧邻固-液界面的局部范围内，溶质的扩散是充分的，满足平衡凝固条件，称近平衡凝固。

在图 6.3 所示的平衡相图中，设界面的温度为 T^*，则固相侧薄层中的溶质含量为 C_S^*，液相侧薄层中的溶质含量为 C_L^*，两薄层中的溶质分配系数为平衡分配系数，即

$$k_0 = \frac{C_S^*}{C_L^*}$$

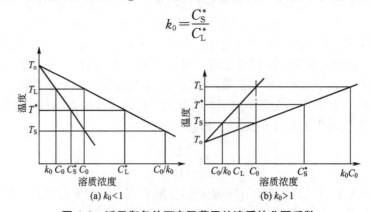

(a) $k_0 < 1$　　(b) $k_0 > 1$

图 6.3　近平衡条件下有限薄层处溶质的分配系数

这种凝固类型传统习惯称为非平衡凝固。本书将凝固类型分为平衡凝固、近平衡凝固和非平衡凝固的原因有二：一是传统称谓的非平衡凝固实质上局部属平衡凝固；二是近代发展的快速凝固、激光熔覆等新工艺新技术，其凝固过程中即使是局部也不再遵循平衡凝固的规律，是名副其实的非平衡凝固。近平衡凝固中的系统整体的溶质再分配状况用有效溶质分配系数 k_e 表示，由于近平衡凝固条件的多样性，k_e 表达式也随凝固条件变化。

3. 非平衡溶质分配系数 k_a

近代先进凝固技术发展的重要标志之一是冷却速度可提高到 $10^6\,℃/s$ 以上，如快速凝固、激光重熔等，使凝固速度显著提高。这样，不仅大范围的溶质扩散不充分，即使固-液界面附近溶质原子也不能充分扩散，凝固界面上溶质的迁移远离平衡状态，凝固将在完全非平衡条件下进行，非平衡溶质分配系数用 k_a 表示，定义为固-液界面处固相和液相中的实际溶质质量分数之比，如图 6.2(c)，k_a 偏离 k_0 值并逐渐向 1 趋近。非平衡条件下的实际溶质分配系数的求解已不属于热力学范畴，而需采用动力学方法进行研究，晶体不同的生长方式具有不同的模型，目前该领域的研究尚不充分。

6.3.2 平衡凝固时溶质的再分配

设长度为 L 的一维体自左至右定向单相凝固，并且冷却速度缓慢，溶质在固相和液相中都充分均匀扩散，液相中的温度梯度 G_L 保持固-液界面为平面生长，此时完全按平衡相图凝固，溶质再分配的物理模型如图 6.4 所示。图 6.4(a)为平衡相图，设液态合金原始成分为 C_0。当温度达到 T_0 时开始凝固，析出少量固相，溶质含量为 $k_0 C_0$；液相中溶质含量几乎不变，近似为 C_0（图 6.4(b)）。在以后的冷却过程中，固相不断生长；液相不断减少，成分分别沿固相和液相线变化。当温度继续下降至 T' 时，此时固相和液相中溶质成分分别 C'_S 和 C'_L（图 6.4(c)）而且整体均匀，并且满足 $k_0=C'_S/C'_L$，固相和液相的百分数分别为 f_S 和 f_L，由杠杆定律得

$$C'_S f_S + C'_L f_L = C_0 \qquad (6-9)$$

同时

$$f_S + f_L = 1$$

$$k_0 = \frac{C'_S}{C'_L}$$

整理得

$$C'_S = \frac{C_0 k_0}{1-f_S(1-k_0)}$$
$$C'_L = \frac{C_0}{k_0+f_L(1-k_0)} \qquad (6-10)$$

此两表达式即为平衡凝固时溶质再分配的数学模型。代入初始条件，当开始凝固时，$f_S\approx 0$，$f_L\approx 1$，则 $C'_S=k_0 C_0$，$C'_L=C_0$；当凝固将结束时，$f_L\approx 0$，$f_S\approx 1$，则 $C'_S=C_0$，$C'_L=C_0/k_0$。可见，平衡凝固时溶质的再分配仅决定于热力学参数 k_0，而与动力学无关，

即此时的动力学条件是充分的。凝固进行中虽然存在溶质的再分配,但当最终凝固结束时,固相的成分为液态合金原始成分 C_0(图 6.4(d))。

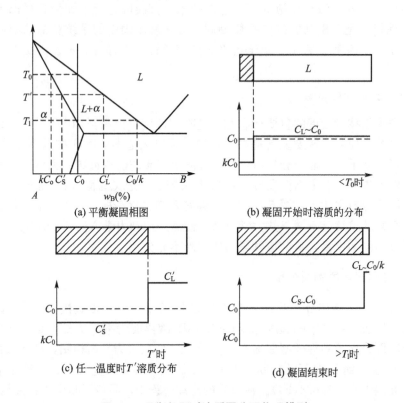

图 6.4 平衡凝固时溶质再分配物理模型

6.3.3 近平衡凝固时溶质的再分配

近平衡凝固条件比较复杂,下面分析讨论三种近平衡凝固条件下的溶质再分配。

1. 固相无扩散,液相均匀混合的溶质再分配

大多数溶质在固相中的扩散系数比在液相中的扩散系数小几个数量级,故认为溶质在固相中无扩散是比较接近实际情况的。溶质在液相充分扩散不易得到,但经扩散、对流,特别是外力的强烈搅拌(这是可以实现的)是可以达到均匀混合的。这种凝固条件溶质再分配的物理模型如图 6.5 所示。当凝固开始时,同平衡态相同,固相溶质为 $k_0 C_0$,液相中溶质为 C_0(图 6.5(a))。当温度下降至 T' 时,如图 6.5(b) 所示,所析出固相的成分为 C'_S,液相的成分为 C'_L。由于固相中无扩散,故各温度时固相的整体成分是不均匀的,如图 6.5(b)、(c) 所示。固相的平均成分 $\overline{C}'_S$ 与固相线不符(但在一个薄层中还遵循平衡凝固规律,即 C'_S、C'_L 和 T' 之间的关系按平衡相图变化)。其平均成分 $\overline{C}'_S$ 沿图中虚线变化,当达到固相线温度时,凝固并未结束。当凝固将结束时,固相中溶质含量为 C_{sm},即相图中的溶质最大含量;而液相中的溶质为共晶成分 C_E,如图 6.5(d) 所示。

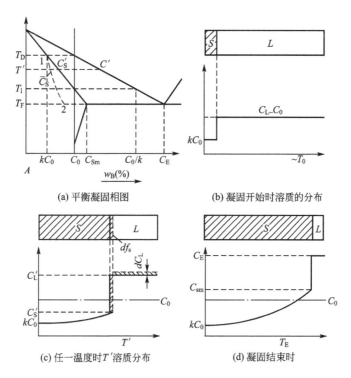

图6.5 固相无扩散，液相充分均匀凝固时溶质再分配物理模型

在物理模型的基础上建立固相中溶质再分配的数学模型。如图6.5(c)所示，在温度 T' 固-液界面向前推进一微量，固相量增加的百分数为 $\mathrm{d}f_S$，其排出的溶质量为 $(C'_L - C'_S)\mathrm{d}f_S$。这部分溶质将均匀地扩散至整个液相中，使液相中的溶质含量增加 $\mathrm{d}C'_L$，则有

$$(C'_L - C'_S)\mathrm{d}f_S = (1 - f_S)\mathrm{d}C'_L \tag{6-11}$$

将 $k_0 = \dfrac{C'_S}{C'_L}$ 带入式(6-11)，整理得

$$\frac{\mathrm{d}C'_S}{C'_S} = \frac{(1-k_0)\mathrm{d}f_S}{1-f_S} \tag{6-12}$$

积分得

$$\ln C'_S = (k_0 - 1)\ln(1 - f_S) + \ln C \tag{6-13}$$

由初始条件：$f_S = 0$，$C'_S = k_0 C_0$ 求得积分常数 $C = C_0$

$$C'_S = k_0 C_0 (1 - f_S)^{k_0 - 1} \tag{6-14}$$

$$C'_L = C_0 f_L^{k_0 - 1} \tag{6-15}$$

式(6-14)和式(6-15)称为Scheil公式，也称近平衡杠杆定律，本书中称近平衡杠杆定律。根据固相或液相的质量分数，可以求出该处固相或液相的浓度及凝固过程中固相成分的变化规律，即晶内偏析的规律(图6.5(d))。特别注意的是，近平衡杠杆定律表达式中 C'_S、C'_L 的变化规律只适用于凝固界面处的很小范围，这也是近平衡凝固规律的特点。

由于数学推导时采用了假设条件，故其表达式是近似的。特别是将近凝固结束时此定

律是无效的。因还没有到达凝固结束时,液相中溶质含量就达到共晶成分而进行共晶凝固。这就超出了单相凝固的条件。可见,单相凝固合金固相中的最高溶质含量为平衡相图中标出的溶质饱和度。同时,不管液态合金中的溶质含量如何低,其中总有部分液体最后进行共晶凝固而获得共晶组织。

2. 固相无扩散,液相无对流而只有有限扩散的溶质再分配

前提条件如前述,固相中溶质不扩散,液相不对流,溶质在液相中只有有限扩散的溶质再分配物理模型如图 6.6 所示,刚开始凝固时与平衡凝固一样,即固相溶质为 k_0C_0,液相中溶质为 C_0。分析表明,这种凝固条件下,凝固过程分三个阶段:初始瞬态阶段、稳态阶段和终止瞬态阶段。

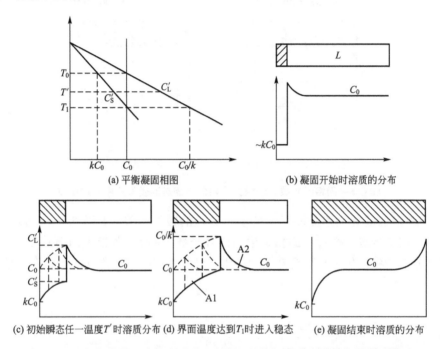

图 6.6 固相无扩散,液相无对流只有有限扩散凝固时溶质再分配物理模型

(1) 初始瞬态阶段。凝固开始后,在界面处固相成分沿固相线变化,液相成分沿液相线变化,在固-液界面处两相局部平衡,即 $k_0 = C_S'/C_L'$。远离界面液相成分保持 C_0,当 $C_S' = C_0$ 时,$C_L' = C_0/k_0$,初始瞬态结束,进入稳态凝固阶段,如图 6.6(d)所示。初始态固相中溶质分布数学模型 Smith 等人曾做过严格的计算,但推导烦琐。张承甫找出了一个简单的推导方法:进入稳态前固相中溶质的贫乏总量与刚刚进入稳态时溶质富集量相等,即图 6.6(d)中液、固溶质分布曲线形成的面积 A_1 和 A_2 相等。

$$A_1 = A_2$$

从图 6.6 中还可以看出,C_S' 的斜率随固相中溶质贫乏程度的减轻而减小,当 $C_S' = C_0$ 时,该斜率为 0,即

$$\frac{dC_S'}{dx} = P(C_0 - C_S') \tag{6-16}$$

式中，P 为一个系数。

边界条件为 $C'_S|_{x=0} = k_0 C_0$，解此方程得

$$C'_S = C_0[1-(1-k_0)e^{-Px}] \qquad (6-17)$$

为求出值 P

$$A_1 = \int_0^l (C_0 - C'_S) dx$$

$$A_2 = \int_0^\infty (C'_L - C_0) dx'$$

式中，C'_S 为初始瞬态阶段区固相溶质的分布；C'_L 为稳态区液相溶质的分布（后面研究稳态区时推导该公式）。

$$C'_L(x') = C_0\left[1 + \frac{1-k_0}{k_0}\exp\left(-\frac{v}{D_L}x'\right)\right] \qquad (6-18)$$

将 C'_S、C'_L 表达式分别代入 A_1 和 A_2 表达式，得

$$A_1 = \int_0^l (C_0 - C'_S) dx = \int_{k_0 C_0}^{C_0} \frac{dC'_S}{P} = \frac{1}{P}(1-k_0) C_0$$

$$A_2 = \int_0^\infty (C'_L - C_0) dx' = \frac{(1-k_0) D_L C_0}{k_0 v}$$

由 $A_1 = A_2$ 得

$$P = \frac{k_0 v}{D_L}$$

$$C'_S = C_0\left[1 - (1-k_0)\exp^{-\frac{k_0 v}{D_L} x}\right]$$

可见，达到稳态时需要的距离 x 值决定于 v/D_L 和 k_0。从 C'_S 表达式可以看出，当 k_0 值小于1时，适应于初始瞬态区，其长度的特征距离为 D_L/vk_0，在此距离处形成的固相成分上升到最大值的 $(1-1/e)$ 倍，也就是稳态时数值的 67%。

（2）稳态阶段。当 $C'_L = C_0/k_0$ 时，固相成分 $C'_S = C_0$，并在较长时间内保持不变。此时，由固相中排出的溶质量与界面处向液相中扩散的溶质量相等。界面处两相成分不变，达到稳态凝固，如图 6.6(d) 所示。

现在由物理模型求解稳态凝固阶段固-液界面液相侧溶质分布的数学模型 C'_L。将坐标原点设在界面处，凝固方向相对坐标为 x'，$C'_L(x') = f(x')$。$C'_L(x')$ 取决于两个因素的综合作用。

第一个因素：扩散引起浓度随时间而变化，由菲克第二定律确定。

$$\frac{dC'_L(x')}{d\tau} = -D_L \frac{d^2 C'_L(x')}{dx'^2}$$

第二个因素：因凝固速度或界面向前推进的速度 v 而排出溶质所引起的浓度变化为

$$v \frac{dC'_L(x')}{dx}$$

稳态下二者相等，即

$$v \frac{dC'_L(x')}{dx} = -D_L \frac{d^2 C'_L(x')}{dx'^2}$$

此微分方程的通解为

$$C'_L(x') = A + Be^{-\frac{vx'}{D_L}}$$

根据边界条件：$x'=0$，$C_L'(0)=\dfrac{C_0}{k_0}$；$x'=\infty$，$C_L'(\infty)=C_0$ 得

$$C_L'(x')=C_0\left[1+\dfrac{1-k_0}{k_0}\exp\left(-\dfrac{v}{D_L}x'\right)\right] \qquad (6-19)$$

这称为 Tiller 公式，它是一条指数衰减曲线，C_L' 随着 x' 的增加迅速地下降至 C_0。当扩散距离 $x'=\dfrac{D_L}{v}$ 时，$C_L'(x')=C_0\left[\dfrac{k_0\mathrm{e}+1-k_0}{k_0}\right]$，故称 $x'=\dfrac{D_L}{v}$ 称为特性距离。

(3) 终止瞬态阶段。凝固最后，当液相内溶质富集层的厚度大约等于液相区的长度时，溶质扩散受到单元体末端边界的阻碍，溶质无法扩散。此时，固-液界面处 C_S' 和 C_L' 同时升高，进入凝固终止瞬态阶段，如图 6.6(e)所示的末端区。但终止瞬态区很窄，整个液相区内溶质分布可认为是均匀的。因此，其数学模型可近似地用 Scheil 公式表示。

图 6.6(d)为初始瞬态区、稳态区和终止瞬态区的溶质分布，初始瞬态区也称初始过渡区而终止瞬态区也称为最终过渡区。实际上，总是希望扩大稳态区而缩小两个过渡区，以获得无偏析的材质或成形产品，讨论分析凝固过程中溶质再分配的规律的意义也就在这里。

3. 固相无扩散，液相有对流的溶质再分配

这种情况是处于液相中完全混合和液相中只有扩散之间情况，也是比较接近实际的。这种情况下，Burten J. A、Wagner C 等人对溶质再分配进行了详细研究。他们假设液相中靠近界面处有一个扩散边界层，其厚度设为 δ；这层以外的液体因有对流作用得以保持均匀的成分。如果液相的容积很大，它将不受已凝固层的影响，仍保持原始成分 C_0；而边界层 δ 则只靠扩散进行传质，固相内 C_S' 值不再是 C_0，而小于 C_0 的值。其物理模型如图 6.7 所示。

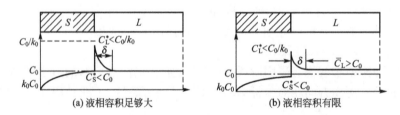

(a) 液相容积足够大　　(b) 液相容积有限

图 6.7　液相有对流部分混合时溶质再分配物理模型

达到稳态后，同样满足溶质平衡的微分方程

$$v\dfrac{\mathrm{d}C_L'(x')}{\mathrm{d}x}=-D_L\dfrac{\mathrm{d}^2 C_L'(x')}{\mathrm{d}x'}$$

此微分方程的通解为

$$C_L'(x')=A+B\mathrm{e}^{-\frac{vx'}{D_L}}$$

边界条件：$x'=0$，$C_L'(0)=C_L^*$；$x'=\delta$，$C_L'(\delta)=C_0$
代入边界条件得特解为

$$\frac{C'_L(x')-C_0}{C^*_L-C_0}=1-\frac{1-\exp\left(-\frac{v}{D_L}x'\right)}{1-\exp\left(-\frac{v}{D_L}\delta\right)} \tag{6-20}$$

如果液体容积有限，则溶质富集层 δ 以外的液相成分在凝固过程中将不再是固定不变的 C_0，而是逐步提高，以其平均值 $\overline{C}_L$ 表示，边界条件为 $x'=\delta$，$C'_L(\delta)=\overline{C}_L$，则式(6-20)可写为

$$\frac{C'_L(x')-\overline{C}_L}{C^*_L-\overline{C}_L}=1-\frac{1-\exp\left(-\frac{v}{D_L}x'\right)}{1-\exp\left(-\frac{v}{D_L}\delta\right)} \tag{6-21}$$

由式(6-21)可导出前述的液相没有对流，只有有限扩散情况下的溶质再分配。此时，$\delta=\infty$，$C^*_L=C_0/k_0$，$\overline{C}_L=C_0$。

为求 C^*_L、C^*_S 做如下推导。

当达到稳态时，凝固排出的溶质等于扩散至液相中的溶质，即

$$vAd\tau(C^*_L-C^*_S)=-D_L\frac{dC'_L(x')}{dx'}\bigg|_{x'=0}Ad\tau$$

则

$$v(C^*_L-C^*_S)=-D_L\frac{dC'_L(x')}{dx'}\bigg|_{x'=0}$$

而

$$D_L\frac{dC'_L(x')}{dx'}\bigg|_{x'=0}=-v\frac{C^*_L-C_0}{1-\exp\left(-\frac{v}{D_L}\delta\right)}$$

即有

$$(C^*_L-C^*_S)=\frac{C^*_L-C_0}{1-\exp\left(-\frac{v}{D_L}\delta\right)} \tag{6-22}$$

界面处有 $C^*_S=k_0C^*_L$，将其代入式(6-22)得

$$C^*_L=\frac{C_0}{k_0+(1-k_0)\exp\left(-\frac{v}{D_L}\delta\right)} \quad C^*_S=\frac{k_0C_0}{k_0+(1-k_0)\exp\left(-\frac{v}{D_L}\delta\right)}$$

对于一定成分的合金，在液相部分混合的单相定向凝固过程中，当达到稳态时，界面处固相和液相成分 C^*_L 和 C^*_S 仅取决于 v 和 δ，而液相没有混合时 $\delta=\infty$。δ 值越小，C^*_S 值越低，即搅拌、对流越强，凝固析出的固相的稳态成分越低。同样，生长速度 v 越大，C^*_S 值越接近于 C_0，v 值越小，C^*_S 值越低，远离 C_0。在液相中存在部分对流的情况下，当搅拌激烈程度增加，使 δ 变小时，为了使 C^*_S 保持均匀的成分不变，必须使特性距离 $D_L/v<\delta$，即必须增大凝固速度。

6.3.4 非平衡凝固时溶质的再分配

此处，非平衡凝固意指绝对的非平衡凝固，如快速凝固、激光重熔及合金雾化冷却凝固等近代先进的材料成形技术中液态合金的凝固。此时，即使在固-液界面紧邻处 C_S^* 和 C_L^* 的比值也趋近于 1。影响溶质再分配的因素主要是动力学因素，其分布规律正在研究中，这是个新的研究领域。

6.4 凝固过程中的液体流动

金属浇入铸型后，浇注过程中的动量会造成紊流漩涡，近年来已能通过 X 射线荧光屏进行直接观察，发现浇注时的紊流会卷入大量气体，造成金属的氧化及对铸型的冲蚀。紊流的运动黏度 v' 不同于层流的运动黏度 v，通常前者比后者大很多，例如水 v' 的为 v 的 86 倍。所以，动量引起的紊流在铸件外壳结晶开始后的很短时间内将会消失。但对连续铸锭来说，由于浇注和凝固是同时进行的，所以动量引起的对流自始至终对铸锭结构发生影响。因此，在考虑连续铸锭固体结构和成分偏析时，必须重视动量对流的影响。

除动量对流外，尚有温度差和浓度差引起的自然对流，这种对流在金属的凝固过程中始终存在，对金属凝固后的组织及成分偏析有重要影响。

自然对流是由浮力流和凝固收缩引起的流动。凝固过程中由传热、传质和溶质再分配引起液态合金密度不均匀，密度小的液相上浮，密度大的液相下沉，称为双扩散对流。凝固及收缩引起的对流主要产生在枝晶之间。

6.4.1 凝固过程中液相区的液体流动

1. 稳态温度场下的温差对流和浓度差对流

由于密度不同而产生的浮力是对流的驱动力。当浮力大于液体的粘滞力时，就会产生对流，当浮力很大时，甚至产生紊流。由于压力对液体的密度影响很小，故可将密度看作只与温度、浓度有关的函数。于是，单位体积由于密度变化所产生的浮力流为

$$F_{浮} = \rho(T, C)g - \rho_0 g$$

式中，g 为重力加速度；$\rho(T, C)$ 为温度是 T、浓度是 C 时的密度；ρ_0 为平均温度 T_m 时的密度。

如果只考虑温度的影响，为了简化起见，假设图 6.8 所示的对流模型。图 6.8 中左边为一块温度 T_2 的热板，右边为一块温度 T_1 的冷板。两板中的液体将由于温差而产生自然对流。两板间各平面的温度分布及对流速度如图 6.8 所示。任何两平面间因速度差而产生的切应力 τ 可用牛顿粘滞性层流方程来表示，即

$$\tau = \eta \frac{\mathrm{d}v_x}{\mathrm{d}y}$$

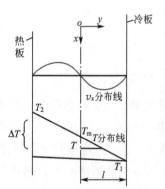

图 6.8 温差对流模型

式中，η 为动力黏度；$\dfrac{\mathrm{d}v_x}{\mathrm{d}y}$ 为速度 v_x 在 y 方向上梯度。

于是，τ 在 y 方向上的梯度为

$$\frac{d\tau}{dy} = \eta \frac{d^2 v_x}{dy^2}$$

显然，由于 y 方向上各点温度不同，故各点的液态密度也不同，这个密度就是引起对流的原因，也是引起切应力梯度的原因。为简便起见，假设液相中温度分布为一直线，中心温度为平均温度，即

$$T_M = \frac{T_2 + T_1}{2} = T_1 + \frac{1}{2}\Delta T = T_2 - \frac{1}{2}\Delta T \tag{6-23}$$

式中，$\Delta T = T_2 - T_1$。

密度分布也应为直线，于是切应力梯度可用式(6-24)表示。

$$\frac{d\tau}{dy} = (\rho_y - \rho_0)g \tag{6-24}$$

式中，ρ_0 为平均温度 T_m 时的密度；ρ_y 为任一温度下的密度。

由于

$$\frac{(\rho_y - \rho_0)}{\rho_0} = \beta(T_M - T)$$

所以

$$(\rho_y - \rho_0) = \rho_0 \beta(T_M - T)$$

另外

$$\frac{(T_M - T)}{\frac{1}{2}\Delta T} = \frac{y}{l}$$

由此得到

$$\eta \frac{d^2 v_x}{dy^2} = \frac{1}{2}\rho_0 \beta g \Delta T \left(\frac{y}{l}\right) \tag{6-25}$$

解此微分方程，并利用边界条件 $y = \pm l$ 或 $y = 0$ 时，$v_x = 0$ 求得其解为

$$v_x = \frac{\rho_0 \beta g \Delta T l^2}{12\eta}\left[\left(\frac{y}{l}\right)^3 - \left(\frac{y}{l}\right)\right] \tag{6-26}$$

或改写成

$$v_x = \frac{\rho_0 \beta g \Delta T l^2}{12\eta}[(\zeta)^3 - (\zeta)] \tag{6-27}$$

式中，$\zeta = y/l$ 为相对距离或无量纲距离。

同时，也可以把 v_x 化成无量纲速度（雷诺数），并以 ϕ 表示这个量。

$$\phi = \frac{lv_x}{\nu} = \frac{lv_x \rho_0}{\eta}$$

合并上列各表达式得

$$\phi = \frac{\rho_0^2 \beta g \Delta T l^3}{12\eta^2}[(\zeta)^3 - (\zeta)] \qquad (6-28)$$

或简写成

$$\phi = G_T[(\zeta)^3 - (\zeta)]$$

式中，$G_T = \frac{\rho_0^2 \beta g \Delta T l^3}{\eta^2}$。

G_T 被称为 Grashof number，是因温度差所引起的对流强度，可以用来表示与位置无关的对流强度。G_T 大的体系对流强度也大。同理，对因浓度差而引起的对流强度，Grashof number 可表示为

$$G_C = \frac{\rho_0^2 \beta g \Delta C l^3}{\eta^2}$$

式中，ΔC 为浓度差。

从雷诺数 ϕ 的表达式中可以看出，自然对流的速度取决于 Grashof number 的大小。因而，可以把其视为因温差或浓度差引起自然对流的驱动力。

2. 非稳态温度场下的温差对流和浓度差对流

非稳态温度场导热的傅里叶方程通式为

$$\frac{\partial T}{\partial \tau} = \alpha\left(\frac{\partial^2 T}{\partial x^2} + \frac{\partial^2 T}{\partial y^2} + \frac{\partial^2 T}{\partial z^2}\right) = \frac{\lambda}{\rho_0 c}\left(\frac{\partial^2 T}{\partial x^2} + \frac{\partial^2 T}{\partial y^2} + \frac{\partial^2 T}{\partial z^2}\right) \qquad (6-29)$$

两边乘以 $\frac{\rho_0 l^2}{\eta}$ 得

$$\frac{\rho_0 l^3}{\eta}\frac{\partial T}{\partial \tau} = \frac{\lambda}{c\eta}\left[\frac{\partial^2 T}{\partial \left(\frac{x}{l}\right)^2} + \frac{\partial^2 T}{\partial \left(\frac{y}{l}\right)^2} + \frac{\partial^2 T}{\partial \left(\frac{z}{l}\right)^2}\right] \qquad (6-30)$$

若视为 $\frac{x}{l}$、$\frac{y}{l}$、$\frac{z}{l}$ 无量纲距离，$\frac{T}{T_0}$ 为无量纲温度，$\frac{\tau\eta}{\rho_0 l^2}$ 为无量纲时间，则式(6-30)为

$$\frac{\partial T^*}{\partial \tau^*} = \frac{\lambda}{c\eta}\left(\frac{\partial^2 T^*}{\partial x^{*2}} + \frac{\partial^2 T^*}{\partial y^{*2}} + \frac{\partial^2 T^*}{\partial z^{*2}}\right) = \frac{1}{P_r}\left(\frac{\partial^2 T^*}{\partial x^{*2}} + \frac{\partial^2 T^*}{\partial y^{*2}} + \frac{\partial^2 T^*}{\partial z^{*2}}\right) \qquad (6-31)$$

式中，$P_r = \frac{c\eta}{\lambda}$ 被称为 Prantl number；$1/P_r$ 具有温度扩散系数 α 的性质(但无量纲)。P_r 越大则体系降温速度越慢，即能保持较大的温差，故 P_r 也是强化热对流的因素之一，可以认为 P_r 是一种保温能力的标志。

Grashof number 和 Prantl number 的乘积称为 Rayleigh number，也是一个无量纲参数，其表达式如下。

$$R_a = G_T P_r = \frac{\beta g \Delta T l^3}{\alpha v} \qquad (6-32)$$

式中，v 为运动黏度，这个准则可以看作是升降力与粘性力的比值。

因 β、l 和 ΔT 都是增加升降力的因素，α 是降低升降力的因素，而运动黏度 v 则代表粘性阻力，故 R_a 值大时液体的对流强烈。通常认为 $R_a \leqslant 10^8$ 时体系液体保持层流，大于此

值产生紊流。但也有人认为这个值是 10^{10}。

3. 对流对凝固组织的影响

液相区液体的流动将改变凝固界面前的温度场和浓度场,从而对凝固组织产生影响。以低熔点类透明有机物为例可观察到,当枝晶定向凝固时,在平行于凝固界面的流速较小时,将发生枝晶间距的增大;当流速增大到一定值时,原来的主轴晶将无法生长,获得一种特殊的凝固组织,即穗状晶;当流体流速与凝固界面垂直时,可能产生比较严重的宏观偏析。强烈的紊流可能冲刷新形成的枝晶臂,而造成晶粒增殖,对细化晶粒有一定帮助。

6.4.2 液态金属在枝晶间的流动

液态在枝晶间的流动驱动力来自 3 个方面,即凝固时的收缩、由于液体成分变化引起的密度改变以及液体和固体冷却时各自收缩所产生的力。枝晶间液体的流动也就是在糊状区的补缩流。枝晶间的距离一般在 $10\mu m$,从流体力学的观点来看,可将枝晶间液体的流动作为多孔性介质中流动处理。但要考虑到液体的流量随时间而减少,而且还要考虑到固液两相密度不同及散热降温的影响。因此,液体在枝晶间的流动远远比流体在多孔性介质中的流动复杂。但还是可以用研究后一个问题的方法来研究前一个问题。

流体通过多孔性介质的流速一般用 Darcy 定律来表示,即

$$v = -\frac{K}{\eta f_L}\nabla p \tag{6-33}$$

式中,∇p 为压强梯度,其大小取决于大气压力 p_0 和液体金属的液压头 $\rho_L g y$;f_L 为液体体积分数;K 为介质的透气率,它取决于枝晶间距大小及液体的条件分数。

当 $f_L > 0.245$ 时,有

$$K = \lambda_1 f_L^2$$

当 $f_L < 0.245$ 时,有

$$K = \lambda_2 f_L^6$$

式中,λ_1、λ_2 为试验常数。

对于一维的圆柱体试样,液体沿轴向枝晶间流动速度为

$$v = -\frac{K}{\eta f_L}\frac{\partial p}{\partial x} \tag{6-34}$$

而压强的表达式为

$$p = p_0 - \frac{\beta \eta}{2(1-\beta)\gamma f_L}[L^2 - x^2] + \rho_L g y \tag{6-35}$$

式中,L 为圆柱体长度;x 为距冷端的距离。

由式(6-35)可见,右边第二项为枝晶造成的压头损失。当液体体积分数越小时,压头损失越大;若距冒口的距离越远(x 越小),压头损失也越大,如图 6.9 所示。因此,液态金属凝固过程中枝晶间的补缩是很困难的,不可避免地会产生缩松倾向。增加压头 y 及采用压力凝固,如压力铸造,便可大大减少缩松。材质凝固成形后,进行锻造加工可减少或消除枝晶间的缩松。

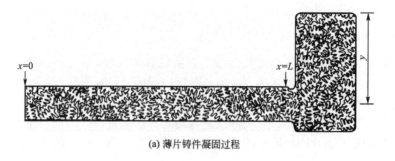

(a) 薄片铸件凝固过程

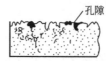

(b) 薄片末端全部凝固成形后的表面空隙

图 6.9 在一端加冒口的具有较宽凝固区间的合金的薄片铸件中空隙形成的过程

1. 何谓凝固过程的溶质再分配？它受哪些因素的影响？
2. 设状态图中液相线和固相线为直线，证明平衡常数 k_0＝常数。
3. Al‑Cu 相图的主要参数为 C_E＝33％，C_{sm}＝5.65％，T_m＝660℃，T_E＝548℃。用 Al‑1％ Cu 合金浇一细长试样，使其从左至右单向凝固，冷却速度足以保持固－液界面为平界面，当固相无 Cu 扩散，液相中 Cu 充分混合时，求：

（1）当凝固 10％时，固液界面的 C_S' 和 C_L'。

（2）共晶体所占的比例。

（3）画出沿试棒长度方向 Cu 的分布曲线，并标明各特征值。

4. 条件如第 3 题，试证明 $T_L = T_m + m_L C_0 (1-f)^{k_0-1}$。
5. Pb‑20％ Bi 合金进行 Scheil 凝固，计算共晶体的数量，画出溶质的分配曲线图。
6. 凝固过程中金属液体的对流分哪几类？对材质和铸件质量有何影响？

第 7 章
单相合金的凝固

知识要点	掌握程度	相关知识
纯金属凝固过程	掌握纯金属凝固过程的两种长大方式	(1) 平面方式长大 (2) 树枝晶方式长大
成分过冷	(1) 掌握成分过冷和热过冷 (2) 掌握成分过冷的形成条件	(1) 凝固过程溶质富集对凝固界面前沿理论凝固温度的影响 (2) 成分过冷形成的传热和传质条件
成分过冷对单相合金凝固方式的影响	(1) 掌握不同成分过冷条件下单相合金的生长规律 (2) 了解树枝晶生长的方向和枝晶间距	平面生长、胞状生长、柱状晶生长、等轴晶生长的条件、机理和特点

> **导入案例**

枝晶生长

在日常生活中,经常可以看见树枝一样蔓延生长出来的晶体,称为枝晶。其中,最常见的雪花(图7.01)就是枝晶生长的例子。

图7.01 雪花

实际上,虽然雪花是大家习以为常、熟视无睹的现象,但是对于它的形成机理,人们却并不是很了解。人们都知道雪花六出,但是雪花的形态也并非人们想象的那么简单,它有许许多多不同的形状变化。在放大镜下进行观察,其形态可以用 Koch 曲线描述。除了雪花,很多金属或者合金也会出现枝晶的形态,例如古代的刀剑剑身那些美丽的花纹,有很多都是由枝晶在点缀。另外,关于枝晶人们常见的还有松花蛋中的美丽图样以及霜花、火山岩等。

就像准晶、海岸线等非平衡系统一样,枝晶也有着分维的特点,属于十分复杂的晶体生长类型。这些图案漂亮的枝晶,是非平衡晶体生长的产物。一般来说,枝蔓晶体的产生和杂质有关。杂质对晶体的生长影响很大,不仅会影响晶体的物理性能,而且会使晶体在生长过程中改变形态形成枝晶。远离平衡条件下的晶体生长也很容易形成枝晶。

液态合金的凝固分两大类,即单相合金凝固和多相合金凝固。前者在凝固过程中只析出一个相,如固溶体、金属间化合物等。后者在凝固过程中同时析出两个以上的不同固相,如共晶合金、包晶或偏晶合金等。

7.1 纯金属凝固过程

纯金属凝固时只析出一个相,是一种最简单的单相合金,由于不存在溶质再分配,所以纯金属的凝固方式主要取决于热过冷条件。在热过冷条件下,形成稳定的晶核后,液相中的原子不断地向固相核心堆积,使固-液界面不断地向液相中推移,导致液态金属的凝固。凝固中固-液界面的形态决定于界面前方液体中的温度分布。

7.1.1 平面方式长大

固-液界面前方液体中的温度梯度 $G_L > 0$,液相温度高于界面温度 T_i,这称为正温度梯度分布,如图7.1所示。界面前方液相中的局部温度 $T_L(x)$ 为

$$T_L(x) = T_i + |G_L| x \tag{7-1}$$

过冷度为

$$\Delta T_L = T_m - T_L(x) = T_m - T_i - |G_L| x = \Delta T_i - |G_L| x \tag{7-2}$$

式中，x 为液相离开界面的距离；T_m 为纯金属的熔点；ΔT_i 为界面动力学过冷度。

界面动力学过冷度 ΔT_i 很小，可以忽略不计。从 ΔT_L 表达式中可以看出，固-液界面前方液体过冷区域及过冷度极小，晶体生长时凝固潜热的析出方向同凝固方向相反。一旦某一晶体生长伸入液相区就会被重新熔化，导致晶体以平面方式生长，如图 7.2 所示。

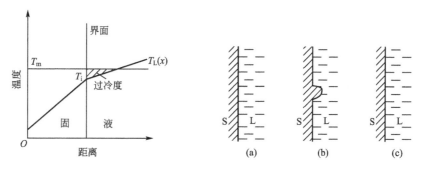

图 7.1 液体中的正温度梯度   图 7.2 平面生长模型

7.1.2 树枝晶方式生长

固-液界面前方液体中的温度梯度 $G_L<0$，液体温度低于界面凝固温度 T_i，这称为负温度梯度，如图 7.3 所示。界面前方液相中的局部温度 $T_L(x)$ 为

$$T_L(x)=T_i-|G_L|x \tag{7-3}$$

过冷度为

$$\Delta T_L=T_m-T_L(x)=T_m-T_i+|G_L|x=\Delta T_i+|G_L|x \tag{7-4}$$

可见，固-液界面前液体过冷区域较大，距界面越远的液体其过冷度越大。晶体生长时凝固潜热析出方向同晶体生长方向相同。晶体生长方式如图 7.4 所示，界面上凸起的晶体将快速伸入过冷液体中，成为树枝晶生长方式。

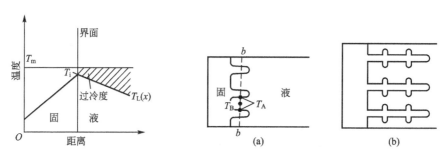

图 7.3 液体中的负温度梯度   图 7.4 树枝晶生长模型

7.2 成 分 过 冷

7.2.1 合金的溶质富集引起界面前液体凝固温度的变化

合金不同于纯金属，合金的液相线温度随成分而变化。如前所述，在近平衡凝固条件

下,凝固过程中界面前沿溶质分布不均匀,这必然引起液相中各部分的液相线温度不同。以 $k_0<1$ 的合金为例(图 7.5),设合金的原始成分为 C_0,平衡结晶温度为 T_0,液相线斜率为 m,某成分 C_x 时对应的液相线温度 T_x,则有

$$\frac{T_0-T_x}{C_x-C_0}=m$$
$$T_x=T_0-m(C_x-C_0)$$
(7-5)

由于 C_x 随着离界面前沿的距离 x 而变化,故液相线温度分布 T_x 也随 x 而变化。如当液固界面进入稳态阶段时,根据前面的推导

$$C_x=C_0\left[1+\frac{1-k_0}{k_0}\exp\left(-\frac{v}{D_L}x\right)\right]$$

则温度分布为

$$T_x=T_0-mC_0\left[\frac{1-k_0}{k_0}\exp\left(-\frac{v}{D_L}x\right)\right]$$

界面处,当 $x=0$ 时

$$T_{x=0}=T_0-mC_0\frac{1-k_0}{k_0}\approx T_1$$

远离界面处,当 $x=\infty$ 时

$$T_{x=\infty}=T_0$$

T_x 曲线的形状如图 7.6 所示。溶质原子在界面上的富集使界面前液体的凝固温度大为降低,必然会影响界面的生长,即晶体生长过程。液体中各部分凝固温度的降低程度与 v、D_L、k_0、m 有关,其最大值为 T_0-T_1,即状态图上的液、固相线温度区间。

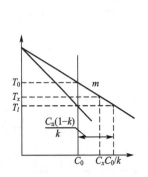

图 7.5 合金液相线温度与成分的关系

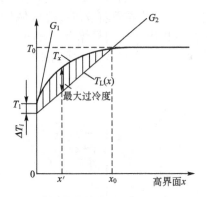

图 7.6 相界面前沿成分过冷的形成

7.2.2 成分过冷的形成条件

如果在 T_x 曲线图上再加上相界面前方液体中的温度分布线,它们在 G_2 情况下可能相交于某一点 x_0(图 7.6)。相界面上的动力学过冷度为 ΔT_i,如果晶体在不断长大,则界面上液体的温度必然比 T_1 低 ΔT_i,然后随着离界面距离的增加而上升,即

$$T_L(x)=(T_1-\Delta T_i)+Gx$$

在整个铸件断面上,温度分布是曲线,但在相界面前沿可近似看成直线。这样,从相界面到 x_0 处的液体均低于其相应的液相线温度,即处于过冷状态(图 7.6 上影线部分)。这

种由于溶质原子在晶体长大过程中再分配所引起的过冷，称为成分过冷，其过冷度为平衡液相温度（即理论凝固温度）T_x 与实际温度 $T_L(x)$ 之差，即

$$\Delta T_C = T_x - T_L(x) = T_x - [(T_1 - \Delta T_i) + Gx]$$

ΔT_i 值很小，如予以省略，则成分过冷 ΔT_C 值的数学表达式为

$$\Delta T_C = T_x - T_L(x) = T_x - (T_1 + Gx)$$

因此，产生"成分过冷"必须具备两个条件：第一是固-液界面前沿溶质的富集而引起成分再分配，造成平衡凝固温度 T_x 的改变（由传质条件决定）；第二是固-液界面前方液相的实际温度分布 $T_L(x)$，或温度分布梯度 G 必须达到一定的值（由传热条件决定）。由图 7.6 可看出，成分过冷产生的条件为

$$G \leqslant \frac{\mathrm{d}T_x}{\mathrm{d}x}\bigg|_{x=0} \tag{7-6}$$

由 $T_x = T_0 - m(C_x - C_0)$ 得

$$\frac{\mathrm{d}T_x}{\mathrm{d}x} = -m\frac{\mathrm{d}C_x}{\mathrm{d}x} \tag{7-7}$$

如果近凝固条件为固相无扩散，液相有对流但不完全均匀，则

$$\frac{C_x - C_0}{C_L^* - C_0} = 1 - \frac{1 - \exp\left(-\frac{v}{D_L}x\right)}{1 - \exp\left(-\frac{v}{D_L}\delta\right)} \tag{7-8}$$

代入式(7-7)求导得

$$\frac{\mathrm{d}C_x}{\mathrm{d}x}\bigg|_{x=0} = -\frac{v}{D_L}\frac{C_L^* - C_0}{1 - \exp\left(-\frac{v}{D_L}\delta\right)}$$

$$C_L^* = \frac{C_0}{k_0 - (1-k_0)\exp\left(-\frac{v}{D_L}\delta\right)} \tag{7-9}$$

故有

$$\frac{G}{v} \leqslant \frac{m}{D_L}C_0 \frac{1}{\frac{k_0}{1+k_0} + \mathrm{e}^{-\frac{v}{D_L}\delta}} \tag{7-10}$$

式(7-10)称为成分过冷判据通式。如果凝固条件变化，则溶质分布也会发生变化，如当液相中只有扩散而无对流时，$\delta \to \infty$，则判据式变为

$$\frac{G}{v} \leqslant \frac{mC_0(1-k_0)}{D_L k_0} \tag{7-11}$$

7.2.3 成分过冷的过冷度值

如前所述，成分过冷的表达式为

$$\Delta T_C = T_x - (T_1 + Gx)$$

而

$$T_1 = T_0 - \frac{mC_0(1-k_0)}{k_0}$$

故

$$\Delta T_C = T_0 - mC_0\left[\frac{1-k_0}{k_0}\exp\left(-\frac{v}{D_L}x\right)\right] - T_0 + \frac{mC_0(1-k_0)}{k_0} - Gx$$

$$= \frac{mC_0(1-k_0)}{k_0}\left[1-\exp\left(-\frac{v}{D_L}x\right)\right] - Gx \tag{7-12}$$

式(7-12)给出了成分过冷 ΔT_C 随离界面距离 x 而变化的关系。

界面处, 当 $x=0$ 时, $\Delta T_C=0$

当 $x=x'$ 时, 成分过冷为最大。通过数学方法可以找出成分过冷最大处的位置, 令

$$\frac{d\Delta T_C}{dx}=0$$

则有

$$\frac{d\Delta T_C}{dx}=\frac{mC_0(1-k_0)}{k_0}e^{-\frac{v}{D_L}x}\left(-\frac{v}{D_L}\right)-G=0$$

则

$$e^{-\frac{v}{D_L}x}=\frac{GD_Lk_0}{mC_0(1-k_0)v}$$

取自然对数

$$-\frac{vx}{D_L}=\ln\frac{GD_Lk_0}{mC_0(1-k_0)v}$$

过冷极大值的位置以 x' 表示

$$x'=\frac{D_L}{v}\ln\frac{vmC_0(1-k_0)}{GD_Lk_0} \tag{7-13}$$

对应的最大成分过冷度为

$$\Delta T_{Cmax}=\frac{mC_0(1-k_0)}{k_0}\frac{GD_L}{v}\left[1+\ln\frac{vmC_0(1-k_0)}{GD_Lk_0}\right] \tag{7-14}$$

令 $\Delta T_C=0$ 可得成分过冷区的宽度 x_0, 则

$$G_Lx_0=\frac{mC_0(1-k_0)}{k_0}\left[1-\exp\left(-\frac{v}{D_L}x_0\right)\right]$$

$$x_0=\frac{2D_L}{v}-\frac{2k_0G_LD_L^2}{mC_0(1-k_0)} \tag{7-15}$$

x_0 是由于成分过冷所引起的固-液共存区(或称糊状区)的宽度, 和没有成分过冷的热过冷区域相比, 其影响因素更多些, 并随凝固速度 v 的增加而减少, 随液体中溶质的扩散系数 D_L 的增加而增大。由于糊状区的大小和状况影响到缩松、热裂等缺陷的形成, 因而对糊状区的有效控制, 对获得优质的铸件有重要的影响。

由式(7-15)可以看出, 影响成分过冷区的宽度和成分过冷大小的因素有以下几个。

(1) 界面前沿液体中的温度梯度 G。
(2) 晶体的生长速度 v。
(3) 溶质在液体中的扩散系数 D_L。
(4) 溶质元素使合金液相线下降的能力, 即液相线斜率 m。
(5) 溶质元素的分配系数 k_0。
(6) 溶质元素的含量 C_0。

为了得到较大的成分过冷, 对于 $k_0<1$ 的情况, 要求 v、m、C_0 大, G、D_L 小。如要减小成分过冷, 则反之。

上述因素可归纳为两大类。
(1) 合金本身的因素：k_0、m、C_0、D_L。
(2) 工艺方面的因素：v、G。

7.2.4 成分过冷和热过冷的比较

由上述可见，成分过冷的产生是由于凝固过程中固-液界面前沿的溶质再分配和界面前沿一定温度条件的综合作用，成分过冷的大小和成分过冷区的宽窄决定于界面前沿的温度梯度和平衡凝固曲线 T_x 的形状。

在纯金属中，没有溶质的再分配，其过冷只是由温度条件引起的，称为热过冷。但是，当纯金属中存在少量可溶性杂质时，它就相当于低浓度的合金，便不能不考虑这些溶质在凝固过程中的再分配而引起的成分过冷了。实践已经证明，这些少量溶质对金属的结晶过程起着重要的影响。

为了进一步了解成分过冷的本质，有必要把它与热过冷作一比较。

(1) 成分过冷阻碍界面的推进。由于界面上溶质原子的富集使界面处液体的平衡结晶温度大为降低，从而减小了实际过冷度，甚至阻碍晶体的继续长大。为了说明这个问题，可用图 7.7 来进行比较。当界面上没有溶质原子的富集及成分不均区时，在正温度梯度条件下，靠近界面的液体温度最低，过冷度最大，晶体可以连续长入过冷区内，且在过冷较大的地方同时能形成新的晶核及长大，此区的宽度为 x_1。当产生成分过冷时，界面处的液体温度虽最低，但过冷度最小，尽管前方的过冷度增大，但晶体长大时必须突破这过冷最小层，因而，其长大是受阻的。温度梯度大时(图 7.7 中 G)，此区较窄，即 $x_2 < x_1$；因温度梯度较小时(图中 G')，温度梯度线与 T_x 线水平部分相交，此时成分过冷区宽度与无成分过冷时一致，即 $x_2 = x_1$。

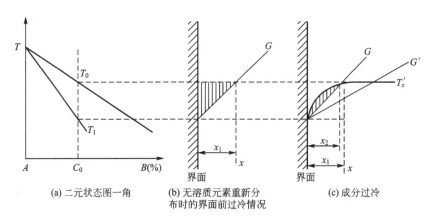

(a) 二元状态图一角　　(b) 无溶质元素重新分布时的界面前过冷情况　　(c) 成分过冷

图 7.7　溶质元素的重新分布对过冷区的液相

(2) 成分过冷使平界面变得不稳定。当无成分过冷时，界面上各处与过冷较大的液体接触，整个界面都可不断向内推进，保持为平面。当存在成分过冷时，界面的推进产生困难，且平的界面将不稳定，因为界面上出现任何突出部分，将进入过冷更大区，长得很快，界面就不能保持为平面。

(3) 成分过冷促进界面前沿形核，而当界面前过冷较大处的过冷超过生核所需的过冷度 ΔT 时，则可在界面前方形成新的晶核，进一步阻碍界面的推进。

7.3 成分过冷对单相合金凝固过程的影响

界面前成分过冷的大小可归纳为图 7.8 所示的四种类型。应该说明,成分过冷的大小取决于 G、T_x 两线的位置,固定 T_x 而改变 G 线;固定 G 而改变 T_x 线或 T_x 和 G 线同时变化,都可改变成分过冷的大小。图 7.8 中采用固定 T_x 而改变 G 线的办法,只是为了简单地表示 G 和 T_x 的相对位置,即成分过冷的大小,决不意味着成分过冷和以后的讨论内容只取决于 G 线的位置。

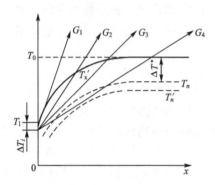

图 7.8 成分过冷的 4 种情况
$G_1 > G_2 > G_3 > G_4$

T_n,T'_n,… 为不同外来质点衬底上非自发生核的温度,随着衬底结构的不同,有的生核温度高,即生核所需过冷度小;有的则生核温度低,即所需过冷大。ΔT 为最有效衬底大量生核所需的过冷度。T_n,T'_n,… 线可看作与 T_x 线平行,因为生核过冷是相对液相线而言。

界面前成分过冷的大小决定着界面的生长过程、生长方式和最后的晶体形状。界面的基本生长方式可分以下四种。

(1) 平面生长(Planer interface growth)。
(2) 胞状生长(Cellular interface growth)。
(3) 枝晶状生长(Dendritic interface growth)。
(4) 内生生长(Endogeneous growth)。

下面将以图 7.8 所示模型,就这四种界面生长方式做逐一叙述,从中具体分析成分过冷对晶体生长过程的影响。

7.3.1 无成分过冷的平面生长

如图 7.8 所示,当界面前液体中的温度梯度为 G_1 时,界面前没有大于动力学过冷度 ΔT_i 的成分过冷,相界面始终保持平面,如固体上偶然产生的任何突出部分,都突入于过热的液体中(因 ΔT_i 极小),将重新被熔化,使界面仍为平面(图 7.9)。只能随着固相的散热使前沿有大于 ΔT_i 的过冷后,界面才能向前推进。如果在整个凝固过程中都保持上述条件,则每个晶体将平行向内伸展成一个个条状的晶体。如果开始时是一个晶体,则此晶体逐渐向液体内长成一个大的单晶体。由于在整个凝固过程中相界面始终是平面,故液-固转变时的体积收缩完全可以由液体来补充,没有晶间缩松。

无成分过冷时界面的生长方式与纯金属在正温度梯度下界面的生长方

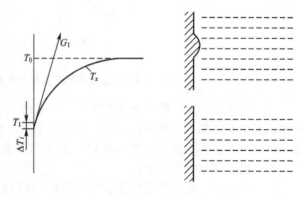

图 7.9 平面生长

式是一样的,这时平界面是稳定的。

如忽略 ΔT_i,则平面生长的临界条件是 G 线和 T_x 线在相界面处相切,即

$$\left.\frac{\mathrm{d}T_x}{\mathrm{d}x}\right|_{x=0}=G$$

根据前面的推导,则有

$$\frac{G}{v}\geqslant\frac{mC_0(1-k_0)}{D_Lk_0} \tag{7-16}$$

当 $\dfrac{G}{v}\geqslant\dfrac{mC_0(1-k_0)}{D_Lk_0}$ 时,界面前沿的温度梯度 G 大于及等于 T_x 线在界面处的斜率,G 与 T_x 线不相交,故界面前沿无成分过冷。这也是平面生长,即界面稳定性的条件。

当 $\dfrac{G}{v}<\dfrac{mC_0(1-k_0)}{D_Lk_0}$ 时,界面前沿出现成分过冷。

由于 $\dfrac{mC_0(1-k_0)}{k_0}=T_0-T_1$,则式(7-16)可写为

$$\frac{G}{v}\geqslant\frac{(T_0-T_1)}{D_L} \tag{7-17}$$

由式(7-17)可见,对于特定的合金,控制 G/v 这个比值,就可以控制成分过冷的大小,因此 G/v 比值是控制结晶过程的重要工艺参数。此外,在一定的 G/v 条件下,合金的成分和性质 $(T_0-T_1)/D$ 也影响成分过冷的大小,即合金的凝固温度范围 (T_0-T_1) 越小,溶质的扩散系数 D_L 越大,则成分过冷就小;反之,成分过冷则大。换言之,如暂不考虑溶质扩散系数的影响,凝固温度范围小的合金,保证界面稳定的 G/v 比值可以小一些,工艺控制上更容易。

从以上分析可知,平面生长的速度小,界面前方的温度梯度大。纯金属和一般单相合金稳定生长阶段界面的生长速度 v 可由界面处的热平衡关系导出。由于界面液态金属温度下降和析出潜热的总热量等于固相导出的热量,故

$$G_S\lambda_S=G_L\lambda_L+v\rho L$$

式中,G_S、G_L 分别为固、液相在界面处的温度梯度;λ_S、λ_L 分别为固、液两相的导热率;ρ 为合金的密度;L 为结晶潜热。

由此可得

$$v=\frac{G_S\lambda_S-G_L\lambda_L}{\rho L} \tag{7-18}$$

对于纯金属而言,式(7-18)中 G_L 只受传热的影响,但对于合金 G_L 必须受判据式约束。

一般单相合金晶体生长中同时受到传质过程的影响,要保持平界面生长方式,温度梯度应更高,而生长速度应更低,因此工艺因素的控制是很严格的;且合金的性质也有影响,C_0 和 $|m|$ 越大,k_0 偏离 1 越远,D_L 越大,界面越趋向于平面生长。

7.3.2 窄成分过冷区的胞状生长

如图 7.8 所示,当界面前液体中的温度梯度为 G_2 时,满足以下条件。

$$\frac{G}{v} \leqslant \frac{(T_0 - T_1)}{D_L} \tag{7-19}$$

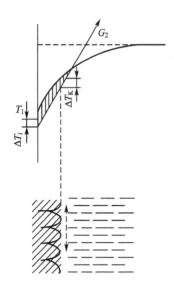

图 7.10 胞状生长

这时，界面前方产生一个窄成分过冷区，成分过冷区的存在，破坏了平界面的稳定性，由于偶然的扰动，对宏观平坦的界面，产生的任何凸起，都必将面临较大的过冷，而以更快的速度向前长大。同时，不断向周围的熔体中排出多余的溶质，相邻凸起部分之间的凹陷区域溶质浓度增加得更快，而凹陷区域的溶质向熔体扩散比凸起部分更困难。因此，凸起部分快速生长的结果，导致凹陷部分溶质进一步浓集(图 7.10)。溶质浓集降低了凹陷区域熔体的液相温度和过冷度，从而抑制凸起晶体的横向生长，并形成一些由低熔点溶质汇集区所构成的网络状沟槽。凸起晶体前端的生长受成分过冷区宽度的限制，不能自由地向前伸展。当由于溶质的浓集，而使界面各处的液相成分达到相应温度下的平衡浓度时，界面形态趋于稳定。这样在窄成分过冷区的作用下，不稳定的宏观平坦界面就转变成一种稳定的、由许多近似于旋转抛物面的凸出圆胞和网络状凹陷的沟槽所构成的新的界面形态，这种形态称为胞状晶。以胞状向前推进的生长方式，称为胞状晶生长方式。对于一般金属而言，圆胞显示不出特定的晶面。如图 7.11 所示，当 Fe-C-Ni-Cr 合金定向凝固时，界面出现许多的胞状晶。而对于小平面生长的晶体，胞晶上将显示出晶体特性的鲜明棱角。

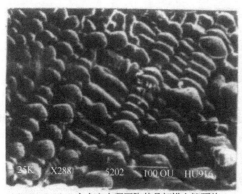
(a) Fe-C-Ni-Cr合金定向凝固胞状晶扫描电镜照片

(b) Al-0.15%Cu定向凝固胞状晶

图 7.11 胞状晶形态

试验表明，形成成分过冷区的宽度在 0.01~0.1cm。胞状晶在纵向呈条状，在横向则随着成分过冷(与溶质浓 C_0 及 G/v 值有关)大小的不同而呈现不同的形态。随着溶质浓度的增大或冷却速度的增加，胞状晶由不规则变成规则的正六边形，最后变成树枝晶，如图 7.12 所示。

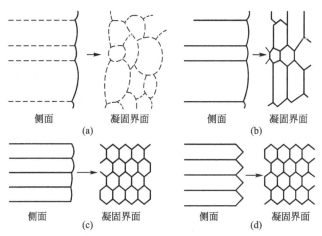

图 7.12 溶质浓度和冷却速度增大引起晶体生长形态的变化

7.3.3 较宽成分过冷区的柱状树枝晶生长

胞状晶的生长方向垂直于固-液界面，而且与晶体学取向无关。随着 G/v 比值的减小和溶质浓度的增加，界面前方成分过冷区加宽如图 7.8 中温度梯度 G_3 所示。此时，凸起晶胞将向熔体伸展更远，面临着新的成分过冷，而原来胞晶抛物状界面逐渐变得不稳定。晶胞生长方向开始转向优先的结晶生长方向，胞晶的横向也将受晶体学因素的影响而出现凸缘结构(图 7.13(a))，当成分过冷加强时，凸缘上又会出现锯齿结构(图 7.13(b))，即二次枝晶。将出现二次枝晶的胞晶称为胞状树枝晶，或柱状树枝晶。由胞状晶转变成柱状树枝晶结构如图 7.13 所示。如果成分过冷区足够宽，则二次枝晶在随后的生长中又会在其前端分裂出三次枝晶。这样不断分枝的结果，在成分过冷区迅速形成树枝晶骨架。在构成骨架枝晶的固-液两相区，随着枝晶的长大和分枝，剩余液体中的溶质不断富集，熔点不断降低，致使分枝周围熔体的过冷很快消失，分枝便停止分裂和生长。由于无成分过冷，分枝侧面往往以平面生长方式完成其凝固过程。

同纯金属在 $G_L<0$ 下的柱状枝晶生长不同，单相合金柱状枝晶的生长是在 $G_L>0$ 的情况下进行的；和平面生长的胞状生长一样，是一种热量通过固相散失的约束生长，生长过程中，主干彼此平行地向着热流相反的方向延伸，相邻主干的高次分枝往往互相连接起来，而排列成方格网状；构成了柱状枝晶特有的板状阵列，如图 7.14 所示。从而，使材料的性能表现出强烈的各向异性。

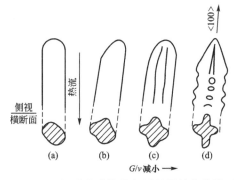

图 7.13 G/v 减小胞状晶向树枝晶转变的模型

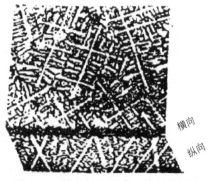

图 7.14 柱状树枝晶典型的板状结构

7.3.4 宽成分过冷区的自由树枝晶生长

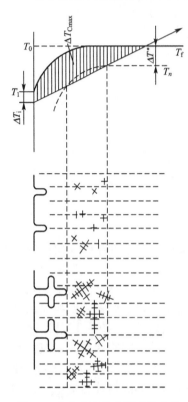

图 7.15 内生生长中界面前方等轴晶区的形成

当固-液界面前方液体中出现大范围的成分过冷时，成分过冷的最大值 ΔT_{Cmax} 将大于液体中某些外来质点非均质生核所需要的过冷度 ΔT，如图 7.8 中 G_4 所示。于是，在柱状枝晶生长的同时，界面前方这部分液体将发生新的形核过程，导致晶体在过冷的液体中自由成核生长，并长成树枝晶，这称为自由树枝晶，也称等轴晶，如图 7.15 所示。等轴晶的生长，阻碍了柱状树枝晶的单向延伸，此后的凝固过程便是等轴晶不断向液体内部推进的过程。

在液体内部自由形核生长，从自由能的角度看应该是球体，因为同体积晶体以球的表面积最小。但为什么又成为树枝晶的形态呢？在稳定状态下，结晶形态并不是球形，而是近于球形的多面体(图 7.16(a))。晶体的界面总是由界面能较小的晶面所组成，所以一个多面体的晶体，那些宽而平的面是界面能小的晶面，而棱与角的狭面，为界面能大的晶面。非金属晶体界面具有强烈的晶体学特性，其平衡态的晶体形貌具有清晰的多面体结构，而金属晶体的方向性较弱，其平衡态的初生晶体近于球形。但是，在近平衡状态下，多面体的棱角前沿液相中的溶质浓度梯度较大，其扩散速度较快；而大平面前沿液相中溶质梯度较小，其扩散速度较慢；这样棱角处晶体长大速度大，平面处较小，近于球形的多面体逐渐长成星形(图 7.16(c))，从星形再生出分枝而成树枝状(图 7.16(d))。

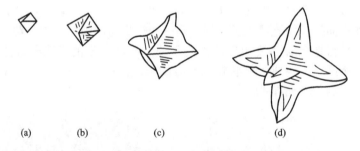

图 7.16 由八面体晶体发展成树枝晶的过程模型

就合金的宏观结晶状态而言，平面生长、胞状生长和柱状树枝晶生长都属于一种晶体自型壁生核，然后由外向内单向延伸的生长方式，称为外生生长。而等轴晶是在液体内部自由形核，自由生长的，称为内生生长。可见，成分过冷加强了晶体生长方式由外生生长向内生生长转变。影响内生生长的因素可分为两方面。

(1) 影响成分过冷大小的因素。成分过冷大，易得内生生长；成分过冷小则为外生生长。

(2) 外来质点的非自发生核作用。外来质点的生核能力强，则生核所需过冷度 ΔT^* 小，T_n 线上移，较小的成分过冷区内，也能非自发生核；或同样的成分过冷下，界面前可以同时生核及生长的区域较大，这些都有利于内生生长及等轴晶的形成，并阻止枝晶的单向延伸生长。

等轴晶具有无方向性的特性，因此等轴晶材质或成形产品的性能是各向同性的，且等轴晶越细性能越好。

7.3.5 树枝晶的生长方向和枝晶间距

1. 枝晶的生长方向

从上述的分析可知，枝晶的生长具有鲜明的晶体学特征，其主干和分枝的生长均与特定的晶向相平行。图 7.17 为立方系枝晶生长方向示意图。对于光滑界面生长的枝晶结构，其生长表面均为慢速生长的密排面(111)所包围，4 个(111)面相交，并构成锥体尖顶，其所指的方向⟨100⟩向是枝晶生长的方向(图 7.17(a))。一般而言，液相原子比较容易在松散面上堆砌，因而在同等过冷度下，松散面的生长速率大于密排面上的生长速率，如图 7.18 所示，生长的结果使晶体表面逐渐为密排面所占据，而生长较快的松散面逐渐在生长过程中湮没。光滑界面型的晶体表面是晶体密排面，呈光滑界面型生长得到的晶体，是具有特定形状的多面体。

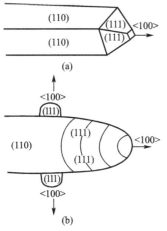

图 7.17 立方晶系柱状树枝晶长大方向　　图 7.18 光滑界面晶体表面生长过程示意图

对于非小平面生长的粗糙界面的非晶体学性质与其枝晶生长中的鲜明的晶体学特征尚无完善的理论解释。枝晶的生长方向依赖于晶体结构特性，立方晶系为⟨100⟩晶向，密排六方晶系为⟨1010⟩晶向，体心正方为⟨110⟩晶向。

2. 枝晶间距

枝晶间距指的是相邻同次枝晶之间的垂直距离(图 7.19)。主轴间距为 d_1，二次分枝间距为 d_2，三次分枝间距为 d_3。枝晶间距最好是小一些。在树枝晶的分枝之间，充填着溶质含量高的晶体，产生溶质偏析，导致材质或形成产品的性能降低。为消除这种微观的成分偏析，往往对材质和成形件进行较长时间的均匀化热处理。树枝晶间距越小，溶质越

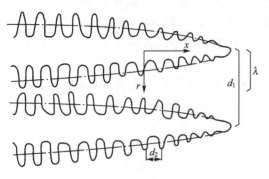

图 7.19　柱状树枝晶枝晶间距

容易扩散,加热的时间就越短。同时,显微缩松、枝晶间夹杂物等越细。这些都有利于提高材质和产品的性能。因此,枝晶间距问题越来越受到人们的重视,出现了许多缩小枝晶间距的凝固方法和处理措施。

纯金属的枝晶间距取决于界面处结晶潜热的散失条件,而一般单相合金的枝晶间距与潜热的扩散和溶质元素在枝晶间的行为有关,必须将温度场和溶质扩散场耦合起来进行研究。国内外研究者所得到的定性结论一致,但定量结论有多种模型。

当界面上长出一个分枝时,析出的结晶潜热使周围液体的温度升高,以致在一段距离 a 内,界面前方一定范围内的过冷消失(图 7.20)。因此,此距离内界面上的任何偶而突起的部分都难以发展成分枝。相邻的分枝只能在 a 距离以外形成和生长,于是在界面上形成一组互相平行而保持一定距离的一次分枝(又称一次轴)。二次分枝及多次分枝的形成过程与此相同,因为每个分枝的侧面都可看作正在生长的固-液相界面。另外,对于合金,界面前沿的溶质富集还会造成界面前平衡凝固温度 T_x 分布的变化(图 7.20(a)),进一步降低界面附近的成分过冷度。

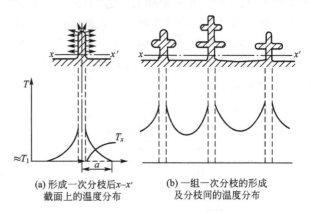

(a) 形成一次分枝后 x-x'
截面上的温度分布

(b) 一组一次分枝的形成
及分枝间的温度分布

图 7.20　一次分枝的形成示意图

因此,界面上散热能力强则每一分枝所析出结晶潜热的影响区 a 小,一次分枝细密。一次分枝越细密,二次分枝则越短,以致不易形成三次分枝。界面上热量的散失主要通过凝固层的传热;如界面前存在负温度梯度,则也可以向液体内部传递部分热量。总的说来,冷却速度越快,则分枝越细。

定向凝固组织,如胞状晶、柱状树枝晶中一次枝晶间距的经典理论模型是 Jackson Hunter(J-H)模型,其表达式为

$$d_1 = A_1 G_L^{-\frac{1}{2}} v^{-\frac{1}{2}} \quad (7-20)$$

式中,A_1 表示合金性能的常数。

$$A_1 = 4.3 \left(\frac{\Delta T_S D_L \sigma_{LG}}{k_0 \Delta S_m} \right)^{\frac{1}{4}}$$

式中,ΔT_S 为合金凝固范围;ΔS_m 为熔化熵;其他常数同前。

另外,安阁英-刘正新的工作的研究得到如下结果。

$$d_1^2 = \frac{8\sqrt{2} D_L \Gamma L}{G_L v R} \quad (7-21)$$

二次枝晶间距模型是建立在枝晶熟化理论基础上的。最先产生的二次枝晶间距较小,

在后续结晶过程中,一部分变得不稳定而被相邻枝晶吞灭,只有一部分枝晶生长并保持至最后的凝固组织中。其数学模型为

$$d_2 = A_2(t_S)^{\frac{1}{3}}$$

式中,t_S 为局部凝固时间;A_2 为常数。

3. 分枝的粗化

研究表明,完全凝固后所得的二次分枝间距常比最初形成的间距粗大,即在凝固过程中存在间距的增大。Jackson 在透明物质的结晶过程中已直接看到其粗化过程(图 7.21)。这是因为各分枝有粗细长短之不同,细和短的分枝在凝固过程中会重新熔化(图 7.22)。凝固速度快可以在一定程度上抑制粗化过程,缓冷或凝固时保温则促进粗化。

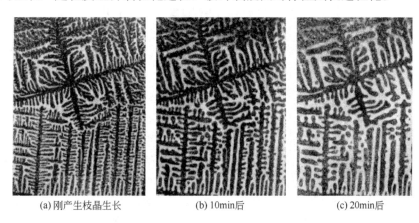

图 7.21 环乙醇的枝晶(加入荧光物,白色为富集荧光物的液体)

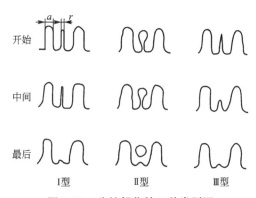

图 7.22 分枝粗化的 3 种类型图

Ⅰ型—$r<a$,分枝细的熔点比分枝粗的低,被重熔掉;
Ⅱ型—根部细被熔断;Ⅲ型—端部逐步重熔掉

由此可见,在凝固温度范围内的冷却速度直接影响着分枝的粗细,也可说明二次分枝间距对冷却速度很敏感的原因。

7.3.6 晶体形貌间的关系

各种晶体形貌间的关系如图 7.23 所示。平面晶是溶质浓度 $C_0=0$ 的特殊情况。当溶

质浓度一定时，随着 G_L 的减小和 v 的增大；或当 G_L/v 一定时，随着 C_0 的增大，晶体形貌由平面晶依次转变成胞状晶、胞状树枝晶、柱状树枝晶和等轴树枝晶。

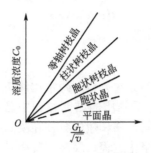

图 7.23　$G_L/\sqrt{v}$ 和 C_0 对单相合金晶体形貌的影响

1. 何谓热过冷和成分过冷？试述它们的区别和联系。
2. 产生成分过冷的条件是什么？
3. 成分过冷的本质是什么？
4. 影响成分过冷的因素有哪些？哪些是属于可控制的工艺因素？成分过冷对晶体的生长方式有何影响？晶体的生长方式只受成分过冷的影响吗？
5. 写出成分过冷判据式。
6. 影响枝晶间距的主要因素是什么？枝晶间距与材质的质量有何关系？

第 8 章 多相合金的凝固

本章教学要点

知识要点	掌握程度	相关知识
共晶合金的凝固	（1）掌握共晶合金的分类及组织特点 （2）掌握共晶合金的凝固规律和特点	（1）规则共晶合非规则共晶 （2）共生生长和离异生长 （3）伪共晶 （4）层片状共晶和棒状共晶的结晶规律
偏晶合金的凝固	掌握偏晶合金大体积凝固和定向凝固的规律	（1）偏晶合金的概念 （2）大体积凝固条件下和定向凝固条件下的宏观组织
包晶合金的凝固	（1）掌握包晶合金的凝固规律 （2）理解利用包晶反应细化晶粒的机理	（1）包晶合金及包晶转变的不完全性 （2）包晶反应对细化晶粒的作用

> **导入案例**
>
> ### 二元包晶合金
>
> 二元合金的凝固过程一般均涉及连续的包晶或与共晶的复合相变。在实际的二元合金系中,经常会碰到包晶转变,从包晶转变机理可知,包晶产物是依附在初生相表面形核长大的。利用这一点设法在熔体内首先形成大量的固相质点,则包晶产物就在这些质点表面形核长大,可以达到细化目的。工业生产中通常在铝和铝合金中加入少量的钛,在铜和铜合金中加入少量铁,或在镁和镁合金中加入少量锆,都是利用包晶转变的特点达到细化晶粒的目的的。
>
> 不但工业生产中应用了包晶转变来改变材料的性能,而且近几年对于某些铁磁材料、超导材料、形状记忆材料及耐高温材料等功能材料的研究和开发也涉及了包晶反应,由此可见人们对于包晶型合金的研究兴趣日益增加。
>
> 目前,关于二元包晶合金的研究主要有以下三方面:包晶凝固的形核机理、包晶转变中的相竞争与选择以及某些具有液相不混溶间隙包晶合金的研究。

多相合金的凝固主要包括共晶合金、偏晶合金和包晶合金的凝固。其中,偏晶和包晶合金的凝固相对较简单,而共晶合金的凝固具有复杂而又多样性的特点,且其工业应用较普遍。

8.1 共晶合金的凝固

8.1.1 共晶合金的分类及共晶组织的特点

一般而言,任取两种或两种以上的元素,就有可能组成共晶系,而形成二元共晶、三元共晶、四元共晶合金。仅二元共晶就有上千种,加上三元、四元共晶,其数量是巨大的。然而,迄今人类熟悉的共晶只有一百多种,常用的仅几十种而已。工业用的大多数合金为二元共晶合金。由于它们凝固条件、化学组成、冷却速度、冶金处理的不同,故共晶合金的组织和组成相的特性呈现多样性。因此,共晶合金的凝固比单相合金的凝固要复杂得多。

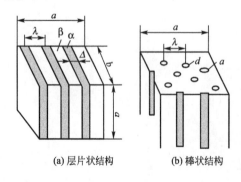

图 8.1 规则共晶
(a) 层片状结构   (b) 棒状结构

根据组成相的晶体学生长方式,可将共晶合金分为规则共晶和非规则共晶两大类。规则共晶由金属-金属相或金属-金属间化合物相,即非小平面-非小平面相组成,组成相的形态为规则的棒状或层片状,如图 8.1 所示。规则共晶以棒状还是层片状生长,得由两个组成相的界面能来确定,符合界面能最小值原理。如果共晶组织中两个组成相的界面能是各向同性的,则当某一相体积分数小于 $1/\pi$ 时,容易出现棒状结构。因为在相间距 λ 一定的情况下,棒状的相间面积最小,其界面能最低。但当固-液界面的界面能呈现强烈的各向异性时，则形成层片状结构。其长大的因素取决于热流方向和两组元在液相中的扩散。溶质在横向的扩散，使两相的长大互相依存。当共晶结晶时，两相并排地长大，且其生长方向与固-液界面保持宏观上的平界面。

非规则共晶一般由金属-非金属（非小平面-小平面）相和非金属-非金属（小平面-小平面）相组成。其组织形态根据凝固条件（化学成分、冷却速度、冶金处理）的不同而变化。小平面相的各向异性，导致其晶体长大具有强烈的方向性。固-液界面为特定的晶面，在共晶长大过程中，虽然共晶两相也依靠液相中原子扩散而协同长大，但固-液界面不是平整的，而是极不规则的。小平面的长大属二维生长，它对凝固条件的反应极其敏感，因此非规则共晶组织的形态是多种多样的。

8.1.2 共晶合金的结晶方式

研究表明，在不同的合金系中，由于共晶两相在析出过程中表现的相互关系不同，共晶结晶的方式可分为共生生长和离异生长两种。下面分别来讨论共晶合金的这两种结晶方式。

1. 共晶合金的共生生长

对于共晶合金共生生长的结晶方式，结晶时后析出相依附于领先析出相表面析出，形成具有两相共同生长界面的双相核心，然后依靠溶质原子在界面前沿两相间的横向扩散，互相不断地为相邻的另一相提供生长所需的组元，使两相协同生长。由图 8.2 可以看出，在阴影线区域内的过冷液相结晶时，析出 α 相要排出组元 B，同时需要溶入组元 A；而析出 β 相要排出组元 A，同时溶入组元 B，这恰巧是两相共同需要的条件。于是，α 相和 β 相的结晶过程，正好通过 A、B 两类原子在生长界面前沿的横向交互扩散，彼此为对方提供所需的组元而并肩向前生长。这种两相彼此合作生长的方式，就称作共生生长。

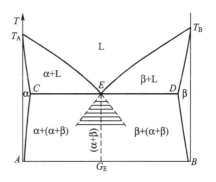

图 8.2 共晶共生生长

共生生长需要具备两个基本条件：一是两相生长能力要相近，且后析出相要容易在先析出相上形核和长大。先析出相一般称为领先相，它可能是初生相，也可能不是初生相；另一条件是 A、B 两组元在界面前沿的横向传输能保证两相等速生长的需要。实验指出，这两个条件只有当合金过冷到一定温度和处于一定成分范围内时才能满足。这个范围就是图 8.2 阴影线表示的所谓共生区。

根据相图，在平衡条件下，只有具有共晶成分这一固定成分的合金才能获得 100% 的共晶组织。但在近平衡凝固条件下，即使非共晶成分的合金，从热力学考虑，当其较快地冷却到两条液相线的延长线所包围的影线区域时，液相内两相组元达到过饱和，两相具备了同时析出的条件，但一般总是某一相先析出，然后再在其表面上析出另一个相，于是便开始两相的竞相析出的共晶凝固过程，最后获得 100% 的共晶组织，称这样的非共晶成分而获得的共晶组织为伪共晶组织，影线区域称为共晶共生区，如图 8.2 和图 8.3 所示。共生区规定了共晶凝固特定的温度和成分范围。

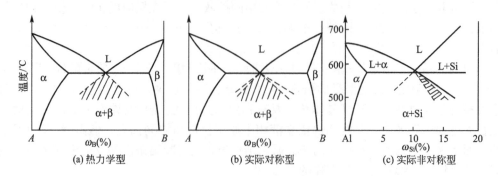

图 8.3 共生区示意图

如果仅仅从热力学观点考虑，共晶共生区如图 8.3(a)所示。然而，共晶凝固不仅与热力学因素有关，而且在很大程度上取决于两相在动力学上的差异，如由于界面结构的差异使其原子迁移和堆砌方式及相应速度不同。因此，实际共晶共生区必须将热力学和动力学因素综合考虑，实际的共晶共生区可分为对称型(图 8.3(b))和非对称型(图 8.3(c))。

(1) 对称型共晶共生区。当组成共晶的两个组元熔点相近时，两条液相线形状彼此对称，共晶两相性质相近，两相在共晶成分附近析出能力相当，因而易于形成彼此依附的双相核心；同时，两组元在共晶成分附近的扩散能力也接近，因而也易于保持两相等速的协同生长。因此，其共生区以共晶成分 C_E 为对称轴，而称为对称型共晶共生区(图 8.3(b))。非小平面-非小平面共晶合金的共生区属于此类型。

(2) 非对称型共晶共生区。当组成共晶的两个组元熔点相差较大时，两条液相线不对称，共晶点通常靠近低熔点组元一侧，共晶两相的性质相差很大，高熔点相往往易于析出，且其生长速度也较快，两相在共晶成分、温度区域内生长的动力学条件就破坏了共晶共生区的对称性。为了满足共生生长所需要的基本条件，就需要合金液在含有更多高熔点组元成分的条件下进行共晶转变。因此，其共晶区失去了对称性，而往往偏向于高熔点组元一侧；两相性质差别越大，则偏离越严重。这种类型称为非对称共晶共生区(图 8.3(c))。大多数非小平面-小平面共晶合金的共晶共生区属此类型，如 Al-Si、Fe-C 合金等。

实际上共晶共生区的形状并非像图 8.2 那样简单，它的多样性取决于液相温度梯度、初生相和共晶的长大速度与温度的关系。如图 8.4 所示，阴影部分为液相温度梯度 $G_L>0$，呈铁砧式的对称型金属-金属共晶共生区。可以看出，当晶体长大速度较小时(阴影区的上部)，此时为单向凝固的情况，可以获得平直界面的共晶组织。随着长大速度或过冷度的增加，共晶组织将变为胞状、树枝状，最后成为粒状(等

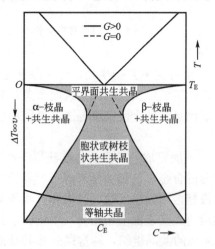

图 8.4 非小平面-非小平面共晶共生区

轴晶)。

2. 离异生长和离异共晶

合金液可以在一定的成分条件下通过直接过冷而进入共生区,也可以在一定的过冷条件下通过初生相的生长使液相成分发生变化而进入共生区。合金液一旦进入共生区,两相就能借助于共生生长的方式进行共晶结晶,从而形成共生共晶组织。然而,研究表明,在共晶转变中也存在着合金液不能进入共生区的情况。在这种情况下,共晶两相没有共同的生长界面,它们各以不同的速度而独立地生长。也就是说,两相的析出在时间上和空间上都是彼此分离的,因而在形成的组织中没有共生共晶的特征。这种非共生生长的共晶结晶方式称离异生长。所形成的组织称为离异共晶。

在下述情况下,共晶合金将以离异生长的方式进行结晶,并形成几种形态不同的离异共晶组织。

(1) 由于以下两种原因造成一相大量析出,而另一相尚未开始结晶,故将形成晶间偏析型离异共晶。

① 由系统本身的原因所造成:当合金成分偏离共晶点很远时,初晶相长得很大,共晶成分的残留液体很少,类似于薄膜分布于枝晶之间。当共晶转变时,一相就在初晶相的枝晶上继续长出,而把另一相单独留在枝晶间(图 8.5(a))。

② 由另一相的生核困难所引起:合金偏离共晶成分,初晶相长得较大。如果另一相不能以初生相为衬底而生核,或因液体过冷倾向大而使该相析出受阻时,初生相就继续长大而把另一相留在枝晶间(图 8.5(b))。

(2) 当领先相为另一相的"晕圈"所封闭时,将形成领先相呈球团状结构的离异共晶组织(图 8.5(c))。在共晶结晶过程中,有时可以看到第二相环绕着领先相表面生长而形成一种镶边外围层的情况,称此外围层为"晕圈"。关于晕圈的成因,虽然目前还存在着种种不同的看法,但一般认为是由两相在生核能力和生长速度上的差别所引起的。故在两相性质差别较大的非小面-小面共晶合金中能更经常地见到这种晕圈组织。这时,领先相往往是高熔点的非金属相,金属相则围绕着领先相而形成晕圈。如果领先相的固-液界面是各向异性的,第二相只能将其慢生长面包围住,而其快生长面仍能突破晕圈的包围并与熔体相接触,则晕圈是不完整的。这时,两相仍能组成共同的生长界面而以共生生长的方式进行结晶(图 8.6(a))。灰铸铁中的片状石墨与奥氏体的共生生长则属此类。如果领先相的固-液界面全部是慢生长面,从而能被快速生长的第二相晕圈所封闭时,则两相与熔体之间就没有共同的生长界面,而只有形成晕圈的第二相与熔体相接触(图 8.6(b))。所以,领先相的生长只能依靠原子通过晕圈的扩散进行,最后形成领先相呈球团状结构的离异共晶组织(图 8.5(b))。其典型例子就是球墨铸铁的共晶转变。

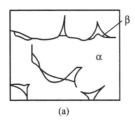 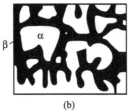 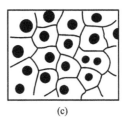

(a)   (b)   (c)

图 8.5 几种离异共晶组织

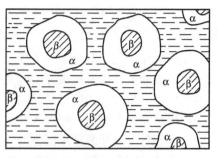

(a) 不完整晕圈下的共生生长　　　　　　(b) 封闭晕圈下的离异共晶

图 8.6　共晶结晶时的晕圈组织

在晶间偏析型离异共晶组织中，不存在共晶团或共晶群体结构，而在球团状离异共晶组织中，一个领先相的球体连同包围它的第二相晕圈即可看作是一个共晶团。当共晶合金采取离异生长的方式进行结晶时，由于两相彼此分离的性质，则很难明确区分共晶生核过程和共晶生长过程。研究工作一般都是分别考察两相的生核和生长过程。

8.1.3　规则共晶凝固

这类共晶合金两相性质相近，具有大致对称的共生区。两相生长中的固-液界面都是各向同性、连续生长的非晶体学界面，决定界面生长的因素是热流的传输和两组元在液相中的扩散，界面本身则始终处于局部平衡状态中。因此，这类共晶合金在一般情况下均按典型的共生生长方式进行结晶。生长中由于两相彼此合作的性质，每一相的生长都受到另一相存在的影响，故两相并排析出并垂直于固-液界面长大，形成了两相规则排列的层片状(图 8.7(a))、棒状(即纤维状，图 8.7(b))或介于二者之间的条带状(即碎片状，图 8.7(c))共生共晶组织。

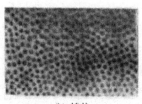
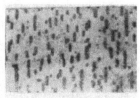

(a) 层片状　　　　　　　(b) 棒状　　　　　　　(c) 条带状

图 8.7　规则共晶

1. 层片状共晶

(1) 共晶形核过程。层片状共晶组织是最常见的一类非小面-非小面共生共晶组织。在该组织中，共晶两相呈层片状交叠结构并沿生长方向延伸。现以球状共晶团为例，讨论层片状共晶组织的形成过程。如图 8.8 所示，设共晶转变开始时，熔体首先通过独立生核而析出领先 α 相固溶体的小球；α 相的析出一方面促使界面前沿 B 组元原子的不断富集，另一方面又为新相的析出提供了有效的衬底，从而导致 β 相固溶体在 α 相球面上的析出。在 β 相析出过程中，不仅要向小球径向前方的熔体中排出 A 组元原子，而且也要向与小球相邻的侧面方向(球面方向)排出 A 原子。由于两相性质相近，从而促使 α 相依附于β相的侧面长出分枝；α相分枝生长又反过来促使β相沿着α相的球面与分枝的侧面迅速铺展并进一步导致α相产生更多的分枝。如此交替进行，很快就形成了具有两相沿着径向并排生长的球形共生界面双相核心，这就是共生共晶的生核过程。显然，领先相表面一旦出现第二相，则可通过这种彼此依附、交替生长的方式产生新的层片来构成所需的共生界面，而不需要每个层片重新生核，这种方式称为搭桥。可见，层片状共晶结晶是通过搭桥方式完成其生核过程的。事实证明，这也是一般非小面-非小面共生共晶所共有的生核方式。

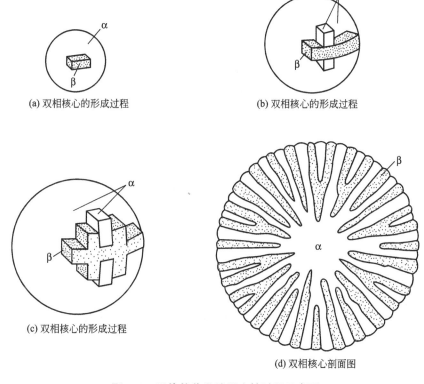

(a) 双相核心的形成过程　　(b) 双相核心的形成过程

(c) 双相核心的形成过程

(d) 双相核心剖面图

图 8.8　层片状共晶结晶生核过程示意图

（2）共晶长大过程。在共生生长过程中，两相各向其界面前沿排出另一组元的原子，只有将这些原子及时扩散开，界面才能不断生长，如图 8.9 所示，溶质原子可以向液体内部做纵向扩散，也可以沿着界面方向做横向扩散。扩散速度正比于溶质的浓度梯度，而浓度梯度又取决扩散距离和浓度差。

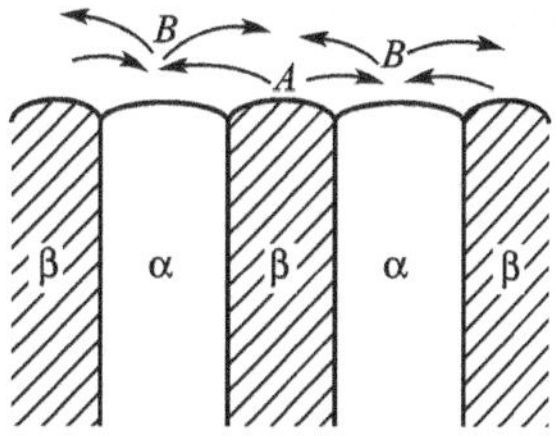

由于非小平面-非小平面共晶的固-液界面是粗糙界面，所以其界面的向前生长不取决于结晶的性质，而取决

图 8.9　共晶长大时的原子扩散

于热流的方向。两相并排的长大方向垂直于固-液界面。Jackson 和 Hunt 等人认为，由于两相的层片间距 λ 很小，在长大过程中横向扩散是主要的。从图 8.10(b) 可知，α 相前沿是富 B 的，β 相前沿是富 A 的，在长大过程中，A 原子从 β 相前沿横向扩散到 α 相前沿；

B 原子从 α 相前沿横向扩散到 β 相前沿，这就保证了同时结晶出两个不同成分的固相，而液相仍维持原来的成分 C_E。

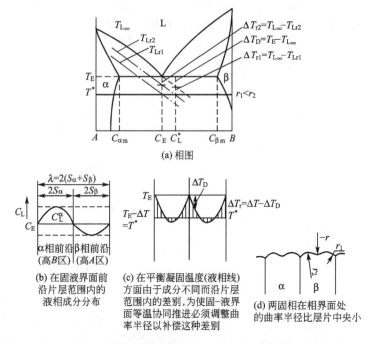

图 8.10 共晶生长时固-液界面前沿成分的变化及层片各处的曲率半径

必须指出的是，在固-液界面前沿很小的距离(相当于层片间距)范围内，液相的成分是极不均匀的，它也绝不是像上面所说的那样都是等于共晶的合金成分 C_E。由此可知，α 相中央的前沿液相由于距离 β 相较远，所以排出来的 B 原子不可能像 α 相与 β 相交界处的前沿那样很快地扩散走，因此在这里就富集了较多的 B 原子。越靠近 α 相边缘，B 原子富集得就越少，在 α 相与 β 相交界处，几乎没有富集，这里液体的成分为 C_E。同样，在 β 相中央前沿的液相中，势必也要富集很多的 A 原子，越靠近其边缘，富集的 A 原子越少。这样就在共晶的固-液界面前沿的液相中形成了 A、B 两组元的不同富集区。势必会出现以共晶平衡温度 T_E 为基准的不同的过冷度(理论凝固温度的降低)。以 α 相前沿为例，在其中央区的前沿液相中富集了最大的浓度的 C_L^*，从图 8.10(a)中可以看出，C_L^* 与 α 相平衡液相线 $T_{L\infty}$ 的交点至共晶温度 T_E 的垂直距离 ΔT_D。即为由浓度差 $(C_E - C_L^*)$ 所造成的凝固温度的降低值，其程度与浓度差 $(C_E - C_L^*)$ 和液相线 $T_{L\infty}$ 的斜率 m_L 有关，可用式(8-1)表达。

$$\Delta T_D = T_E - T_{L\infty} = m_L (C_E - C_L^*) \tag{8-1}$$

式中，m_L 为液相线斜率；$T_{L\infty}$ 为具有无限大曲率半径(平面)的固液界面上平衡液相线温度。

这样，在一个相同的界面凝固温度 T^* 下，α 相和 β 相边缘的过冷度最大为 $(T_E - T^*)$，而其他部位的过冷度为 $(T_{L\infty} - T^*)$，边缘的生长速度大于中央的生长速度，形成如图 8.10(d)所示的具有不同曲率的界面。不难理解，为了以稳定的等温界面向前推进，层片表面的曲率半径是不一样的。在所研究的层片共晶的情况下，设 α 相与其前沿液相的接

触部分为半圆柱体，则由曲率半径所引起的液相凝固温度的降低 ΔT_r，可用式(8-2)表示，即

$$\Delta T_r = \frac{\sigma T_E}{\Delta H_m \rho_S r} \tag{8-2}$$

如图 8.10(c)所示，边缘的曲率半径最小，故 ΔT_r 在 α 和 β 交界处最大，而在 α 相中间处 ΔT_r 最小，甚至为负值。这种晶体表面曲率半径的差别自动地调整了整个固-液界面沿液体的过冷度，使之完全一致，即其各处过冷度为

$$\Delta T = \Delta T_D + \Delta T_r = T_E - T^* \tag{8-3}$$

(3) 固-液界面前沿溶质分布规律和片间距。

① 溶质分布的数学解。前面提到共晶固-液界面前沿成分的不均匀分布(图 8.10(b))仅局限于深入液体不太远的距离范围之内，其数量级仅相当于层片厚度的范围，超过这个距离，液相成分仍是均一的 C_E。即使在此距离范围之内，成分波动的幅度也随着距离固-液界面越远而变得越小，图 8.11 可以清楚地说明这个问题。

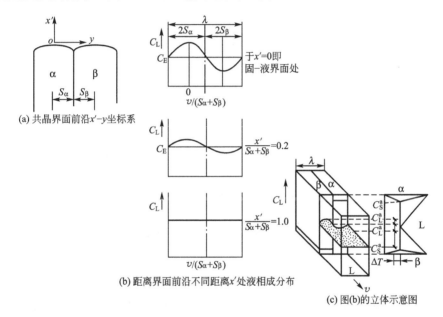

图 8.11 共晶固-液界面前沿在层片厚度距离范围内的成分分布

为了定量地描述共晶固-液界面前沿液体中成分的分布，这里将溶质在固-液边界层中达到稳定态时的分布用二维空间表示为

$$D_L \nabla^2 C_L + v \frac{\partial C_L}{\partial x'} = 0 \tag{8-4}$$

这一表达式同单相凝固稳定态时溶质的分布一样，只是在共晶凝固中，在图 8.11(a)中 y 方向上各点的成分是不一样的。式(8-4)中 x' 为距固-液界面的距离；C_L 为在 x'、y 处的液相成分；y 为以 α 相中心为原点，横切 α-β 相长大方向的距离；D_L 为溶质在液相中的扩散系数；v 为共晶固-液界面向液相中推进的速度。为了解微分方程式，可以使固-液界面近于平面，并假设整体合金成分为共晶成分 C_E，即其边界条件之一是在 $x'=\infty$ 处，$C_L=C_E$。另外，如图 8.11(b)所示，有

$$y=0 \text{ 处}, \frac{\partial C_L}{\partial y}=0$$

$$y=S_\alpha+S_\beta \text{ 处}, \frac{\partial C_L}{\partial y}=0$$

这里，$y=0$ 是指 α 相的层片中央，$y=S_\alpha+S_\beta$ 是指 β 相的层片中央。进一步假设共晶凝固时形成的固相 α 及 β 的成分分别为平衡相固中的成分，即图 8.10(a) 中的 $C_{\alpha m}$ 及 $C_{\beta m}$。根据固-液界面处物质守恒原则，在达到稳定态时，由于凝固而排出的溶质量应该等于从界面处向液体内部扩散走的量，即

$$[v(C_E-C_{\alpha m})]=-D_L\frac{\partial C_L}{\partial x'}$$

则

$$\left.\frac{\partial C_L}{\partial x'}\right|_{x'=0}=-\frac{v}{D_L}(C_E-C_{\alpha m}), \quad 0\leqslant y\leqslant S_\alpha$$

$$\left.\frac{\partial C_L}{\partial x'}\right|_{x'=0}=-\frac{v}{D_L}(C_E-C_{\beta m}), \quad S_\alpha\leqslant y\leqslant S_\alpha+S_\beta$$

利用上述边界条件，求解方程。

$$D_L\nabla^2 C_L+v\frac{\partial C_L}{\partial x'}=0 \tag{8-5}$$

或写为

$$\frac{\partial^2 C_L}{\partial x'^2}+\frac{\partial^2 C_L}{\partial y^2}+\frac{v}{D_L}\frac{\partial C_L}{\partial x'}=0 \tag{8-6}$$

该方程属于两个变量的常系数齐次二阶偏微分方程，最终得到其特解

$$C_L-C_E=\sum_{n=1}^{\infty}\frac{\lambda v}{(n\pi)^2 D_L}(C_{\beta m}-C_{\alpha m})e^{\frac{-2n\pi}{\lambda}x'}\cos\frac{2n\pi}{\lambda}y \tag{8-7}$$

该式中假设 $\lambda=4S_\alpha$。

上述溶质含量的变化完全与图 8.11(b) 相一致。另外，在固-液界面前沿，溶质富集的程度与 $(C_{\beta m}-C_{\alpha m})$ 成正比，这是由于该值越大，则 C_E 与 $C_{\alpha m}$ 或 C_E 与 $C_{\beta m}$ 之差越大，因此在共晶凝固时排挤出来的溶质越多，界面前沿富集的也就越多。同样，当长大速度 v 及越大时，溶质来不及扩散走，将在界面前沿富集较多的溶质。在及相同的情况下，层片间距 λ 越大时，溶质横向扩散的距离越远，因此其在界面前沿富集的也就越多。

② 共晶层片间距。如前所述，共晶成分的合金在凝固时的过冷度可按式(8-8)表示。

$$\Delta T=T_E-T=\Delta T_D+\Delta T_r$$

$$=\frac{m_L(C_{\alpha m}-C_{\beta m})}{\pi^2 D_L}v\lambda+\frac{\sigma}{\Delta S\lambda} \tag{8-8}$$

式(8-8)表示了 ΔT、λ 及 v 三者之间的关系。从图 8.12 可知，在长大速度 v 一定的情况下，除 m 点外，同样的过冷度会有两个层片间距，这在实际上是不可能的，因为一个长大速度 v 及与之对应的只有一个层片间距。片间距过小时，由于相间面积增加，使界面能增大；片间距过大时，如图 8.13 所示，在层片中央前沿的液体由于扩散距离较远，富集了大量的溶质元素，从而迫使这里的固-液界面曲率半径出现负值，形成凹袋，并逐渐

向界面的反向延伸,直到在这里产生另一相为止。这样,事实上也就自动调整了层片间距。总之,一个长大速度,只有一个最小过冷度与之对应。图 8.12 中 m 点即为某一长大速度所需要的最小过冷度以及与之对应的一定大小的层片间距。

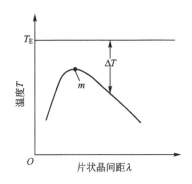

图 8.12 长大速度一定的情况下界面温度与片间距的关系图

图 8.13 片间距过大引起的凹袋

在 v 一定的情况下,令 $\dfrac{d\Delta T}{d\lambda}=0$,可求出最小过冷度时的 λ 值。

$$\lambda^2 = \dfrac{D_L \sigma \pi^2}{m_L v \Delta S(C_{\alpha m} - C_{\beta m})} \tag{8-9}$$

即

$$\lambda \propto v^{-\frac{1}{2}} \tag{8-10}$$

式(8-10)表示层片间距 λ 与长大速度 v 之间的关系,即层片间距与长大速度的平方根成反比,即凝固速度越大,片间距越小,这已被试验数据所证明。另外,在一定条件下,测量共晶的层片间距,可以起到衡量长大速度的作用。

(4) 不纯物对共晶转变的影响。在纯的共晶合金的稳定态长大中,每个相的成长将排挤出另外一个组元,并在固-液界面前沿造成溶质富集区,该富集区的厚度较窄,仅是层片厚度的数量级,它们对于横向扩散造成一定的浓度梯度,这对共晶两相的同时长大是必要的,它可以保证共晶的稳定界面是平面界面,而且并不形成"成分过冷"区。但是,如果有第三组元的存在,而且它在共晶两相中的 k_0 小于 1,则在共晶长大时两相均将第三组元排至液相中,并在界面前沿造成堆积,其堆积的厚度较宽,如果液相中的温度梯度较小,则在界面附近将出现"成分过冷"区。此时,平面的共晶界面将变为类似于单相合金凝固时的胞状结构。共晶中的胞状结构通常称为集群结构(Colony Structure)。图 8.14 为这种集群结构的示意图。层状共晶的层片都垂直于固-液界面,因此当界面为平面时,层片间都近于平行;而当界面为突出的胞状时,层片间就不再平行而成为放射状。

当第三组元的溶质浓度较大,或在大的凝固速度情况下,胞状共晶将发展为树枝状共晶,图 8.15 为这种共晶组织的显微照片。

(5) 定向凝固共晶的结晶学特征。在定向凝固过程中,共晶各相有着一定的最优结晶取向,并且各相之间存在着一定的结晶学关系。这是由于共晶各相之间的界面能与界面上各相的晶体学排列有关,晶体学排列越相近,界面能越低。表 8-1 是一些金属-金属共晶合金的晶体学关系。

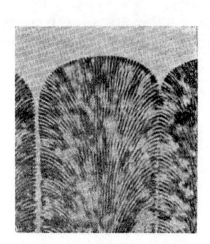

图 8.14 共晶合金的胞状生长

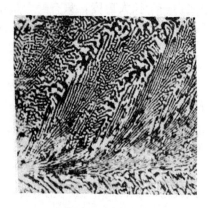

图 8.15 树枝状共晶合金

表 8-1 共晶合金的晶体学关系

共 晶	长大方向	平行界面
Ag-Cu	[110] Ag, [110] Cu	(211) Ag, (211) Cu
Ni-NiMo	[112] Ni, [001] NiN	(110) Ni, (100) NiMo
Pb-Sn	[211] Pb, [211] Sn	$(1\overline{1}\overline{1})$ Pb, $(0\overline{1}\overline{1})$ Sn
Ni-NiBo	[112] Ni, [110] NiBo	(111) Ni, (110) NiBo
Al-AlSb	[110] Al, [211] AlSb	(111) Al, (111) AlSb

2. 棒状共晶

在金属-金属共晶组织中,除层片结构外,还有棒状结构。在该组织中一个组成相以棒状或纤维状形态沿着生长方向规则地分布在另一相的连续基体中,如图 8.16 所示。设棒状相为 α 相,则 β 相的晶界为正六边形。究竟是哪种结构出现,取决于共晶中 α 与 β 相间的体积比以及第三组元的存在这两个因素。

(1) 共晶中两相体积分数的影响。在 α 与 β 两固相间界面张力相同的情况下,如果共晶中的一相体积含量相对于另一相低时,倾向于形成棒状共晶;当两相体积含量相接近时,倾向于形成片状共晶。更确切些说,如果一相的体积分数小于 $1/\pi$ 时,该相将以棒状结构出现;如果体积分数在 $1/\pi \sim 1/2$ 之间时,两相均以片状结构出现。造成这种情况的原因主要是结构的表面积的大小(或者说表面能的大小)。当体积分数小于 $1/\pi$ 时,棒状(设其断面为圆形)结构的表面积小于片状结构的;当体积分数在 $1/\pi \sim 1/2$ 之间时,片状结构的表面积小于棒状的。

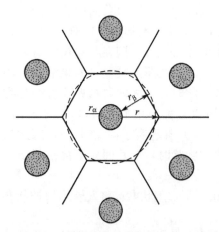

图 8.16 棒状共晶生长横截面示意图

F. R. Mollard 和 M. C. Flemings 等人对 Pb-Sn 合金进行单向凝固,发现随着 Pb 量

的减少,即远离共晶成分(共晶成分为 $w_{Pb}=26.1\%$),共晶将由层片状逐渐转变为棒状(图 8.17)。这就说明了共晶中两相体积分数将明显地影响着共晶的组织结构。

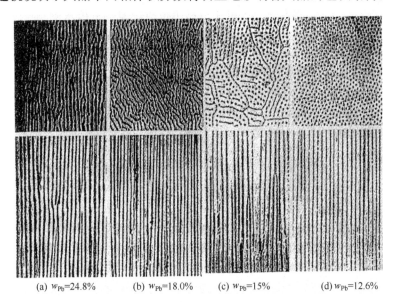

图 8.17　Pb-Sn 合金原始成分对共晶单向凝固组织的影响
(长大速度 $v=10^{-6}$cm/s,上部为横断面,下部为纵断面)

但必须指出,片状共晶中两相间的位向关系比棒状共晶中两相间位向关系更强。因此,在片状共晶中,相间界面更可能是低界面能的晶面。在这种情况下,虽然一相的体积分数小于 $1/\pi$,也会出现片状共晶而不是棒状共晶。事实上,在不同组织的不同相界面处,两相间的晶体学位向关系并不完全相同,因而其界面能也不尽相等。故体积分数的判据只有近似的意义。进一步研究必须考虑到界面能的作用,然而目前尚缺少有关界面能的具体数据。

(2) 第三组元的影响。当第三组元在共晶两相中的分配数相差较大时,其在某一相的固-液界面前沿的富集,将阻碍该相的继续长大;而另一相的固-液界面前沿由于第三组元的富集较少,其长大速率较快。于是,由于搭桥作用,落后的一相将被长大快的一相隔成筛网状组织,继续发展则成棒状组织,如图 8.18 所示。通常可以看到共晶晶粒内部为层片状,而在共晶晶粒交界处为棒状,其原因如下:在共晶晶粒之间,第三组元富集的浓度较大,从而造成其在共晶两相中分配系数的差别,导致在某一固相前沿出现了"成分过冷"。

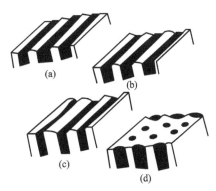

图 8.18　层片状共晶转变为棒状共晶的示意图

(3) 棒状共晶的几何特征尺寸。如图 8.16 所示,棒状共晶可用与六边形等面积的半径 r 取代层片状共晶中的间距 λ,作为共晶组织的特征尺寸。参照层片状组织的 Jachson-Hunter 生长模型,求解后最终获得过冷度 ΔT、凝固速率 v 及 r 之间的关系。

$$\Delta T = \frac{m_L(C_{\alpha m} - C_{\beta m})}{\pi^2 D_L}vr + \frac{\sigma}{\Delta Sr}$$

在 v 一定的情况下，令 $\dfrac{\mathrm{d}\Delta T}{\mathrm{d}r}=0$，可求出最小过冷度时的 r 值。

$$r^2 = \frac{D_L \sigma \pi^2}{m_L v \Delta S(C_{\alpha m} - C_{\beta m})}$$

即

$$r \propto v^{-\frac{1}{2}}$$

8.1.4 非规则共晶凝固

当金属-非金属共晶凝固时，其热力学和动力学原理与规则共晶的凝固一样，其差别在于非金属的生长机制与金属不同。当金属-金属凝固时，固-液界面从原子尺度来看是粗糙的，界面无方向性地连续不断地向前推进。而非金属的固-液界面从原子尺度看是小平面的，具有强烈的各向异性，晶体生长方向受热力学条件的控制作用不明显，而晶体学各向异性是决定晶体生长方向的关键因素。因此，其长大是有方向性的，即在某一方向上生长速度很快，而在另外的方向上生长速度缓慢。因而，非规则共晶的固-液界面不是平直的，而呈参差不齐、多角形的形貌。

非规则共晶由于两相性质差别很大，共生区往往偏向于高熔点的非金属组元一侧，呈非对称型共晶共生区（图8.3(c)）。这类共晶对凝固动力学条件表现出高度的敏感性。因此其组织形态更为复杂多变。

非规则共晶凝固模型只有为数不多的几种合金得到了比较深入的研究，且由于其复杂性，仍有许多问题没有彻底弄清楚。对 Fe-C 和 Al-Si 这两种合金的共晶凝固研究得比较详细，下面以此为例讨论分析非规则共晶的凝固

1. 形核与长大

（1）形核和长大方式。金属-非金属共晶的形核与金属-金属共晶相似，即在共晶温度以下，领先相独立地在液相中长大，之后第二相依附于领先相形核，一旦两固相同时存在时，共晶的两相即按共同"合作"的方式同时进行长大。在通常的铸造条件下，它们和金属-金属共晶一样，一个共晶晶粒的外形是一个球体，这种共晶球体也称共晶团胞。在共晶团胞的内部，两相不是层片或棒状结构，而是互相连接在一起的排列非常紊乱的分枝（图8.19）。在铸铁中，由于磷的偏析，可以采用特殊试剂将共晶团胞显示出来，从而可以数清团胞的数目。这样，共晶团胞就可以作为测量铁水中形成的有效核心数目的指标。另外，由于金属-非金属共晶两固相熔点一般来说相差较大，所以其共晶共生区偏向于高熔点一方也更突出，如果高熔点相为领先相，则在其形成之后，第二相像光环一样将它包围起来，一直到进入共生区后，两相才开始"合作长大"。因此，在这类共晶中，光环（或称晕圈）组织是经常发现的。

当金属-非金属共晶凝固时，由于非金属只能在某些方向上长大，所以非金属晶体就会出现互相背离或互相面对长大的状况。当两个邻近的非金属晶体相对长大的，界面处将出现非金属原子的缺乏，从而使一个或两个晶体停止长大。相反，当非金属晶体相互背离长大时，在它们之间的金属相前沿将有非金属原子的富集，在这种情况下，在非金属原子富集区是重新形成非金属晶核，然后使长大继续下去呢，还是原有的非金属晶体发生分

枝,长向非金属原子的富集区呢?这里存在着金属-非金属共晶的两种长大模型(图 8.20)。

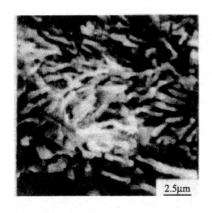
(a) Al-Si 合金中共晶硅的形态

(b) 灰铸铁 A 型石墨一个完整的共晶团

图 8.19 金属-非金属共晶团胞

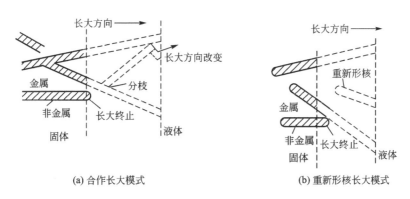

(a) 合作长大模式　　　　　　　(b) 重新形核长大模式

图 8.20 金属-非金属共晶长大的两种模型

第一种长大模型称为合作长大。按这种长大模型,当一个非金属晶体由于缺乏非金属原子供应而停止长大时,它可以通过孪生或形成亚晶界(小角度晶界)将长大方向改变到非金属原子富集区,这样就产生了非金属晶体的分枝。当长大按照这种模型进行时,非金属相内部是相连的。

第二种长大模型称为重新形核长大,当按照这种模型两个非金属晶体相对长大会聚时,将导致一个或两个晶体长大的停止,而新的晶核将在非金属原子富集区重新形成,在这种情况下,非金属晶体将是不相连的。

将 Al-Si 或 Fe-C(石墨)共晶的金相试样用稀盐酸进行深腐蚀,去掉金属基体,使留下来的脆性硅晶体或石墨暴露出来,它们是连接在一起的网状组织。图 8.19 分别为 Al-Si 和 Fe-C 共晶试样经深腐蚀后的电子扫描显微照片。如果非金属晶体不相连接,则在除去金属基体后,留下来的非金属晶体将没有支撑,这样它们就会在腐蚀过程中被去掉。

上述实验证明了金属-非金属共晶是按合作长大模型进行长大的,而合作长大模型的关键在于共晶中的非金属晶体在长大过程中是不断进行分枝以改变其长大方向的。

(2) Al-Si 合金与 Fe-C 合金中非金属相的生长模型。X 射线分析表明,Al-Si 合金中硅晶体只能在 {111} 晶面的 <211> 或 <110> 晶向上长大,因此其长大后的晶体为片状。取单向凝固的 Al-Si 合金的横断面,发现有孪晶的痕迹。图 8.21 显示了在横断面上的 {111} 孪晶沟槽,硅晶体的长大就是通过硅原子优先吸附在这些 {111} 孪晶沟槽上进行的。同时,这些 {111} 孪晶沟槽的存在,也为硅晶体在它长大过程中改变其空间方向提供了方便条件。在 Al-Si 共晶凝固过程中,金属铝的长大经常要赶上非金属硅,但由于二者在凝固过程中的收缩不同或原子错排,因而会在脆弱的非金属硅片中引起机械孪生,从而导致硅晶体的长大在空间方向上的改变。但在新的孪生晶体中,长大的晶体学方向仍然是 <211> 或 <100>。

同样成分的 Fe-C 合金,当冷却速度比较缓慢时,共晶转变时形成石墨和奥氏体共晶团组织,如图 8.22(c) 所示。

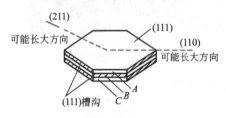

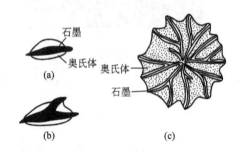

图 8.21 说明硅晶体长大方式的模型

图 8.22 片状石墨铸铁共晶团的生长模型

在 Fe-C(石墨) 共晶中,石墨片和硅晶体一样不是单晶体,片状石墨是互相连接的,奥氏体相充填其间。同时,还可以看到,奥氏体相没有封闭片墨,片墨的尖端总是与液体相接触,其生长速度快,奥氏体相尾随其后协同生长。石墨尖端表面是不平整的,如图 8.22(a)、(b) 所示。

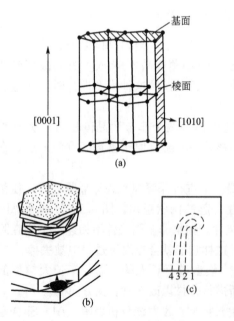

图 8.23 石墨的生长示意图

灰铸铁中石墨长成片状,是与石墨的晶体结构有关的。如图 8.23(a) 所示,石墨呈六方晶格,基面 (0001) 与基面之间距离远远地大于基面内原子间的距离,即基面之间原子间的作用力较弱。因此,容易产生旋转孪晶台阶(图 8.23(b)),X 射线研究已经证明了孪晶的存在。这些孪晶的存在有利于石墨片垂直于棱面长大,使碳原子源源不断地向台阶处堆积,石墨在 $[10\bar{1}0]$ 方向上以旋转台阶生长方式快速生长;而 (0001) 面是原子的密排面,是光滑的小平面,原子极难稳定地堆积其上,只有产生螺旋位错时才能生长(图 8.23(c))。另外,当石墨形成时,奥氏体依附于 (0001) 面形核生长,(0001) 面被奥氏体包围,致使石墨 (0001) 面长大的动力学条件较差。因此,石墨最后长成片状。这些孪晶同时也为石墨晶体在长大过程中改变其空间方向创造了条件。共晶石墨的分枝就是依靠这些孪晶形成的。当冷却速度增加时,奥氏体长大超过石墨片的长大更加频繁,这就使孪晶缺陷大量产生,使石墨更频繁地弯曲和分枝,以致形成过冷石墨组织,结果共生生长成图 8.22(c)所示的共晶团。

在不同的凝固条件下,片状石墨有各种不同的形态,有片状(A 型)、菊花状(B 型)、厚片状(C 型)及过冷石墨(D 型、E 型),如图 8.24 所示。不同的石墨形态,其组织和性能有显著差别。因此,在进行材料设计时,可控制凝固条件(化学成分、冷却速度、冶金处理)获得不同的共晶组织以满足不同的要求。

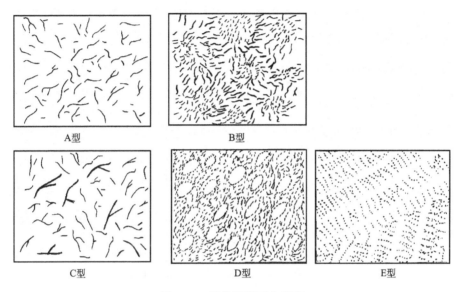

图 8.24 片状石墨形态类型

与共晶石墨的分枝弯曲不同,初生石墨是直的片状晶体,这是由于它在铁水中长大不会受到奥氏体存在的限制之故。

(3) 非规则共晶中非金属相的分枝机理。下面着重描述非金属晶体在共晶长大过程中是怎样进行分枝的。在共晶结晶过程中,金属晶体属于粗糙界面的连续长大,而非金属晶体属于光滑界面的侧面扩展长大。所以,金属晶体的长大速度应该大于非金属晶体的长大速度。这样,人们自然会认为,非金属的固-液界面将落后于金属。然而,在实际上并没有观察到这种情况。相反,在淬火的金属-非金属共晶组织中,非金属相总是领先于金属相。可想而知,如果金属相超越于非金属相,则非金属相将被金属相包围,共晶的继续长大只有依靠非金属相的重新形核。这样,非金属晶体将不是彼此相连的,显然这与深腐蚀的电子扫描照片不相符合。那么,究竟为什么非金属相总是领先于金属相进行长大呢?关键就在于非金属相在固-液界面上有改变其长大方向的机能。

由于非金属相长大方向的各向异性,其长大方向的改变只能依靠晶体界面上的缺陷进行分枝,分枝是在一定的过冷度下调整其层片间距的基本机制,因此金属-非金属共晶层片间距的平均值要比金属-金属共晶的大。当相邻的两个层片相互背离长大时,由于溶质原子扩散距离的增加,故将会在固-液界面前沿造成较大的溶质富集。其结果首先使金属相的层片中心形成凹袋(图 8.25(b)、(c));溶质在金属相固-液界面前沿的不断富集,将使溶质引起的过冷度 ΔT_b 增加,使其生长温度降低,此时层片间距达到最大值 λ_b(图 8.25(c))。与此同时,在非金属相的层片中心也形成凹袋,使非金属相的层片在固-液界面处一分为二,从而出现了分枝的萌芽。当新的分枝形成之后,它将要与另一层片面向生长(图 8.26)。其结果由于溶质原子扩散距离的缩短,固-液界面前沿的溶质富集减弱,ΔT_b 变小,生长温度提高,当达到极限值时,层片间距达到最小 λ_e(图 8.25(a))。如果两个相对生长的层片,在不改变长大方向的情况下继续生长时,由于二者曲率半径可能不同,曲率半径小的,其 ΔT_r 值大,生长温度降低,使生长停止。此时,另一个层片将继续长大,从而使层片间距变大。总之,稳定的共晶生长,其层片间距在 λ_d 与 λ_e 之间变动。特别是分枝困难的共晶,其层片间距的平均值 $1/2(\lambda_\mathrm{e}+\lambda_\mathrm{d})$ 是较大的,并且具有较大的过冷度和对温度梯度变化的敏感性。

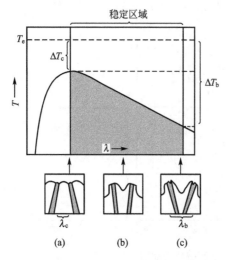

图 8.25 非规则共晶层片间距与过冷度的关系

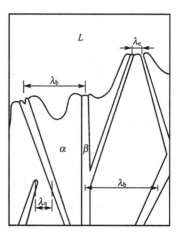

图 8.26 非规则共晶的分枝生长

2. 第三组元的影响

(1) Na 变质处理对 Al-Si 合金的影响。金属-非金属共晶凝固时,第三组元对非金属的长大机制影响极大。向 Al-Si 共晶中加入 Na 进行变质处理,可以使硅晶体更加细化(图 8.27),使共晶点向右向下移,这主要是由于 Na 吸附在 {111} 孪晶面槽沟中,抑制了硅晶体的长大,使 Al 晶体有可能赶上来,从而促使孪晶缺陷数目增加。因此,在加 Na 之后其效果与增加冷速一样。另外,有人曾发现向过共晶 Al-Si 合金中加入大量的 Na

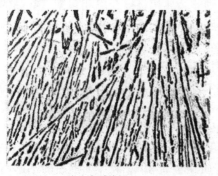

(a) 未变质处理

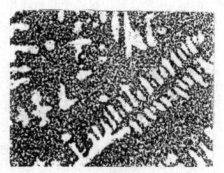

(b) 经变质处理

图 8.27 Na 变质处理对 Al-Si 合金中 Si 相的影响

时,可以使硅晶体球化。通常初生硅晶体只含有少数的{111}孪晶界,但在{111}孪生面的长大方向有两个,即<211>或<100>方向。因此,只要有少量的孪晶存在于硅晶体中,就会产生一个非常多的分枝组织。所以,当Na量足够高时,由于孪晶缺陷数目增加,从而使初生硅晶体分枝密集变成近于球状的组织。

(2) 第三组元对Fe-C合金的影响。石墨晶体的长大,或者依靠图8.23(b)所示的旋转台阶(也称旋转孪晶),或者依靠图8.28所示的(0001)基面上出现的螺旋位错,前者使石墨长成片状,后者使石墨长成球状(图8.29)。石墨究竟以哪种方式长大,将取决于过冷度和第三组元的作用。

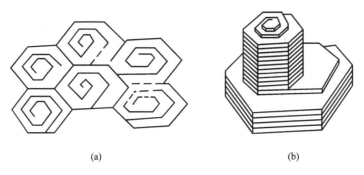

图 8.28 球化元素促使<0001>晶向的螺旋式长大

在一般的Fe-C-Si合金共晶凝固时,如前述石墨长成片状。因O、S等活性元素吸附在旋转孪晶台阶处,显著降低了石墨棱面(1010)与合金液间的界面张力,使得[10$\bar{1}$0]方向的生长速度大于[0001]方向。石墨最终长成片状。

当对Fe-C-Si合金液进行球化处理时,合金液含有大量的第三组元Mg(w_{Mg}=0.03~0.05),石墨最终生长为球状(图8.30)。在低

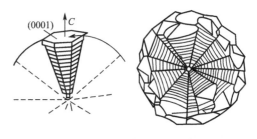

图 8.29 球状石墨以螺式长大机理

倍显微镜下观察,球状石墨接近球形,但高倍观察时,则呈多边形的轮廓,特别是在扫描电镜下可以看出,石墨球表面一般为不光滑的球面,且有许多胞状物。从球状石墨中心截面的透射电镜照片可以看出,石墨球内部结构具有像树的横断面的年轮状的特征(图8.30),而且在球墨的中心还可看到球墨的结晶核心。根据这些特点,可断定球状石墨是具有多晶结构、从核心向外辐射生长的许多晶体,每个放射角均垂直于球的径向,由呈互相平行的石墨基面堆积而成的。一个石墨球由20~30个这样的锥体状的石墨单晶体组成,球的外表面都是由(0001)面覆盖,如图8.29所示。清华大学柳百成、吴德海等人用扫描电镜也发现了蠕虫状石墨的生长前端具有螺旋位错的生长特征(图8.31)。

第三组元O、S等使石墨成为片状,而Mg、Ce使石墨成为球状,其影响机理至今仍然是争论中的问题,一种观点认为Mg、Ce使石墨球化的作用主要表现在它们能够与O、S化合,从而清除了使石墨成球的障碍,他们的根据是未加Mg、Ce之前在石墨周围可以检查到O、S的吸附;加Mg、Ce之后石墨周围没有了O、S的吸附,同时也没有Mg、Ce的吸附。另一种观点认为,单纯从脱O去S的作用来解释Mg、Ce使石墨成球的说法是不

充分的,因为 Ca 的脱 O 去 S 作用比 Mg 强,但它却没有 Mg 促使石墨成球的作用强。Mg、Ce 在清除 O、S 之后,多余的量将会对球状石墨的形成发挥它本身的积极作用,他们的根据是 Mg、Ce 等使铁水过冷度增加,而且发现在石墨内有 Mg、Ce 化合物的存在。

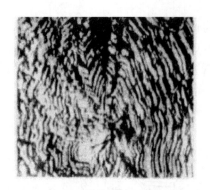

图 8.30 球状石墨通过球心截面的电子显微照片

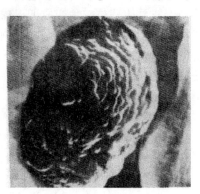

图 8.31 蠕虫状石墨生长前端基面位向,沿 C 轴长大

不同元素对石墨形态的影响见表 8-2。

表 8-2 不同元素在石墨铸铁中的作用

球化剂	孕育剂	促使片墨形成元素	有害球化元素
Mg	Si	$w_{As} \geqslant 0.02\%$	$w_{Cd} > 0.01\%$
Ce	$w_{Al} = 0.5\% \sim 1.0\%$	$w_{Bi} \geqslant 0.002\%$	$w_{Se} > 0.03\%$
Li	$w_{Ca} = 0.5\% \sim 3.0\%$	$w_{Ca} = 2.7\% \sim 3.5\%$	$w_{Te} > 0.02\%$
Na	$w_{Ba} < 0.007\%$	$w_{Pb} \geqslant 0.002\%$	$w_{Ti} > 0.1\%$
K	$w_{Sr} < 0.007\%$	$w_{Sb} \geqslant 0.002\%$	$w_{Zn} > 0.1\%$
Ba	$w_{B} < 0.02\%$	$w_{Sn} > 0.15\%$	$w_{Zr} > 0.1\%$

Mg、Ce 对非金属相生长形貌的改变,不仅只表现在灰口铸铁的石墨相上,白口铸铁中钒的碳化物在未加 Ce 之前是有棱角的块状或长条状,当 Ce 加入量达 0.15%(质量分数)时,完全变成非常圆整的球状(图 8.32)。碳化物形貌的改变对白口铸铁的韧性和抗磨性能有较大的影响,极大地提高了抗磨铸铁件的使用寿命。更大量的工作证实了 Ce 可以

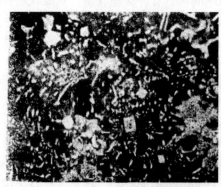

(a) 未加 Ce 时钒碳化物的形貌

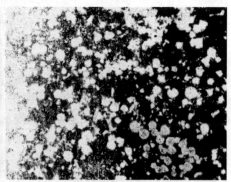

(b) 加时钒碳化物的形貌

图 8.32 含钒白口铸铁中 VC 的形貌

使钢中的硫化物夹杂变为球形,这对于改善轧制钢材的力学性能是至关重要的。总之,第三组元对非金属相形貌的影响在某些合金系统中是非常明显的,但是其影响机理至今还不很清楚,在热力学和动力学方面还有待于人们深入地进行探索。

8.2 偏晶合金的凝固

8.2.1 偏晶合金大体积的凝固

偏晶合金平衡相图如图 8.33 所示,具有偏晶成分的合金 C_m,冷却到偏晶反应温度 T_m 以下时,即发生偏晶反应 $L_1 \rightarrow \alpha + L_2$。反应的结果是从液相 L_1 中分解出固相 α 和新的液相 L_2。L_2 在 α 四周形成并包围着 α。其凝固特点与棒状共晶或包晶反应非常相似,但反应过程取决于 L_1 与 α 相的润湿程度及 L_1 和 L_2 的密度差。如果 L_2 是阻碍 α 相长大的,则 α 相要在 L_1 中重新形核。然后,L_2 再包围它,如此进行,直至反应终了。在继续冷却时,在偏晶反应温度和图中所示的共晶温度之间,L_2 将在原有 α 相晶体上继续沉积出 α 相晶体,直到最后剩余的液体 L_2 凝固成($\alpha+\beta$)共晶。如果 α 与 L_2 不润湿或 L_1 与 L_2 密度差别较大,则会发生分层现象。如 Cu-Pb 合金,偏晶反应产物 L_2 中 Pb 较多,以致 L_2 布在下层,α 与 L_1 分布在上层,因此,这种合金的特点是容易产生大的偏析。

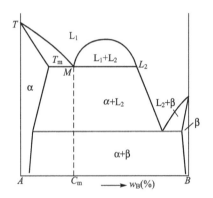

图 8.33 偏晶合金平衡相图

在任何人们所知道的偏晶相图中,反应产生的固相 α 的量总是大于反应产生液相 L_2 的量,这意味着偏晶中的固相要连成一个整体,而液相 L_2 则是不连续地分布在 α 相基体之中,这样,其最终组织实则和亚共晶没有什么区别。

8.2.2 偏晶合金的定向凝固

偏晶反应与共晶反应相似,在一定的条件下,当其以稳定态定向凝固时,分解产物呈有规则的几何分布,当其以一定的凝固速度进行时,在底部由于液相温度低于偏晶反应温度 T_m,所以 α 相首先在这里沉积,而靠近固-液界面的液相,由于溶质的排出而使组元 B 富集,这样就会使 L_2 形核。L_2 是在固-液界面上形核还是在原来母液 L_1 中形核,这要取决于界面能 $\sigma_{\alpha L_1}$、$\sigma_{\alpha L_2}$、$\sigma_{L_1 L_2}$ 三者之间的关系。而偏晶合金的最终显微形貌将要取决于以上 3 个界面能、L_1 与 L_2 的密度差以及固-液界面的推进速度。图 8.34 为液相 L_2 的形核与界面张力平衡的关系。

以下讨论界面张力之间 3 种不同的情况。

1. 当 $\sigma_{\alpha L_1} = \sigma_{\alpha L_2} + \sigma_{L_1 L_2} \cos\theta$ 时

如图 8.34(a)所示,随着由下向上定向凝固的进行,α 相和 L_2 并排地长大,α 相生长时将 B 原子排出,L_2 生长时将 B 原子吸收,这就和共晶的结晶情况一样,当达到共晶温

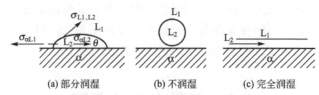

(a) 部分润湿　　　　(b) 不润湿　　　　(c) 完全润湿

图 8.34　L_2 的形核与界面张力的关系

度时，L_2 转变为共晶组织，只是共晶组织中的 α 相与偏晶反应产生的 α 相合并在一起。凝固后的最终组织为在 α 相的基底上分布着棒状或纤维的 β 相。

2. 当 $\sigma_{\alpha L_2} \geqslant \sigma_{\alpha L_1} + \sigma_{L_1 L_2}$ 时

如图 8.34 所示，液相 L_2 不能在 α 固相上形核，只能孤立地在液相 L_1 中形核。在这种情况下，L_2 是上浮还是下沉，将由斯托克斯公式来决定。

（1）如果液滴 L_2 的上浮速度大于固-液界面的推进速度 v，则它将上浮至液相 L_1 的顶部。在这种情况下，α 相将依温度梯度的推移，沿铸型的垂直方向向上推进，而 L_2 将全部集中到试样的顶端，其结果是试样的下部全部为 α 相，上部全部为 β 相。利用这种办法可以制取 α 相的单晶，其优点是不发生偏析和成分过冷。半导体化合物 HgTe 单晶就是利用这一原理由偏晶系 Hg-Te 制取的。

（2）如果固-液界面的推进速度大于液滴的上升速度，则 L_2 液滴将紧紧地与 α 相结合，这样，液滴 L_2 将被 α 相包围，而排出的 B 原子继续供给 L_2 的长大，从而使 L_2 在长大方向拉长，使生长进入稳定态，如图 8.35 所示。在低于偏晶反应温度之后的冷却中，从 L_2 液相中将析出一些 α 相，新生的 α 相是从圆柱形 L_2 的四周沉积到原有的 α 相上，这样 L_2 将会变细。温度继续降低，L_2 将按共晶或包晶反应转变。最后的组织将是在 α 相的基体中分布着棒状或纤维状的 β 相晶体。β 相纤维之间的距离正如共晶组织中层片间距一样，取决于长大速度，即

$$\lambda \propto v^{-\frac{1}{2}}$$

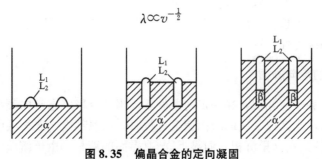

图 8.35　偏晶合金的定向凝固

图 8.36 为 Cu-Pb 偏晶合金定向凝固的显微组织。这种组织和棒状共晶几乎没有什么两样，以 Cu-Pb 合金为例，其中偏晶反应 $L_1 \rightarrow Cu + L_2$，Pb 的密度比 Cu 大，所以 L_2 液体是下沉的。由于 Cu 和 L_2 之间完全不润湿，因此 L_2 以液滴形式沉在 Cu 的表面，在界面向前推进的过程中，L_2 也继续长大，最终组织取决于 Cu 向前推进的速度（即凝固速度）及 L_2 液滴的长大速度。若凝固速度比较大时，L_2 液滴没有聚集成大滴就被 Cu 包围，二者并排前进而获得细小的纤维组织。若凝固速度比较慢，则获得比较粗大的液滴，最后形成粗大的棒状组织。

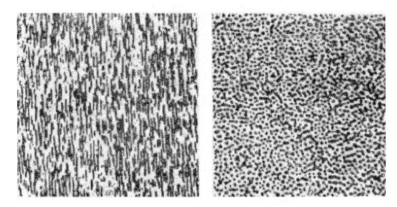

图 8.36　Cu-Pb 偏晶合金定向凝固的显微组织

3. 当 $\sigma_{\alpha L_1} > \sigma_{\alpha L_2} + \sigma_{L_1 L_2}$ 时

此时 $\theta = 0℃$，α 相和 L_2 完全润湿，如图 8.34(c) 所示。这时，在 α 相上完全覆盖一层 L_2，使稳定态长大成为不可能，α 相只能断续地在 L_1-L_2 界面上形成，其最终组织将是 α 相和 β 相的交替分层组织。

8.3　包晶合金的凝固

包晶合金的典型状态图如图 8.37 所示。其特点如下：①液态无限互溶，固态有限互溶；②有一对固、液相线的分配系数小于 1，另一对固、液相线的分配系数大于 1；③两条液相线按同一方向倾斜；④在温度 T_p 略下时，成分为 B 的液体与成分为 D 的 α 相产生包晶转变，形成成分为 P 的新相 β，即 $L_B + \alpha_D = \beta_P$。

具有包晶转变的常用工业合金有某些钢和铜合金等。

8.3.1　包晶合金的平衡凝固

这里所指的平衡也是指结晶过程中各相的成分能按状态图的要求而充分均化。设有成分为 C_0 的液态合金，在冷却到 T_1 以下有一定过冷时，开始析出成分为 α_1 的新相。随着温度的继续降低，α 相不断生长，同时还可能继续析出新的 α 晶体，α 的成分沿固相线 AD 变化；液相不断减少，剩余的液体成分沿液相线 AB 变化。待温度到达 T_p 时，α 的成分为 D，液体的成分为 B，以后就产生包晶转变 $L_B + \alpha_D = \beta_P$。

包晶转变的实质是液体中的 B 原子继续向 α 内溶解而使 A 原子的排列方式产生改变，由 α 的结构转变为 β 的结构，而 β 相的固溶能力较强，在温度 T_p 时的成分为 P。可见，包晶转变必须伴随着 B 原子向 α 相扩散和溶解的过程，因此这个反应只能在 α 相表面进行。先在表面进行包晶转变形成 β 层，然后 B 原子扩散通过 β 层向 α 相界面输送，使 α 不断转变为 β，即 β 的界面不断向 α 内推进，直到全部转变为 β，得到均匀成分的 β 相。

如同所有结晶过程一样，包晶转变也要求一定的过冷，设包晶转变在温度 T 时进行，过冷度为 $(T_p - T)$，此时 β 相界面上的浓度如图 8.37 所示。

过冷时，在 β-α 界面上 α 的浓度为 C_a，β 的浓度为 C_b；在 β-L 界面上，L 的浓度为

C_e，β的浓度为 C_d。可见β相两个界面上的成分是不同的，存在一个浓度梯度，其平均值为 $(C_d-C_b)/\delta$，因此 B 原子要从 β-L 界面不断向 β-α 界面扩散（图 8.38）。

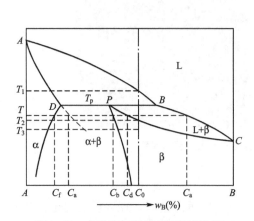

图 8.37　典型的包晶合金平衡状态图　　　图 8.38　包晶转变时β相中 B 组元的分布和扩散

① β-α 界面。C_a 对于此温度下α中的平衡溶解度 C_f 是过饱和的，因此过饱和的α中要析出β，使α的成分变为 C_f，而β便向α中推进。当α中 B 原子降低时，β中的 B 原子便向α中溶解，使α又处于过饱和。如此，界面上 B 原子不断向α中溶解，而过饱和的α中又不断析出β相，于是界面不断向α内推进，直到全部转变为β。

② β-L 界面。B 的扩散，使 β-L 界面上β的浓度降低，当浓度低于 C_d 后，B 便从 L 中向β溶解，使界面上 L 的浓度小于 C_e，液体便在界面上析出β，于是 β-L 界面向液体中推进，液体便逐渐消耗。

当α全部转变为β，β相内的浓度梯度使 B 原子扩散而成分均化。

因此，在包晶转变中存在着原子的扩散和界面的推移：β-α 界面向α内推移；β-L 界面向 L 内推移，进行的反应是从液相中直接析出β。因此，所谓包晶转变 $L_B+\alpha_D=\beta_P$，仅仅在液体与α直接接触时才出现，形成β层。一旦β层把液体与α隔开，上述转变已不能直接进行。

对于成分低于 P 的合金，β-L 界面的推进把液体全部消耗后，β-α 界面前尚有剩余的α，包晶转变后的产物为 β+α。

对于成分高于 P 的合金（如 C_0），包晶转变后尚有剩余液体，液体与β的比例按杠杆定律确定。温度降低时，β相在液体中继续长大，其成分沿 PC 线变化，而液体成分沿 BC 线变化。温度降到了 T_2 时，合金全部转变为β，其成分为 C_0。对于成分为 P 的合金，包晶转变结束时，α和 L 全部转变为β。

由于包晶转变是一个扩散过程，其转变速度很慢。尤其随着转变的进行，β层不断增厚而扩散距离增大，$(C_d-C_b)/\delta$ 浓度梯度减小，转变速度越来越慢，在实际情况下上述平衡结晶是难以实现的。

8.3.2　近平衡凝固条件下包晶合金的凝固

在实际情况下（近平衡条件），液体和固体中的原子扩散都是不充分的。

当α相生长时，由于界面前成分过冷，一般都以枝晶状生长，在生长时还存在着晶内偏析。

真正的包晶转变仅产生于α和液体直接接触时。$L_B+α_D=β_P$产生的β相在α树枝表面的析出也有一个生核和生长过程。如果β相与α相之间存在较好的界面共格关系，β相容易以α表面作为衬底而形核析出。对一系列包晶合金的考查表明，许多包晶系中α和β之间存在着良好的界面共格关系，例如Fe-C系中的高温铁素体δ和奥氏体γ相，Al-Ti系中的$TiAl_3$和α之间等。β可以在一个α枝晶表面的许多部位进行生核，它们在生长过程中逐渐合并在一起，但有的晶核在生长过程中可能产生位向的偏移或在生长界面前沿出现杂质的富集，它们与从邻近晶核长出的晶体间出现晶界，于是一个α枝晶上可能生长出几个β晶体，好像β晶粒把原有的α枝晶分割成几部分（图8.39），这种现象称为粒化。

α上长出一层β相后，β向α内继续生长是有限的，主要决定于B原子的扩散能力。碳钢中碳原子的扩散能力强，α→β（在钢中为δ→γ）转变进行是程度比其他合金大。β的大幅度生长主要靠液体中β相的直接析出。因此，所谓包晶转变（$L_B+α_D=β_P$）只存在于转变开始时，一旦α为β所隔离，以后完全是L中单相固溶体β的析出和生长（因为α→β转变是在β壳之内进行的，其量也不大）。所以，在包晶合金的冷却曲线上看不到包晶转变的平台，只存在一个拐点，其余的形状与单相固溶体合金的冷却曲线一样（图8.40）。由于偏析及包晶转变没有进行完全，剩余液体比平衡状态图表示的量多，合金的最后凝固温度降到T_3。就是成分为P的合金，在包晶转变结束时也有剩余的液相。

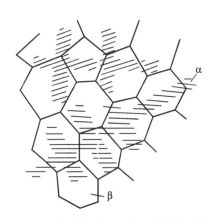

图8.39　包晶转变时α枝晶的粒化现象

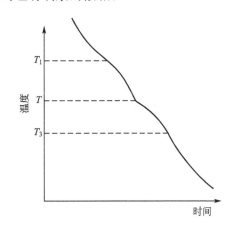

图8.40　包晶合金(C_0)的冷却曲线

从α枝晶的一个断面上看，包晶转变的示意图如图8.41所示。

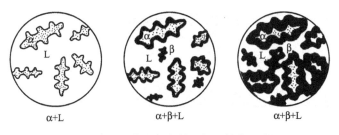

图8.41　近平衡凝固条件下包晶转变示意图

多数具有包晶反应的合金,其溶质组元在固相中的扩散系数很小。因此,在近平衡凝固条件下,包晶反应进行得是不完全的,图 8.42(a)为 Pb-Bi(w_{Bi}=20%)合金在近平衡凝固条件下溶质分布及形成组织的示意图。不难看出,由于溶质组元在固相中扩散的不充分,本来是单相组织却变成了多相组织。

图 8.42(a)中 w_{Bi}=23%~33%的 Pb-Bi 合金在定向凝固条件下,如果 G_L/v 值足够高,可以获得 α+β 复合材料,说明包晶 β 相可从液相中直接沉积而增厚。这是由于随着凝固的进行,液相中逐渐被溶质 Bi 所富集,从而为 β 相的增厚长大提供条件,在平直的等温面温度低于 T_p 时,剩余的液相将全部转变为 β 相。图 8.47 为具有包晶转变的合金定向凝固中固液界面示意图。

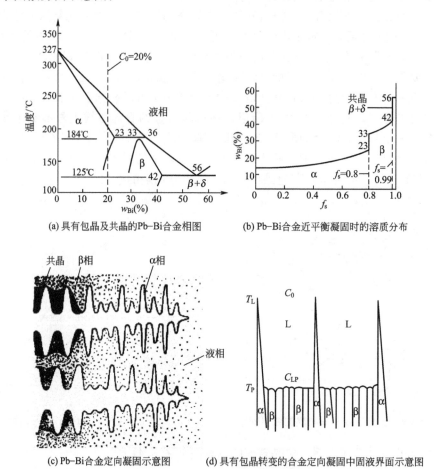

(a) 具有包晶及共晶的Pb-Bi合金相图 (b) Pb-Bi合金近平衡凝固时的溶质分布

(c) Pb-Bi合金定向凝固示意图 (d) 具有包晶转变的合金定向凝固中固液界面示意图

图 8.42　Pb-Bi 包晶转变示意图

8.3.3　利用包晶转变细化晶粒

在某些合金中,可以利用包晶转变来细化晶粒。例如,在 Al 和 Al 合金中加入少量的 Ti,细化晶粒的效果就很明显。

图 8.43 是 Al-Ti 合金相图富 Al 的一角,从图 8.43 中可以看出,含 Ti 量超过 0.15%后,合金在 665℃发生包晶转变,即

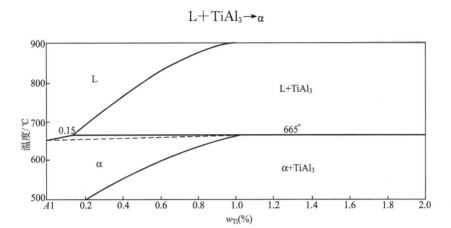

图 8.43　具有包晶转变的 Al-Ti 平衡相图的一角

这一合金在包晶转变进行以前先形成树枝状的初晶 $TiAl_3$。在 Ti 含量很少时，初晶 $TiAl_3$ 的数量很少，它只能是微小的树枝晶。在发生包晶转变时，α 依附 $TiAl_3$ 枝晶上形核，$TiAl_3$ 起了异质晶核的作用，促进了 α 相的形核；其次，α 相还要消耗 $TiAl_3$ 并向 $TiAl_3$ 方向长大，在这一过程中，可能使 $TiAl_3$ 枝晶的薄弱部分断开，这样，又会增加形成 α 相晶核的数目。另一方面，由于 α 相包层对溶质组元扩散的屏蔽作用，使包晶反应进行困难，包晶反应的产物 α 不易继续长大。同理，在铜及其合金中，加入少量的铁、镁，或在镁合金中加入少量的锆或锆的盐类，都可以达到细化晶粒的目的。

1. 在普通工业条件下，为什么非共晶成分的合金往往能获得100％的共晶组织？用相图进行说明。这与单相合金固相无扩散、液相均匀混合凝固产生的共晶组织有何不同？
2. 规则共晶生长时可为棒状或片状，试证明当某一相的体积分数小于 $1/\pi$ 时，容易出现棒状结构。
3. 小平面-非小平面共晶生长的最大特点是什么？它与变质处理有何关系？
4. $w_C=0.2\%$ 的碳钢，在定向凝固条件下以柱状树枝晶形式长大，设 C 在 δ-Fe 及 γ-Fe 中的扩散很快，相变可近似地认为按平衡状态图进行，试示意地画出固-液界面的形貌。
5. 在长大速度一定的条件下，温度梯度 G 是否影响规则共晶的层片间距？原因何在？
6. 试述共晶固液界面保持稳定推进时，如何通过共晶相曲率的改变调整共晶过冷度。
7. Mg、O、S 等元素如何影响铸铁中石墨的生长？
8. 用图示说明棒状分枝如何改变棒状间距以适应长大速度的变化。
9. 试述 Al-Ti 合金中包晶反应细化 α 固溶体晶粒的原理。

第9章 铸件凝固组织的形成和控制

本章教学要点

知识要点	掌握程度	相关知识
铸锭(件)典型凝固组织	掌握一般铸造条件下铸锭(件)的凝固组织特点	3个不同形态的晶区及其形成机理
铸件宏观凝固组织的控制	掌握铸件宏观凝固组织的控制途径和措施	形核剂、浇注条件、铸型条件和动态凝固对宏观组织的影响规律及控制

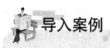

高强度铝合金扁铸锭先进制备技术及先进企业

高强度铝合金具有密度低、比强度高、热加工性能好等优点,是国防、军事和国民经济中具有重大战略意义的新材料,是飞机、火箭、宇宙飞船和空间站等航天器的主体结构材料,也是武器系统、核反应堆分离机和高速车辆主承力框等关键结构材料之一。近年来,随着航天、航空以及现代化交通工具轻量化要求的不断提高,高强度铝合金及其应用更是获得了飞速发展。

高强度铝合金主要是通过主合金元素的高合金化和微量元素的精确控制来提高材料的综合性能。铸锭制备是生产高强度铝合金材料的第一道工序。由于高强度铝合金的合金化元素含量高、冷却要比侧面慢得多,这种冷却速度的差异导致宽面和窄面收缩不一致,因此扁铸锭其内部更容易累积凝固内应力,铸锭开裂的倾向也就相对较大。随着扁锭厚度的增加和宽厚比的增大,铸锭热应力也逐渐增加,开裂倾向也随之增大。当内应力值超过金属的承受极限时铸锭即发生开裂,图9.01显示了高强度铝合金扁铸锭开裂的几种形式。铸锭一旦开裂往往贯穿整个铸造过程的始终,并导致整个铸锭的报废。因此,世界各国均将大规格扁铸锭的铸造成形问题列为本领域研究和关注的重点。

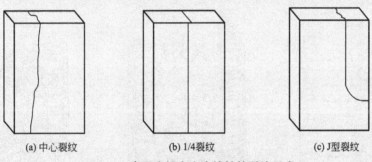

(a) 中心裂纹　　　　(b) 1/4裂纹　　　　(c) J型裂纹

图9.01　高强度铝合金扁铸锭的裂纹形式

美国维斯塔金属公司(Vista Metals Corporation)位于美国加利福尼亚州,该公司1968年开始创建并开始为铸造、挤压和锻造市场生产铝合金锭,是全球唯一的生产航空航天、交通运输与模具等方面用的硬铝合金大铸锭及其他铝合金锭的专业铸造铝业公司,在生产大铸锭领域有着丰富的经验和雄厚的技术力量,所生产的硬铝合金锭屡创世界纪录。

美国WagStaff公司始建于1946年,其总部设在美国华盛顿州的斯波坎城,是生产和提供铝合金直冷铸造设备的领导企业,同时也是世界公认的最安全和最有成效的铸造设备提供企业。每年,世界上数以百万吨的铝材都是由WagStaff的铸造设备生产的。多年来,WagStaff公司开发了多项铝合金先进的铸造技术和设备,在方锭结晶器上,该公司的第一项重要技术是SuperTru-Slot结晶器,后来成为方锭铸造企业的支撑技术。另一项扁锭铸造的重要技术是该公司于20世纪90年代开发的低液位铸造技术(LHC),制备的铸锭表面质量和内在品质均上升了一个较大的台阶。早期低液位铸造技术仅应用于易于铸造成形的软铝合金生产,目前难于铸造的硬铝合金也开始采用低液位铸造方式进行生产。

铸件的凝固组织，仅宏观状态而言，指的是铸态晶粒的形态、大小、取向和分布等情况；铸件微观结构的概念包括晶粒内部的结构形态，如树枝晶、胞状晶等亚结构形态，共晶团内部的两相结构形态以及这些结构形态的细化程度等。二者表现形式不同，但其形成过程却密切相关，并对铸件的各项性能，特别是力学性能产生强烈的影响。

铸件的凝固组织是由合金的成分和各种铸造条件决定的，由于它对铸件的性能有直接的显著的影响。因此，生产上控制铸件的性能通常是通过控制凝固组织来实现的。

有关铸造晶粒的各种微观结构形态的问题，已在前面的章节中进行过详细的讨论。本章则侧重于分析铸件宏观组织的成因以及各种因素的影响。在此基础上，总结出生产中控制铸件结晶组织的各种有效方法。

9.1 铸件宏观凝固组织的特征及形成机理

9.1.1 铸件宏观凝固组织的特征

液态金属在铸型内凝固时，根据液态金属的成分、铸型的性质，浇注及冷却条件的不同，可以得到不同的凝固组织，如图 9.1 所示。但通常铸件内含有以下 3 个不同形态的晶区。

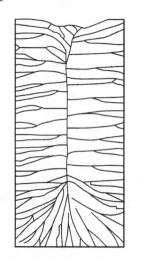
(a) 柱状晶形成"穿晶"的凝固组织

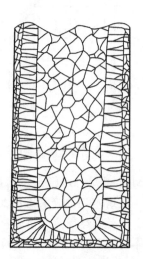
(b) 含有三个晶区的凝固组织

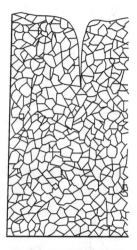
(c) 全部等轴晶的凝固组织

图 9.1 铸锭截面典型宏观组织示意图

(1) 表面细晶粒区是紧靠铸型壁的激冷组织，也称激冷区，由无规则排列的细小等轴晶所组成。

(2) 柱状晶区由垂直于型壁（沿热流方向）彼此平行排列的柱状晶粒所组成。

(3) 内部等轴晶区由各向同性的等轴晶组成。等轴晶的尺寸往往比表面细晶粒区的晶粒尺寸粗大。

通常激冷区较薄，只有几个晶粒厚，其余两个晶区相对较厚。铸件宏观凝固组织中的晶区数及其相对厚度并不是一成不变的，而是随着合金的成分和冷却凝固条件的改变而变化，有时甚至可以形成无中心等轴晶或全部由等轴晶组成的宏观组织，如图9.1(c)所示。决定铸件性能的重要因素是柱状晶区与等轴晶区的相对量，表面细晶粒区的影响很有限。

9.1.2 铸件宏观凝固组织的形成机理

对3个晶区形成机理的认识，经历过一个由浅入深的历史发展过程。在过去相当长的一段时间内，人们曾认为，铸件中的每一个晶粒都代表着一个独立的生核过程，而铸件结晶组织的形成则是这些晶核就地生长的结果。然而，这种静止的观点并没有反映出铸件结晶的全部真实过程，致使在以往对3个晶区形成机理的解释中，留下了许多难以理解的问题。只是在近几十年来，当人们发现并逐步深刻地认识到晶粒游离在铸件结晶组织形成过程中所起的重大作用以后，对于3个晶区的形成机理才有了一个基本明确而日趋一致的认识。实际上，在铸件结晶过程中，由于各种因素特别是液态金属流动作用的影响，除直接借助于独立生核以外，还会通过其他方式在熔体内部形成大量处于游离状态的自由小晶体。其作用相当于无数的"晶核"，而铸件中的等轴晶粒则基本上是由这些"晶核"生长而成的。游离晶的形成过程及其在液流中的漂移和堆积，影响到等轴晶的数量、大小和分布状态，从而决定着铸件宏观结晶组织的特征。

1. 表面细晶粒区的形成

表面细晶粒区的形成有不同的理论。早期的理论认为，液态金属浇注到温度较低的铸型中，在型壁附近的熔体中产生较大的过冷度而大量生核，这些细晶粒是在过冷液体中生核、生长的，其生长方式也采取枝晶状。由于它的结晶潜热既能从型壁导出，也能向过冷的液体中散失，因此受型壁散热方向的影响较小，其一次分枝有的与型壁垂直，有的则倾斜，从而形成无方向性的表面细等轴晶。根据这种理论，表面细晶粒的形成与型壁附近熔体内的生核数量有关。因此，影响非均质生核的因素，例如有生核能力的杂质颗粒的数量、铸型的冷却能力等传热条件将直接影响表面细晶粒区的宽度和晶粒的大小。

后来的研究表明，形成表面细晶粒区的晶核，除了非均质形核的部分外，各种原因引起的游离晶粒也是形成表面细晶粒的"晶核"来源。根据大野笃美的研究，游离晶粒的产生是由于溶质再分配在生长的枝晶根部产生"缩颈"，在流动的液态金属作用下枝晶熔断或型壁晶粒脱落而游离。因此，存在溶质偏析和增加液态金属的流动将有利于表面细晶粒区的形成。

需要指出，获得表面细晶粒区的条件是抑制铸型表面形成稳定的凝固壳层。因为一旦形成稳定的凝固层则形成了有利于单向散热的条件，从而促使晶粒向与热流相反的方向择优生长长成柱状晶。因此，大量的游离晶粒的存在有利于表面细晶粒区的形成与其抑制稳定的凝固层的产生有关。另外，铸型激冷能力的影响具有双重性，提高铸型的激冷能力一方面可以增加型壁附近熔体的非均质生核能力，促进表面形成细小等轴晶，但同时也使靠近型壁的晶粒数量大大增加，这些晶核长大很快连接而形成稳定的凝固壳层，阻止表面细晶粒区的扩大。如果不存在较多的游离晶粒，则过强的铸型激冷能力反而不利于表面细晶粒区的形成与扩大。

2. 柱状晶区的形成

柱状晶主要是从表面细晶粒区形成并发展而来的，稳定的凝固壳层一旦形成，处在凝固界面前沿的晶粒在垂直于型壁的单向热流的作用下，便转而以枝晶状延伸生长。在前面的单相合金凝固中已经提到，面心立方和体心立方的金属，其晶体长大的优先方向是 <100>；密排六方金属其晶体长大的优先方向是 <10$\bar{1}$0>。如果晶体的这些方向和热流方向相平行，则这些晶体将得到发展，并在与热流方向平行的 <100> 或 <10$\bar{1}$0> 方向上长得很长，成为柱状晶，而那些晶体长大的优先方向和热流方向不平行的晶体将在竞争长大过程中被淘汰，得不到发展，只能作为激冷层中细小等轴晶的成员，而不能成为柱状晶（图 9.2 和图 9.3）。

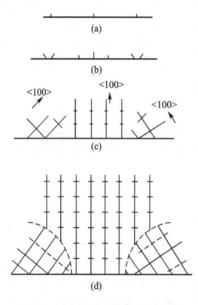

图 9.2 型壁处结晶长大的过程

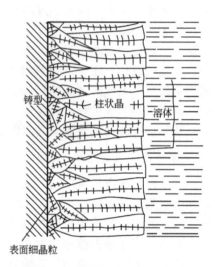

图 9.3 柱状晶的择优竞争生长

那些优先长大的晶体，除了在与热流平行的方向上发展其晶枝以外，由于侧向的成分过冷在横向也长出二次枝晶，而当二次枝晶相撞时又会在二次枝晶上长出平行于热流方向的 3 次晶枝等。

柱状晶的竞争长大不但表现在其形成的开始阶段，还表现在整个柱状晶向前发展的过程中。在这个过程中，柱状晶的横断面尺寸越来越大，而同时一些长大方向和热流方向不太平行的柱状晶被进一步淘汰。所以，随着离开型壁的距离越远，柱状晶的方向越集中，柱状晶体之间长大方向的扩张角度越小，同时单位面积内的柱状晶体数目越少，它们之间的关系如图 9.4 所示。这个互相竞争淘汰的晶体生长过程称为晶体的择优生长。

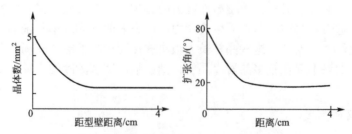

图 9.4 柱状晶尺寸及扩张角与型壁距离的关系

当柱状晶的前沿遇到等轴晶的阻碍时,即停止发展,所以控制柱状晶区继续发展的关键因素是内部等轴晶区的出现。如果界面前方始终不利于等轴晶的形成与生长,则柱状晶区可以一直延伸到铸件中心,直到与对面型壁长出的柱状晶相遇为止,从而形成所谓的穿晶组织。如果界面前方有利于等轴晶的产生与发展,则会阻止柱状晶区的进一步扩展而在内部形成等轴晶。例如,随着浇注温度的提高,柱状晶区的宽度增大。当浇注条件一定时,随着合金元素含量的增加,游离的晶核数量增加,则柱状晶区的宽度减小。对于纯金属,则铸态组织常常全部为柱状晶。

3. 内部等轴晶区的形成

实际上,内部等轴晶区的形成是由于剩余熔体内部晶核自由生长的结果。但是,关于晶核的来源和形成中心等轴晶区的过程却有不同的理论和观点,现分述如下。

第一种理论:过冷熔体非自发生核理论。该理论认为,随着柱状晶层向内推移和溶质再分配,在固-液界面前沿产生成分过冷。当成分过冷的过冷度大于非自发生核所需过冷度时,则产生晶核并长大,导致内部等轴晶的形成。基于下述原因,目前一般认为该过程发生的可能性不大。首先,凝固时的热分析结果往往与以上的分析不相符合;其次,也很难理解非均质生核所需要的微小过冷度为什么会迟到柱状晶区已充分长大以后才能形成;最后,该理论无法解释大量有关内部等轴晶形成的实验现象。例如,将一定温度的 Al-Cu2% 合金浇入石墨铸型中,得到了由 3 个晶区组成的铸锭;但如果将该合金以相同的温度浇入中部置有一根很薄的不锈钢管的同样石墨铸型中,尽管管内外具有与前一个试验相同的温度分布规律,但得到的组织却是管外由 3 个晶区所组成,而管内则全部为柱状晶。类似的实验结果使人怀疑直接生核理论的可靠性。但是,向定向凝固的液态金属中加入形核剂而引起等轴晶形成的事实又似乎说明,在存在大量有效生核质点的情况下,成分过冷所导致的非均质生核过程仍然可能是内部等轴晶晶核的有效来源之一。

第二种理论:激冷形成的晶核卷入理论。大野笃美等认为,在铸件浇注和凝固初期的激冷层形成之前,由于浇道、型壁等处的激冷作用而使其附近的熔体过冷,并通过非均质形核作用在熔体内形成大量游离状态的激冷晶体。这些小晶体随液流的流动漂移到铸型的中心区域。如果液态金属的浇注温度不高,则小晶体就不会全部熔化掉,残存下来的晶体可以作为等轴晶的晶核,如图 9.5 所示。

以上两种观点均从不同角度说明内部等轴晶区是由于非自发生核并游离、长大的结果,尤其是当液态金属内部存在有大量有效生核质点时,内部等轴晶区宽度增加,等轴晶尺寸下降。

第三种理论:型壁晶粒脱落和枝晶熔断理论。这种理论的出发点是合金凝固时

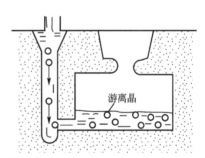

(a) 由于浇注温度低,在浇注期间形成的激冷游离晶

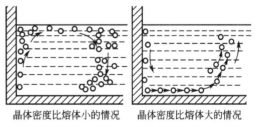

晶体密度比熔体小的情况   晶体密度比熔体大的情况

(b) 凝固初期形成的激冷游离晶

图 9.5 非均质形核的激冷游离晶

的熔质再分配。当铸件凝固时，依附型壁生核的合金晶粒或枝晶在其生长过程中必然要引起固-液界面前方熔体中熔质浓度的重新分布。其结果将导致界面前沿液态金属凝固点降低从而使其实际过冷度减小。溶质偏析程度越大，实际过冷度就越小，其生长速度就越缓慢。由于紧靠型壁晶体根部和枝晶根部的溶质在液体中扩散均化的条件最差，故其偏析程度最为严重，该处侧向生长受到强烈抑制。与此同时，远离根部的其他部位则由于界面前方的溶质易于通过扩散和对流而均化，因此获得较大的过冷，其生长速度要快得多。因此在晶体生长过程中将产生型壁晶体或枝晶根部"缩颈"现象，生成头大根小的晶粒。在流体的机械冲刷和温度反复波动所形成的热冲击对流的作用下，最脆弱的缩颈处极易断开，晶粒或枝晶脱落而导致晶粒游离，从而形成内部等轴晶区。晶粒自型壁脱落示意图如图9.6所示；枝晶分枝脱落如图9.7所示。大野笃美利用显微镜对Sn-Bi10%合金的凝固过程进行了直接观察和连续摄影，证实了凝固初期通过型壁晶粒脱落而产生的晶粒游离过程。中江秀雄对铸铁树枝晶的扫描电镜观察证实了树枝晶缩颈的存在，如图9.8所示。

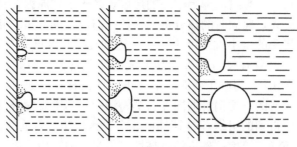

图9.6　型壁晶粒脱落示意图

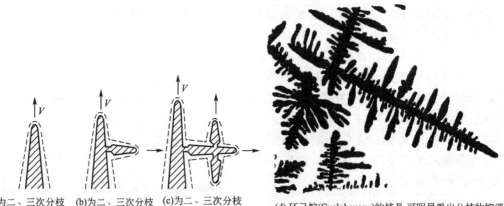

(a)为二、三次分枝时缩颈形成过程意图，虚线表示溶质富集层，V为枝晶生长方向；

(b)为二、三次分枝时缩颈形成过程意图，虚线表示溶质富集层，V为枝晶生长方向；

(c)为二、三次分枝时缩颈形成过程意图，虚线表示溶质富集层，V为枝晶生长方向；

(d)环己烷(Cyclohexane)的枝晶，可明显看出分枝的缩须

图9.7　枝晶分枝"缩颈"的形成

第四种理论："结晶雨"游离理论。根据这一理论，凝固初期在液面处的过冷熔体中产生过冷并形成晶核及生长成小晶体，这些小晶体或顶部凝固层脱落的分枝由于密度比液态金属大而像雨滴似地降落，形成游离晶体。这些小晶体在生长的柱状晶前面的液态金属中长大形成内部等轴晶。这种现象已通过实验得到证明，在铸型中隔一个用不锈钢丝网做

的隔网，浇注后，把隔网中间的孔盖上，把自由表面凝固层脱落下的晶粒挡住。所得到的铸锭，在隔网下基本上是柱状晶及极少量中心等轴晶，而隔网上集中了大部分等轴晶，可明显看出它们是由于顶部晶体的脱落下沉引起的（图9.9）。

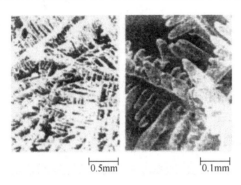 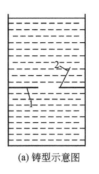 

图9.8　铸铁的树枝晶及其缩颈　　　　图9.9　"结晶雨"理论试验验证示意图

1—不锈钢丝网；2—隔网盖

需要指出，一般这种晶粒游离现象大多发生在大型铸锭的凝固过程中，而在一般铸件凝固过程中较少发生。

以上介绍了内部等轴晶形成的4个理论。此外，还有3点需引起注意。

(1) 游离的晶体存在增殖现象。上述理论均说明内部等轴晶区是游离的晶体生长的结果。另外，处于自由状态下的游离晶一般都是以树枝状生长的，具有树枝晶结构。当它们在液流中漂移时，要不断通过不同的温度区域和浓度区域，不断受到温度起伏和浓度起伏的影响，从而使其表面处于反复局部熔化和反复生长的状态之中。这样，分枝根部缩颈就可能断开而使一个晶粒破碎成几部分，然后在低温下各自生长为新的游离晶，这个过程称为晶粒增殖。以从铸型型壁的晶粒游离为例，如图9.10所示。

(2) 上述分析说明，液体流动及其所引起的晶体或分枝的脱落，沉积和晶体增殖都将大大增大液体中的有效晶核，促进等轴晶的

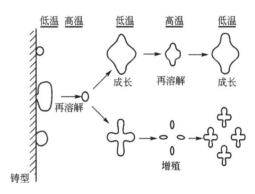

图9.10　从铸型游离的晶粒及其增殖

获得。这种现象在某些铸件中有明显的表现。例如，在同一个铸型中同时浇注不同倾斜位置的铸锭（图9.11），其宏观组织明显不同，等轴晶都集中在下部，上部则为粗大柱状晶，这只能用晶体的沉积，增殖理论来解释。

相反，如果在铸型两侧加上一个中等强度的固定磁场，便可消除液体金属内部的对流和温度起伏。因为液体金属一旦产生运动，便切割磁力线，产生感应电流，这种电流与磁场的相互作用将阻止液体的流动。图9.12所示的试验结果指出，在温度起伏很激烈的液体中加上1750Gs（1Gs＝10^{-4}T）的固定磁场后，温度起伏立即消失。试验还表明，Al-Cu2％在合金过热温度为40℃时浇注到普通铸型中，铸锭中心为等轴晶，但当铸锭在2000Gs的磁场下凝固时，铸锭除表面激冷层为细等轴晶外，整个断面都变为柱状晶。由

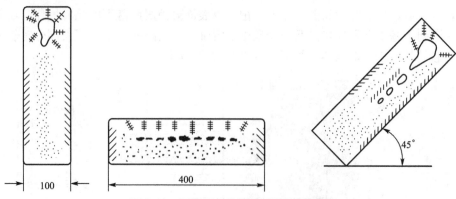

图 9.11 不同倾斜位置铸锭的晶粒组织

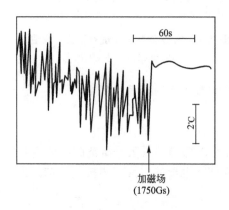

图 9.12 固定磁场消除温度起伏

此说明,液体对流的消失使金属的形核能力大为减弱。

(3) 迄今的研究表明,上述 4 种理论均有试验依据。因而,可以认为在铸锭或铸件凝固过程中,这 4 种内部等轴晶形成机理都是存在的。但是,它们的相对作用则取决于凝固的实际条件。在一种条件下可能是某种理论起主导作用,在另一种条件下可能是其他理论起主导作用,或者几种机理共同起作用。实际上,中心等轴晶区的形成大多是几个机理综合作用的结果,可以根据上述四种机理采用综合措施对铸锭或铸件的宏观组织正确地予以控制。

9.2 铸件宏观凝固组织的控制

9.2.1 铸件凝固组织对铸件性能的影响

铸件的结晶组织对铸件的性能具有直接影响。但影响程度不同,表面细晶粒区由于比较薄,对铸件的性能影响较小,柱状晶区和等轴晶区的宽度及二者的比例、晶粒的大小才是决定铸件性能的主要因素。

柱状晶是晶体择优生长形成的细长晶体,比较粗大,晶界面积较小,柱状晶体排列位向一致。因而,其性能也具有明显的方向性,纵向好,横向差。另外,柱状晶生长过程中某些杂质元素、非金属夹杂物和气体被排斥在界面前沿,最后分布在柱状晶与柱状晶或等轴晶的交界面处,形成所谓的性能"弱面",凝固末期易于在该处形成热裂纹。对于铸锭来说,还易于在以后的塑性加工或轧制过程中产生裂纹。尽管改进铸件结构可以减轻这种影响(图 9.13),但在柱状晶区发达的铸件中,其不利作用是难以消除的。因此,通常铸件不希望获得粗大的柱状晶组织。但是,鉴于柱状晶在轴向具有良好的性能,对于某些特殊的轴向受拉应力的铸件,如航空发动机叶片则采用定向凝固技术,控制单向散热,获得全部单向排列的柱状晶组织,提高铸件的性能和可靠性。

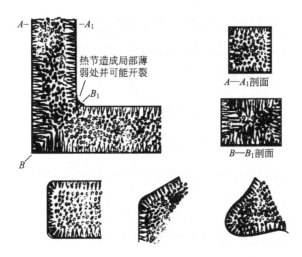

图 9.13 铸件结构对柱状晶不利作用的影响和消除

内部等轴晶区的等轴晶粒之间位向各不相同,晶界面积大,而且偏析元素、非金属夹杂物和气体的分布比较分散,等轴枝晶彼此嵌合,结合比较牢固,因而不存在所谓的"弱面",性能比较均匀,没有方向性,即所谓各向同性。但如果内部等轴枝晶比较发达,显微缩松较多,凝固组织不够致密,从而降低其性能。细化等轴晶可以使杂质元素和非金属夹杂物、显微缩松等缺陷更加分散,因而可以显著提高力学性能和抗疲劳性能。生产上往往采取措施细化等轴晶粒,以获得较多甚至全部是细小等轴晶的组织。

基于上述原因,在生产中对一些本身塑性较好的有色金属及其合金和奥氏体不锈钢铸锭,为使其致密度增加,往往在控制易熔杂质和进行除气处理的前提下,希望得到较多的柱状晶。对一般钢铁材料和塑性较差的有色金属及其合金铸锭,特别是一般的异形铸件,为避免柱状晶区不利作用的危害,则希望获得较多的甚至是全部细小的等轴晶组织。对于高温下工作的零件,晶界降低蠕变抗力,特别是垂直于拉应力方向的横向晶界是铸件的最薄弱环节。通过单向结晶可以获得没有横向晶界,全部由平行于拉应力方向的柱状晶所构成的铸件,其性能和寿命大幅度地提高(图 9.14)。除了在航空发动机叶片的应用外,单向结晶的柱状晶组织还在磁性材料中得到应用。

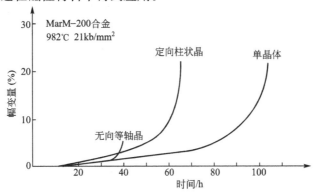

图 9.14 3 种不同晶粒组织材料的蠕变曲线

必须注意，除宏观凝固组织外，结晶组织的微观结构对铸件的质量和性能也有强烈的影响。在其他条件相同时，平面生长柱状晶的质量和性能优于胞状结构的柱状晶，更胜过树枝状结构的柱状晶组织；而没有树枝状结构的球状晶组织的质量与性能则比树枝状结构的等轴晶组织更强；树枝晶的枝晶间距(特别是二次枝晶间距)越小，铸件的夹杂和缺陷越分散，致密性就越好，力学性能也就越高。共晶合金之类的多相合金，其铸件的质量与性能则更多地与其组成相间的结构和分布状态有关。因此，在合理控制宏观组织的前提下，进一步改进铸件组织的微观结构，将更有利于其质量和性能的提高。

9.2.2 铸件宏观组织中等轴晶的控制途径和措施

控制铸件的宏观组织就是要控制铸件(锭)中柱状晶区和等轴晶区的相对比例。一般铸件希望获得全部细等轴晶组织，为获得这种组织则要求抑制柱状晶的产生和生长，这可以通过创造有利于等轴晶形成的条件来达到。由前述的等轴晶形成机理，凡是有利于小晶粒的产生、游离、漂移、沉积、增殖的各种因素和措施均有利于扩大等轴晶区的范围，抑制柱状晶区的形成与发展，并细化等轴晶组织。具体说，主要有以下几个方面。

1. 向熔体中加入强生核剂

控制金属和合金铸态组织重要方法之一是控制形核。在实际铸件生产中应用的主要方法是向液态金属中添加生核剂或称孕育剂，进行孕育处理。从本质上讲，孕育主要是影响生核过程，通过增加晶核数实现细化晶粒；而变质则主要是改变晶体的生长过程，通过变质元素的选择性分布实现改变晶体的生长形貌，因而二者在概念上是不同的。

加入生核剂的目的是强化异质形核。根据生核质点的作用过程，生核剂主要有以下几类。

(1) 直接作为外加晶核的生核剂。这种生核剂通常是与欲细化相具有界面共格对应的高熔点物质或同类金属、非金属碎粒，它们与欲细化相间具有较小的界面能，润湿角小，直接作为有效衬底促进异质生核。如高锰钢中加入锰铁，可以细化高锰钢的奥氏体组织；铸铁中加入石墨粉，可以增加铸铁中石墨数量、降低石墨尺寸。

(2) 生核剂中的元素能与液态金属中的某元素形成较高熔点的稳定化合物，这些化合物与欲细化相间具有界面共格对应关系和较小的界面能。如钢中加入含 V、Ti 的生核剂就是通过形成含 V 或 Ti 的碳化物和氮化物，促进异质生核来达到增加及细化等轴晶的目的。在过共晶 Al-Si 合金中加入含 P 生核剂，通过形成 AlP 化合物使初晶硅细化(参见图 4.8)。

综合第一、二类特点，加入生核剂，在液相中形成适当的异质形核的固相颗粒或基底。除此之外，要发生异质形核，还应满足一定的温度条件，即液相中存在异质生核所需的过冷度。图 9.15 给出了具

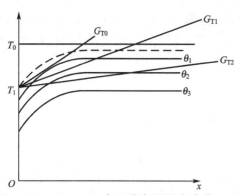

G_{T0}、G_{T1}、G_{T2}、G_{T3} 为几种实际温度分布，θ_1、θ_2、θ_3 为具有不同润湿角的基底表面形核温度 (虚线为合金液的平衡凝固温度)。

图 9.15 具有不同 θ 角(润湿角)的异质晶核形核的温度条件

有不同 θ 角(润湿角)的异质晶核形核的温度条件,即过冷度。对于 $\theta=\theta_1$ 的质点,凝固界面前沿存在很小的成分过冷,即图中 $G_T=G_{T1}$ 的情况,则可以发生异质形核;而对 $\theta=\theta_2$ 的颗粒,必须进一步降低温度梯度到 G_{T2} 才可能发生异质形核;而对于 $\theta=\theta_3$ 的颗粒,仅成分过冷则不足以发生异质形核,需要获得更大的过冷度才可能起到异质形核的作用。因而,存在具有小接触角的固相颗粒是选择生核剂的依据。要获得小的润湿角,异质固相颗粒与欲细化相之间应具有晶格匹配关系。良好的晶粒细化剂具有以下特征。

① 含有非常稳定的异质固相颗粒,这些颗粒不易溶解。
② 异质固相颗粒与固相之间存在良好的晶格匹配关系,从而获得很小的润湿角 θ。
③ 异质固相颗粒非常细小、高度弥散,既能起到非均质形核的作用,又不影响合金的性能。
④ 不带入任何影响合金性能的有害元素。

(3) 通过在液相中造成很大的微区富集而造成结晶相通过异质形核而提前弥散析出的生核剂。如把硅加入铁液中瞬时形成了很多富硅区,造成局部过共晶成分,迫使石墨提前析出,而硅的脱氧产物 SiO_2 及某些微量元素形成的化合物可作为石墨析出的有效衬底而促进异质生核。

(4) 含强成分过冷元素的生核剂。强成分过冷元素即为偏析系数 $|1-k_0|$ 大的元素,其作为生核剂的作用主要有以下3个方面。

① 这类元素通过在生长的固-液界面前沿富集使晶粒根部或树枝晶分枝根部产生细弱缩颈,易于通过熔体流动及热冲击产生晶粒的游离。
② 这类生核剂产生的强成分过冷也能强化界面前沿熔体内部的异质形核。
③ 强成分过冷元素的界面富集对晶体生长具有抑制作用,降低晶体生长速度,也使晶粒细化。因此,强成分过冷生核剂通过增加生核率和晶粒数量,降低生长速度而使组织细化。偏析系数越大,晶体和枝晶根部缩颈越厉害,异质形核作用越强,抑制晶体生长的作用越大,最终对组织细化的效果越好。

以上介绍了几种有效生核剂。需要特别指出,大多数孕育剂(生核剂)的有效性均与其在液态金属中的存在时间有关,即存在着随着时间的延长,孕育效果减弱甚至消失,这种现象被称为孕育衰退现象。因此,生核剂的作用效果除与其本身有关之外,还与孕育处理工艺密切相关。通常孕育处理温度越高,孕育衰退越快;在保证孕育剂均匀溶解的前提下,应采用较低的孕育处理温度。孕育剂的粒度也要根据处理温度和具体的处理方法、液态金属的体积等因素来选择。

常用合金的生核剂(孕育剂)见表9-1。

表9-1 常用合金的生核剂(孕育剂)

合 金 种 类	晶粒细化元素	加入量(质量分数)(%)	加 入 方 法
铝、Al-Cu Al-Mn Al-Si	Ti、Zr、Ti+B	Ti:0.15、Zr:0.2 Ti+B:0.01Ti、0.005B	中间合金
过共晶 Al-Si	P	>0.02	Fe-P 或 Al-P 合金

(续)

合金种类	晶粒细化元素	加入量(质量分数)(%)	加入方法
铸铁	Ca、Sr、Ba	通常与 Si-Fe 制成复合生核剂	中间合金
	Si-Fe	01~1.0	中间合金
碳钢及合金钢	V	0.06~0.30	中间合金
	Ti	0.1~0.2	中间合金
	B	0.005~0.01	中间合金
铜合金	Zr、Zr+B	0.02~0.04	纯金属或合金

2. 控制浇注条件

(1) 采用较低的浇注温度。大量试验及生产实践表明，降低浇注温度是减少柱状晶、获得细等轴晶的有效措施之一，尤其是对于高锰钢那样导热性较差的合金而言，其效果更为显著。较低的浇注温度一方面有利于从型壁上脱落的晶粒、枝晶熔断产生的晶粒以及自由表面产生的晶粒雨更多地残存下来，减少被重新熔化的数量；另一方面，由于熔体的过热度小而易于产生较多的游离晶粒。这两个方面均对等轴晶的形成和细化有利。图9.16是一种低温浇注方案的示意图。但是，过低的浇注温度将降低液态金属的流动性，导致浇不足和夹杂等缺陷的产生。特别是，对复杂的异形铸件其危害性更大。因此，应通过试验确定合适的浇注温度。

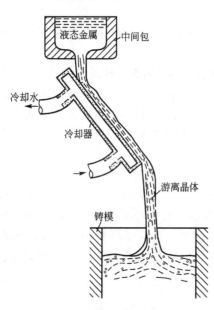

图 9.16 低温浇注装置图

(2) 采用合适的浇注工艺。根据前述的激冷游离晶理论，等轴晶的晶核来源于浇注期间和凝固初期的激冷晶游离。而游离晶体的产生与液态金属的流动密切相关。因此，凡是能够增加液流对型壁的冲刷和促进液态金属内部产生对流的浇注工艺均能扩大并细化等轴晶区，大野笃美根据型壁晶体脱落对形核过程的影响，进行了一系列试验，证明利用浇注时液流对型壁的冲刷作用可以获得细小等轴晶。

图9.17为 Al-Cu 0.2% 合金在铸锭中心单孔顶注时所得的宏观组织。由于液流没有直接冲刷型壁，只有下部出现一些细等轴晶。可见，当采用单孔中间浇注时，由于对型壁冲刷作用较弱，柱状晶发达，等轴晶区较窄且粗大；当液流贴型壁注入时，等轴晶区大为增加(图9.18)；当液流从6个孔贴型壁注入时，铸锭断面上全部是细小等轴晶(图9.19)。可见，液流对型壁的冲刷作用对等轴晶的形成有很大影响。

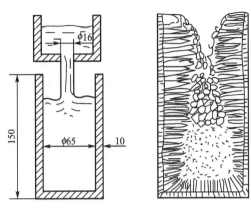 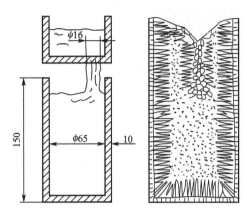

图 9.17 中心单孔浇注 Al-Cu 0.2%
合金的宏观组织(石墨型)

图 9.18 靠近型壁上浇注 Al-Cu 0.2%合金
的宏观组织(石墨型)

(3) 采用悬浮铸造。悬浮铸造法就是在浇注过程中向液态金属中加入一定数量的金属粉末,这些金属粉末像极多的小冷铁均匀地分布于液态金属中,起着显微激冷作用,加速液态金属的冷却,促进等轴晶的形成和细化。它与通常的孕育处理的最大区别就在于金属粉末的加入量较大,一般为2%~4%,约相当于通常孕育剂用量的10倍。因此,其主要作用是显微激冷。但由于金属粉末的选择也需要遵循界面共格对应原则,而在液态金属凝固过程中,即将熔化掉的粉末微粒也起着非金属核心的作用。所以,可以把悬浮铸造法看作是一种特殊的孕育工艺。悬浮铸造示意图如图 9.20 所示。

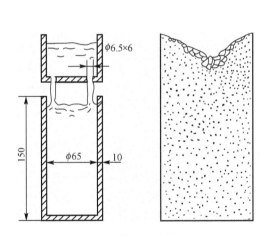 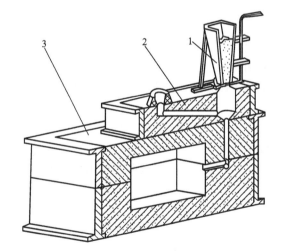

图 9.19 通过 6 个孔靠近型壁上浇注
Al-Cu 0.2%合金的宏观组织(石墨型)

图 9.20 悬浮铸造示意图
1—装金属粉末的供料斗;
2—专用的浇口铸型;3—铸型

3. 铸型的影响和选择

(1) 铸型激冷能力的影响。铸型激冷能力对凝固组织的影响与铸件壁厚和液态金属的导热性有关。对于薄壁铸件而言,激冷可以使整个断面同时产生较大的过冷。铸型蓄热系数越大,整个熔体的生核能力越强。因此,这时采用金属型铸造比采用砂型铸造更易获得细等轴晶的断面组织。

对于铸件较厚或导热性较差的铸件而言,铸型的激冷作用只产生于铸件的表面层。在这种情况下,等轴晶区的形成主要依靠各种形式的晶粒游离。这时,铸型冷却能力的影响是矛盾的。一方面,低蓄热系数的铸型能延缓稳定凝固壳层的形成,有助于凝固初期激冷晶的游离,同时也使内部温度梯度 G_L 变小,凝固区域加宽,从而对增加等轴晶有利;另一方面,它减慢了熔体过热热量的散失,不利于已游离晶粒的残存,从而减少了等轴晶的数量。通常,前者是矛盾的主导因素。因而,在一般生产中,除薄壁铸件外,采用金属型铸造比砂型铸造更易获得柱状晶,特别是高温下浇注更是如此。砂型铸造所形成的等轴晶粒比较粗大。如果存在异质生核与晶粒游离的其他因素,如强生核剂的存在、低的浇注温度、严重的晶粒缩颈以及强烈的熔体对流和搅拌等足以抵消其不利影响,则无论是金属型铸造还是砂型铸造,皆可获得细的等轴晶粒。当然,在相同的情况下,金属型铸造获得的等轴晶粒更为细小。

(2) 液态金属与铸型表面的润湿角。大野笃美的试验表明,液态金属与铸型表面的润湿性好,即接触角 θ 小,在铸型表面易于形成稳定的凝固壳,有利于柱状晶的形成与生长。反之,则有利于等轴晶的形成与细化。

(3) 铸型表面的粗糙度。大野笃美还做了表面粗糙度对柱状晶尺寸和铸锭纵剖面等轴晶面积率的影响实验,结果表明,随着表面粗糙度的提高,柱状晶尺寸减小,等轴晶圆积率提高。

4. 动态晶粒细化

大量试验证实,在铸件凝固过程中,采用振动(机械振动、电磁振动、音频或超声波振动)、搅拌(机械、电磁搅拌或利用气泡搅拌)或旋转等各种方法,均能有效地缩小或消除柱状晶区,细化等轴晶组织。所有方法都涉及某种程度的物理扰动,其区别仅在于产生这种扰动方法的不同,故将此过程统称为动态晶粒细化。扰动使已凝固晶体在外界机械冲击特别是由此而引起的内部流体激烈运动的冲击下发生的脱落、破碎、熔断和增殖等晶粒游离过程可能是细化晶粒最重要的原因。动态晶粒细化的方法很多,仅举数例说明如下。

(1) 振动。利用振动方法细化晶粒并改善铸件质量,近年来国内外都有大量报道。除了可以采取不同的振动源外,还存在着各种不同的振动方法。例如,可以直接振动铸型(图 9.21),也可以在浇注过程中振动浇注槽或浇口杯(图 9.22)。对于小钢锭或形状简单的铸件,还可将振动器直接插入液态金属中进行振动。研究指出,振动频率对晶粒细化一般没有明显的作用,但振幅大小的影响却很大(图 9.23)。此外,为了抑制稳定凝固壳层的形成以阻止柱状晶区的产生,最佳的振动开始时间应在凝固初期。对铸型振动或内部金属直接振动而言,如使振动保持在整个凝固过程中,先游离的晶粒即使熔化,新游离的晶粒仍在不断

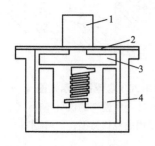

图 9.21 电磁铸型振动平台
1—铸型;2—平台;
3—电枢;4—铁心

产生，故其细化效果受浇注温度的影响较小。对浇注装置的振动，只有当浇注槽或浇口杯四壁形成薄的凝固层从而能源源不断地产生游离晶粒时，才能得到满意的效果。在这种情况下必须认真考虑浇注温度的影响。过高的浇注温度不仅不利于浇口杯中游离晶的形成，即使形成了，也可能在铸型中被重熔，致使振动不起作用。因此，在实践中应当根据不同的振动方法通过试验合理地选用频率、振幅、浇注温度和确定相应的浇注工艺。

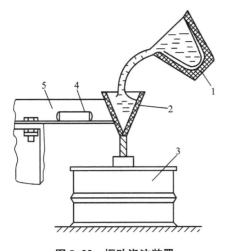

图 9.22 振动浇注装置
1—浇包；2—浇口杯；3—铸型；4—振动器；5—支架

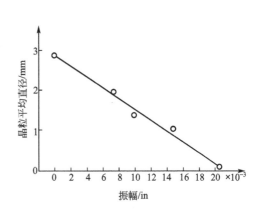

图 9.23 振幅对晶粒尺寸的影响

除了消除柱状晶和细化等轴晶的效果外，振动还有利于加强补缩，减少偏析和排除气体与夹杂，从而使金属性能提高。表 9-2 列举了一些合金经振动凝固试验后的力学性能。

表 9-2 合金经振动凝固试验后的力学性能

合 金	振动频率	强度极限/(MN/m²)	伸长率(%)
ZL301	0 3	95 103	1.55 1.75
ZL105	0 3	116 139	1.3 2.9
铸铁 碳当量为 5.75%	0 50	379 453	2.1 2.8
ZM5	0 220	270 316	14.2 15.8
ZG45	0 220	584 710	15.2 18.8
30ХГСА	0 220	646 673	16.8 21.6

研究表明，采用超声波振动对金属液处理是极其有效的细化晶粒方法。如图9.24所示，超声波振动装置包括超声波发生器，频率20kHz，功率0～600W（可调）；超声波换能器，靠磁致伸缩效应，产生高能超声；变幅杆，超硬铝制成；导入杆，钛合金制成。此外，还有石墨黏土坩埚（ϕ120mm×180mm）、电阻炉、热电偶等辅助装置。

在温度T(700℃)和超声波功率P(100W)相同的情况下，考察超声处理时间t对铝液凝固的影响。对比试样纵剖面，如图9.25所示。比较可以看出未经超声波处理的晶粒粗大，柱状晶明显，而经超声波处理不同时间后，晶粒明显细化，只是细化的程度略有差别。

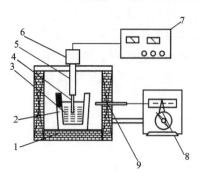

图9.24 超声波试验装置示意图
1—坩埚电阻炉；2—石墨黏土坩埚；
3—工业纯铝；4—超声波探头；
5—变幅杆；6—超声波换能器；
7—超声波发生器；8—控温仪；
9—热电偶

（2）搅拌。大野笃美的试验指出，在凝固初期，给凝固壳尚处于不稳定的部位，即型壁附近的液面以强烈的机械搅拌，可以获得良好的细等轴晶组织。但除了连续铸造过程和铸锭以外，这种机械搅拌方法很难应用于一般异形铸件的凝固过程中。相比之下，电磁搅拌则是一种适用面较广的方法。

(a) 未处理　　　　(b) 处理30s　　　　(b) 处理60s

图9.25 不同处理时间纯铝的凝固组织

把铸型置入类似电动机定子的旋转磁场中，铸型中的液态金属由于不断切割磁力线，将像转子一样地旋转。由于铸型是不动的，凝固层与铸型一起也不参加旋转，因此旋转的液态金属不断冲刷型壁和随后的凝固层，起着一种强烈的搅拌作用，并且可以保持在整个凝固过程中，故具有良好的动态晶粒细化效果。从理论上说，它可以施加于凝固过程的任何阶段，从而可以使铸件的不同部分获得不同的结晶组织。例如，图9.26是在铜型中浇注的纯铝铸锭，外层为激冷层，向内长出柱状晶，一旦加上旋转磁场进行电磁搅拌后，即可获得细小的等轴晶组织。

（3）旋转振荡（Rotation/Oscillation）。当铸型恒速旋转时，浇入铸型的液态金属在铸型的带动下不断加速，最后以与铸型相近的速度转动。由于液体与铸型间的相对运动和液体内部的对流已被大大抑制，故凝固时反易形成柱状晶。但如果周期性地改变铸型的旋转方向和旋转速度，以强化液体与铸型及已凝固层之间的相对运动，则可利用液态金属的惯性力冲刷凝固界面而获得细等轴晶组织,这就是所谓的旋转振荡凝固技术。

目前,它已成功地应用于燃气轮机涡轮的整体铸造中。涡轮四周布满细薄的叶片,中部则为较厚的轮盘。如用普通方法铸造,则薄的叶片部位易形成细等轴晶,不能满足耐热性要求,而厚的轮盘本体则易形成粗大的柱状晶加等轴晶(甚至还有缩松),又不能满足强度和塑性的要求。如果采用旋转振荡技术,先将合金浇入恒速旋转的铸型中,使叶片生长成平行排列的柱状晶,然后使铸型反转 3~4 转再正转 3~4 转,如此反复进行到凝固结束,盘体在正反振荡作用下获得了细密的等轴晶组织,从而使整铸涡轮得到了非常通合其工作条件的理想性能。

5. 等轴晶枝晶间距的控制

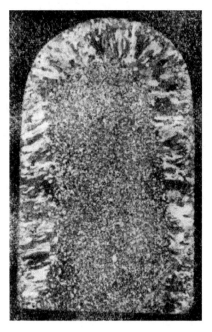

图 9.26　利用旋转磁场控制晶粒组织

对等轴树枝晶来说,每个枝晶的一次分枝彼此相交而沿径向辐射,不同枝晶间没有任何确定的位向关系,故其一次枝晶间距意义不大。一般用另一个与其相当的重要参数——晶粒大小来衡量其作用。其详细情况已如前述。

近年来大量研究发现,等轴晶二次枝晶间距对力学性能的影响比晶粒大小更为明显。有人甚至认为,在保证获得无缩松的致密铸件的前提下,可以通过测量二次枝晶间距预测铸件的力学性能。研究表明,各种因素对等轴晶和柱状晶二次枝晶间距的影响规律相同。这说明二次枝晶间距的大小与晶体的结构形态无关,当然也与等轴晶粒大小没有必然的联系,亦即细的等轴晶粒并不一定意味着会具有小的二次枝晶间距。然而,对此分析表明,促使二次枝晶间距细化的某些因素同样也包含在为获得细等轴晶晶粒组织而采取的某些措施之中。因此这些措施将具有双重效益。它们分别如下。

① 薄壁铸件的快速冷却。

② 具有显微激冷作用的悬浮铸造。

③ 强成分过冷孕育剂和稀土孕育剂的应用。

④ 由于低温浇注有利于加快冷却速度,因而也能在一定程度上细化二次枝晶间距。

合理地运用上述措施,将起到既能细化等轴晶粒,又能细化二次枝晶间距的良好作用,从而有利于铸件性能的进一步提高。

需要指出的是,细化二次枝晶间距所需的高温度梯度 G_L 和小的近平衡结晶温度范围 ΔT_S 原则上对等轴晶的形成是不利的,所以在采取该措施的同时必须辅以促进等轴晶形成的相应措施,方可取得满意的效果。

6. 总结

获得细等轴晶的措施如图 9.27 所示。

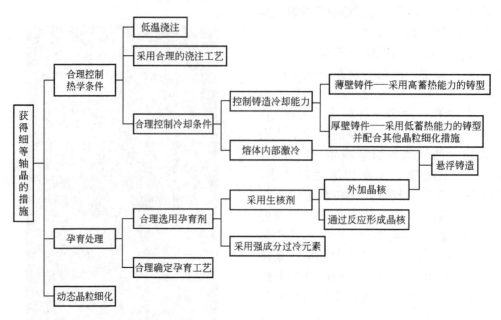

图 9.27 获得细等轴晶的措施

9.2.3 共晶合金铸件凝固组织的控制

至此所讨论的凝固组织控制问题主要是针对单相合金而言的,它原则上也适用于共晶合金凝固组织的控制,但是情况更为复杂。

1. 关于铸件宏观凝固组织控制的几个问题

在共晶合金铸件凝固过程中,共晶团可以通过两种机理形成:其一是从领先相构成的初晶表面上生长;其二是借助于共晶体从型壁上的游离。在一般铸件中总是希望获得细小的共晶团组织,而不希望出现共晶群体结构。这可通过下述两方面措施实现。第一类措施是促使领先相在熔体中大量生核。采用针对领先相的孕育手段,或选择初晶由领先相构成的合金并加速熔体过冷的方法均可达到此目的。第二类措施是用人工方法促使领先相初晶和共晶体的游离。在这方面,各种动态晶粒细化方法都是行之有效的手段。但是,在采取上述措施时必须注意下面几个问题方可获得满意的效果。

(1) 不能因此而粗化共晶体的微观组织。实验证明,很多动态晶粒细化措施虽有助于消除共晶群体而获得细共晶团组织,但由于加强了共生界面前方液体中溶质原子的横向运动,往往导致层片间距增大,从而恶化了铸件性能。

(2) 不能因此而粗化领先相的初晶。特别是当初晶属于脆性相(例如 Fe-C 合金中的初生石墨、Al-Si 合金中的初生 Si 等)时更是如此。

(3) 不应破坏共晶合金的变质效果从而恶化其晶体形貌。

(4) 避免几种措施的相互干扰。例如,孕育和旋转振荡均能细化亚共晶灰铸铁的共晶团并使石墨组织均匀,但二者同时选用时反会促使共晶团的粗化,据认为这是因旋转振荡破坏了孕育作用之故。

(5) 要兼顾到另一初生相的组织形态。例如,奥氏体柱状树枝晶有利于灰铸铁强度的提高,因此在细化共晶团时要尽量不使其受到破坏。

总之,在共晶合金铸件宏观凝固组织的控制中一定要综合考虑,权衡利弊,以求采取的措施能取得最佳效益。

2. 共晶合金的定向凝固

利用定向凝固技术可使非小面-非小面共晶合金的两相平行生长,形成一种层片状或棒状结构的共晶复合材料(Eutectic Composite),从而使性能大幅度地提高。

研究指出,在定向凝固中只要严格保证界面以平面方式生长,以避免各相在界面上因成分过冷而产生分枝,则不但是共晶成分的合金而且还包括一部分非共晶成分的合金也能形成共晶复合组织。弗莱明斯等认为,由于界面前的扩散层比层片间距的一半($\lambda/2$)大得多,如果忽视界面上的横向扩散,则保证非共晶成分合金界面以平面方式生长的条件为

$$\frac{G_L}{v} \geqslant \frac{m_L(C_E - C_0)}{D_L}$$

式中,C_E 为共晶成分。

可见,合金成分 C_0 偏离共晶成分越远,则要求 G_L/v 值越大,因而工艺控制要求就越高。目前,共晶合金的定向凝固技术主要用于铸态复合材料的研制,但受到成本高、生产率低、控制困难等因素的限制。

习 题

1. 铸件典型晶粒组织包括哪几部分?它们是怎样形成的?
2. 为什么在一般情况下希望获得细等轴晶组织?怎样才能获得?为什么有时又希望获得定向生长的柱状晶组织?
3. 试分析溶质再分配对游离晶粒的形成及晶粒细化的影响。
4. 液态金属中的流动是如何产生的?流动对内部等轴晶的形成及细化有何影响?
5. 常用生核剂有哪些种类?其作用条件和机理如何?
6. 试分析影响铸件宏观凝固组织的因素,列举获得细等轴晶的常用方法。
7. 图 9.28 为变更冷铁(甲、乙)与快浇或慢浇,怎样组合可获得更多的等轴晶组织?

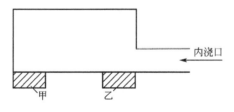

图 9.28 习题 7 图

8. 何谓"孕育衰退"?如何防治?
9. 共晶合金宏观凝固组织的控制与单相合金有什么异同?

第 10 章 定向凝固技术

本章教学要点

知识要点	掌握程度	相关知识
定向凝固的主要技术方法	掌握常用的 4 种定向凝固工艺和特点	发热剂法、功率降低法、快速凝固法、液态金属冷却法
定向凝固的传热特点	(1) 掌握实现定向凝固的热条件 (2) 理解功率降低法的传热特点	(1) 单向散热的实现条件 (2) 临近拉出速率和传热条件的关系
定向凝固的应用	(1) 掌握正常定向凝固条件下单晶的生长规律 (2) 掌握柱状晶的生长条件和特点 (3) 了解连续定向凝固技术	(1) 坩埚移动法和提拉法制作单晶的技术、单晶叶片的生产工艺原理 (2) OCC 法与传统连铸技术的不同

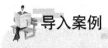 **导入案例**

飞机发动机涡轮叶片

航空制造是制造业中高新技术最集中的领域，属于先进制造技术。航空制造同一般制造相比，共性是主要的，但也有自己的特点：①特殊的要求——强调产品的高性能、高质量。例如，飞机的减重都是以克来计算的，航空产品很重视比强度，即单位重量的强度。现在采用 C-C 材料、高分子、聚合物材料，比强度比钢高得多；②制造工艺的新概念、新技术。对航空制造而言，最大的问题还是技术，只有技术才是产品高性能、高质量的根本。从热加工来看，很多发动机采用单晶空心叶片（图 10.01），从多晶变成单晶，性能提高了好多倍。目前，美国爱立森公司做空心叶片（空心叶片可以耐更高温度），壁做得非常薄，有许多气冷通道，可把使用温度提高七、八百度。这种技术就是高新技术。

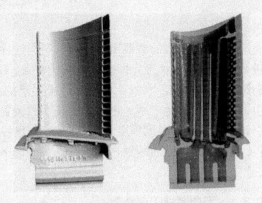

图 10.01 切开的叶片展示里面的冷却设计

飞机发动机叶片的新材料已经发展为第 4 代单晶。开始时用多晶的镍基高温合金，后来制成了定向晶界的多晶叶片，结晶方向与受力方向一致，性能提高很多。目前，制作成了无晶界定向单晶，性能更提高了，制作难度也更大了。

定向凝固又称定向结晶，是在凝固过程中采用强制手段，在凝固金属和未凝固熔体中建立起特定方向的温度梯度，从而使熔体沿着与热流相反的方向凝固，获得具有特定取向柱状晶或单晶的技术。根据前面章节的分析可知，满足上述目的的条件是

首先，要在开始凝固的部位形成稳定的凝固壳。凝固壳的形成阻止了该部位的型壁晶粒游离并为柱状晶提供了生长基础，该条件可通过各种激冷措施达到。

其次，要确保凝固壳中的晶粒按既定方向通过择优生长而发展成平行排列的柱状晶组织。同时，为使柱状晶纵向生长不受限制并且在其组织中不含夹杂和异向晶粒（定向凝固组织中的"斑点"缺陷），固-液界面前方不应存在生核和晶粒游离现象。这个条件可通过下述措施来满足。

（1）严格的单向散热。要使凝固系统始终处于柱状晶生长方向的正温度梯度作用之下，并且要绝对阻止侧向散热以避免界面前方型壁及其附近的生核和长大。

（2）要有足够大的 G_L/v，以便使成分过冷限制在允许的范围以内。同时，要减小熔体的异质生核能力，这样就能避免界面前方的生核现象。提高熔体的纯净度，减少因氧化和吸氧而形成的杂质污染，对已有的有效衬底则通过高温加热或加入其他元素来改变其组成和结构等方法均有助于减小熔体的异质生核能力。

（3）要避免液态金属的对流、搅拌和振动，从而阻止界面前方的晶粒游离。对晶粒密度大于液态金属的合金，避免自然对流的最好方法就是自下而上地进行定向结晶。通过安

置固定磁场的方法阻止其他定向结晶过程中的对流。

以上述条件为基本原理，自20世纪60年代以来发展了定向凝固技术。该技术可使整个铸件都获得定向的柱状晶甚至是单晶组织，并已成功地应用于航空叶片和磁钢的生产。

10.1 定向凝固工艺

定向凝固技术的重要工艺参数：凝固过程中固-液界面前沿液相中的温度梯度 G_L 和固-液界面向前推进速度，即晶体生长速率 v。G_L/v 值是控制晶体长大形态的重要判据。在提高 G_L 的条件下，增加 v 才能获得所要求的晶体形态，细化组织，改善质量，并且提高定向凝固铸件的生产率。定向凝固技术和装置不断改进，其中技术关键之一是致力于提高固-液界面前沿的温度梯度 G_L。目前，G_L 已经从 10~15℃/cm 提高到 100~300℃/cm；工业上应用的定向凝固装置，G_L 也可达到 30~80℃/cm，从而使定向凝固技术更加广泛用于工业生产。

10.1.1 定向凝固工艺参数

1. 温度梯度 G_L

对一定成分的合金来说，从熔体中定向地生长晶体时，必须在固-液界面前沿设立必要的温度梯度，以获得某种晶体形态的定向凝固组织。温度梯度大小直接影响晶体的生长速率和晶体的质量。

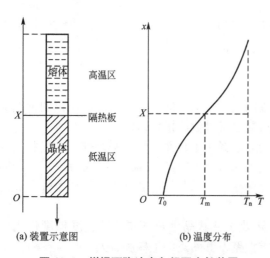

(a) 装置示意图　　(b) 温度分布

图 10.1　坩埚下降法定向凝固生长装置

现以坩埚下降定向凝固法为例，讨论温度梯度的简化模型。其生长装置如图 10.1(a)所示。温度分布如图 10.1(b)所示。坩埚以恒定速度 v 下降，其下降速度与坩埚内的熔体自下而上的凝固速率 v 相同。

若将凝固速率视为热量在一维空间的传热问题，则可用热传导连续方程表示。在热平衡的条件下

$$\lambda_S \left(\frac{dT_S}{dx}\right)_{x=X} = \lambda_L \left(\frac{dT_L}{dx}\right)_{x=X} + \rho_m L \frac{dx}{d\tau}$$

$$\lambda_S G_S = \lambda_L G_L + \rho_m L v$$

设坩埚在 x 方向是等截面，凝固速率 $v = \dfrac{dx}{d\tau}$，生长单位质量的晶体所放出的结晶潜热为 L，在熔点附件熔体的密度为 ρ_m；λ_S、λ_L 分别为晶体和熔体的导热率；G_S 为固相温度梯度。

$$G_L = \frac{\lambda_S G_S}{\lambda_L} - \frac{\rho_m L v}{\lambda_L}$$

设 λ_S、λ_L 是常数，那么在凝固速率一定时，G_L 和 G_S 成正比；通过增大 G_S 来增强固相的散热强度，这是实际应用中获得大的 G_L 的重要途径。但是，应该注意到，固相散热强度增大，在有利于提高 G_L 的同时，也会使凝固速率 v 增大。因此，为了提高 G_L，常常用提高固-液界面前沿熔体的温度来达到。定向凝固装置在凝固界面附近加上辐射板正是为此目的。

当 G_L 大时，有利于抑制成分过冷，从而提高晶体的质量。但是，并不是温度梯度 G_L 越大越好，特别是制备单晶时，熔体温度过高，会导致液相剧烈地挥发、分解和受到污染，从而影响晶体的质量。固相温度梯度 G_S 过大，会使生长着的晶体产生大的内应力，甚至使晶体开裂。

2. 凝固速率 v

当采用功率降低法时，定向凝固的铸件在凝固时所释放的热量，只靠水冷结晶器导出；随着凝固界面的推移，结晶器的冷却效果越来越小，温度梯度也逐渐减小，因而凝固速率不断减缓。快速凝固法，凝固速率实际上取决于铸型或炉体的移动速率。通常将固-液界面稳定在辐射板附近，使之达到一定的 G_L/v 值，保证晶体稳定生长。利用这种方法，可使铸件在拉出初期，热量主要靠传导传热，通过结晶器导出。随着铸件不断拉出，铸件向周围辐射传热逐渐增加。当半径为 r 的圆柱铸件拉出 dx 距离时，通过横截面的热流应与 dx 体元侧面的的辐射热损失 q_R 相等，其热量平衡方程为

$$q_{-x} - q_{-(x+dx)} = q_R$$

或

$$\pi r^2 \lambda_S \left(\frac{dT_S}{dx}\right)_{-x} - \pi r^2 \lambda_S \left(\frac{dT_S}{dx}\right)_{-(x+dx)} = 2\pi r \sigma \varepsilon (T^4 - T_0^4) dx$$

简化得

$$\frac{d^2 T_S}{dx^2} = \frac{2\sigma\varepsilon}{\lambda_S r}(T^4 - T_0^4) \tag{10-1}$$

式中，σ 为斯蒂芬-波尔兹曼系数；ε 为辐射系数。

在稳态生长时，$\frac{dT}{d\tau}=0$。在界面处有

$$\alpha \frac{d^2 T_S}{dx^2} - V \frac{dT_S}{dx} = 0 \tag{10-2}$$

式中，$\alpha = \frac{\lambda_S}{\rho_S c_p}$ 为晶体的热扩散率，V 为拉出速度。

因此，有

$$\left(\frac{dT_S}{dx}\right)_{x=X} = \frac{2\sigma\alpha\varepsilon}{V\lambda_S r}(T_m^4 - T_0^4) = G_S \tag{10-3}$$

$$G_L = \frac{1}{\lambda_L}\left[\lambda_S \left(\frac{dT_S}{dx}\right)_{x=X} - \rho_m L V\right] \tag{10-4}$$

显然，采用快速凝固法时，G_L 受到铸件拉出速度、热辐射条件和铸件径向尺寸的影响。在稳定态生长条件下，铸件拉出的临界速率 V_{CT} 主要受到铸件辐射传热的特性的影响，其关

系式如下。

设式(10-4)中 $G_L=0$ 为临界条件，则

$$V_{CT}=\frac{2\sigma\alpha\varepsilon}{r\rho_m L}(T_m^4-T_0^4)^{\frac{1}{2}} \qquad (10-5)$$

在小于临界拉出速率时，凝固速率 v 及与拉出速率 V 基本一致，固-液界面稳定在辐射挡板附近。

10.1.2 定向凝固的方法

1. 发热剂法

如图 10.2 所示，将铸型置于绝热耐火材料箱中，底部安放水冷结晶器。型壳中浇入金属液后，在型壳上部盖以发热剂，使金属液处于高温，建立了自下而上的凝固条件。由于无法调节凝固速率和温度梯度，因此只能制备小的柱状晶铸件，这种方法多用于磁钢生产。

2. 功率降低法（PD 法）

如图 10.3 所示，铸型加热感应圈分两段，铸件在凝固过程中不移动。当模壳被预热到一定过热温度时，向模壳内浇入过热合金液，切断下部电源。上部继续加热，G_L 随着凝固的距离增大而不断减小。G_L、v 值都不能人为地控制。

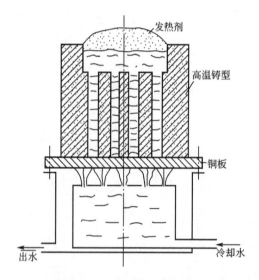

图 10.2 发热剂定向凝固装置图

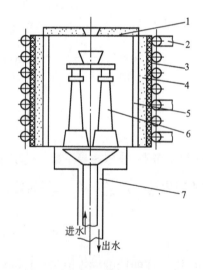

图 10.3 PD 法定向凝固装置
1—保温盖；2—感应圈；3—玻璃布；4—保温层；
5—石墨套；6—模壳；7—结晶器

3. 快速凝固法（HRS 法）

如图 10.4 所示，HRS 法与 PD 法的主要区别如下：铸型加热器始终加热，在凝固时，铸件与加热器之间产生相对移动。另外，在热区底部使用辐射挡板和水冷套。在挡板附近产生较大的温度梯度 G_L、G_S。这种方法与 PD 法相比可以大大缩小凝固前沿两相区，局部

冷却速度增大，有利于细化组织，提高力学性能。

4. 液态金属冷却法（LMC 法）

液态金属冷却法（LMC 法）是 1974 年出现的一种定向凝固方法，如图 10.5 所示，其工艺过程与 HRS 法基本相同。当合金液浇入型壳后，按选择的速度将壳型拉出炉体，浸入金属浴，金属浴的水平面保持在凝固的固-液界面近处，并使其保持在一定温度范围内。液态金属作为冷却剂应满足以下要求。

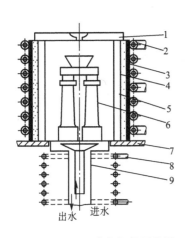

图 10.4　HRC 法定向凝固装置

1—保温盖；2—感应圈；3—玻璃布；
4—保温层；5—石墨套；6—模壳；
7—挡板；8—冷却圈；9—结晶器

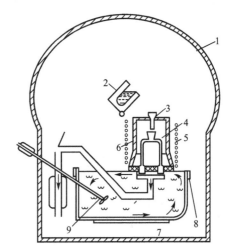

图 10.5　LMC 法定向凝固装置

1—真空室；2—熔炼坩埚；3—浇口杯；
4—炉子的热区；5—挡板；6—模壳；
7—锡浴加热器；8—冷热罩；9—搅拌器

（1）熔点低，有良好的热学性能。
（2）不溶于合金中。
（3）在高真空条件下（$133.3 \times (10^{-5} \sim 10^{-4})$Pa）蒸汽压低，可在真空条件下使用。
（4）价格便宜。

目前，使用的金属浴有锡液、镓铟合金、铝铟锡合金等。镓、铟价格过于昂贵，在工业生产中难以采用。因此，至今锡液应用得较多，其熔点 232℃，沸点 2267℃，有理想的热学性能，只是锡对高温合金是有害元素，操作不善使锡污染了合金，将会严重恶化其性能。

LMC 法用锡作冷却剂，G_L 可达 200℃/cm，但 LMC 法设备复杂，操作麻烦，因此在工业上未广泛应用。

10.2　单　晶　生　长

定向晶体生长的研究内容之一是制备成分准确，尽可能无杂质、无缺陷（包括晶体缺陷）的单晶体。单晶不仅是人们认识固体的基础，而且对单晶的研究，使人们发现了许多金属新的性质。铁、钛、铬都是软金属，而单晶体力学强度要比同物质的多晶体高出许多倍。研究晶体结构、各向异性、超导性、核磁共振等都需要完整的单晶体。在工业上，半导体技术的发展，实际上很大程度取决于单晶生长研究的进展。从锗单晶向硅单晶的过渡，大大提高了半导体器件的性能，这一过渡正是由于人们掌握了反应性较强、熔点较高的硅晶生长的技术。大面积、高度完整性的硅单晶是解决大面积集成电路在密度和效率方面的关键。

20 世纪 60 年代开始，美国普拉特·惠特尼（Pratt&Whitney）公司用单定向凝固高温合金制造航空发动机单晶涡轮叶片，与定向柱状晶相比，在使用温度、抗热疲劳强度、蠕变强度和抗热腐蚀性等方面都具有更为良好的性能。

10.2.1 单晶生长的特点

定向凝固是制备单晶体的最有效的方法。为了得到高质量的单晶体，首先要在金属熔体中形成一个单晶核，可以引入籽晶或自发形核；然后，在晶核和熔体界面上不断生长出单晶体。单晶在生长过程中要绝对避免固-液界面不稳定而长出胞状晶或柱状晶，因而固-液界面前沿不允许有温度过冷和成分过冷。固-液界面前沿的熔体应处于过热状态，结晶过程的潜热只能通过生长着的晶体导出。定向凝固满足上述热传输的要求，恰当地控制固-液界面前沿熔体的温度和晶体生长速率，是可以得到高质量的单晶体的。

单晶体从液相中生长出来，按其成分和晶体特征，可以分为 3 种。

(1) 晶体和熔体成分相同。纯元素和化合物属于这一种，由于是单元系，在生长过程中晶体和熔体的成分均保持恒定，熔点不变。如硅、锗、三氧化二铝等容易得到高质量的单晶体，生长速率也允许较快。

(2) 晶体和熔体成分不同。为了改善半导体器件单晶材料的电学性质，如导电类型、电阻率，少数载流子寿命等，通常要在单晶中掺入一定浓度的杂质。掺杂元素或化合物使这类材料实际上变为二元或多元系。这类材料要得到均匀成分的单晶就困难得多，而在生长着的固-液界面上会出现溶质再分配。熔体中溶质的扩散和对流传输过程对晶体中杂质的分布有重要作用。另外，蒸发效应也将使熔体或晶体杂质含量偏离需要成分。

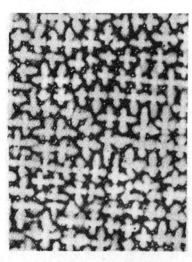

图 10.6　高温合金铸造单晶组织的横截面照片

(3) 有第二相或出现共晶的晶体。高温合金的铸造单晶组织不同于纯元素的单晶组织，如 Ni 基高温合金单晶铸态组织不仅含有大量基体 γ 相和沉淀析出的 γ' 强化相，还有共晶析出于枝晶干间，如图 10.6 所示。整个零件由一个晶粒组成，晶粒内有若干柱状枝晶，枝晶是"十"字形花瓣状，枝晶干均匀，二次枝晶干互相平行，具有相同的取向。纵截面上是互相平行排列的一次枝干，这些枝干同属一个晶体，不存在晶界。严格说，这是一种"准单晶"组织，与晶体学上严格的单晶是不同的。由于是柱状晶单晶，在凝固过程中会产生成分偏析、显微疏松及柱状晶间小角度取向差（2°~3°）等，这些都会不同程度地损害晶体的完整性。但是，单晶体内的缺陷比多晶粒柱状晶界对力学性能的影响要小很多。单晶材料经恰当的固溶处理之后，可以得到优良的力学性能。

10.2.2 单晶生长的方法

根据熔区的特点，单晶生长的方法可以分为正常凝固法和区熔法，本书只讨论正常凝固法。正常凝固法制备单晶，最常用的有坩埚移动、炉体移动及晶体提拉等定向凝固方法。

1. 坩埚移动或炉体移动定向凝固法

这类方法的基本原理在第1节中已经讨论了，其凝固过程都是由坩埚的一端开始，坩埚可以垂直放置在炉内，熔体自下而上凝固或自上而下凝固，如图10.7(a)所示，也可以水平放置，如图10.7(b)所示。最常用的是将尖底坩埚垂直沿炉体逐渐下降，单晶体从尖底部位缓慢向上生长；也可以将"籽晶"放在坩埚底部，当坩埚向下移动时，"籽晶"处开始结晶，随着固-液界面移动，单晶不断长大。这类方法的主要缺点是晶体和坩埚壁接触，容易产生应力或寄生成核，因此在生产高完整性的单晶时，很少采用。

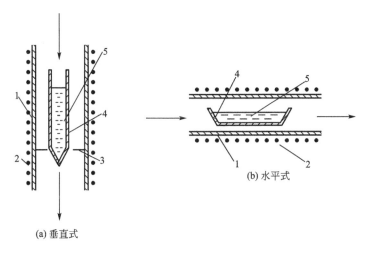

图10.7 坩埚移动定向凝固示意图
1—炉管；2—炉丝；3—挡板；4—坩埚；5—熔体

异型高温合金单晶铸件大都是采用垂直坩埚移动定向凝固法获得的，图10.8是铸造定向凝固单晶叶片装置。

合金液浇入熔模壳型后，在结晶表面不可避免地会形成细晶粒区。然后，在相互竞争中，择优生长出一批柱状晶。生产单晶铸件的关键是利用柱状晶生长过程中的竞争和淘汰，最终在铸件本体中保留一个柱状晶粒。为加速选晶过程，可以在铸件本体下部，靠近水冷结晶处安置一个"空腔"，作为柱状晶竞争生长的场地，这种方法称为"自生籽晶法"。这种方法与所谓"植入籽晶"法相比，不需要预先制备籽晶，使工艺比较简单。因此，这种选晶法在国内外单晶叶片生产时广泛被采用。

"自生籽晶法"如图10.9所示。在铸件本体下部设置一个空腔，称为"晶粒选择器"。合金液浇入模壳后，激冷结晶器表面形成等轴晶，在定向凝固的条件下，经过一定高度的择优生长，得到一束接近[001]取向的柱晶，再经过一定长度的通道，将其余晶粒全部抑制，只有一个柱晶晶粒长入铸件本体。上述选晶过程全部在"晶粒选择器"中完成。

"晶粒选择器"由起始段和选晶段组成。"起始段"纵剖面为矩形截面,紧靠结晶器。晶粒生长分为3个阶段。

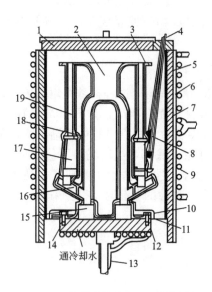

图10.8 单晶叶片定向凝固装置图
1—模盖;2—浇口;3—熔模模壳;4—热电偶;5—套筒;
6—石墨毡;7—石墨感应套;8—氧化铝套管;9—感应圈;
10—氧化铝水泥;11—模子凸缘;12—螺栓;13—支持轴;
14—水冷铜板;15—开始结晶器;16—双转折收缩;
17—叶片;18—下浇道;19—补充冒口

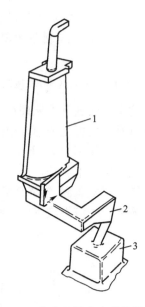

图10.9 自生籽晶法生成单晶叶片
1—铸件;2—选晶段;3—起始段

(1) 水冷结晶器表面形成等轴晶。

(2) 晶体沿热流相反方向生长为柱状晶,柱状晶位向差异,造成各取向柱状晶生长速率不同。以面心立方晶体为例,先是[111]取向的晶粒落后,继而是[011]取向的晶粒逐渐落后,最后是[001]取向的柱状晶处于领先地位。

(3) 靠起始段上部,柱状晶生长比较稳定,竞争程度缓和,大多数柱晶的取向偏离度比较小。

试验表明,第一阶段高度1~2mm,第二阶段5~20mm,整个起始段的高度要保证第三阶段高度足以使90%以上的[001]柱晶取向偏离度小于10°。通常,以大于25mm为宜。表10-1的试验结果为起始段高度与柱状晶取向偏离度的关系。

表10-1 起始段高度与柱状晶取向偏离度的关系

起始段高度/mm	10	20	25	30
总晶粒数/个	255	210	179	158
≤10°晶粒个数/个	204	1.87	166	143
所占百分数(%)	80	89.5	92.7	94.5

此外,起始段高度还与合金种类有关。一般认为合金溶质浓度加大,柱状晶倾向减

小，起始段高度相应增加。

在起始段上部设置选晶段。选晶段的形状与尺寸不仅与选晶效果有关，而且也影响到单晶铸件的生产率。各种选晶段都是起始段柱状晶生长的延伸，进入选晶段的柱状晶通过多次接近直角拐弯，淘汰了一批柱状晶，最后仅允许一个柱状晶晶粒长入铸件本体。选晶段如图 10.10 所示。第一个拐弯使 y 轴方向具有选晶作用，第二、三个拐弯使 z、x 轴方向具有选晶作用。通过 x、y、z 这 3 个方向选晶，从而确保一个柱状晶顺利进入铸件。圆截面螺旋选晶段完全满足上述要求，与其他选晶段的形状相比，其有效选晶通道最长。同时，圆截面避免了矩形截面在拐角处形核的可能性。圆截面直径 3~6mm，螺旋 1~2 圈为好。

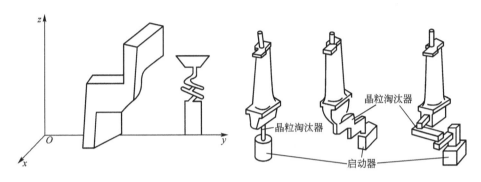

图 10.10　选晶段及各种不同选晶器结构

2. 晶体提拉法及质量控制

（1）工艺方法。晶体提拉或丘克拉斯基技术（Czochralski）是一种常用的晶体生长方法，它能在较短时间里生长出大而无位错的晶体。晶体提拔法如图 10.11 所示。首先，将欲生长的材料放在坩埚里熔化，再将籽晶插入熔体中，在适中的温度下，籽晶既不熔掉，也不长大；然后，缓慢向上提拉和转动晶杆。旋转一方面是为了获得好的晶体热对称性，另一方面也搅拌熔体。用这种方法生长高质量的晶体，要求提拉和旋转速度平稳，熔体温度控制精确。单晶体的直径取决于熔体温度和拉速度，减少功率和降低拉速，晶体直径增加，反之直径减小。

提拉法的主要优点如下。

① 在生长过程中，可以方便地观察晶体的生长状况。

② 晶体在熔体的自由表面处生长，而不与坩埚接触，显著减少晶体的应力，并防止坩埚壁上产生寄生晶核。

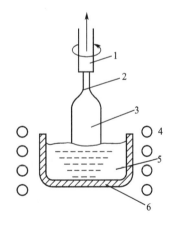

图 10.11　晶体提拉示意图
1—提拉杆；2—籽晶；3—晶体；
4—感应圈；5—熔体；6—坩埚

③ 可以较快速地生长具有低位错密度位错和高完整性单晶，而且晶体直径可以控制。

（2）晶体的质量控制。单晶中的晶体缺陷对晶体性能有显著的影响。晶体中可能出现的缺陷是空位、置换或间隙杂质原子、位错、小角度晶界、孪生、生长层、气泡、胞状组织、包裹物、裂隙等。这些缺陷通常能够吸收、反射、折射或散射晶体内部产生的或者由外部输入的磁、光、声和电能，从而损害了晶体性能。晶体缺陷与晶体的生长条件密切相关，只有在最佳的生长条件下，才能生长出高度完整的单晶体。

单晶炉膛内温度场决定了固-液界面的形状，而控制固-液界面形状是取得晶体完整性的主要关键技术之一。晶体中、熔体中以及固-液界面前沿的温度梯度和温度分布的稳定性都需要严格加以控制，否则不仅会使晶体生长速率出现波动，而且也可能引起界面形状变化。

当晶体生长时，要将生长速率限制在一定的临界值内，即单晶提拉速率受到材料性质和生长参数的约束，主要是受到界面稳定性的临界条件的影响。

对纯材料，有

$$v_{\max} = \frac{\lambda_S}{\rho_L}\left(\frac{\partial T_S}{\partial x}\right) \quad (10-6)$$

对掺杂材料，有

$$v_{\max} = \frac{D_L\left[k_0 - (1-k_0)\exp\left(-\frac{v}{D_L}\delta N\right)\right]}{-m_L \overline{C}_L(1-k_0)}\left(\frac{\partial T_L}{\partial x}\right) \quad (10-7)$$

根据以上两式可以得出，导热系数高的晶体材料，可以采用较大的生长速率，对同一材料，掺杂后在较大的生长速率下将会出现成分过冷，从而破坏了单晶生长的条件。欲增大生长速率，主要依靠提高固-液界面前沿的温度来实现。但是，高的 $\partial T_L/\partial x$ 值意味着晶体与生长环境之间有较强的热量传输，即晶体中将有较大的温度梯度，甚至出现弯曲的等温面，这将会引起大的热应力和较高的位错密度，可能会使晶体开裂。

在提拉法中，晶体是以一定速率转动的，晶体转动的直接作用是搅拌熔体，并产生强制对流。转动晶体增加温度场的径向对称性，有利于熔体中溶质混合均匀；晶体旋转还改变了熔体中的温度场，因而可以控制固-液界面的形状。图 10.12(a)是晶体不转动时的温度分布图，图 10.12(b)是晶体转动时的温度分布。由于晶体转动，削弱了自然对流，在界面上出现了向上运动的液流，从而使等温面向上推移，界面形状出现了相应的变化。对界面稳定性的影响将因转动速度、晶体直径、熔体黏度、熔池深度等参数而改变。熔体自然对流倾向于使界面凸向熔体，而晶体旋转产生的强制对流则倾向于使界面凹进晶体，在强制对流足以压倒自然对流时，凸界面将变为平界面。不仅提高转速可以使界面拉平，而且增大晶体半径也可以拉平界面，如图 10.13 所示。当固-液界面的形状为平界面时，有利于保证晶体质量。但是，提拉生长的晶体往往有弯曲的

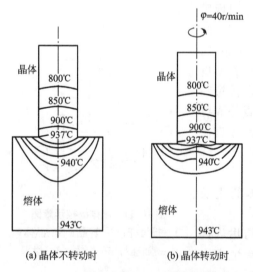

图 10.12 转动对提拉晶体温度场的影响

固-液界面（即凸面或凹面）。弯曲的生长界面上可能会因产生应变而出现位错。生长中的晶体，不仅有轴向的温度梯度，而且会有径向的温度梯度。温度梯度的存在将使晶体产生

应变。轴向温度梯度所产生的应变大于晶体在某温度下的破裂应变 ε_b 时，晶体就会开裂，最大轴向温度梯度为

$$\left(\frac{\partial T}{\partial x}\right)_{\max}=\frac{4\varepsilon_b}{\alpha R^{\frac{3}{2}}}\left(\frac{1}{h}\right)^{\frac{1}{2}}\left(1-\frac{1}{2}hR\right)$$
(10-8)

式中，α 为热膨胀系数；R 为晶体半径；$h=\dfrac{\varepsilon}{\lambda_S}$ 为热交换系数，其中 ε 为晶体温度高于环境温度 1℃时，晶体单位面积的热耗率，λ_S 为固相导热率。

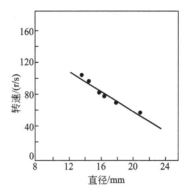

图 10.13 界面由凸变平直时直径与转速的关系

为了防止晶体开裂，必须减小轴向温度梯度，而且晶体半径越大，允许的轴向温度梯度就越小。如有径向温度梯度，必将出现弯曲的等温面，其所产生的最大应变超过晶体的最大弹性应变 ε_e 时，晶体产生屈服，同时出现位错以释放应变能。

原材料的纯度是获得高完整性单晶的重要前提，生长环境也可能污染熔体，如果杂质的溶质分配系数小，则杂质将富集于界面，一旦其浓度达到过饱和状态，杂质将在界面上成核、长大，并以包裹物形式进入晶体，这些包裹物不仅是光散射的中心，而且也会诱发位错。生长环境中的气体作为杂质，溶解在熔体中，会形成气泡。降低晶体的提拉速率，有助于消除这类包裹物。另外，杂质的存在也会增加界面不稳定性。

掺杂的单晶，当晶体生长时，熔体的温度若出现温度起伏，将引起晶体的生长速率的起伏，由于不同生长速率影响到有效溶质分配系数 k_E，于是在晶体中将产生溶质浓度起伏。这样，在晶体生长过程中容易出现轴向，甚至径向成分不均匀性，这种宏观缺陷称为生长层(条纹)。产生生长层的原因还可能由于熔体中不稳定对流引起溶质边界层 δ 瞬时变化，δ 和生长速率一样会影响 k_E 值。生长层的存在破坏了晶体各种物理性能均匀性，因此必须采取工艺手段抑制生长层的产生，温度波动造成的瞬时生长速率的起伏还会使晶体中产生位错。

若籽晶质量不好，则继承性缺陷、位错、晶界等会引入晶体，因此必须使用适当取向的高度完整的籽晶，以及合适的下种和引晶工艺，才能在较快的提拉速度下获得高质量晶体。

10.3 柱状晶的生长

柱状晶包括柱状树枝晶和胞状柱晶。通常采用定向凝固工艺，使晶体有控制地向着与热流方向相反的方向生长。使晶体取向为特定位向，并且大部分柱状晶贯穿整个铸件。这种柱状晶组织大量用于高温合金和磁性合金的铸件上。

定向凝固柱状晶铸件与用普通铸造方法得到的铸件相比，前者可以减少偏折、疏松等，而且形成了取向平行于主应力轴的晶粒，基本上消除了垂直应力轴的横向晶界，使高温合金的高温强度、蠕变和持久特性、热疲劳性能有大幅度的改善，使航空发动机叶片的力学性能有了新的飞跃。另外，对面心立方晶体的磁性材料，如铁等，当铸态柱状晶沿

<001>晶向取向时，因与磁化方向一致，而大大改善其磁性。

10.3.1 柱状晶生长的条件和特点

获得定向凝固柱状晶的基本条件是在合金凝固时，热流方向必须是定向的。在固-液界前沿应有足够高的温度梯度，避免在凝固界面前沿出现成分过冷或异质核心，使柱状晶横向生长受到限制。另外，还应该保证单向散热，绝对避免侧面型壁生核长大，长出横向新晶体。因此，要尽量抑制液态合金的形核能力。提高液态合金的纯洁度，减少氧化、吸气形成的杂质的污染是用来抑制形核能力的有效措施。但是，对于某些合金系，常规化学组成中含有很多杂质，以致即使采用高的 G_L/v 比值，都不足以使液体合金的形核得到抑制。所以，欲获得柱状晶生长，首先要从液态合金中除掉能够形核的粒子。除净化合金液外，还可以通过添加适当的元素或添加物，使形核剂失效，如 Co 和 Ti 合金，用控制热流法不足以消除等轴晶的生长，若添加 S 和 Se，则可大大提高柱状晶的数量。又如，在 Co 基磁性合金中加入 0.1% 的 S(占合金重)，可以提高柱状晶的倾向，磁性特性提高了 49%；再如，加入少量的于 Fe-Co-Ti 合金中，能使氧化物和氮化物减少，促进了柱状晶生长。

晶体长大的速度与晶向有关，如立方晶系的金属，[001] 为晶体长大的优先方向，其次是 [011] 晶向，而 [111] 晶向的晶体长大速度最慢。因而，在定向凝固时那些 [001] 取向的晶体若与轴向温度梯度一致，则其长大速度最快。在具有一定拉出速度的铸型中形成的温度梯度场内，各取向晶体择优生长，在生长过程中抑制了大部分晶体的生长，保留了与热流方向大体平行的单一取向的柱状晶继续生长，有的直至铸件顶部。

在柱状晶生长过程中，只有在高的 G_L/v 值条件下，柱状晶的实际生长方向和柱状晶的理论生长方向才越接近，否则晶体生长会偏离轴向排列方向。这种偏离程度称为取向分散度或发散度，可以用柱状晶生长方向和轴向之间的夹角表示。测定晶体取向最有效的方法是 X 射线衍射法。当晶体生长速度与铸型拉出速度一致时，铸型中横向热辐射造成的热损失不致形成大的横向温度梯度，该条件下形成的柱状晶取向偏离度最小。当拉出速度大于晶体生长速度时，由于铸型热辐射造成的热损失增大，致使横向温度梯度变大，造成凝固界面严重凹陷，出现柱状晶倾斜现象，因而柱状晶取向分散度随之升高。同时，由于铸型移出速度太快，促使柱状晶生长不稳定，铸件底部柱状晶晶粒比较细，而上部柱状晶数量少而发散，甚至会出现横向柱状晶。采用高速凝固法定向凝固可以保证柱状晶的取向分散度较小。柱状晶材料适用于特定的受力条件，当主应力方向与柱状晶生长方向一致时，才能最大限度地显示柱状晶力学性能上的优越性。随着柱状晶生长方向偏离主应力轴，其力学性能，特别是高温力学性能将急剧下降。取向分散度达到 15°～20°时，性能会降到最低水平。因而，在生产涡轮叶片时，规定取向分散度不得超过 15°，甚至 10°。镍基高温合金定向凝固柱状晶的纵横截面低倍组织如图 10.14 所示。经 X 射线结构分析确定，柱状晶的生长方向是 [001] 晶向，宏观上消除了

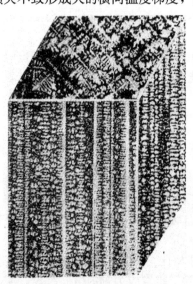

图 10.14　镍基高温合金定向凝固柱状晶纵横截面低倍组织

与应力轴垂直的横向晶界。衡量柱状晶组织的标志，除取向分散度外，还有枝晶臂间距和晶粒大小。随着晶粒和枝晶臂间距变小，力学性能提高。采用功率降低法时，晶粒直径与距激冷板距离的关系如图 10.15 所示，枝晶臂间距与至激冷板距离的关系如图 10.16 所示。随着至激冷板距离的增加，晶粒直径迅速增加；枝晶臂间距与至激冷板的距离呈直线关系。由于固-液界面上移后，热传导作用越来越小，使温度梯度急剧降低，因此沿轴向柱状晶晶粒变得粗大，柱状晶取向分散度逐渐变大，第二相偏析也加重。所以，当功率降低法生产高质量柱状晶铸件时，铸件高度受到限制。而当采用高速凝固法生产铸件时，随着固-液界面的推移，热辐射作用逐渐取代了热传导，使整个铸件凝固时保持稳定的、高的温度梯度，使晶粒粗化倾向得到抑制；二次臂间距细化，枝晶偏析程度下降，并改善了柱状晶取向分散度，不会出现断晶等现象，有利于提高持久性能、横向性能，可以生产高度为 250mm 的铸件。

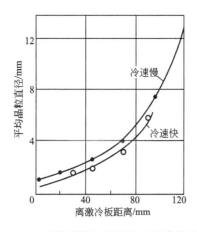
图 10.15　晶粒直径与距激冷板距离的关系

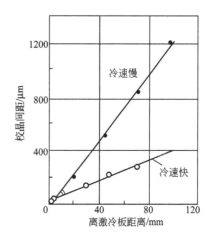
图 10.16　枝晶臂间距与至激冷板距离的关系

G_L/v 值决定着合金凝固时组织的形貌，G_L/v 值又影响着各组成相的尺寸大小。由于 G_L 在很大程度上受到设备条件的限制，因此凝固速度 v 就成为控制柱状晶组织的主要参数。

10.3.2　柱状晶的力学性能

定向凝固柱状晶多用于高温合金，因此这里主要以高温合金涡轮叶片为对象来介绍其力学性能。由一个柱状晶构成的铸件称为单晶或准单晶铸件。由于它不存在晶界，没有晶界强化元素，因而具有良好的持久寿命，低的蠕变速度和好的热疲劳性能，并且由于产生偏析的晶界被排除，从而使抗氧化、抗热腐蚀性能大大提高。单晶铸件用于航空涡轮发动机热端零件，在性能上无疑是优于柱状晶和用普通铸造方法得到的铸件。

3 种铸造镍基高温合金 Mar－M200 的拉伸性能如图 10.17 所示。由图 10.17 可以看出，单晶的拉伸塑性在所有温度下都比较优越；柱状晶的瞬时拉伸强度随着温度升高而提高，在 760℃附近达最高值，超过 800℃时，迅速降低，在 760℃附近柱状晶拉伸强度比等轴晶高出 100MPa，在 760℃附近出现拉伸塑性的最低值。镍基高温合金中温低塑性是由其内部组织结构所决定的。

蠕变和持久性能是衡量高温合金材料性能的重要指标。在这方面，柱状晶和单晶组织

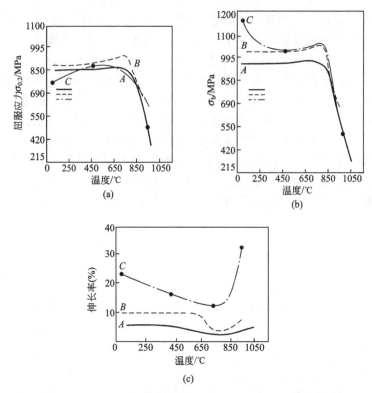

图 10.17 单晶、柱状晶、等轴晶 Mar‐M200 的拉伸性能
A—普通铸造；B—柱状晶；C—单晶

显示了突出的优越性。由表 10-1 所列举的单晶、柱状晶和等轴晶 Mar‐M200 合金的蠕变和持久性能可以看出，单晶材料的高温蠕变速度和高温持久断裂寿命大大优于柱状晶和等轴晶材料。图 10.18 是单晶、柱状晶和等轴晶高温蠕变特征曲线，试验温度 980℃，工作应力 205MPa，这一特征对于涡轮热端转动部件尤为重要，它预示着零件是否即将破坏，有利于杜绝发生突然断裂事故。优良的热疲劳性能是定向凝固柱状晶和单晶的特性。试验是在 20～1000℃、周期加热每分钟两次、加力 80MPa 的条件下进行的。试验结果表明，柱状晶比等轴晶抗热疲劳性能提高 5 倍，其热疲劳裂纹扩展速度相当缓慢，如图 10.19 所

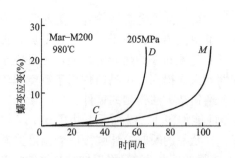

图 10.18 单晶、柱状晶、等轴晶的高温蠕变特征曲线
C—等轴晶；D—柱状晶；M—单晶

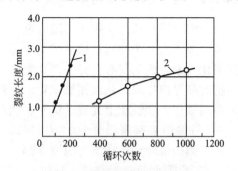

图 10.19 普通铸造和定向凝固涡轮叶片热疲劳性能对比
1—普通铸造；2—定向凝固

示。柱状晶热疲劳裂纹的特点如下：首先，裂纹源在枝晶间，裂纹要向前扩展必须反复不断穿过阻力较大的互相平行的枝晶区，因而扩展速度缓慢；其次，定向凝固柱状晶或单晶在<001>取向上的弹性模量低，这也是热疲劳性能高的原因。弹性模量低，提高了循环热应力的抗力，定向凝固柱状晶比同一合金等轴晶的弹性模量低1/3以上。

表 10-2 单晶、柱状晶、等轴晶 Mar-M200 的蠕变和持久性能

	1018K, 700N/mm²			1133K, 650N/mm²			1243K, 210N/mm²		
	断裂寿命/h	伸长率(%)	最小蠕变速率/[mm/(mm·h)]	断裂寿命/h	伸长率(%)	最小蠕变速率/[mm/(mm·h)]	断裂寿命/h	伸长率(%)	最小蠕变速率/[mm/(mm·h)]
等轴晶	4.9	0.45	70.0×10^{-5}	245.9	2.2	3.4×10^{-5}	35.6	26	23.8×10^{-5}
柱状晶	366	12.6	14.5×10^{-5}	280.0	3.5	7.7×10^{-5}	67.0	23.6	25.6×10^{-5}
单晶	1914	14.5	2.2×10^{-5}	848.0	18.1	1.4×10^{-5}	107.0	23.6	16.1×10^{-5}

10.4 连续定向凝固技术

在连续铸造和定向凝固的基础上，发展了一种连续定向凝固新技术。最具有代表性的就是大野笃美的OCC连续铸造法。该技术与一般的连续铸造的根本区别是利用加热铸型型壁的高温以阻止晶核在型壁处形成。这样，通过端部散热使溶液在铸锭心部先凝固，而表层在脱离铸型的一瞬间才凝固，从而获得具有定向凝固组织的连续铸锭（图10.20）。利用该法不仅可以生产一般的定向柱状晶组织，而且也可以生产单晶材料。它特别适用于各种断面形状的线材和板材的批量生产。由于生产过程中避免了表层与型壁的摩擦，因此铸锭表面光洁如镜；同时由于定向组织本身的优点，铸锭致密坚韧，可以不必通过预处理就可直接进行压延和冷拔加工。因此，这是一种很有发展前途的新技术。

10.4.1 OCC连续定向凝固技术的原理与特点

OCC连续定向凝固技术与传统连铸工艺的区别在于其铸型是加热的，而不是冷却的。

传统的连铸过程铸型同时起到结晶器的作用，合金液首先在铸型的激冷作用下凝固，并逐渐向中心生长，如图10.20(b)所示。因此，在最后凝固的铸锭中心容易产生气孔、缩松、缩孔及低熔点合金元素与杂质因元素的偏析。同时，已凝固的固体壳层与铸型之间有较大的摩擦力。

OCC法连铸过程中铸型温度高于合金液的凝固温度。铸型只能约束合金液的形状，而不会在表面发生金属的凝固。其凝固方式如图10.20(a)所示，凝固过程的进行是通过热流沿固相的导出维持的。凝固界面通常是凸向液相的。这一凝固界面形态利于获得定向或单晶凝固组织。此外，OCC法连铸过程中固相不与铸型接触，固液界面是一个自由表面，在固相与铸型之间是靠合金液的界面张力维持的。因此，可获得镜面的铸锭表面。同时，由于不存在固相与铸型之间的摩擦力，故铸锭可以连续抽拉，并且牵引力

很小。

OCC 技术的核心是避免凝固界面附近的侧向散热，维持很强的轴向热流，保证凝固界面是凸向液相的。维持这样的导热条件需要在离开凝固界面的一定位置强制冷却。可采用类似于普通连铸过程二次冷却区的喷水冷却方式，而在凝固界面附近的液相一侧进行加热。由于 OCC 法依赖于固相的导热，故适合于具有大导热率的铝合金及铜合金。同时，由于随着铸锭尺寸的增大，固相导热的热阻增大，维持一维散热条件变得更加困难，因而 OCC 连铸技术对铸锭的尺寸有一定的限制，它只适用于小尺寸铸锭的连续铸造。

OCC 技术的特点有以下几种。

(1) 满足定向凝固的条件，可以得到完全单方向凝固的无限长柱状晶组织。对其

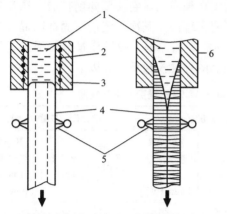

(a) OCC 连铸技术的凝固方式　(b) 传统连铸技术的凝固方式

图 10.20　OCC 连续铸造技术与传统连铸技术凝固过程的比较
1—合金液；2—电加热器；3—热铸型；
4—铸锭；5—冷却水；6—冷铸型

工艺进行优化控制使其有利于晶粒的淘汰生长，则可实现单晶的连续铸造。

(2) 由于 OCC 法固相与铸型之间始终有一个液相隔离，摩擦力小，所需牵引力也小，故利于进行任意复杂形状截面型材的连铸。同时，铸锭表面的自由凝固使其呈镜面状态，因此 OCC 法可以是一种近净形连续生产的技术，可用于那些通过塑性加工难于成形的硬脆合金及金属间化合物等线材、板材及复杂管材的连铸。

(3) 由于凝固过程是定向的，并且固液界面始终凸向液相，凝固过程析出的气体及排出的杂质进入液相，而不会卷入铸锭，因此不产生气孔、夹渣等缺陷。同时，铸锭中心先于表面凝固，不存在铸锭中心补缩困难问题。因而，无缩松、缩孔等缺陷，铸锭组织是致密的。

(4) 由于铸锭中缺陷少，组织致密，并且消除了横向晶界，因此塑性加工性能好，是生产超细、超薄精细产品的理想坯料。抗腐蚀及抗疲劳性能均得到大幅度改善。同时，导电性能优异，是生产高保真电缆的优质材料。

10.4.2　OCC 连铸工艺方法

OCC 技术的构想最初于 1978 年形成。其目的是为了减小连铸过程铸锭与铸型之间的摩擦力，获得表面光洁的连续铸锭。同时，也是为了验证型壁形核是凝固过程主要形核方式的理论。

最初的 OCC 连铸技术采用简单的下引方式，如图 10.21(a) 所示。仅拉出 50mm 左右表面极不规整的镜面铸锭。直到 1980 年大野笃美等才设计了下引、上引及水平引锭 3 种连铸方案(图 10.21(b)～(d))。这 3 种方案的基本原理及其各自的优缺点见表 10-3。

从凝固过程的缺陷控制角度看，下引式是有利的。它利于气体与夹杂的上浮，冷却措施也容易实现，但其最大的缺点是铸型出口处的压力不易控制。合金液的压头及自重容易抵消合金液的界面张力。凝固界面与铸型之间的间隙需要控制得非常小、非常精

确,否则将发生合金液的泄漏。图 10.21(b)所示的虹吸管连接的下引式可以保证凝固界面与合金液的实际表面维持在同一个平面上,减小了合金液的压头,易于进行连铸过程的控制。

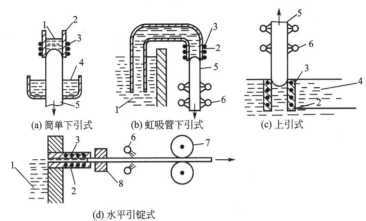

(a) 简单下引式　　(b) 虹吸管下引式　　(c) 上引式

(d) 水平引锭式

图 10.21　几种 OCC 连铸方法的基本原理
1—合金液；2—热铸型；3—电加热器；4—冷却水；5—铸锭；
6—冷却水喷嘴；7—牵引轮；8—导向装置

表 10-3　3 种 OCC 连铸方法的比较

方　　法	特　　征
下引式 OCC 工艺	优点： ① 利于避免气体和夹杂物的裹入； ② 可能实现均匀冷却； ③ 对铸锭尺寸无限制 缺点：装置设计困难
上引式 OCC 工艺	优点： ① 对铸锭尺寸无限制； ② 无合金液泄漏的危险； ③ 铸造温度容易控制 缺点： ① 铸锭中容易卷入气体和夹杂物； ② 存在冷却水漏入合金液的危险
水平式 OCC 工艺	优点： ① 装置容易设计； ② 铸型温度容易控制 缺点： ① 对铸型尺寸有限制； ② 气体和夹杂物容易进入铸锭； ③ 上、下倒冷却速率不均匀

注：1—合金液，2—热铸型，3—冷却水，4—铸锭，5—引晶棒，6—导辊。

上引式存在的最大问题是不利于夹渣及气体的上浮，可能会产生与夹渣和气体相关的铸造缺陷。同时，采用水冷的方法很难实施，存在冷却水混入合金液的危险。

相比较而言，水平 OCC 法的优点较多，设备简单，容易实现，是目前应用最多、最成功的方法。

图 10.22 所示为在水平 OCC 连铸技术的基础上发展的两种带材水平连铸工作原理。图 10.22(a)所示为回转带材连铸法。当合金液自热铸型流出后，由旋转的热铸型带出，并在带材的上表面采用水及氩气混合冷却。采用氩气冷却的另一个目的是将冷却水向固相一侧吹出，保证连续定向凝固过程的进行。但该方法需要加热的铸型面积大，并且需要一个特殊机构进行铸锭与铸型的分离，操作与控制均有一定的难度。

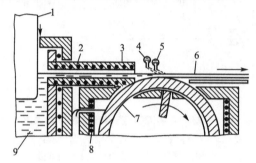

(a) 回转带材连铸法

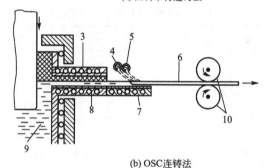

(b) OSC 连铸法

图 10.22　两种带材水平连铸法的工作原理

1—液面高度控制系统；2—热铸型；3—导流管；4—氩气；5—冷却水；
6—铸锭；7—铸型；8—电加热器；9—合金液；10—导辊

图 10.22(b)所示的方法称为开放水平带材连铸法（又称 OSC 连铸法）。该方法将热铸型的下半部向外延长，合金液自导流管流出后保持了较长的自由表面。然后，在上表面喷水和吹氩气进行冷却，实现水平定向凝固。只要型壁的温度适当高于合金液的凝固温度，铸锭在离开铸型下半部时也仍维持一定厚度的液膜，并具有自由表面凝固的特点。

10.4.3　OCC 连铸的凝固过程与质量控制

1. OCC 连铸过程传热条件的分析

OCC 连铸过程的核心技术是凝固界面附近温度场及凝固界面位置的控制。需要解决的一个基本问题是温度场的计算。对于轴对称的圆柱铸锭，当凝固过程进入稳态阶段时，其传热是准二维的稳态传热过程。该过程可以用图 10.23 所示的物理模型来表示。当铸锭

以恒定的速度进行抽拉时,固液界面的形状及位置维持不变。忽略液相中的对流,则液相及固相中的传热可以采用统一的控制方程,即

$$\rho c \frac{\partial}{\partial x}(uT) = \frac{\lambda}{r}\frac{\partial}{\partial r}\left(r\frac{\partial T}{\partial r}\right) + \lambda \frac{\partial^2 T}{\partial x^2} \quad (10-9)$$

式中,ρ 为合金液密度;c 为质量热容。

该方程的定解条件如下。

(1) 在离开凝固界面一定距离时,液相和固相的温度在截面上是恒定的,即

当 $x=0$ 时,$T=T_L$;当 $x=L$ 时,$T=T_S$。

(2) 铸型温度为常数,即

当 $x<L_1$,$r=R$ 时,$T=T_M$。

(3) 铸锭自由表面的传热符合综合传热模型,即传热热流密度 q 可表示为

$$q = \alpha(T - T_C)$$

式中,T_C 为环境温度;T 为铸锭温度。

同时,该过程是轴对称的,只需要选择图 10.23 所示一半作为计算区域,并在凝固界面引入结晶潜热项,即可对该传热及凝固过程进行数值计算。

从以上传热模型可以看出,该凝固过程的主要控制因素是铸锭抽拉速度 u、合金液的温度 T_L、铸锭冷端温度 T_S、铸型温度 T_M、界面传热系数 α 及环境温度 T_C。

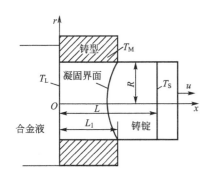

图 10.23 连铸过程冷却条件分析物理模型
T_M、T_S、T_L—等温面

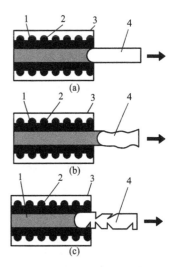

图 10.24 凝固界面位置对铸锭质量的影响图
1—合金液;2—电加热器;3—铸型;4—铸锭

2. 凝固界面的控制

凝固界面的位置对铸锭质量的影响如图 10.24 所示。理想的凝固方式是在铸锭的凝固界面与铸型之间保持一个很小的液相区,凝固界面凸向液相,最好伸入铸型,如图 10.24(a)所示。这样,凝固是在自由界面条件下进行的,从而获得平滑而光亮的铸锭表面。同时,中间的固相对外层的液相具有支撑作用。此外,凸出的凝固界面利于晶粒淘汰,生长单晶铸锭。

如果铸型温度过高或抽拉速度太快,凝固界面离开铸型距离过大,则凝固界面的形状

将变得不稳定，而形成结节状表面如图10.24(b)所示。严重时会发生合金液的泄漏。如果温度过低，则合金液将会在型内凝固。此时，由于铸锭与铸型之间的摩擦力使得铸锭拉出受阻，不能获得光亮表面，甚至可能使铸锭被拉断，如图10.24(c)所示。

3. 凝固组织的形成过程

在定向凝固过程中，具有择优取向的晶粒生长速率快，可淘汰非择优取向的晶粒。在OCC法单晶生长过程的初期，将形成大量的结晶核心，但在随后的生长中大部分被淘汰，可能形成几个或单晶生长的条件。大野笃美晶粒淘汰过程的实验结果，在很短的凝固距离内即即获得了单晶生长的条件。

实际单晶连铸过程中，晶粒的淘汰速率除了与晶粒的晶体学取向有关外，还与凝固界面的宏观形貌密切相关。凸出的界面利于晶粒淘汰过程的进行，如图10.25(a)所示。图10.25(b)所示的平面凝固界面晶粒的淘汰过程只与晶粒的取向相关。当多个晶粒具有相同的择优取向时，各个晶粒同时平行生长。但实际上，择优条件完全相同的情况是少见的。在凝固过程进行了足够长的时间后，晶粒的淘汰总会发生，而凹陷的凝固界面则不利于晶粒的淘汰，如图10.25(c)所示。

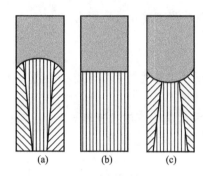

图10.25 凝固界面的宏观形貌对晶粒淘汰过程的影响

在凝固初期，晶粒的淘汰过程完成以后，只要温度场及界面位置的控制合理，则能维持单晶生长的连续进行。只有当凝固界面凹陷，并在铸型表面发生凝固，才可能由于铸型表面的形核作用而生成杂晶。

习　题

1. 定向凝固有哪些应用？
2. 定向凝固方法有哪些？
3. 实现定向凝固的基本原理和措施是什么？有哪些方法可以实现这些措施？
4. 试设计定向凝固过程中固-液界面前沿温度梯度的测定方法，并用简图表示。
5. 采用HRS法时，为了获得大的固-液界面前沿温度梯度，应采取哪些措施？试绘出设计简图并加以说明。
6. 制备一个高完整度的镍单晶，应采取哪些措施？
7. 为了在正常凝固的铸件中控制成分的波动，列举有哪些办法，并用简图表示。
8. 采用定向凝固方法制备高质量柱状晶，试对设备和工艺进行选择和分析。
9. OCC工艺与传统连铸工艺的主要区别是什么？其主要优点是什么？
10. OCC工艺中凝固界面位置对铸锭质量有什么影响？以图示之。

第 11 章 快速凝固技术

 本章教学要点

知识要点	掌握程度	相关知识
快速凝固的主要技术方法	掌握急冷凝固和大过冷技术的基本原理和方法	模冷技术、雾化技术和表面技术
快速凝固的传热特点	(1) 掌握薄层熔体在固体衬底上的导热传热特点 (2) 了解金属液滴在流体介质中的对流传热特点	(1) 导热传热的 3 种方式及实现条件：理想冷却方式、牛顿冷却方式和中间冷却方式 (2) 对流传热的界面传热系数
快速凝固组织和性能特点	(1) 掌握快速凝固条件下合金晶态组织的特点及性能 (2) 了解非晶态组织的特点	(1) 快速凝固晶态组织中的主要变化：扩大的固溶极限、超细晶粒度、少无偏析 (2) 非晶态组织中物理、化学及力学性能的改变

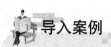

导入案例

金属玻璃

在大多数人想到玻璃时，玻璃板的概念便迅速跃入人们的脑海中。但在一定的条件下，金属也能做成玻璃。例如，这种玻璃可作为电力变压器和高尔夫球棍的理想材料。约翰斯·霍普金斯(Johns Hopkins)大学研究员 Todd C. Hufnagel 正在研究一种生产超强、富有弹性和磁性特点的金属玻璃的方法。Hufnagel 希望了解，金属玻璃形成时，发生溶化金属冷却成固体时的金相转变。对科学家来讲，玻璃是任何能从液体冷却成固体而无结晶的材料。大多数金属冷却时就结晶，原子排列成有规则的形式称作晶格。如果不发生结晶并且原子依然排列不规则，就形成金属玻璃。不像玻璃板，金属玻璃不透明或者不发脆，它们罕见的原子结构使它们有着特殊的机械特性及磁力特性。普通金属由于它们晶格的缺陷而容易变形或弯曲导致永久性的失形。对比之下，金属玻璃在变形后更容易弹回至它的初始形状。缺乏结晶的缺陷使得原铁水的金属玻璃成为有效的磁性材料。在国家科学基金和美国军队研究总局的支助下，Hufnagel 已建立了试验新合金的实验室。他试图创建一种在高温下将依然为固体并不结晶的合金金属玻璃，使它能成为发动机零件有用的材料。该材料也可用于穿甲炮弹等军事场合。不像大多数结晶金属炮弹，在冲击后从平的形状变为蘑菇形状，Hufnagel 相信，金属玻璃弹头的各边将转向并给出最好穿透力的削尖射弹。制造厚的、笨重形状的金属玻璃是困难的，因为大多数金属在冷却时会突然出现结晶现象，而制造玻璃，金属必会变硬。因为晶格成形时会改变，从纯金属，诸如铜、镍去创建玻璃，它将以每秒钟一万亿摄氏度的速率下冷却。

金属玻璃的出现可以追溯到20世纪30年代，Kramer 第一次报道用气相沉积法制备出金属玻璃。在1950年，冶金学家学会了通过混入一定量的金属，诸如镍和锆去显出结晶体。1960年，美国加州理工学院的 Klement 和 Duwez 等人采用急冷技术制备出 Au75Si25 金属玻璃。当合金的薄层在每秒一百摄氏度的速率下冷却时，它们形成金属玻璃。但因为要求迅速冷却，它们只能制造成很薄的条状物、导线或粉末。

在前面的章节，曾经讨论过传热强度及凝固速率对凝固过程及合金组织的影响，这些讨论所涉及的主要是常规工艺条件下所可能出现的冷却速度(一般不会超过 10^2 K/s)和不很高的凝固速率(一般均小于 1cm/s)。例如，大型砂型铸件及铸锭凝固时的冷却速度为 $10^{-6} \sim 10^{-3}$℃/s；中等铸件及铸锭为 $10^{-3} \sim 10^0$℃/s；薄壁铸件、压铸件、普通雾化为 $10^0 \sim 10^2$℃/s。本章要讨论的快速凝固，是材料科学与工程中一个较新的研究领域，指的是在比常规工艺过程快得多的冷却速度(例如 $10^4 \sim 10^9$ K/s)或大得多的过冷度下，合金以极快的凝固速率(常大于 10cm/s)从液态转变为固态的过程。不同冷却条件下的铸态组织见表 11-1。

经过快速凝固的合金，会出现哪些结构与组织现象呢？1960年美国加州理工学院的 P. Duwez 等采用一种独特的熔体急冷技术，首次使液态合金在大于 10^7 K/s 的冷却速度下凝固。他们发现，在这样快的冷却速度下，本来是属于共晶系的 Cu-Ag 合金中，出现了无限固溶的连续固溶体；在 Ag-Ge 合金系中，出现了新的亚稳相；而共晶成分的 Au-Si 合金竟然凝固为非晶态的结构，故可称为金属玻璃。这些发现，在世界的物理冶金和材料科学工件者面前展现了一个新的广阔的研究领域。自此以后，各国的研究工作者相继在更多的合金系中进行了快速凝固的试验，获得了一批又一批的研究成果。从这些试验研究中可知，加快合金的冷却速度或凝固速率，可能最终导致形成非晶态的合金。但是，不同的合金形成非晶态的倾向是各不相同的。对于许多合金来说，$10^4 \sim 10^9 K/s$ 的冷却速度还不足以完全遏制结晶过程和使合金成为金属玻璃。但是，在这样快的冷却速度下所形成的亚稳的结晶组织中，同样也出现了一系列前所未见的重要结构特征。经过快速凝固而获得的合金，包括非晶态或亚稳晶态的合金，由于其结构上的特征而具有各种各样的远比常规合金优异的使用性能，因而正在成为一种具有重要发展前景的新材料。

表 11-1 不同冷却条件下的铸态组织

冷却条件		冷却速度/(K/s)	组织特征
工业冷却速率	砂型铸件和铸锭	$10^{-6} \sim 10^0$	平衡条件的晶粒组织，如粗树枝晶，共晶和其他结构
中等冷却速率	薄带，压铸件，普通雾化粉末	$10^0 \sim 10^3$	精细显微结构，如细树枝晶，共晶和其他结构
快速凝固	雾化细粉、喷雾沉积、电子束或激光玻璃化处理	$10^4 \sim 10^9$	特殊显微结构，如扩大固溶度，微晶结构，亚稳结晶相，非晶结构

11.1 快速凝固基本原理

快速凝固技术可以分为急冷凝固技术和大过冷凝固技术两大类。

急冷凝固技术的核心是要提高凝固过程中熔体的冷速。对金属凝固而言，提高系统的冷速必须注意以下两方面。

(1) 减少单位时间内金属凝固时产生的结晶潜热。

(2) 提高凝固过程中的传热速度。

根据这两个基本要求，急冷凝固技术的基本原理是设法减小同一时刻凝固的熔体体积并减小熔体体积与其散热表面积之比，并设法减小熔体与热传导性能很好的冷却介质的界面热阻以及主要通过传导的方式散热。

大过冷凝固技术的原理就是要在熔体中形成尽可能接近均质形核的凝固条件，从而获得大的凝固过冷度。通常在熔体凝固过程中促进异质形核的形核媒质主要来自熔体内部和容器壁，因此大过冷技术就是主要从这两个方面设法消除形核媒质。减少或消除熔体内部的形核媒质的途径主要是把熔体弥散成熔滴。当熔滴体积很小、数量很多时，每个熔滴中含有的形核媒质数目非常少，从而产生接近均质形核的条件。减少或消除由容器壁引入的形核媒质主要是设法把熔体与容器壁隔离开甚至在熔化与凝固过程中不用容器。

11.2 激冷凝固技术

在急冷凝固技术中,根据熔体分离和冷却方式的不同又可以分成模冷技术、雾化技术和表面熔化与沉积技术三类。

11.2.1 模冷技术

模冷技术主要是使熔体与冷模接触并以传导的方式散热,主要有以下几种。

(1) 气枪法(Gun Technique)。这种方法的基本原理是将熔融的合金液滴,在高压(>50MPa)惰性气体流(如 Ar 或 He)的突发冲击作用下,射向用高导热率材料(经常为纯铜)制成的急冷衬底上,由于极薄的液态合金与衬底紧密相贴,因而获得极高的冷却速度(>10^7 K/s)。这样得到的是一块多孔的合金薄膜,其最薄处的厚度可小于 200nm(冷却速度达 10^9 K/s)。Duwez 等人首次获得熔体急冷合金时使用的就是这种方法。目前,在某些实验室研究工作中,这种方法仍被使用,主要是利用其所提供的极高的冷却速度,此法示意图如图 11.1 所示。

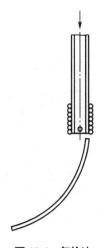

图 11.1 气枪法

(2) 锤砧法(Piston and Anvil Technique)。在锤砧法中,铅直落下的液滴被水平方向迅速合拢的两块高导热率衬底所挤压,所形成的合金箔片比较均匀致密,厚度可为几十微米,冷却速度可达 10^6 K/s 左右。由于不能大量制备合金,故与气枪法同为实验室的制备方法,在以磁悬浮熔炼对高熔点合金(如 2000K)进行快速凝固实验时有其独特用途。其工作装置如图 11.2 所示。

(3) 旋铸法(Chill Block Melt Spinning)。旋铸法是将熔融的合金液自坩埚底孔射向一高速旋转的、以高导热系数材料制成的辊子表面。由于辊面运动的线速度很高(>30~50m/s),故液态合金在辊面上凝固为一条很薄的条带(厚度可小至 15~20μm)。合金条带在凝固时是与辊面紧密相贴的,因而可达到 10^6 ~10^7 ℃/s 的冷却速度。显然,辊面运动的线速度越高,合金液的流量越小,则所获得的合金条带就越薄,冷却速度也就越高。用这种方法可获得连续的、致密的合金条带,不但可方便地用于各种物理、化学性能的测试,而且可作为生产快速凝固合金的工艺方法来使用。目前,已成为制取非晶合金条带的较为普遍采用的方法。其装置如图 11.3 所示。

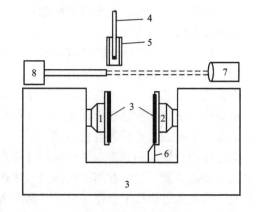

图 11.2 锤砧法
1—固定砧;2—推进活塞;3—铜盘;4—硅管;
5—悬浮器;6—活销;7—光源;8—感影器

(4) 片状流法。应该说，这是旋铸法的一个分支或异变。在上面所讲的旋铸法生产薄带的过程中，金属液流断面是圆形的，由于薄带厚度受冷却速度的限制，金属流的直径也不可能过大，因而这样生产出的薄带宽度就受到限制。为了生产更宽的薄带，液态金属就应以片状流的形式浇注到冷却辊上。由于液态金属具有较高的表面张力和较低的黏度，片状流在行程中会变形。为了解决这一问题，在片状流法中将浇注口的出口边缘尽可能接近冷却辊的表面（约0.5mm）。因此，在浇注口出口边缘和冷却辊之间就形成一层稳定的片状的金属熔堆。液态金属是在压力下强制流出的，因而压力是主要控制因素，此外，辊速、浇注口宽度和浇注口-辊间隙也是影响因素。片状流和薄带的形成情况如图11.4所示。片状流法的优点是明显的，用此法生产的薄带确实从宽度上有很大发展。据报道，有人生产出宽度为300mm的薄带，其生产装置的安排情况大致如图11.5所示。该装置还可置于真空或保护气氛之中。

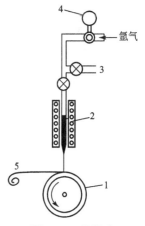

图 11.3 旋铸法

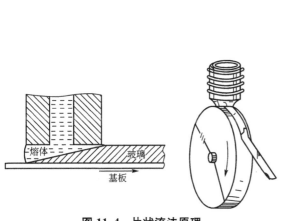

图 11.4 片状流法原理

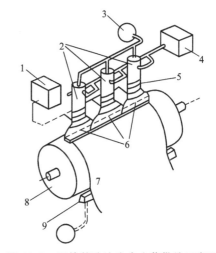

图 11.5 用片状流法生产宽薄带的示意图
1—调节功率装置；2—储存器；3—压力系统；
4—金属液储存室；5—感应加热；6—浇口；
7—薄带；8—冷却器；9—出带处

采用模冷技术，熔体的凝固冷速较高。产品的微观组织结构和性能也比较均匀，这是该技术的主要优点。但是，用模冷技术生产的急冷合金产品作为结构材料使用时还要首先粉碎后才能经固结成形加工成大块材料，这是模冷技术的一个缺点。采用这一技术时提高急冷产品凝固冷速的关键是选择与熔体热接触好、导热能力强的材料做冷模，从而提高传热效率。同时，要减小熔体流的截面尺寸，控制熔体与冷模上某一固定点的连续接触时间以便提高传热速度。

11.2.2 雾化技术

雾化技术指采取某种措施将熔体分离雾化，同时通过对流的方式冷凝。该技术主要包括双流雾化、离心雾化和机械雾化 3 类方法。

（1）双流雾化：通过高速高压的工作介质流体对熔体流的冲击，把熔体分离成很细的熔滴，并主要通过对流的方式散热而迅速冷凝。此方法已广泛应用于各种合金的生产。

① 水雾化法与气体雾化法：利用水、空气或惰性气体作为冷却介质，如图 11.6 所示。水压为 8~20MPa，生产的粉末直径为 75~200μm，气压为 2~8MPa，生产的粉末直径为 50~100μm。在此基础上发展了超声气体雾化法，即用速度高达 2.5 马赫的高频（80~100kHz）脉冲气流代替了水流。

② 高速旋转筒雾化法：经感应熔化的熔体被喷射到旋转筒内的冷却液中，被雾化分离成熔滴并冷凝成纤维或粉末，然后在离心力的作用下飞出，如图 11.7 所示。冷却液可选用水、碳氢化合物等。筒转速达 8000~16000r/min。

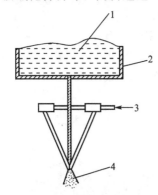

图 11.6 水雾化法示意图
1—熔体；2—石英管；3—水流；4—熔滴

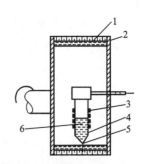

图 11.7 高速旋转筒雾化法示意图
1—旋转筒；2—液体介质；3—感应线圈；
4—石英管；5—喷嘴；6—熔体

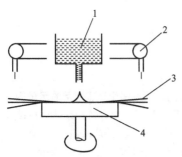

图 11.8 离心雾化法示意图
1—熔体；2—冷却气体；
3—粉末；4—旋转雾化器

③ 滚筒急冷雾化法：它是将双流雾化法和模冷法结合起来的方法，即将雾化的未凝固的熔滴迅速喷射到一高速滚筒上冷却凝固，并在离心力的作用下飞出。

（2）离心雾化法：熔体在旋转冷模的冲击和离心力作用下分离雾化，同时通过传导和对流的方式传热冷凝。其生产率高，适合大批量生产。

① 快速凝固雾化法：也称离心雾化法，如图 11.8 所示。熔体喷射到高速（速度达 35000r/min）旋转的盘形雾化器上，被雾化成细小的熔滴并在离心力的作用下向外喷出。在高速惰性气流的冷却作用下迅速凝固成粉末。冷却速度达 10^5K/s，粉末直径为 25~80μm。离心雾化也可选用自耗电弧或电子束熔化技术。

② 旋转电极雾化法：以直径约 50mm 的棒材作为自耗电极并且高速旋转，在其末端与固定钨电极间触发电弧，使自耗电极熔化，熔滴在离心力的作用下沿径向甩出，在飞过气体流或真空的空间时凝固。其优点是熔滴不与任何容器接触，适用于活性合金，但冷速较低，为 10^3K/s。为避免钨电极的污染，可用激光、电子束或离子弧等熔化技术代替触发电弧。

(3) 机械雾化和其他雾化法：这类方法是通过机械力或电场力等其他作用，分离和雾化熔体，然后冷凝成粉末。

① 双辊雾化法：如图 11.9 所示，熔体在喷入高速相对旋转的辊轮间隙时形成空穴并被分离成直径小到 $30\mu m$ 的熔滴，被雾化(但不凝固)的熔滴可经气流、水流或固定于两辊间隙下方的第三个辊轮被冷却凝固成不规则粉末或薄片。通过控制两辊轮之间的间隙(一般小于 0.5mm)来控制溶液流在辊隙中的传热速度，使熔体不会在辊隙中凝固，并且用这种方式控制雾化产品的形态和尺寸。其冷速较高，适合批量生产。

② 电-流体力学雾化法：图 11.10 表示其原理。流入圆锥形发射器的熔体在高达 $10^4 V/m$ 的强电场作用下，克服表面张力，以熔滴形式从发射器中喷出而雾化，雾化后凝成粉末，或冲击到冷模上形成薄片。这种方法产品的收得率太低，只应用于实验室中。

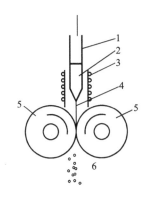

图 11.9 双辊雾化法示意图
1—石英管；2—熔体；3—感应线圈；
4—熔体流；5—辊轮；6—雾化熔滴

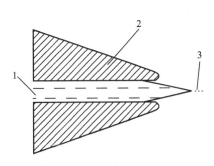

图 11.10 电-流体力学雾化法示意图
1—熔体流；2—发射器；3—熔滴

由于采用雾化技术制成的产品主要是粉末，可以不用粉碎而直接固结成形为大块材料或工件，因此生产成本较低，便于大批量生产，这是雾化技术的主要优点。雾化技术的缺点是由于熔体在凝固过程中一般不与或只在冷凝过程中的部分时间内与冷模接触，主要还是以对流方式冷却，因此凝固冷速一般不如模冷技术高。此外，如何提高粉末的收得率、减轻粉末的氧化与污染等问题还有待进一步改善。

11.2.3 表面熔化与沉积技术

表面熔化技术主要应用激光束、电子束或等离子束等作为高密度能束聚焦并迅速逐行扫描工件表面，使工件表层熔化，熔化层深一般为 $10\sim 1000\mu m$。

表面喷涂沉积技术应用较多的是等离子体喷涂沉积技术。这一方法主要是用高温等离子体火焰熔化合金或陶瓷粉末，然后再喷射到工件表面，熔滴迅速冷凝沉积成与基体结合牢固、致密的喷涂层。

(1) 表面熔化法：又称为表面直接能量加工法，即主要应用激光束、电子束或等离子束等高密度能束聚焦并迅速逐行扫描工件表面，使其熔化，材料本身作为一有效冷源，熔化区域小，时间短($10^{-9}\sim 10^{-3}$s)，当能源关闭或移开后，局部熔化区立即快速凝固。常用的方法有激光束和电子束表面熔化法。激光表面处理原理如图 11.11 所示。激光束一般采用功率为 $3\sim 6kW$ 可连续工作的 CO_2 激光器产生，光斑直径约为 0.05cm，功率密度为

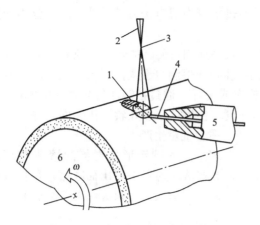

图 11.11　激光表面处理方法原理
1—光照区；2—光束；3—聚焦；
4—丝或粉流；5—喷嘴；6—内部水冷

$10^{-7}\sim10^{-4}$ W/cm^2。表面熔化法熔化区域宽为 0.5mm，深为 0.1mm，扫描速度为 1~200cm/s。由于激光束波长比电子束波长大得多，故入射到工件表面更易被反射造成能量损失，但其工艺控制好，应用更广泛。表面熔化法在实际中主要为表面热处理和表面合金化。前者是通常的表面熔化法，后者是通过将元素和化合物加入激光或电子束熔化区，使材料表面得到强化，可直接添加或在基体表面敷以强化材料。

(2) 表面喷涂沉积技术：将熔滴喷射到工件表面，其迅速冷凝沉积成与基体结合牢固、致密的喷涂层。

① 等离子体喷涂沉积法：用高温等离子体火焰熔化合金或陶瓷、非金属氧化物粉末，然后喷射到工件表面形成快速凝固层。工艺示意图如图 11.12 所示。等离子体的温度高达 10^5℃，因此体积迅速膨胀，将喷入的合金或陶瓷粉熔化成熔滴并高速带动向外喷射。喷射速度达 1000m/s，熔滴凝固速度达 10^7 K/s。

② 雾化沉积：将雾化技术雾化的熔滴喷射到工件表面或冷模上形成薄层。雾化沉积有两种类型：一种是将形成的快速凝固薄层剥离基体，再进行加工成形，常用有喷雾成形和控制喷雾沉积；另一种是奥斯普雷(Osprey)工艺，它是将雾化的熔滴多次喷射到具有一定形状的基底表面以制成各种形状的预制坯，如圆盘、块坯、环形坯或管状坯，然后进行锻造、轧制或挤压等热加工的方法。工艺示意图如图 11.13 所示。这种方法如将颗粒材料喷射到基体上可制成复合材料，也可连续生产复合型材。其特殊之处是它能制成接近最终形状的快速凝固产品。

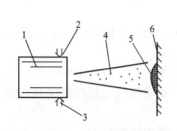

图 11.12　等离子体喷涂法示意图
1—等离子体喷枪；2—粉末入口；
3—惰性气体入口；4—熔滴；
5—喷涂沉积层；6—基体

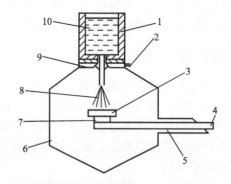

图 11.13　奥斯普雷工艺示意图
1—坩埚；2—雾化气体；3—喷涂沉积坯；
4—传输机构；5—卸料室；6—雾化室；7—收集器；
8—雾化液滴；9—气体喷嘴；10—熔体

与模冷技术、雾化技术相比，表面熔化与沉积技术具有凝固冷速高、工艺流程短、生产速度快、应用比较方便等特点，但是这种方法的一个主要限制是只能用于工件的表面。

11.3 大过冷凝固技术

大过冷凝固技术的核心是在熔体中设法消除可以作为异质形核媒质的杂质或容器壁的影响，形成尽可能接近均质形核的凝固条件，从而在形核前获得很大的热力学凝固过冷度。大过冷凝固技术的具体方法有两类，即小体积大过冷凝固法和较大体积大过冷凝固法。

11.3.1 小体积大过冷凝固法

小体积大过冷又称为熔滴弥散法，即在细小熔滴中达到大凝固过冷度的方法，包括乳化法、熔滴-基底法和落管法等。

(1) 乳化法。将熔融的金属弥散在某种不与之互溶的载流体中，通过高速机械搅拌，使其破碎成小乳滴(直径为 $1\sim10\mu m$)，随后凝固成粉末。载流体常用有机油或熔盐。乳化法一般可得到 $0.3\sim0.4T_m$ 的大过冷度，T_m 是合金熔体的熔点。

(2) 熔滴-基底法。与乳化法类似，但弥散的熔滴是在冷模上凝固的，因此其过冷度更大，如图 11.14 所示。

(3) 落管法。合金熔滴熔化后，从长达 100m 左右、真空度为 10^{-3} Pa、竖放的真空管上端自由下落而凝固，熔体在凝固过程中可不与任何介质或容器壁接触而达到较大的过冷度。

(4) 微重力法。利用太空中微重力场和高真空条件，使液态金属自由悬浮于空中实现无坩埚凝固，从而获得深过冷。

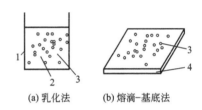

图 11.14 小体积大过冷凝固法示意图
1—容器；2—流体；3—熔酒滴；4—基底

11.3.2 大体积大过冷凝固法

大体积大过冷凝固法是在较大体积熔体中获得大的凝固过冷度的方法，包括玻璃体包裹法、二相区法和电磁悬浮熔化法等。

(1) 玻璃体包裹法。用以流体形式存在的无机玻璃体把大块熔体与容器壁分隔开来，使其凝固时不受容器壁的影响，用其可制取几百克的快速凝固合金。

(2) 二相区法。又称为嵌入熔体法，是把合金加热到固-液两相区，控制温度使熔体体积占 20%，停止加热使两相在此温度达到平衡，然后将样品淬火凝固。此时，熔体不与空气和容器接触，其热量通过固相传出，可得到较大过冷度。但是，在玻璃体包裹法中，合金熔化时仍要与容器接触，而二相区法熔体也与先凝固的固相接触，可能形成异质核心，因此它们获得过冷度较乳化法小，一般为 $0.2T_m$，如图 11.15

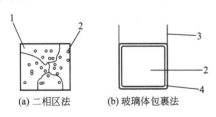

图 11.15 大体积大过冷凝固法示意图
1—固相；2—熔体；3—容器；4—玻璃体

所示。

(3) 电磁悬浮熔化法。电磁悬浮熔化法是将直径为几毫米的块状合金放入电磁线圈中，依靠电磁场的悬浮力，使样品始终处于悬浮态，并在惰性气氛中感应熔化和断电后凝固。熔体在凝固过程中不与任何介质或容器壁接触。

11.4　快速凝固传热特点

11.4.1　薄层熔体在固体衬底上的导热传热

目前，主要的快速凝固技术(包括离心法雾化在内)都是通过薄层液态合金与高导热系数的冷衬底之间的紧密相贴来实现极快的导热传热。由于合金薄膜的顶面与边缘不与冷衬底接触，散热相对来说是很有限的，故问题可简化及归结为单向的传热，其基本的传热方程式用式(11-1)所示。

$$\frac{\partial T}{\partial \tau} = \alpha \frac{\partial^2 T}{\partial x^2} \tag{11-1}$$

这一方程的差分形式可写为

$$T'_i = \frac{\alpha \Delta \tau}{(\Delta x)^2}\left[T_{i-1} + T_{i+1} + \left(\frac{\Delta x^2}{\alpha \Delta \tau} - 2\right)T_i\right] \tag{11-2}$$

式中，T_{i-1}、T_i、T_{i+1} 为在时间 τ 时相距各为 Δx 的相邻三点的温度；T'_i 为 i 点在时间为 $\tau + \Delta \tau$ 的温度；α 为衬底材料的热扩散率。

对于式(11-2)可直接积分来得到温度随距离及时间的分布。Ruhl 用计算机数学模拟计算了金属薄膜的单向传热。算得的冷却速度大多在 $10^5 \sim 10^9$ K/s 的范围内，与实验测定的数据基本相符。从这些计算结果中可知，影响温度场及冷却速度的最主要因素是金属/衬底界面的状况以及试样金属的厚度。

当界面传热系数 h 趋于极大时 ($h = \infty$)，在试样及衬底中的温度梯度都较大，界面上无温差存在，这种情况属理想冷却方式。另一方面，当界面传热系数 h 非常小时，在试样及衬底中的温度梯度都很小，界面上有较大的温差，这种情况称为牛顿冷却方式，它完全由界面控制。当界面状况介于上述二者之间时，称为中间冷却方式。这时，界面的热接触状况并不理想。同时，试样及衬底中仍存在一定的温度梯度。在每一种具体情况下，可用准则 (hd/λ_S) 的数值来判断何种冷却方式起主导作用 (d——试样厚度；λ_S——试样金属导热系数)。

计算表明，对于高导热率衬底(如铜、银)，有以下几种情况。

(1) 当 $hd/\lambda_S > 30$ 时，为理想冷却方式。

(2) 当 $30 > hd/\lambda_S > 0.015$ 时，为中间冷却方式。

(3) 当 $hd/\lambda_S < 0.015$ 时，为牛顿冷却方式。

试样厚度 d 已包括在准则 hd/λ_S 之中，当试样厚度很小时，除非 h 值很大，否则冷却方式不再能保持理想方式的特点。

在牛顿冷却方式下，当温度处于凝固温度以上时，试样的温度 T 与时间 τ 的关系可表达为

$$T = T_b + (T_1 - T_b)\exp\left(-\frac{h\tau}{\rho c_p d}\right) \tag{11-3}$$

式中,ρ 为金属密度;T_1 为液体金属的起始温度;T_b 为衬底温度;c_p 为金属的比热容。

当 $\tau = 0$ 时,有

$$\left(\frac{dT}{d\tau}\right)_{\tau=0} = \frac{h}{\rho c_p d}(T_1 - T_b)$$

表 11-2 是当铁在铜衬底上凝固时,界面传热系数及试样厚度对冷却速度的影响的计算结果。在目前的大部分快速凝固技术中,试样厚度一般为几个微米到几十个微米,界面传热系数一般为 $h = 10 \sim 30 \text{W}/(\text{cm}^2 \cdot \text{K})$。可见,其散热多属于牛顿冷却方式或靠近牛顿冷却方式的中间冷却方式。然而,在表面熔化及自淬火方法中,界面传热系数可比上述数值高得多,故可视为接近理想方式的中间冷却方式,或者就是理想冷却方式。

表 11-2 界面传热系数及试样厚度对试样平均冷却速度的影响

试样厚度/μm	在 1600~815℃ 间的平均冷却速度($\times 10^8$)/(℃/s)				
	界面传热系数 $h/[\text{W}/(\text{cm}^2 \cdot ℃)]$				
	∞	4187	418.7	41.87	4.187
1	8100	3000	580	69	6.9
10	81	72	30	5.8	0.69
100	0.81	0.81	0.72	0.30	0.0058
	理想冷却方式 $hd/\lambda_S > 30$		中间冷却方式 $hd/\lambda_S = 30 \sim 0.015$		牛顿冷却方式 $hd/\lambda_S < 0.015$

注:铁在铜衬底上凝固,$T_1 = 1873\text{K}$,$T_b = 303\text{K}$。

其他因素如液态金属的起始温度、凝固温度、衬底始温、试样及衬底材料类别等,对试样的冷却速度均有一些影响,但相对于界面状况及试样厚度来说,其影响均较小。

11.4.2 金属液滴在流体介质中的对流传热

当流体介质中以雾化法进行快速凝固时,金属液滴的热量通过"液滴/流体介质"界面传向介质,并由介质中的强制对流使热量不断传向介质深部。在这种情况下,金属液滴的平均冷却速度 $\overset{\circ}{T}$ 可估算为

$$\overset{\circ}{T} = \frac{h(T_1 - T_g)A}{VC_1 + \dfrac{\Delta H_f}{\Delta T_S}} \tag{11-4}$$

式中,T_g 为气体介质温度;A 为液滴表面积;V 为液滴体积;C_1 为液体金属体积比热;ΔH_f 为单位体积金属的熔化潜热;$\Delta T_S = T_1 - T_S$,T_S 为合金凝固完毕的温度。

由式(11-4)可见,在熔体性质、过热温度和液滴尺寸一定的情况下,传热强度取决于"液滴-介质"界面上的传热系数 h,而 h 可由式(11-5)估算。

$$h = \frac{K_d}{d}\left[2.0 + 0.6\left(\frac{v'\rho_g}{\eta}\right)^{\frac{1}{2}} P_r^{\frac{1}{3}}\right] \tag{11-5}$$

式中,K_d 为气体介质的导热率;d 为液滴直径;v' 为界面上气体介质与液滴的相对运动速

度；ρ_g 为气体密度；η 为气体的动力学黏度；P_r 为普朗特准则数。

可见，随着介质导热率 K_d 及相对流速 v' 的增大以及液滴直径的减小，界面传热系数 h 将增大，平均冷却速度 $\dot{T}$ 随之提高。在超声气体雾化法的使用中，当粉粒尺寸在 $30\mu m$ 左右时，一般 h 值可达 $0.3\sim 0.4 W/(cm^2\cdot K)$，平均冷却速度 $\dot{T}$ 可达 $6\times 10^4 K/s$ 左右。在条带厚度与粉粒直径相当的情况下，超声气体雾化时的冷却速度所以低于固态衬底上的冷却速度（常可达 $10^6 K/s$ 以上），主要是因为在冷却介质中对流传热的情况下，界面传热系数 h 会低于固态衬底导热传热时约两个数量级。

11.5 快速凝固合金的组织和性能特征

11.5.1 快速凝固晶态合金的组织和性能

按固-液界面的形态可将快速凝固的模式分为平界面凝固、胞晶凝固及树枝晶凝固；也可按固-液界面上成分的变化将凝固的模式分为有溶质再分配的凝固及无溶质再分配的凝固或无偏析凝固。

快速凝固合金具有极高的凝固速度，因而使合金在凝固中形成的微观组织产生了许多变化，主要包括以下几方面。

（1）显著扩大合金的固溶极限。共晶成分的合金通过快速凝固甚至可形成单相的固溶体组织。表 11-3 中汇集了快速凝固的铝合金中所达到的溶质固溶量数据。在诸如 Al-Cu、Al-Si、Al-Mg 等合金中，所达到的固溶量不仅大大超过了最大的平衡固溶极限，并且超过了平衡共晶点的成分，即在平衡共晶点成分的合金中，通过快速凝固，形成了单相的固溶体组织。

表 11-3 铝合金的固溶极限

合金系	平衡最大固溶极限 $x(\%)$	快速凝固固溶量 $x(\%)$	平衡共晶点成分 $x(\%)$
Al-Cu	2.53	18	17.3
Al-Si	1.78	16	11.3
Al-Mg	18.90	40	37.0
Al-Ni	<1	8	
Al-Cr	<1.2	6	
Al-Mn	<2	9	
Al-Fe	<1	6	
Al-Co	微量	5	

（2）超细的晶粒度。快速凝固合金具有比常规合金低几个数量级的晶粒尺寸，一般小于 $0.1\sim 1.0\mu m$。这是在很大的过冷度下达到很高的形核率的结果。在 $Ag-Cu(w_{Cu}=50\%)$ 合金中，观察到细至 3nm 的晶粒。这是超细铸态晶粒成为快速凝固合金在组织上的又一个重要特征。当在快速凝固的合金中出现第二相或夹杂物时，其晶粒尺寸区相应地细

化。例如，在奥氏体不锈钢中，快速凝固后析出的夹杂 MnS，其尺寸比常规凝固过程中析出的低 2~3 个数量级。

(3) 少偏析或无偏析。在快速凝固的合金中，如果冷速不够快，则局部区也会出现胞状晶或树枝晶，但这些胞状晶或树枝晶与常规合金相比已大大细化，因此表现出的显微偏析也很小。如果凝固速率超过了界面上溶质原子的扩散速率，即进入完全的无偏析、无扩散凝固，可获得完全不存在任何偏析的合金。

(4) 形成亚稳相。这些亚稳相的晶体结构可能与平衡相图上相邻的某一中间相的结构极为相似，因此可看作是快速冷却和达到大的过冷的条件下，中间相的亚稳浓度范围扩大的结果。另一方面，也有可能形成某些在平衡相图上完全不出现的亚稳相。

(5) 高的点缺陷密度。在快速凝固过程中，液态金属小的缺陷会较多地保存在固态金属中。固态金属中点缺陷的密度随着温度的上升而增大，其关系式为

$$C = \exp\left(-\frac{Q_F}{RT}\right) \tag{11-6}$$

式中，C 为点缺陷密度；Q_F 为摩尔缺陷形成能。

金属熔化以后，在液态下上述关系已失去了确切的含义。由于原于有序排列程度的突然降低，故液态金属中的"缺陷密度"要比同温度下的固态金属高得多，而在快速凝固的过程中，则会较多地保存在固态金属中。例如在快速凝固的 Fe-Cr($w_{Cr}=20\%$)-Ni($w_{Ni}=25\%$)合金中，许多晶粒含有沿着<100>γ 方向分布的、相互平行的由空位环所形成的带，这些环的柏氏向量 $B=a/2<100>$。在快速凝固的铝合金中则常出现许多无规则分布的空位环，溶质元素常会偏聚于这些空位群中。这种偏聚可能在液态下已经存在，而更为可能的是在凝固以后的冷却过程中，发生了溶质的快速重新分配。当空位群崩塌形成位错环时，这些带状排列的环的分布情况与低角度晶界相适应，在这些边界上发生了溶质元素的偏聚。例如在快速凝固的奥氏体钢中，常有 $M_{23}C_6$ 颗粒沿<100>晶向呈带状析出(带间距为 0.25~0.50μm)。类似的缺陷带状结构在雾化的镍基超合金粉末(粒度为 10μm 左右)中也可发现。

在快速凝固的晶态合金中出现的上述组织及结构特征，赋予这些合金一系列极其可贵和可资利用的优异性能。例如，由于快凝合金具有扩大的固溶度、超细的晶粒度以及超细和高分散度的析出相，因而在力学性能方面表现出高强度及高韧性的特点，许多快凝合金具有超塑性。由于固溶极限的扩大，可以避免某些严重危害使用性能的第二相的析出，如在镍基高温合金中可遏制碳化物的析出；在铬不锈钢中，在快速凝固条件下可提高含铬量而不致引起 θ 相的析出，因而显著改善了耐蚀性能。由于消除了偏析，疲劳裂纹的开始得以推迟，在高温合金中使早期熔化温度提高 75~100K，显著地提高了蠕变抗力。在快凝的不锈钢中，由于存在超细的氮化物、硼化物等析出相，形成极强的钉扎效应，因而抗晶粒长大的性能极佳。这种凝固还可使不锈钢具有良好的抗辐照性能及在高浓度氦气氛中不易膨胀(氦原子进入快凝合金中大量存在的位错芯、晶界及基体/析出相界面，而不进入基体点阵原子之间)的特性，因而可成为较理想的核反应堆内壁结构材料。

快速凝固形成的一些亚稳相具有较高的超导转变温度。由于平衡相相区的亚稳扩展程度与凝固冷速有关，所以对一定成分的合金存在一个使其超导转变温度达到最高的最佳冷速。快速凝固合金的成分偏析显著减小对提高合金的磁学性能十分有利，而且有些在快速凝固中形成的亚稳相还有很高的矫顽力等特性，所以某些快速凝固晶态合金也与非晶态合

金一样具有很好的磁学性能。此外,某些快速凝固合金还具有很好的电学性能。

快速凝固不仅可以大大提高现有合金的使用性能,并且可以发展一系列新型的合金材料,因而成为当前金属材料科学及工程方面一个极其活跃的新领域。

11.5.2 快速凝固非晶态合金的组织和性能

液态合金经过快速凝固而形成非晶态合金是非平衡凝固的一种极限情况。在足够高的冷却速度下,液态合金可避免通常的结晶过程(形核与生长),在过冷至某一温度以下时,内部原子冻结在液态时所处位置附近,从而形成非晶结构,也称金属玻璃。

非晶材料的生产是一个直接铸造的过程,加工温度低于纯金属或合金。此外,在液态进行金属成形,所需能量少,设备轻巧,生产率较高。其缺点如下:为快速冷却,必须很快从系统中排除热量,在短时间内使热量流出材料,因此非晶材料必须在至少一维方向上尺寸很小,只能是粉末、丝、带和薄片等;热稳定性不佳,加热到几百摄氏度就发生原子移动,温度稍高便失去非晶特性,变成单一或多个结晶相。

非晶材料具有一系列极有价值的性能特点。在力学性能方面,它有极高的强度及硬度,这是因为非晶态金属中没有普通晶态金属中总是存在着的活动的晶格位错,而在金属/类金属原子间又有很强的化学键的缘故。与普通晶态金属相比,金属玻璃的强度与金属理论强度之间的差距已大为缩小。拉伸时金属玻璃的伸长率较小(1.5%~2.5%),但在压缩时表现出很高的塑性,它的撕裂能也比一般晶态合金高,表明在高强度的同时有较好的韧性。由于非晶态合金中没有晶界、位错、夹杂物相等显微缺陷,因此铁、钴、镍基的金属玻璃具有十分良好的软磁性能,它们的铁心损耗仅为晶态合金的几分之一,是优异的变压器铁心、磁录音头及多种磁性器件材料。由于非晶态合金具有很小直至为零的电阻温度系数,因而可成为标准电阻及磁泡存储器材料。除了优异的力学、磁学、电学性能外,金属玻璃尚具有极为有利的化学性能。以铁、镍、钴为基,含有一定量的铬及磷的金属玻璃有极好的耐蚀性能,远优于最好的不锈钢。近年来还发现非晶态合金的表面具有很高的化学活性,而在许多情况下,还具有极为有利的对化学反应的选择性,再加上良好的耐蚀性能,使得金属玻璃有可能成为一种新型的催化剂及电极材料。某些非晶合金的表面具有只吸附溶液中特定的金属离子的特性,因而可用以从放射性废料中分离某些元素。此外,非晶合金还是有希望的储氢及超导材料。

1. 何谓快速凝固?其基本原理是什么?
2. 快速凝固晶态合金的组织与性能有何特点?
3. 在下列两种情况下,判断其散热属于何种冷却方式(理想、中间或牛顿),并计算其开始时的冷却速度。

(1) 气枪式快速凝固。

试样金属:铝合金;

试样厚度:$1\mu m$;

急冷衬底:钢板,15℃,$h=28W/(cm^2 \cdot K)$;

合金液起始温度:750℃。

（2）旋铸式快速凝固。

试样金属：镍合金；

条带厚度：$40\mu m$；

急冷衬底：铜辊，30℃，$h=12W/(cm^2 \cdot K)$；

合金液起始温度：1600℃。

第 12 章 其他超常规条件下的凝固技术

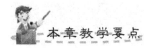
本章教学要点

知识要点	掌握程度	相关知识
微重力条件下的凝固技术和理论	掌握微重力场下金属流动和凝固组织的特点	(1) 太空条件下的微重力、高真空和超低温条件 (2) 微重力对对流及结晶过程的影响 (3) 微重力实验环境的获得
超重力条件下的凝固	(1) 了解超重力实验环境的获得 (2) 了解超重力条件对凝固过程和组织的影响	(1) 高速离心机获得超重力 (2) 超重力条件下对流强度的增加及熔体的层流化
声悬浮技术	了解声悬浮原理及声悬浮条件下的凝固	(1) 声悬浮原理及实现方式 (2) 声悬浮对凝固组织均匀化的影响

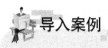导入案例

空间材料科学

在航天器上利用空间微重力条件进行材料科学研究和实验,已取得了很大进展。在空间失重环境中,对流、沉积、浮力、静压力等现象都消失了,另外一些物理现象却显现出来。例如,当液体的表面张力使液体在不和其他物体接触时,紧紧抱成一团,在空中悬浮;当液体和其他物体接触时,液体在物体表面能无限制地自由延展。太空毛细现象加剧了液体的浸润性,气体泡沫能均匀地分布在液体中,不同密度的液体可均匀混合。通过大量的研究实验,不仅清楚地认识了这些在微重力环境下产生的物理现象以及产生这些物理现象的机理,而且也进一步了解了地球重力环境限制材料加工的各种因素。利用这些在微重力环境下特殊的空间物理现象和过程,人类已试验了空间焊接、铸造、无容器悬浮冶炼等工艺,冶炼出高熔点金属,制造出了具有特殊性能的各种合金、半导体晶体、复合材料和光学玻璃等新材料。

美国早在阿波罗号飞船上就开展过微重力条件下的材料科学实验。在1973年发射升空的"天空实验室"空间站上,航天员进行了28项微重力研究实验,1975年在阿波罗号-联盟号联合飞行中又开展了13项微重力实验。自1981年航天飞机飞行以来,美国航天员利用空间微重力环境开展了晶体生长、特殊材料的工艺研究和生产,特别是把空间微重力实验室送入轨道进行材料加工,生产砷化镓晶体等材料。苏联于1969年在联盟号飞船上首次进行了金属焊接和切割试验,研究了微重力下的熔融金属性状,在礼炮号空间站上进行了微重力材料加工,拉出了重1.5千克的均匀单晶硅,制备了碲镉汞半导体材料、陶瓷和光学材料,还生产出球体伍德合金和铝镁、钼镓、铝钨、铜铟和锑铟等多种合金材料。

超常规条件下的凝固是指在某些特殊条件或特殊环境下,区别于一般公认常规条件下的凝固过程。例如,微重力环境下的凝固过程、强电脉冲作用下的凝固过程、超重力场作用下的凝固过程、高压环境下的凝固过程、电磁场作用下的凝固过程以及其他特殊条件下的凝固过程。

12.1 微重力凝固技术

12.1.1 微重力场下金属流动的特点

在微重力条件下,由重力引起的对流将被抑制,扩散将发挥充分作用;与此同时,界面张力的作用也将会突出出来。所有这些作用对金属凝固过程势必发生影响,从而导致新材料、新工艺的开发。从20世纪60年代开始,先是美、苏,后是我国的科技工作者通过地面落管模拟、地球卫星、宇宙飞船及航天飞机等试验,利用微重力条件及外层空间的特殊环境(除微重力外,还有高真空及超低温),对金属材料的凝固过程进行了大量的研究,为人类利用宇宙空间开发新材料、新技术创造了条件。

1. 微重力下的对流

由万有引力定律可知,地球表面的重力加速度 g_0 可表示为

$$g_0 = \frac{rM_e}{R_e^2} = 9.81 \text{m/s}^2 \tag{12-1}$$

式中,M_e 为地球质量(为 5.97×10^{24} kg);R_e 为地球半径(为 6.371×10^6 m);r 为万有引力常数(为 6.67×10^{-11} N·m²/kg²)。

通常称 g_0 为 $1g$,即一个重力加速度。同样,地球外的重力加速度 g 可表示为

$$g = \frac{rM_e}{R^2} \tag{12-2}$$

式中,R 为地球外某物体距地心的距离。

将 g 与 g_0 表达式相比,可得出重力加速度与物体距地心距离的关系为

$$\frac{g}{g_0} = \left(\frac{R_e}{R_0}\right)^2 \tag{12-3}$$

即

$$g = (g_0 R_e^2) R^{-2} = K R^{-2}$$

由于 g_0、R_e 为定值,故 g 与 R^2 成反比关系。通常在宇宙飞船上,重力加速度为 $10^{-8} \sim 10^{-4}$ 的数量级。可以想见,在这样小的重力加速度条件下,液态合金系统中,不同组元间的重度差别以及相同组元由于浓度及温度梯度存在造成的重度差别均微乎其微,从而使自然对流及物质的沉、浮和分层偏析现象几乎消失。

但是,这并不意味着重力引起的对流会完全消失,因为宇宙飞船是一个伸长的物体,它通常绕其指令舱旋转,如图 12.1 所示。因此,指令舱外的物体(例如凝固中的金属)的重力与飞船飞行中的离心力并不平衡,从而产生一个"时涨时落"的力,其数值可以表示为

$$F = \frac{rM_e m_L}{R^2} - m_L R \omega_0^2 \tag{12-4}$$

式中,R 为液体金属质量中心距地心的距离,不同于宇宙飞船质量中心与地心的距离 R_0;ω_0 为宇宙飞船绕地球运行的角速度。

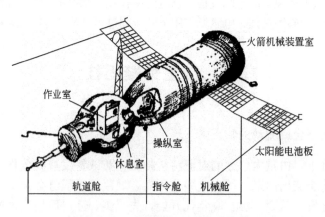

图 12.1 在轨道飞行中的宇宙飞船

对于飞船来说,当以半径弹道 R_0 环行弹道自由飞行时,式(12-5)是成立的。

$$\frac{rM_e m}{R_0^2} = mR_0\omega_0^2 \tag{12-5}$$

式中，m 为整个飞船的质量。

将式(12-4)和式(12-5)合并，可得

$$F = rM_e m_L R\left(\frac{1}{R^3} - \frac{1}{R_0^3}\right) \tag{12-6}$$

令 $\Delta R = R_0 - R$，$\Delta R \ll R_0$，将 R 展开成泰勒级数并取线性近似，即 $1R^3 = 1R_0^3 - 3\Delta R R_0^4$，从而可以将式(12-6)整理成为

$$F = -Cm_L \frac{\Delta R}{R_0^3} \tag{12-7}$$

式中，$C = 3rM_e$。

从式(12-7)可以看出，液体金属与整体飞船质量中心间的距离 ΔR 越大，液体金属受到的局部作用力越大，在这种作用力下有时甚至可以观察到大体积液体金属的变形。当然，上述作用在重力为零时是不会发生的。

在通常条件下，从金属熔体中形成的晶体(质量为 m，半径为 r)由于重度大的关系在熔体中要逐渐下沉到底部，其下沉的速度 v 取决于重力的大小、黏度及液体密度随高度的变化等。为此，晶体的运动方程可表示为

$$m\frac{\mathrm{d}v}{\mathrm{d}\tau} = mg - 6\pi\eta rv - \frac{4}{3}\pi r^3 \rho(z)g \tag{12-8}$$

等式的右侧第1、2、3项分别为重力、流动阻力和浮力，其中 $\rho(z)$ 表示密度 ρ 为高度 z 的函数。可以看出，晶体数量分布将随高度而变化。对该方程求解可以得出晶体的下沉速度。

$$v = \frac{gm}{6\pi\eta r}\left[1 - \frac{4\pi r^3 \rho(z)}{3m}\right](1 - e^{-A\tau}) \tag{12-9}$$

式中，$A = 6\pi\eta r/m$。

从式(12-9)可知，当重力加速度 g 不同时，晶体的下沉速度不同；当 g 非常小时，晶体的下沉将不会导致明显的偏析。如果析出晶体尺寸很小，则可能会发生下述情况，即它的热运动能量与其下沉的能量相等，此时晶体沿试样高度的稳定分布达到了极限情况，在这种情况下，式(12-10)是成立的。

$$D\frac{\mathrm{d}C}{\mathrm{d}z} - Cv = 0 \tag{12-10}$$

式中，D 为晶体在液相中的扩散速度；C 为晶体在液相中的浓度。

式(12-10)显示了达到稳定状态的条件，即下沉和向上扩散、漂移相平衡，此时下沉速度已和时间无关，因该表达式中 $e^{-A\tau}$ 可忽略。将 $m = \frac{4}{3}\pi r^3 \rho_c$($\rho_c$ 为晶体的密度)代入式(12-9)，可得晶体下沉的极限速度为

$$v_{CT} = \frac{2g\rho_c r^2}{9\eta}\left[1 - \frac{\rho(z)}{\rho_c}\right] \tag{12-11}$$

对 $D\frac{\mathrm{d}C}{\mathrm{d}z} - Cv = 0$ 进行求解，可得晶体沿试样高度 z 的分布为

$$C = C_0 \exp\left(-\frac{v}{D}z\right)$$

式中，C_0 为 $z = 0$ 时的晶体浓度。

为此，晶体沿试验高度的相对分布为

$$\frac{C}{C_0} = \exp\left(-\frac{v}{D}z\right) \tag{12-12}$$

将式(12-11)代入式(12-12)（即 v_{CT} 代替 v），得

$$\frac{C}{C_0} = \exp\left[\frac{2g\rho_{\mathrm{C}}r^2}{9\eta D}\left(z - \frac{1}{\rho_{\mathrm{C}}}\int_0^z \rho(z)\mathrm{d}z\right)\right]$$

展开后得

$$\frac{C}{C_0} = \exp\left[\frac{2g\rho_{\mathrm{C}}r^2 z}{9\eta D}\left(1 - \frac{\rho(z)}{\rho_{\mathrm{C}}}\right)\right] \tag{12-13}$$

由式(12-13)可知，重力加速度 g 对晶体在试验中的分布有着明显的影响，从而也影响着偏析情况。当 g 为零时，沿试样高度晶体分布的数量完全一致，因此在微重力场下可以获得非常弥散的多相组织。

2. 界面张力引起的流动

通常，毛细现象是界面张力引起流动的最明显的例证，在微重力条件下，这种现象将表现得更为突出。在一个特定系统中，界面张力受温度与溶质浓度的影响，即

$$\sigma = \sigma^*\left[1 + \left(\frac{\mathrm{d}\sigma}{\mathrm{d}T}\right)\Delta T + \left(\frac{\mathrm{d}\sigma}{\mathrm{d}C}\right)\Delta C\right] \tag{12-14}$$

式中，σ^*、σ 分别为温度和溶质浓度变化前、后的界面张力。

当温度或浓度梯度垂直于凹曲的液面时，势必产生一个界面张力梯度；当其达到 Marangoni 数的临界值时，将会引起液体流动。温度的 Marangoni 数和溶质的 Marangoni 数分别表示为

$$M_{\mathrm{aT}} = \frac{\sigma(\mathrm{d}\sigma/\mathrm{d}T)L^*}{\rho v^2}\Delta T$$

$$M_{\mathrm{aC}} = \frac{\sigma(\mathrm{d}\sigma/\mathrm{d}C)L^*}{\rho v^2}\Delta C$$

式中，v 为液体的运动黏度系数；ρ 为液体的密度；L^* 为液体的特征长度。

在固-液界面附近，随着凝固过程的进行，溶质浓度的富集必然导致浓度梯度的产生。此外，温度梯度的存在也是正常的。由于这些情况而造成界面张力的改变并由此引起液体的流动在地面上是很难观察到的，但在微重力场下却是不容忽视的。

界面张力与重力的相互竞争，往往对液体在容器或与之接触的界面上的形状产生影响。图 12.2 为吊挂液滴及座滴因重力不同引起的形状变化。这种变化主要由界面张力与重力的相对关系即 Bond 数决定的，即

$$Bo = \frac{\sigma}{gd^2\Delta\rho} \tag{12-15}$$

式中，$\Delta\rho$ 为两相邻物质的密度差；d 为系统的特征长度。

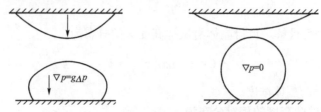

图 12.2　吊滴与座滴受重力影响引起的形状改变

当两物质相互润湿时，在 g 值很小的情况下，界面动力会使液体沿界面无限制的延伸；而当不相互润湿时，液体倾向于成为球形，甚至在坩埚底部，液体金属的形状也一样。

3. 液-固转变使体积变化引起对流

即使在微重力场下，在凝固前沿仍然存在着与重力无关的显微区域的对流，这主要是凝固时固体积改变造成的。这种对流的流动速度可以表示为

$$u = \frac{\rho_S - \rho_L}{\rho_S} v \tag{12-16}$$

式中，v 为凝固速度；ρ_L、ρ_S 分别为液固相的密度。

4. 对流对扩散系数的影响

在地面上，溶质的有效扩散系数由以下4个部分组成，即

$$D_{eff}(g) = D + D_g + D_{wall} + D_{mic} \tag{12-17}$$

在重力为零的条件下，即在空间溶质的有效扩散系数为

$$D_{eff}(0) = D + D_{wall} \tag{12-18}$$

式中，D 为原子扩散系数；D_g 为由重力引起微对流的扩散系数；D_{wall} 为由于液体对型壁的润湿而引起的扩散系数；D_{mic} 为由于浮力而引起自然对流的扩散系数。

由式(12-18)可见，在空间的有效扩散系数要小于地面上的有效扩散系数，这是由于没有重力引起的对流所致。用同位素 Zn^{65} 研究其自扩散系数的结果表明，在550℃时，无重力条件下的自扩散系数要比地面上小50倍。扩散系数的改变势必影响凝固过程中固-液界面处溶质分布。图12.3为不同重力条件下固-液界面处溶质富集层的情况，由图12.3可以看出，在地面上的溶质富集层要比在空间的宽得多。可以想见，在空间，由于溶质富集层较窄，在凝固过程中很容易达到稳定态，从而有利于偏析的减少。

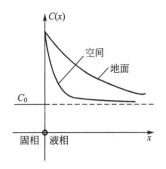

图 12.3 重力对凝固界面前沿溶质富集层宽度的影响图

12.1.2 微重力场对金属凝固组织的影响

液体金属的对流直接影响着热和溶质的传输，因此它对晶体生长的热力学与动力学都要产生影响。一些实验发现，在微重力场下结晶出的晶体尺寸比地面上的大，其理由是重力的减少及对流的削弱达到一定程度后，会使晶核数目减少，使晶体长大速度增加。此外，重力通过对流作用对扩散系数的影响，势必会影响到枝晶臂间距及共晶片间距的大小。可以想见，在微重力条件下，对流传质削弱的结果会使共晶层的片间距细化。于是，在制取单晶及自生复合材料时，微重力场成为一个理想的条件，因为它大大地减小了对流，而对流是使晶体形成缺陷、增加晶体生长台阶对外来质点吸附的主要根源。

在外层空间，除具有微重力场条件外，还有高真空(如距地面500km的高空，真空度可达 133.32×10^{-8} Pa)和超低温(在飞行器的背阴面，温度可低至 -200℃以下)。这些为

制取高纯合金和深过冷金属创造了极为有利的条件。在空间实验室可以较容易地进行没有搅拌作用的大体积悬浮熔炼；由于没有大气和坩埚的污染，可以获得纯度很高的金属材料和半导体材料。在这样条件下获得的高纯合金，在深过冷下进行静态结晶，可以制备具有稳定相或亚稳相的新成分及新性能的合金材料。因为在深过冷条件下，固相的固溶度可以大大提高。与此同时，大的过冷度会使晶粒细化，特别是当过冷度达到某一数值时，晶粒度有一个突变，如图 12.4 所示。此时，由于凝固潜热放出速率很大，使得枝晶温度很快回升至熔点温度，将枝晶熔断，晶体将形成没有枝晶特征的微晶结构。此外，深过冷还有利于获得非晶和准晶组织，它们具有优异的耐磨、耐蚀及超导性能，具有广泛应用前景。

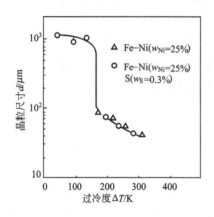

图 12.4 过冷熔体的过冷度与晶粒尺寸的关系

在微重力条件下，系统中不同组元间的重度差异将消失，因沉、浮作用而引起的一些相的聚集和偏析将不再存在，因此利用微重力制备难混溶偏晶合金成为当前微重力技术应用于材料领域的一个重要方面，可能发展出一系列新的合金材料，而过去在地面由于重度差异导致合金严重分层。如 Pb-Al 合金，其组分可混合得非常均匀，是一种优良的减振耐磨材料。Co-Cu 系合金有重要潜在应用前景。该合金具有亚稳不混溶间隙，难以得到均匀的混溶组织。西北工业大学空间材料研究所利用电磁悬浮及落管技术研究了在微重力条件下该合金的凝固和相分离规律，得到了富 Co 相在富 Cu 基体均匀弥散分布的样件。图 12.5 是在不同条件下获得的相分离凝固组织。

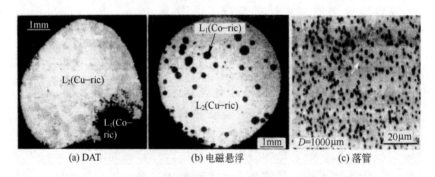

(a) DAT　　　　　(b) 电磁悬浮　　　　(c) 落管

图 12.5 $Co_{84}Cu_{16}$ 合金在不同条件下获得的相分离凝固组织

同样，在微重力条件下的组分均匀混合，对颗粒、短纤维强化复合材料也有特殊作用。例如在地面上，Al-W 复合材料由于密度相差太大，几乎无法获得，但在空间微重力条件下是很容易制取的。

空间实验还发现，在微重力条件下，向液体金属引入气体或发泡物质，在金属凝固过程中，气体会均匀地分布在金属中。用这种方法制造的泡沫铝，可以漂浮在水面上，且具有很高的抗压强度。例如，在地面上向铝合金液体中通入 0.3~0.5Pa 压力的氢气，快速凝固，然后在太空失重的条件下重熔并缓慢冷却，结果在铝合金中形成均匀的气泡，密度只有原来铝合金的 1/3。

在微重力条件下界面张力作用能够得到充分发挥，因此可以发展一些金属成形的新工艺，例如扩展铸造工艺及液态金属直接拉丝、制带工艺等。扩展铸造是利用液态金属在固体表面润湿扩展的原理，将液体金属送到铸型的各个角落，使之凝固成厚度均匀的金属壳，随后在第一层金属壳的内腔表面再送入第二层另外成分的金属液，依次类推，最终可以制取多层结构的复合材料铸件。

12.1.3 微重力试验环境的获得

利用落体系统，人为制造局部微重力环境，使之为人类活动服务，有重要意义。获得微重力环境的方法主要有落塔、落管、气球落舱、飞机、火箭及轨道飞行。

落塔是在地球上使用的落体系统，落体为多种舱体，在下落过程中，舱内产生微重力环境。落塔的特点是参数可调、舱体大、可多次重复试验、能完好回收公用设备和试验成本低。

以竖立的管道代替落塔塔体称落管。试验样品经管道下落，试验结束后设施可回收。落管的特点是不用笨重舱体、可实现无容器加工、样品小、能产生并维持真空而使样品不受污染和氧化以及能屏蔽光干扰。落管也是多种多样的，除制冷式外，还有流气式等。

飞机取得尽可能大而且有上升角度的初速度后，驾驶员保持水平速度为常数，垂直加速度为零，即可飞出抛物线径迹，这时机舱内可获得微重力场。一般运输机可获数十秒的失重，一次起飞可多次试验。但飞机微重力水平不高，在 $10^{-3}g$ 已可算作是较高精度。精度虽差，但可载人是其特色。

气球落舱是应用高空自由落体内所造成的短期微重力环境进行研究试验，其特点是价格便宜，投资少，安全回收率高，可以重复进行试验。

以较大的发射角向上发射火箭，试验载荷与箭体分离后以惯性继续上升，克服自旋，稳定姿态，清除了附加加速度，达到大气已足够稀薄的高度。载荷舱内开始处于微重力状态，火箭到达弹道顶点折返下来，降至较稠密大气高度结束，共可获数分钟微重力环境。采用火箭获得微重力场费用较高，但比轨道飞行，如航天飞机、空间站还是低得多。为避免太多的损失，在重大航天计划实施之前，先以火箭发现试验中的问题很有必要。

轨道飞行可以取得长时间的微重力环境，但试验成本较高。

12.2 超重力凝固技术

与微重力相对应的是超重力。一般只要物体加速度与重力加速度的比值超过 1 时，就可以认为该物体处于超重力状态。当达到超重力条件时，能改变固液界面前沿的对流，并且往往可以获得组织均匀和性能良好的晶体。

12.2.1 超重力场的获得及产生原理

在实现超重力的手段中，应用最多的是离心机。该方法投资省、试验参数便于控制和测试。虽然超重力技术的实质是离心力场的作用,但该技术与以往的传统复相分离或密度差分离有质的区别,它的核心在于对传递过程的极大强化。

把离心力场中的单位体积液体金属所产生的离心力称为"有效重度 γ'"。

$$\gamma' = \rho\omega^2 r \qquad (12-19)$$

在离心力场中,金属的有效重度往往比重度大几十倍至一百多倍,为分析问题方便起见,把有效重度大于一般重度的倍数 G 称为重力系数,即

$$G = \frac{\rho\omega^2 r}{\rho g} = \frac{\omega^2 r}{g} \qquad (12-20)$$

理论分析表明,"γ'"越大,两相接触过程的动力因素即浮力因子 $\Delta\gamma$ 越大,流体相对滑动速度也越大。巨大的剪切应力克服了表面张力,可使液体伸展出巨大的相际接触界面,从而极大地强化了传质过程,这一结论导致了超重力的诞生。显然,由于 $\Delta\gamma$ 的大幅度提高,不仅质量传递,而且动量、热量传递以及与传递相关的过程也都会得到强化。因此,超重力技术被认为是强化传递的一项突破性技术。

12.2.2 超重力下熔体的重新层流化及对流强度的增加

在超重力状态下熔体中浮力对流强度得到加强,液流状态随对流强度发生变化。反映在温度的波动上,层流温度起伏平缓,而紊流温度波动剧烈。温度的波动会造成生长界面的热扰动,从而带来成分的波动。研究发现,随着重力水平的提高,熔体的流态由层流转化为紊流状态,当离心加速度进一步提高到一定的重力水平时,熔体又由紊流转化为层流,即所谓的重新层流化。此时是一种高速层流状态,可极大地提高凝固界面的热稳定性,为制备无偏析的晶体创造了必要的条件。

重力引起的生长条纹缺陷,是一种微观不均匀性。图 12.6 所示为 Czochralski 法沿 <111> 方向生长的掺 S 的 InP 单晶纵截面的生长条纹,它是杂质分布不均匀性和晶体组分不均匀性造成的。由于非稳态的热对流引起固液界面附近的温度起伏以及杂质分凝依赖于生长速率,从而导致生长条纹,所以生长条纹是重力驱动的对流造成的。Müller 等通过实验证明生长条纹和温度起伏之间有紧密的关系,并发现减小熔体的高度以减轻流动,则生长条纹消失。这个实验结果再一次证实重力驱动对流是生成生长条纹的关键所在。

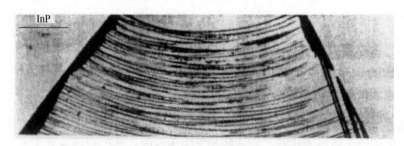

图 12.6 Czochralski 法生长的 <111> 方向的掺 S 的 InP 单晶纵截面的生长条纹

在超重力条件下,可消除这样一种生长条纹。同样是用垂直 Bridgman 法生长晶体和顶部籽晶技术,但在离心机上获得不同加速度的超重力条件,则熔体温度波动逐渐变小,

生长条纹也慢慢变弱。

在超重力下,对流流动的增强也能稳定晶体生长的固-液界面。增加离心加速度,增强对流传输,从而增大在生长界面的温度梯度,最后达到稳定固液界面的作用。

Müller 和 Neumann 在离心机上施加 20g 的超重力,并结合水平移动加热方法研制 GaSb 晶体,掺杂 Te5×10^{18}原子$/cm^3$。在 550℃制备出无夹杂的晶体所需的最大生长速率为 14~20mm/天,要比在地面正常的重力下制备类似晶体快一个数量级。根据成分过冷理论,最大拉速随界面处的温度梯度提高而增加。增加重力,使对流传输加强,提高生长界面处的温度梯度,因而可稳定界面。生长条纹的形成与流体中热扰动有直接联系,一旦温度波动到达固-液界面时,将会扰动生长速率,从而使成分波动。随着超重力的提高(即提高离心加速度),不仅流体内温度的波动情况发生改变,浮力对流也由紊流又转化为层流,即实现重新层流。

在不同的重力加速度水平下,Pb-Sn 共晶定向凝固组织形态也出现了显著差异。1g 时共晶组织为较为挺直的片状晶,5g 和 10g 时共晶组织呈胞枝状生长,而 15g 时共晶组织又为挺直的片状晶。这种差异与不同重力加速度下浮力对流的特性有关。1g 时浮力对流较弱,熔体内温度波动频率较低,此时对界面的干扰属于长波段的干扰,因此不会造成凝固界面的失稳。5g 和 10g 时,由界面的失稳可以看出此时凝固界面受到一种不稳定的紊流影响。紊流是一种不稳定的对流,这种对流属于中波段干扰,因而造成界面的失稳。15g 时对流的干扰为短波段干扰,此时熔体内温度波动频率极高,实测温度已无法反映出温度的波动,流态呈层流状态,因此证明了"重新层流化"现象确实存在。从浮力对流对熔体内温度波动频率变化的影响以及浮力对流的干扰和界面的耦合作用出发,是"重新层流化"现象得以解释的思路之一。

由于流体的流动形式是和流体的速度场和温度场紧密联系在一起的,而这两个参数又是控制晶体生长、制备优异性能的功能材料所必不可少的主要因素。对流传输的强度(实为动量传输的强度指标),即瑞利数(Raleigh Number),在没有改变热边界条件的情况下因加速度大小的变化而变化,可以获得宽范围的稳态凝固阶段,在此范围内晶体生长呈稳定状态。稳态凝固阶段可以得到很高的传输速率,这一点对于受溶质传输限制的晶体生长来说是特别有意义的。半导体材料科学实验室对 GaAs 单晶生长做了试验,试验设备采用中国空间技术研究院的臂长达 7m 的离心机,离心加速度高达 30g。发现 GaAs 晶体生长中的杂质带变得微弱和模糊。随着离心力的增大,超负荷生长的 GaAs 的螺旋位错密度也增大了。

美国宇航局曾研究过超重力凝固对 Pb-Sn50%(质量分数)合金组织的影响证明,随着重力加速度从 1g 增加到 5g,一次枝晶间距从约 185μm 降低到约 145μm,但对二次间距和其晶间距影响不大。苏联科学院空间研究院对 $Pb_{1-x}Sn_xTe$ 在超重力条件下晶体生长进行了研究。离心机臂长 18m;可产生 1g 到 30g 的超重力加速度,认为超重力引起的对流似对大量形核有利,也使生长方向更有序。Johnston 等对 MarM246(Hf)镍基合金的定向凝固过程,研究了重力对对流的影响。试验在 NASA 的 KC-135K 飞机上进行。30s 保持在低重力状态($10^{-2}g$),然后在 1.5min 内升高至 1.7g 大重力状态。重力降低,使枝间金属液的对流强度减小,结果使浓度梯度增大,造成在低重力阶段较大的枝晶间距。相反在超重力阶段浓度梯度小,粗化的驱动力也变小,枝晶粗化速率减慢。图 12.7 所示为 3 种不同凝固速率 v 下,重力水平(重力加速度)对 MarM246(Hf)合金二次枝晶间距的影响。

枝间偏析度与局部凝固时间成正比，与二次枝晶间距平方成反比。

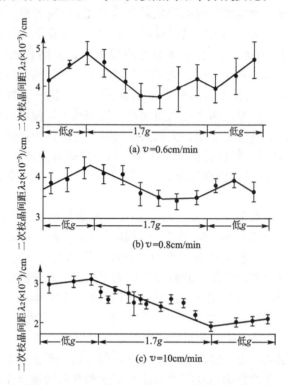

图12.7 在3种不同凝固速率 v 下，重力水平对 MarM246(Hf) 合金二次树枝晶臂间距的影响

12.3 声悬浮凝固技术

声悬浮现象最早是1886年由Kundt发现的，后由King等人对其物理机理进行了比较全面的理论阐述。20世纪80年代以来，随着航天技术的进步和空间资源的开发利用，声悬浮逐渐发展成为一项很有潜力的无容器处理技术。声悬浮是高声强条件下的一种非线性效应，其基本原理是利用声驻波与物体的相互作用产生竖直方向的悬浮力以克服物体的重量，同时产生水平方向的定位力将物体固定于声压波节处。单一频率的声波在谐振腔内传播，其入射、反射两列波相干形成驻波，驻波振幅在谐振腔内相对空间位置呈周期性的极大、零，再到极大的分布，且相邻极大值或零之间的距离均为该声波的半波长，当声波谐振腔的长度恰好是该声波的整数倍时产生谐振；在波源强度不变、频率不变的条件下，谐振腔内产生稳定的驻波现象，在谐振腔内某一位置放置一物体，当其受到上下两面压力之差足以克服其自身重力时，该物体会被悬浮起来（图12.8）。声悬浮技术分为三轴式和单轴式两种，前者是在空间3个正交方向分别激发一列驻波以控制物体的位置，后者只在竖直方向产生一列驻波，其悬浮定位力由圆柱形谐振腔所激发的一定模式的声场来提供。

声悬浮技术是进行材料无容器凝固研究的一种特殊条件。如何提高声悬浮能力一直是声悬浮研究中一个关注的焦点。声悬浮能力和悬浮器几何参数之间存在着一定关系。为了揭示这一关系，西工大空间材料科学实验室建立了单轴式声悬浮过程的优化设计理论，该模型揭示了声悬浮性能和以声波长为参考的悬浮器几何参数之间的本征关系，成功地预测声场的谐振模式 H_m（$m=1, 2, 3, 4$ 为模式数，H_m 为反射端-发射端谐振间距），并解释了反射端和发射端附近的悬浮样品偏离对称轴的实验现象。

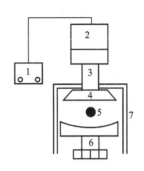

图 12.8　声悬浮装置简图
1—超声波发生器；2—换能器；3—变幅杆；
4—圆锥形发射端；5—悬浮试样；
6—凹球面反射面；7—石英管

根据该理论，系统研究了不同谐振模式（$m=1, 2, 3$）下，悬浮力 F_M 和反射端几何参数（截面半径 R_b、曲率半径 R 或深度 D）的关系。研究发现，通过优化反射面曲率半径（或深度）可以显著提高悬浮力并且 m 越小，R_b 越大，则 F_M 提高的程度就越大。在球面、旋转抛物面和旋转双曲面 3 种类型的凹面反射端中，采用球面反射端通过上述方式提高悬浮力，可以获得最佳效果。发展了一种验证悬浮力与反射端几何参数关系的实验方法，对计算得到的"F_M—R—R_b—m"关系进行了实验验证，计算结果和实验结果十分吻合。

该理论解决了单轴声悬浮过程中悬浮力小和悬浮稳定性差的难题，在国际上首次成功地悬浮起自然界中密度最大的固态物质铱（密度 $22.6 g/cm^3$）和液态物质汞（密度 $13.6 g/cm^3$），证明了声悬浮可以在地面条件下悬浮起任何固体和液体。图 12.9 为 Pb - Sn 共晶合金分别在静态和声悬浮条件下的凝固织织形态。

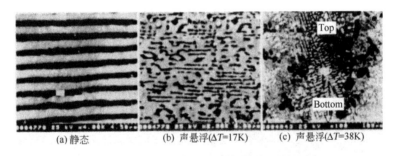

(a) 静态　　(b) 声悬浮（$\Delta T=17K$）　　(c) 声悬浮（$\Delta T=38K$）

图 12.9　共晶合金在静态和声悬浮条件下的凝固组织

12.4　高压凝固技术

压力凝固也是当前人们关注的热点之一。压力作为与温度和化学成分同等重要的热力学变量之一，对合金的凝固过程有着非常重要的影响。尤其是当压力达到 GPa 数量级时，极大地改变了合金凝固过程的热力学及动力学条件，使得合金最终的组织形态和相的分布都与常压条件下完全不同。压力对凝固相变的影响可归结如下：降低形核激活能，增大扩散激活能，而高压（超过某极值）下，可提高非晶形成能力。此外，由于高压凝固时溶质扩散系数的减小，固液界面前沿的溶质长程扩散困难，相对于常压下凝固而言，则更容易形成溶质富集层，增加成分过冷，因此可认为压力下凝固促进了成分过冷，从而导致高压凝固比常压凝固时的枝晶更加等轴化高压除了增加合金的成分过冷度外，根据克拉伯龙方程，Al-Mg 合金在高压下结晶时其液相线温度将升高，因此高压对熔体的热过冷度也有提高。

利用压力对相变影响的特点（促使形核及抑制生长）可制备纳米晶体材料，并可通过调整压力，实现对晶粒度的控制，使得在较低冷却速率下，获得纳米晶块体材料。表 12-1 为由面心立方 Pd(Cu) 和亚稳 Pd_4Si 相组织的平均晶粒度与压力的关系，压力越高，晶粒越小。

表 12-1　Pd-Si-Cu 压淬样品平均晶粒度与压力的关系

压力/GPa	Pb(Cu)固溶体/(d/mm)	Pb_4Si-II/(d/mm)
2	11.6	36
4	9.0	25
5	8.4	17
6	8.0	13

有人研究了高压凝固对 Al-Mg 合金枝晶形态的影响。同常压凝固条件下破碎的枝晶组织相比，高压凝固条件下，Al-9.6% Mg 合金形成规则的等轴枝晶，枝晶臂较完整，二次枝晶间距减小，并且一次枝晶臂增长（图 12.10 和图 12.11）。这主要是高压极大地增加了液态熔体黏度，枝晶间几乎无对流形成。同时，高压促使成分过冷度和热过冷度增加，结果固液界面前沿的液体中出现了大范围的过冷，这些促使了具有较长一次枝晶臂的等轴枝晶形成。

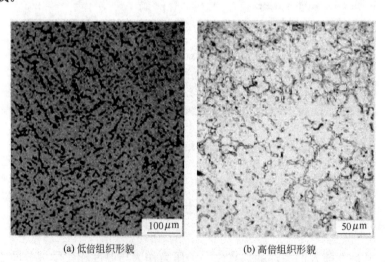

(a) 低倍组织形貌　　　　(b) 高倍组织形貌

图 12.10　常压下凝固的 Al-9.6%Mg 合金组织

利用高压下快速凝固制备非晶材料，也是人们所关注的。高压作用下，相当多材料更容易获得亚稳组织，即可以在较常压更小的冷速下获得非晶。

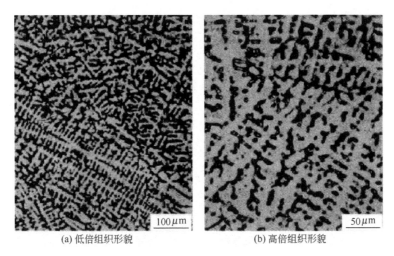

(a) 低倍组织形貌　　　　(b) 高倍组织形貌

图 12.11　4GPa 压力下凝固的 Al-9.6%Mg 合金组织

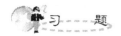

1. 微重力条件对液体的微观流动有什么作用？这种作用对凝固过程有什么影响？
2. 获得微重力条件的方法有哪些？
3. 什么是超重力？超重力条件对金属凝固有什么影响？
4. 比较微重力和超重力对偏析的影响。
5. 简述声悬浮原理。声悬浮条件下凝固的特点是什么？
6. 高压对凝固过程有哪些影响？

第13章 金属基复合材料的凝固

本章教学要点

知识要点	掌握程度	相关知识
颗粒增强和纤维增强金属基人工复合材料的凝固	(1) 掌握金属基复合材料基本分类 (2) 掌握增强纤维和颗粒对金属基复合材料凝固过程的影响	(1) 人工和自生复合材料 (2) 凝固法制作金属基人工复合材料的几种工艺 (3) 增强相与金属的润湿性对凝固过程及增强相分布均匀性的影响
共晶型金属基自生复合材料的凝固原理和控制	(1) 掌握共晶自生复合材料的基本技术 (2) 了解非共晶成分复合材料的技术原理	(1) 制作共晶复合材料对共晶系的基本要求 (2) 共晶自生复合材料凝固界面的性质 (3) 凝固过程的控制

导入案例

铝基复合材料在导弹中的应用

作为第三代航空航天惯性器件材料,仪表级高体分 SiC 颗粒/铝基新型复合材料,替代铍材,已在美国用于某型号惯性环形激光陀螺制导系统,并已形成美国的国家军用标准(MIL-M—46196)。该材料还成功地用于三叉戟导弹的惯性导向球及其惯性测量单元(IMU)的检查口盖,并取得比铍材的成本低 2/3 的效果。目前,导弹(图 13.01)制造公司在国际市场上竞争激烈。他们想要赢得市场,就必须满足用户现在和未来的要求,改进导弹的性能,降低其初始寿命和全寿命周期费用。材料技术对导弹的改进与发展起关键性作用。例如,提高材料的强度与刚性,可使导弹采用壁厚较薄的弹体而减轻质量,减重的导弹有利于提高速度。材料使尾翼和弹翼刚性增强,可减少颤动与弹头偏转,从而改善导弹的制导与精度。因此,为了适应导弹速度、制导和精度等性能的改进,需开发和应用新材料。多年来,英国国防部投资,英国国防评估研究局与马特拉 BAe 动力公司研究了铝基复合材料在导弹零部件中的应用,取得了一些成效。铝基复合材料适宜制造弹体、尾翼、弹翼、导引头组件、光学组件、推进器组件、致动器组件、发射管、三角架和排气管等导弹零部件。目前,他们已完成第一阶段、第二阶段计划,正在实施近期研究计划,并制订了未来的研究计划。

图 13.01 导弹

13.1 概　　述

根据国际标准化组织(ISO)下的定义,复合材料是由两种或两种以上物理和化学性质不同的物质复合组成的一种多相固体。由于组成相性能互补,故复合材料是一种性能优异而独特的新材料。其中,具有特殊物理性能的称为功能材料,力学性能优异的称结构材料,二者兼备的称结构-功能材料。但无论是哪一种,复合材料总是由一个或多个连续的基体相和一个或多个分散的强化相组成。人们可以根据使用要求进行设计,从而达到最合理地满足使用要求的目的。

在我国,制备使用复合材料已有数千年的历史,如黏土中掺入稻草等。但复合材料作为材料及加工科学的一门学科,并认为复合材料是一种具有很大潜力的工程材料,只是近几十年的事。20 世纪 40 年代树脂基玻璃纤维复合材料迅速发展并实现商品化。20 世纪 70 年代又发展了金属基复合材料,特别是以钛、铝、镁为基的金属基复合材料,满足了航空航天对材料高强度、高弹性模量、耐热耐磨、抗疲劳、低膨胀、抗阻尼等特殊性能的要求。20世纪80年代开始,正逐步研究开发陶瓷基长纤维复合材料,以制备使用温度更高的燃气涡轮叶片等耐热部件。

复合材料按基体的性质可分为树脂基复合材料、金属基复合材料和陶瓷基复合材料。按强化相的产生可分为自生复合材料和人工复合材料。本章只讨论分析金属基自生复合材料和金属基人工复合材料,并着重阐述它们的凝固特点。金属基自生复合材料是共晶合金或偏晶合金,采用定向凝固的方法,通过合理地控制工艺参数,使基体和强化相均匀相间,定向整齐地排列。作为第二相的强化相是在定向凝固的相变过程中析出的。非定向凝固的金属基自生复合材料尚少研究。金属基人工复合材料中的强化相是人为掺入进去的。强化相的形态一般为长短纤维和颗粒状。其中,有氧化物 Al_2O_3、SiO_2、ThO_2;碳化物 SiC、Cr_7C_3、TiC、B_4C、WC、ZrC 等;硼化物 TiB_2、CrB_2、WB;氮化物 TiN、AlN、Si_3N_4、BN、ZrN 等。纤维的直径为 $0.1 \sim 100\mu m$,它在基体中体积分数为 $1.0\% \sim 80\%$;颗粒强化相的大小为 $0.01 \sim 100\mu m$,它在基体中的体积分数为 $1.0\% \sim 50\%$。当强化相为长纤维时,纤维定向规则地排列在金属基体中。当强化相为颗粒状时,它无规则地均匀分布于基体中。

金属基自生复合材料与金属基人工复合材料相比至少有以下优点。

(1) 由于强化相是在凝固时析出的,两相界面的键结合力相当强,这对于应力从基体向纤维传递是十分有利的。同时,还避免了人工结合带来的润湿、化学反应或互溶等问题。

(2) 由于两相是在近平衡条件下缓慢生长而成的,两相界面处于低能界面状态,因此具有良好的热稳定性。这对高温材料尤为重要。

(3) 纤维或颗粒强化相凝固时析出,并均匀地分布于基体中,而当人工结合时,强化相往往分布不均匀,同时还容易产生强化相污染或损伤等问题。

(4) 经济、应用前景更广。但是,无论是科学研究还是实际应用方面,金属基自生复合材料都落后于人工复合材料。

复合材料成形技术有液相法(铸造、射压)、固相法(粉末冶金、机械合金化)和固液法(流变铸造或液态模锻)。

由于复合材料的"取长补短","协同作用",极大地克服了单一材料的缺点,故设计的新型材质的优异而独特的性能,是单一材料无法比拟的。复合材料的问世及其发展,是近代科学技术不断进步的结果,是材料设计的大突破。起先,航空、航天和先进武器系统等军事技术的发展对早期金属基复合材料的研究发展起了巨大的作用;近代电子、汽车等民用工业的迅速发展又为复合材料提供了广阔的前景。预计21世纪金属基复合材料将会得到大规模的开发、生产和应用。

13.2 金属基人工复合材料的凝固

13.2.1 金属基纤维强化复合材料

1. 金属基纤维强化复合材料的制备

长纤维强化相一般将超细纤维进行一维定向排列或纺织成二维或三维的叠层排列,以制成一维和多维复合材料。纤维的强度一般远大于基体材料,如 SiC 晶须 σ_b 达 70GPa,弹性模量大于 6000GPa。因此,它是复合材料中的主要受力单元。

长纤维金属基复合材料的制备或成形一般采用液相法,即将金属液体以加压或不加压的方式浸入预制的纤维体中,凝固后即为复合材料或成形产品。图 13.1 为加压铸造成形法,将预制纤维体放置在铸型中,浇注并加压成形。图 13.2 为熔模铸造法,将预制体置入型壳中后浇注成形。

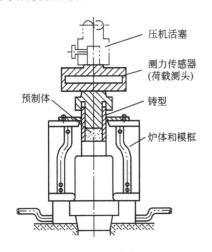

图 13.1 加压铸造成形法

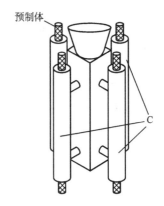

图 13.2 熔模铸造法
C—中心装入纤维束的熔模铸造圆筒

2. 合金液在预制纤维体中的凝固

合金液在预制纤维体孔隙中的凝固,仍遵循前面所阐述的合金凝固的一般规律。其特点是在于纤维强化相对凝固过程的影响。纤维表面与合金是否润湿是制造复合材料的关键。当合金液与纤维绝对润湿时,即润湿角 $\theta_w = 0°$,此时纤维即成为结晶核心,按照异质成核的规律进行结晶。如果合金液过热度不大、浸入纤维中已达到过冷状态,将以体积凝固的方式进行;若合金液没有达到过冷态,凝固过程则由传热过程来控制。在这种情况下,合金液还有利于充填纤维块中的孔隙。获得的复合材料,强化相与基体结合紧密,达到理想状态。当纤维表面与合金液完全不润湿时,即 $\theta_w = 180°$,此时根本无法获得符合要求的复合材料。因此,在复合材料的制备中极其重视基体材料同强化材料的界面作用。在金属中加入各种合金元素或其他的微量元素以及对强化相进行表面涂覆处理,其重要的目的之一是增强基体相和强化相之间的润湿作用。

基体相和强化相间的润湿作用影响凝固过程中固-液界面的形态及晶体的生长方向。当合金液在纤维孔洞中定向凝固,其固-液界面为平界面时:若 $\theta_w = 90°$,仍可维持平界面的形态(图 13.3(b));若 $\theta_w < 90°$,表面张力使液面下凹(图 13.3(a)),表面张力对浸渗过程将施加一个附加压力,附加压力越大,浸渗过程越容易进行;若 $\theta_w > 90°$,表面张力将使界面凸起(图 13.3

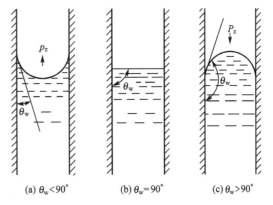

图 13.3 润湿角对增强纤维润湿特性的影响

(c)),表面张力对浸渗过程将施加一个附加反压力,必须施加一定的压力才能保证浸渗过程的进行,并且由于显微制体空隙的不均匀,很难使合金在较小的空隙中充填。假定纤维预制体的合金液通道为直通的圆柱管道,其半径为 r,如果合金液与增强纤维完全不润湿,即 $\theta_w=180°$,则合金液的表面张力对浸渗过程施加的反压力 p_z 为

$$p_z=\frac{2\sigma}{r} \tag{13-1}$$

式中,σ 为合金液表面张力。

对于铝合金液,$\sigma\approx0.914\mathrm{N/m}$,当 $r=10\mu\mathrm{m}=10^{-5}\mathrm{m}$ 时,p_z 高达 182.8kPa。因此,控制界面润湿特性,可大幅度降低浸渗压力。这不仅利于复合材料浸渗法成形过程的顺利实施,而且对于改善复合材料的界面强度和均匀性均是至关重要的。

在许多情况下,润湿角 $\theta_w>90°$,润湿情况是不好的。对纤维进行表面涂层处理是改善合金液对纤维润湿条件的有效途径,成为显微增强复合材料制备过程的一个重要环节。

当合金液在纤维孔隙中以枝晶方式生长时,枝晶生长方向与孔隙方向一致,则 $\theta_w<90°$ 时枝晶沿孔隙生长,若 $\theta_w>90°$,枝晶尖端处于孔隙中心;枝晶生长方向与孔隙不一致,枝晶生长方向将发生倾斜,以致枝晶尖端碰壁而改变方向,或出现新的一次枝晶取代原来的一次枝晶。

13.2.2　金属基颗粒强化复合材料

1. 金属基颗粒强化复合材料的制备及成形

颗粒强化相制备复合材料及成形的方法有多种,在此仅讨论液相法。将颗粒强化材料用搅拌或喷射的方法加入合金液中,并使其均匀的弥散分布,是常用的颗粒复合材料制备及其成形技术。当合金液与颗粒均匀混合后,仍具有流动性,可铸造成铸锭作为复合材料或直接铸成工件。但当颗粒的体积分数较大时,必须采用压力铸造或流变铸造以利于充型和补缩。

图 13.4 是一种液体搅拌铸造成形的方法,先用搅拌方法制取复合材料熔体,然后进行浇注成形。图 13.5 是一种喷射复合铸造工艺,以 Ar、N 等非活性气体作为载体,把增强颗粒喷射于浇注的金属液流上,随着液流的翻动使颗粒得到分散,然后浇入铸型中凝固。

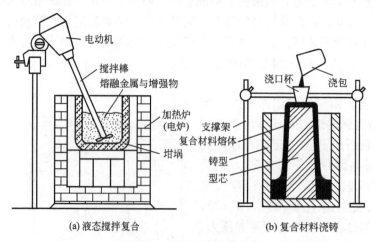

图 13.4　液体搅拌铸造成形

2. 金属基颗粒强化相复合材料的凝固

合金颗粒混合液的凝固特点仍体现在成核及生长两个方面。当颗粒表面与合金润湿时，则其本身可作为生核剂，使组织得以细化，并按照异质成核的规律凝固。反之，随着凝固过程的进行，将被排斥于枝晶间或晶界上，颗粒成一簇簇或一团团分布，严重影响着复合材料的性能。Nakae 等人在考虑颗粒与凝固界面接触时固相的实际生长状态的基础上，结合固相/液相/颗粒三相间的相互润湿性，提出了界面能模型，如图 13.6 所示。假设凝固过

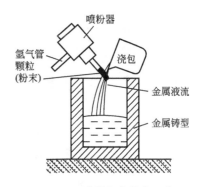

图 13.5 喷射复合铸造工艺

程中颗粒与固液界面之间保持一定的润湿角 θ，此时润湿角 θ 的大小由三相之间的界面能决定，并存在两种状态，即 $\theta<90°$（图 13.6(a)）与 $\theta>90°$（图 13.6(b)）。但此模型中忽略了重力的影响，即作用于小颗粒的力（粒径<0.5mm）仅与界面能有关。此时，润湿角与界面能之间有如下关系。

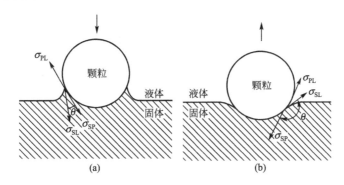

图 13.6 球状颗粒与固液界面的相互作用模型

$$\cos\theta = \frac{\sigma_{PL} - \sigma_{SP}}{\sigma_{SL}} \tag{13-2}$$

当 $\theta<90°$ 时，颗粒被捕捉，颗粒与固相的结合更容易发生。反之，当 $\theta>90°$ 时，颗粒被凝固界面排斥。

例如，共晶 Al-Si 合金中掺入颗料 Al_2O_3，Al_2O_3 颗粒被凝固界面所排斥，如图 13.7(a)所示。但当加入一定量的 Sr 和 Ca 等进行多元复合变质后，Al_2O_3 颗粒被生长的凝固界面捕捉而进入固相，在界面前沿的液相中没有颗粒聚集，如图 13.7(b)所示。

材料或成形件的质量还与凝固速度有关。当颗粒的密度与合金液的密度相差悬殊时，若凝固速度过慢，颗粒可能上浮或下沉而从合金液排除。此时，必须加快冷却速度，采用体积凝固的方式，以获得符合要求的材料或工件。

对于金属基复合材料，通常都不是用纯金属作基体，而是采用合金。由于合金元素的影响，平整的固液界面将变成胞状或树枝晶。当界面形状不平整时，颗粒的行为变得复杂化。图 13.8 概括地描述了固液界面形状与被捕捉及排出的情况。

当固液界面平整时，若颗粒被持续地推移，界面前沿将凝聚很多的颗粒，颗粒的运动受到阻碍，其结果是颗粒被固相机械地嵌入，生成带状组织（图 13.8(a)）；若颗粒能被固

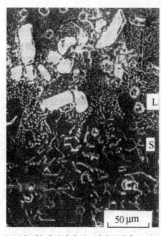 

(a) Al-Si-Sr/Al$_2$O$_3$(v=2.2×1.0^{-3}mm/s)　　(b) Al-Si-Sr-Ca/Al$_2$O$_3$(v=5.5×1.0^{-4}mm/s)

图 13.7　Al-Si/Al$_2$O$_3$/系复合材料中强化相在固液界面的分布

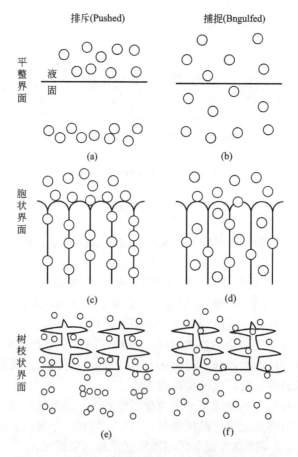

图 13.8　凝固界面形状对相互作用及颗粒分布的影响

液界面捕捉,就能获得颗粒均匀分布的固相组织(图13.8(b))。

当凝固界面为胞状时,假定胞晶间距大于颗粒直径,颗粒与界面的作用结果如图13.8(c)、(d)所示。若颗粒被固液界面排斥,颗粒将偏聚在胞晶界面的沟槽中,从而被机械地嵌入晶粒边界。当 Al_2O_3/Al-Ce 0.2% 复合材料定向凝固时,Al_2O_3 颗粒被固液界面排斥,固相中的颗粒分布于晶界的状态与图13.8(d)相同,如图13.9所示。另一方面,若颗粒能被捕捉,将能够进入晶粒内部形成较均匀的分布(图13.8(d))。

当树枝晶生长时,颗粒将呈图13.8(e)、(f)所示的状态分布。粗看固相中的颗粒分布宏观上几乎相同,但是当颗粒被固相排斥时(图13.8(e)),颗粒偏析在枝晶之间。因此,如果通过激冷等手段使枝晶细化,可以得到宏观上的均匀

图13.9 Al_2O_3/Al-Ce0.2%复合材料中颗粒分布($v=2mm/h$)

分布的组织,但这不是真正的均匀分布。图13.8(f)所示为颗粒能够被捕捉时的均匀分布状态。

13.3 自生复合材料的凝固

自生复合材料是相对市场上供应的人工复合材料而言的,是一种自生的多相材料。它的第二相(强化相)是定向排列的细纤维或细片,属于高强度的低维(一维或二维)材料,是在相变过程中析出的。通常用共晶合金进行定向凝固,并合理控制工艺参数(主要是温度梯度和凝固速度),使凝固过程成为平面生长过程就可获得这种材料。也可用亚共晶或过共晶成分的合金获得伪共晶组织的复合材料。

13.3.1 共晶自生复合材料

1. 对共晶系的要求

共晶合金熔点低,无凝固区间,铸造性能良好,在普通条件下凝固成许多取向不同的共晶团组织,其性能较低。共晶合金制成的自生复合材料,其强度大大提高,更重要的是它具有优越的高温性能及抗疲劳性能,这是普通共晶合金所不能比拟的。从图13.10可以看出,在不同的凝固条件下,Ta-TaC共晶系的力学性能相差很大。

但并不是所有的共晶系都能满足自生复合材料的要求,作为工程结构用复合材料,必须有高强度、高弹性相作为主要承载相,而基体应有良好的韧性以保证载荷的传递。因此,共晶系应具备以下要求。

(1) 共晶系中一相应为高强相。自合金中析出的高强相大都是金属间化合物,它在常

温和高温下都有高的强度。表 13-1 为以金属间化合物为强化相的共晶自生复合材料的组成和性能。

表 13-1 共晶自生复合材料的组成和性能

相系 A-B	B的体积分数(%)	熔点/℃	抗拉强度/MPa	伸长率(%)
Ni-NiBe	38~40	1157	918	9.0
Ni-Ni$_3$Nb	26	1270	745	12.4
Ni-NiMo	50	1315	1250	<1
Ni-Ni$_3$Mo	29	1300	650	<<1
Ni-NiC	55	1307	—	—
Al-Al$_5$Ni	11	640	—	—
Al-CuAl$_2$	48	548	—	—
Co-TaC	29	1360	1035	11.8
Co-CoAl	35	1400	500~585	26
Co-CoBe	23	1120	—	—
Co-NbC	12	1305	1030	2

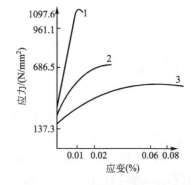

图 13.10 Ta-TaC 合金应力-应变图
1—单晶；2—柱状晶；3—等轴晶

(2) 基体应具有较高的断裂韧度,一般以固溶体为宜。在一定的固溶浓度下得到高的韧性和一定强度。同时可用加入合金元素的方法来改善性能。例如,加入能形成二次析出相的合金元素,沉淀强化以提高强度。

(3) 在定向凝固时能够获得定向排列的规则组织,即可以呈棒状(纤维状)或片状组织,这是共晶相本身特点和凝固条件所决定的。非小平面-非小平面(金属-金属)共晶凝固时容易获得规则组织,而非小平面-小平面(金属-非金属)共晶欲获得规则的复合组织,控制凝固过程时条件更苛刻些。

2. 共晶自生复合材料相界面的性质

共晶组织中的相分散度很大,相界面在整个合金的界面中占有很大比例,因此相界面性质对共晶的性能起着重要作用。相界面的性质影响到共晶两相间的结合强度、高温下组织的稳定性以及强化相析出的形态等。

定向凝固的共晶合金可能出现规则排列的复合材料所要求的组织,称为正常组织,反之称为不正常共晶组织。因此,欲获得自生复合材料有赖于正确地选择合金,并不是所有共晶或偏晶都能制作复合材料,主要问题是两相共同生长时界面的匹配问题。正常共晶组织的共同特点如图 13.11 所示。两个固相之间的界面张力 $\sigma_{\alpha\beta}$ 远远小于它们与液相的界面张力 $\sigma_{\alpha L}$ 和 $\sigma_{\beta L}$,界面张力的平衡式：

$$\sigma_{\alpha\beta} = \sigma_{\alpha L}\cos\theta_\alpha + \sigma_{\beta L}\cos\theta_\beta \tag{13-3}$$

当力 $\sigma_{\alpha\beta}$ 远远小于它们与液相的界面张力 $\sigma_{\alpha L}$ 和 $\sigma_{\beta L}$ 时，θ_α 和 θ_β 两个角必然很大，固相的曲率半径也必将很大，从而使曲面曲率引起的过冷度很小，这样固-液界面就易于按平界面稳定生长，有利于规则排列的自生复合材料的制作。

小的界面张力（即低的界面能）是自生复合材料具有高的稳定性的条件，低能界面由合适的原子互相匹配和两相之间原子密度几乎相等的择优取向的晶面组成。在片状共晶中，二相间有着一定择优取向，即相界面$(hkl)_\alpha//(hkl)_\beta$，表明共晶两相长大方向在某一晶体学方向上是优先的，这种择优取向是由系统自动减小其总界面能所致。例如，Ni-Ni_3Ta 系统存在着如下关系：基体-片层界面为 $(111)_{Ni}//(010)_{Ni_3Ta}$，生长方向为 $[011]_{Ni}//[100]_{Ni_3Ta}$。

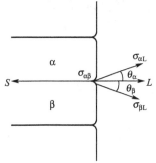

图 13.11　α-β-L 相界面张力平衡

在定向凝固试样中，起始段常常难以获得规则排列的共晶复合材料结构，在凝固开始时，这种择优取向表现得还比较弱。在高温缓慢生长条件下，在系统要求降低界面能的趋势推动下，择优取向的晶团生长时需要的过冷度较小，使这些晶团中的两相逐步转向有利的择优取向，使所有晶团都沿着一个方向生长。研究表明，共晶两相间的特殊位向关系和最小相间界面能有关，而优先长大方向和固-液界面能有关，凡是有利于最小固-液界面能的晶向均为长大的优先取向。如 Al-$CuAl_2$ 中。α 相的(111)面和 $CuAl_2$ 相的(211)面均与相界面相互平行，且这两个面是各自的密排面，而且更为重要的是这两个面的原子密度接近相等。以上观点也可以比较完善地解释并非任何共晶合金都可能制作自生复合材料。例如制作 Fe-C 共晶自生复合材料遭到失败。其原因归结于：奥氏体的(111)面与石墨的(0001)面虽有相似的结构，但是前者的原子间距为 2.58Å(1Å=10^{-10}m)，原子密度 $1.7\times10^{15}/mm^2$；后者原子间距为 1.42Å，原子密度为 $3.7\times10^{15}/mm^2$，显然，二者相差很大，具有大的界面张力，不易平行生长。石墨的(1010)面原子密度为 $1.4\times10^{15}/mm^2$，与奥氏体的(111)面相近，但是，它们之间结构又相差较远，势必在界面上存在高的能位，因而 Fe-C 共晶合金制备自生复合材料难度很大。

定向凝固自生复合材料具有某些特殊良好的性能，与其相界面状况有着很大关系。相界面处匹配越好，表明两相晶格常数越相近。通常共晶复合材料中相界是部分共格。当共格程度稍大时，相界上的晶格过渡是通过界面位错网来实现的，这种部分共格界面有畸变存在，它们有效地阻止位错的运动，表现出在低、中温工作条件下高的力学性能。相界匹配良好的共晶复合材料，有高的界面稳定性，因而具有高的高温稳定性和好的高温抗蠕变性能。某些共晶材料在接近熔点温度下（即 0.9 倍的熔点温度），相界仍处于稳定状态（即包括化学稳定和结构稳定），成为不可多得的高温下使用的工程材料。上述性能不仅是由低界面能带来的，而且是出于缓慢定向凝固所获得的相间化学平衡所带来的。

材料强度理论揭示，晶界或相界，在常温下是强化区，因此通过细化晶粒组织来提高材质的强度性能。但在高温下，晶界或相界变得很不稳定，是弱化区，高温变形或断裂都是沿晶界产生的。为了提高晶界的稳定性，普通高温合金(Fe-C-Ni-Cr)中加入较多的

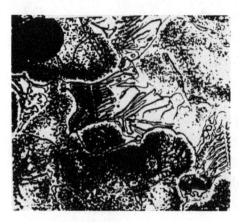

图 13.12　晶界骨骼状 $(Fe, Mo, Cr)_x C_y$

合金元素，如 Mo 等，在晶界成形骨骼状的高温稳定性好的碳化物 $(Fe, Mo, Cr)_x C_y$ 相，如图 13.12 所示，它阻碍晶界的滑移和裂纹的扩展。但其效果是不显著的，没有从根本上提高晶界或相界的稳定性，而自生复合材料依靠两相间最小的界面能，使其从本质上提高了界面的高温稳定性。

3. 共晶自生复合材料强化相的形态

共晶自生复合材料中强化相的形态有片状和纤维状（或棒状）。片状共晶的相界面往往保持着最优取向关系，相界面上共格区最大，位错区最小，因而具有低的界面能。棒状共晶从微观上看并不是几何圆柱状，而是多面体，相界是由几组晶面组成，不可能任一组界面都和基体持有良好的共格程度，因而棒状共晶平均相界能较高。许多事实表明，棒状共晶具有良好的常温性能，而片状共晶则高温性能较好。棒状共晶界面处具有大的畸变能，使系统变得不稳定。随着温度升高，系统力图缩小界面以降低界面能，强化相由棒状变为球状，使材料高温性能恶化。

强化相的形态是由相的本性决定的，同时也受凝固条件的影响。Jackson 和 Hunt 曾经用几何界面面积为计算基础，得出临界体积分数为 $1/\pi$，即强化相体积分数小于 $1/\pi$（即 32%）时，棒状分布的总界面积比片状要小，因此强化相以棒状为稳定；当强化相体积分数大于 32% 时，强化相以片状为稳定。这一判据与实际情况有很大的距离，上述结论的前提是假定两相间的界面张力是各向等值的。实际上，晶体不同晶面上原子排列不同，界面能也不同，因而界面张力各向不等性恰恰是晶体的特性。例如，在 Sn-Zn、Pb-Cd 和 Al-Zn 共晶中，一相的体积分数分别为 8%、15% 及 23.7% 时仍为片状分布。Al-Co_2Al 中强化相体积分数只有 0.03，仍然按片状共晶生长。

另外，由于杂质（第三组元）的存在，共晶组织形态也可能发生变化。不纯的二元共晶在较小的固-液界面前沿温度梯度下形成胞状晶，不仅使部分片层弯曲，而且在胞状晶边界附近出现棒状组织。相反，若是棒状共晶在胞晶边缘，也可能出现片状组织，例如向 Cd-CuCd 共晶中加入 Zn 1%～3%（质量分数），棒状共晶发生分叉，最后演变成片状。

4. 共晶自生复合材料凝固过程的控制

共晶成分合金若采用传统砂型铸造，则共晶中 α 相和 β 相以不同形态出现，各个相都任意取向，形成不均匀的聚集体，完全不具有复合材料的组织特征。自生共晶复合材料必须采用定向凝固技术获得。固-液界面呈平界面是自生复合材料生长的基本条件。强化相呈平行的片层状或棒状。平界面生长的条件，对于既定的共晶系来说，可以通过对凝固过程的工艺参数控制来实现，主要取决于固-液界面前沿的温度梯度 G_L 和凝固前沿向前推进的速度 v，影响共晶复合材料组织形态和规整程度的还有杂质含量、固-液界面溶质的扩散和外界扰动引起的凝固前沿的波动。

共晶合金固-液界面的稳定性与单相合金的情况有所不同。对于纯二元共晶合金，在定向凝固时，生长着的相邻两相前沿液相成分的差异引起原子侧向扩散比较容易，溶质富集程度远较单相合金小，成分过冷也小。所以，对于二元系的规则共晶（非小平面-非小平面）来说，只要有足够的纯度，在 $G_L>0$ 时，就可以较容易地得到定向排列的共晶复合材料组织。共晶合金固-液界面为平界面的判据与单相合金成分过冷判别式不同，设共晶成分为 C_E 的合金，两组元最大固溶量分别为 $C_{\alpha m}$ 和 $C_{\beta m}$，在定向凝固时，在 x 方向（晶体生长方向）和 y 方向都发生溶质再分布，根据前面推导，固液界面前沿液相的成分分布为

$$C_L - C_E = \sum_{n=1}^{\infty} \frac{\lambda v}{(n\pi)^2 D_L}(C_{\beta m} - C_{\alpha m}) e^{-\frac{2n\pi}{\lambda}x'} \cos\frac{2n\pi}{\lambda}y \qquad (13-4)$$

求溶质分布曲线在 x 方向（晶体生长方向）的最大斜率，得出平界面稳定生长的判据

$$\frac{G_L}{v} \geqslant \frac{2Pm_L(C_{\beta m}-C_{\alpha m})}{\pi D_L} \qquad (13-5)$$

式中，P 为与 α 体积分数有关的常数。

$$P = \sum_{n=1}^{\infty} \frac{1}{n} \sin\frac{2n\pi S_\alpha}{\lambda} \qquad (13-6)$$

非小平面-小平面共晶材料也是常见的共晶复合材料，其在定向凝固时，界面稳定性的判据尚未充分研究。一般认为，由于非小平面晶和小平面晶长大机制不同，晶体长大所需的动力学过冷度有较大差异，因此可以定性地理解其维持平界面所需的 G_L/v 值应更大些。

共晶片层间距 λ 与凝固速度 v 的关系式为

$$\lambda = Av^{-\frac{1}{2}}$$

而复合材料强度 σ 随着片间距减小而增大，因此

$$\sigma = \alpha v^b$$

当制备共晶复合材料时，在保证平界面的稳定性的前提下，应尽量提高凝固速度 v，以得到细的共晶组织，从而提高强度。

图 13.13 为 Ni-W 共晶合金定向凝固时高温的 W 相在 Ni 基体中呈纤维状排列。

图 13.13　Ni-W 共晶合金定向凝固时 W 相呈纤维状排列

13.3.2　非共晶成分的自生复合材料

一种复合材料要求有一定量的强化相以满足某些性能的需要。但是，二元共晶的成分不可能恰好符合这一要求，这是二元共晶成分复合材料的局限性，如果采用不同偏离共晶成分的合金获得类似二元共晶系复合材料组织，将会大大扩大共晶复合材料的使用范围，这就是所谓的"伪二元共晶"复合材料。

实践证明，在定向凝固的条件下，偏离共晶成分的合金可以获得两相不同量的复合材料图 13.14 是成分为 C_0 的亚共晶合金。凝固开始后，当温度达到液相线 T_{C_0} 时结晶出单相合金 α，其成分为 $k_0 C_0$，随着凝固界面向前推进，固-液界面上固相和液相成分沿固、液相线变化，当液相线成分变化到共晶成分 C_E 时，与之平衡的固相 α 的成分是 $k_0 C_E = C_{\alpha m}$（α

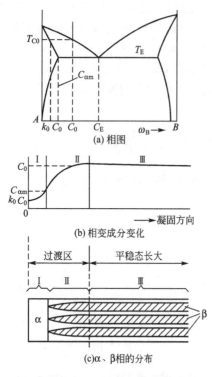

图 13.14 成分为 C_0 的亚共晶合金定向凝固

相饱和固浓度），这是第一阶段。当固-液界面达到共晶温度 T_E 时，固-液界面的液相成分为 C_E，则 α、β 两相将同时析出。β 相的量不断增加，直到在 T_E 温度下 α、β 两相的平衡比例为止，这是第二阶段。第一阶段和第二阶段中固、液相成分都在不断变化，因此称为"过渡阶段"。在第二阶段结束时，固相的平均成分由 $C_{αm}$ 逐渐增加到合金原始成分 C_0，液相的平均成分也是 C_0，这时凝固过程进入了"稳定态生长阶段"，即第三阶段。这时，固相成分始终保持 C_0，固-液界面前沿的液相成分保持共晶成分 C_E，界面前沿的液相内溶质的浓度梯度保持不变，结晶出来的 α、β 两相比例是平衡图上 C_0 成分时 α、β 之比例，并保持不变，形成了定向凝固的伪共晶组织。其稳定态生长是以不出现成分过冷为前提的，因此仍应保持一定的 G_L/v 值。

成分为 C_0 的亚共晶合金形成伪共晶，其凝固界面前沿液相中溶质分布方程为

$$C_L - C_E = (C_E - C_0)\exp\left(-\frac{v}{D_L}x'\right) + \sum_{n=1}^{\infty} Bn\cos\left(\frac{2n\pi}{\lambda}y\right)\exp\left(-\frac{2\pi n}{\lambda}x'\right) \tag{13-7}$$

式(13-7)等号右边第二项比第一项的影响要小得多。在第二项忽略不计的情况下，可以按单相合金成分过冷判断式求得伪共晶合金稳定态长大判据。

$$\frac{G_L}{v} \geqslant \frac{m_L C_S^*(1-k_0)}{D_L k_0} = \frac{m_L(C_E - C_0)}{D_L} \tag{13-8}$$

如果考虑到共晶凝固，界面前沿溶质分布对成分过冷的影响，即不忽略溶质分布方程中的第二项，则平界面稳定的判据为

$$\frac{G_L}{v} \geqslant \frac{m_L}{D_L}\left[C_E - C_0 + \frac{2P(C_\beta - C_\alpha)}{\pi}\right] \tag{13-9}$$

从上面的讨论可以看出，选取的合金成分 C_0 远离共晶成分时，由于 $(C_E - C_0)$ 值增大，为了获得稳定的共晶组织，G_L/v 的数值必须足够大。

图 13.15 为 Sn-Pb 系合金定向凝固时 G_L/v 与组织的关系。图左下侧区因成分过冷而得到 α 相的枝晶，右上侧为无成分过冷区，形成规则共晶组织。由于两相量的比例不同，因而越接近共晶成分越易得到片层状共晶；反之，则易于形成棒状共晶。应该指出的是，用非共晶二

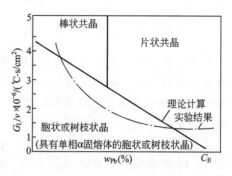

图 13.15 Sn-Pb 系合金定向凝固时 G_L/v 与组织的关系

元合金来调节强化相的数量还是受到限制。例如，Nb-Nb₃C系中碳化物体积分数由0.26（共晶成分）增到0.33（过共晶成分），可获得全部伪共晶组织。当超过0.36时，出现枝晶就不可避免了。另外，凝固速度过慢也不可能得到100%的共晶组织。

习 题

1. 界面作用对人工复合材料的凝固有何影响？
2. 如何改进预制体与基体的界面作用？举例说明。
3. 比之人工复合材料，自生复合材料有什么优势？
4. 制取复合材料对共晶合金系有什么要求？
5. 简述非共晶成分的合金制取复合材料的凝固过程。
6. 试比较单相合金和共晶合金平界面稳定性的判据，并加以分析。

第 14 章 铸件的收缩及缩孔和缩松

本章教学要点

知识要点	掌握程度	相关知识
铸造收缩的基本知识	(1) 掌握合金收缩的三个阶段及其对铸件的影响 (2) 掌握铸铁、铸钢的收缩规律	(1) 液态收缩、凝固收缩和固态收缩的基本规律 (2) 铸钢的收缩规律 (3) 铸铁的收缩规律
缩孔和缩松的产生条件及其控制	(1) 掌握收缩条件对缩孔和缩松的影响 (2) 掌握球铁和灰铁产生缩孔和缩松的规律	(1) 液态收缩和凝固收缩大于固态收缩是产生缩孔和缩松的原因 (2) 逐层凝固的合金易产生集中缩孔，糊状凝固的合金易产生缩松 (3) 灰铁和球铁产生缩孔和缩松的规律
防止缩孔和缩松的工艺方法	掌握控制缩孔和缩松的主要工艺措施	(1) 顺序凝固及其实现条件 (2) 同时凝固及其实现条件 (3) 冒口的补缩条件

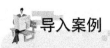

导入案例

铸铁均衡凝固理论及其应用

在铸铁的冷却凝固过程中,既存在着收缩,也存在着石墨(G)化膨胀。由于收缩的结果,导致铸件产生收缩缺陷。过去,人们一直忽略了G化膨胀作用,而强调加强外部补缩措施,采用顺序凝固原则进行铸造工艺设计,利用大浇冒口加强补缩效果,以防止铸件产生缩孔。其结果却不尽如人意,不仅降低了工艺出品率,有时反而因为浇冒口系统太大,形成较大的接触热节,导致铸件的浇冒口根部位置产生缩孔或缩松。均衡凝固理论充分地利用铸铁凝固过程中G化膨胀产生的自补缩能力,不仅有效地消除了铸件的收缩缺陷,而且大大地提高了铸造工艺出品率。

缩孔与缩松是金属铸件凝固过程中常见的现象,它们以不同的形式存在于固体金属内部时,对金属的性能产生不同程度的影响,本章主要通过铸造合金的收缩特征讨论缩孔与缩松的形成规律及防止措施。

14.1 铸造合金的收缩

14.1.1 收缩的基本概念

液态金属浇入铸型后,由于铸型的吸热,金属温度下降,空穴数量减少,原子集团中原子间距离缩短,液态金属的体积减小。当温度继续下降时,液态金属凝固,发生由液态到固态的状态变化,金属体积显著减小。当金属凝固完毕后,在固态下继续冷却时,原子间距离还要缩短,固态的金属体积减小。

铸件在液态、凝固态和固态冷却的过程中所发生的体积减小现象,称为收缩。因此,收缩是铸造合金本身的物理性质。

收缩是铸件中许多缺陷,如缩孔、缩松、热裂、应力、变形和冷裂等产生的基本原因。因此,它又是获得符合要求的几何形状和尺寸,以及致密优质铸件的重要铸造性能之一。

任何物体的体积,与其温度和施于其上的压力有关。在一般铸造条件下,压力的变化可以忽略不计,铸件尺寸的变化,仅取决于温度的变化(如不考虑物态的和同素异构的变化)。

金属从液态到常温的体积改变量称为体收缩。金属在固态时由高温到常温的线尺寸改变量,称为线收缩。在设计和制造模样时,需要知道线收缩。

在实际应用中,通常皆以相对收缩量表示金属的收缩特性,此相对收缩量称为收缩率。

当温度由 T_0 降到 T_1 时,金属的体收缩率和线收缩率各为

$$\varepsilon_V = \frac{V_0 - V_1}{V_0} = \alpha_V (T_0 - T_1) \tag{14-1}$$

$$\varepsilon_L = \frac{L_0 - L_1}{L_0} = \alpha_L(T_0 - T_1) \tag{14-2}$$

式中，V_0、V_1 分别为金属在 τ_0 和 τ_1 时的体积(m^3)；L_0、L_1 分别为金属在 τ_0 和 τ_1 时的长度(m)；α_V、α_L 分别为金属在 $\tau_0 \sim \tau_1$ 温度范围内的体收缩系数和线收缩系数(1/℃)，其值分别为

$$\alpha_V = \frac{V_0 - V_1}{(T_0 - T_1)V_0}$$

$$\alpha_L = \frac{L_0 - L_1}{(T_0 - T_1)L_0}$$

α_V、α_L 是的温度的函数，从资料中查到的某一合金的收缩系数，是指某一温度范围内的平均值。一般情况下有

$$\alpha_V \approx 3\alpha_L \quad \alpha_L \approx \frac{1}{3}\alpha_V$$

由此可见，ε 是某一温度区间的相对收缩量，为 α 与温度差的乘积。因此，ε 既与金属的性质有关，又与温度区间的大小有关。

任何一种液态金属注入铸型以后，从浇注温度冷却到常温都要经历3个互相联系的收缩阶段(图14.1)：①液态收缩阶段Ⅰ；②凝固收缩阶段Ⅱ；③固态收缩阶段Ⅲ。

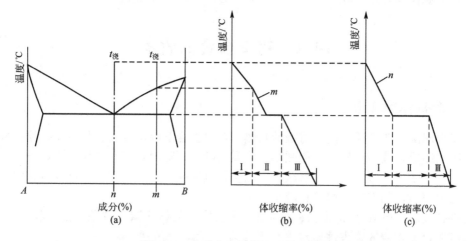

图 14.1 铸造合金的收缩过程示意图
m—有一定凝固温度范围的合金；n—在恒温下凝固的合金

铸造合金在不同阶段的收缩特性是不同的，而且对铸件质量也有不同的影响。

1. 液态收缩阶段Ⅰ

充满铸型瞬间，液态金属所具有的温度 $T_{浇}$ 冷却至开始凝固的液相线温度 T_L 的体收缩为液态收缩。因为在此阶段中，金属处于液态，体积的缩小仅表现为型腔内的液面的降低。液态收缩率用式(14-3)表示。

$$\varepsilon_{V液} = \alpha_{V液}(T_{浇} - T_L) \times 100\% \tag{14-3}$$

式中，$\varepsilon_{V液}$ 为液态收缩率；$\alpha_{V液}$ 为金属的液态收缩系数；$T_{浇}$ 为液态金属的浇注温度；T_L 为液相线温度。

从式(14-3)可以看出，提高浇注温度 $T_{浇}$，或因合金成分改变而降低 T_L 都使 $\varepsilon_{V液}$ 增加，$\alpha_{V液}$ 改变时，$\varepsilon_{V液}$ 也改变。

影响液态收缩系数 $\alpha_{V液}$ 的因素很多，如合金成分、温度、气体和夹杂物含量等。实验所得数值往往有很大差别，计算时常取其平均值。例如，钢液的 $\alpha_{V液}$ 在 $0.4\times10^{-4}\sim1.6\times10^{-4}/℃$ 的范围波动，相差 4 倍，通常取其平均值 $1.0\times10^{-4}/℃$。

2. 凝固收缩阶段 Ⅱ

对于纯金属和共晶合金，凝固期间的体收缩只是由于状态的改变，而与温度无关，故具有一定的数值。当具有一定结晶温度范围的合金由液态转变为固态时，收缩率既与状态改变时的体积变化有关，又与结晶温度范围有关。

铸造合金在凝固过程中时常发生引起比容变化的某些反应，如钢的包晶反应、铸件中渗碳体的分解、石墨的析出；大部分合金在凝固期析出的气体量急剧增加。由于影响凝固收缩率的因素也比较复杂，试验条件不易固定，所测数值也有较大差别。

液态金属注入铸型后，首先在表面形成硬壳，其中尚处于液态的金属在此外壳中冷却时，由于液态收缩和凝固收缩使体积缩小。如果减小的体积得不到外来金属液的补充，则在铸件中形成集中于某处的或分散的孔洞，即缩孔或缩松。因此，液态收缩和凝固收缩是铸件产生缩孔和缩松的基本原因。$\varepsilon_{V液}+\varepsilon_{V凝}$ 越大，缩孔的容积就越大。

有一些合金，在凝固过程中体积不但不收缩，反而膨胀，如某些 Ga 合金，Bi-Sb 合金，故凝固收缩率为负值。

3. 固态收缩阶段 Ⅲ

金属的固态体收缩率用式(14-4)表示。

$$\varepsilon_{V固}=\alpha_{V固}(T_S-T_0)\times100\% \qquad (14-4)$$

式中，$\varepsilon_{V固}$ 为固态体收缩率；$\alpha_{V固}$ 为金属的固态体收缩系数；T_S 为金属的固相线温度；T_0 为室温。

在固态收缩阶段，铸件各个方向上都表现出线尺寸的缩小。因此，这阶段对铸件的形状和尺寸的精度影响最大。为方便起见，常用线收缩率表示固态收缩。

$$\varepsilon_L=\alpha_L(T_S-T_0)\times100\% \qquad (14-5)$$

式中，ε_L 为金属的线收缩率；α_L 为金属的固态线收缩系数。

金属的线收缩是铸件中产生应力、变形和裂纹的基本原因。

4. 线收缩的开始温度

对于纯金属和共晶合金，线收缩是在金属完全凝固以后开始的。对于具有一定结晶温度范围的合金，当液态金属的温度稍低于液相线温度时，便开始结晶。但是，由于枝晶还比较少，不能形成连续的骨架，仍为液态收缩性质。当温度继续下降，如降至图 14.2 虚线所示温度时，枝晶数量增多，彼此相连构成连续的骨架，合金则开始表现为固态的性质，即开始线收缩。实验证明，此时合金中尚有 20%～45% 的残留液体。

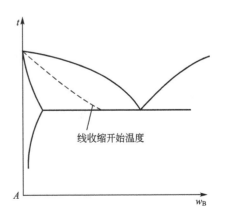

图 14.2 合金的线收缩开始温度与成分的关系

图 14.2 中的虚线为该合金的线收缩开始温度的连线,称为线收缩开始温度线。所以,对于有结晶温度范围的合金,其线收缩不是从完全凝固以后才开始的,而是在结晶温度范围中的某一温度开始,这对于铸件中热裂的形成机理是个很重要的概念。

5. 线收缩与状态图的关系

一般合金的线收缩和状态图之间有一定的规律,可归纳为以下 3 种基本类型。

(1) 共晶型合金(图 14.3(a)):随着 B 成分的增加和线收缩开始温度降低,ε_L 沿曲线 2 急剧下降。在 $m-n$ 之间的合金线收缩开始温度变化相同,ε_L 的变化仅与 B 的含量有关,ε_L 比较平缓地沿曲线 3 变化。

(2) 固溶体合金(图 14.3(b)):ε_L 向熔点较低的成分 B 方向上,沿曲线 1 平滑地下降。

(3) 有限固溶体合金(图 14.3(c)):关于这类合金的 ε_L 的变化规律,可根据前两类合金进行分析。

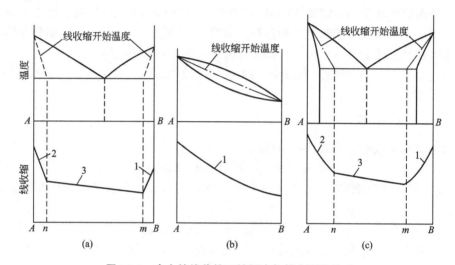

图 14.3 合金的线收缩开始温度与状态图的关系

合金的线收缩还与固态时的相变、气体含量及其析出程度有关。

14.1.2 铸钢的收缩

碳钢的收缩过程和任何其他合金一样,收缩过程分为液态收缩、凝固收缩和固态收缩 3 个阶段。

1. 液态收缩

液态收缩率按公式 $\varepsilon_{V液} = \alpha_{V液}(T_{浇} - T_L) \times 100\%$ 计算。

浇注温度固定后,提高钢中的含碳量,T_L 下降,$(T_{浇} - T_L)$ 增大,$\alpha_{V液}$ 相应增大(每增加 1%C,$\alpha_{V液}$ 增大 20%),所以钢的液态收缩率增加。

铸钢的成分固定后,提高浇注温度,液态收缩率增加。据实验,钢液温度每下降 100℃,$\varepsilon_{V液}$ 为 1.5%~1.75%。

2. 凝固收缩

凝固期间的体收缩包括状态改变和温度降低两部分。因状态改变而引起的体收缩为一固定值。从相图可知，当钢中的碳含量增大时，其结晶温度范围变宽，由温度降低引起的体收缩增大。对于碳钢，其凝固收缩率见表14-1。

表14-1 碳钢的凝固收缩率

含碳量w_C(%)	0.1	0.25	0.35	0.45	0.70
凝固收缩率(%)	2.0	2.5	3.0	4.3	5.3

3. 固态收缩

碳钢的固态收缩分为3个阶段。

(1) 珠光体转变前收缩，发生在从凝固终了到$\gamma \rightarrow \alpha$相变前的温度范围内，以$\varepsilon_{V珠前}$表示该阶段的体收缩。以$\varepsilon_{珠前}$表示该阶段的线收缩。这阶段的体收缩随碳含量增大而减小，见表14-2。

表14-2 碳钢的线收缩率与碳含量的关系

w_C(%)	$\varepsilon_{V珠前}$(%)	$\varepsilon_{\gamma \rightarrow \alpha}$(%)	$\varepsilon_{珠后}$(%)	ε_L(%)
0.08	1.42	0.11	1.16	2.47
0.14	1.51	0.11	1.06	2.46
0.35	1.47	0.11	1.04	2.40
0.45	1.39	0.11	1.07	2.35
0.55	1.35	0.09	1.05	2.31
0.60	1.21	0.01	0.98	2.18

(2) 共析转变期的膨胀，发生在$\gamma \rightarrow \alpha$相变的温度范围内，以$\varepsilon_{V\gamma \rightarrow \alpha}$和$\varepsilon_{\gamma \rightarrow \alpha}$表示该阶段的体收缩和线收缩。随碳含量增大，$\gamma \rightarrow \alpha$膨胀减小，这是因为$\gamma \rightarrow \alpha$相变重建晶格而膨胀的同时，由于碳从奥氏体中析出，发生晶格的收缩。但是，在快速冷却条件下，生成马氏体，碳原子并不析出。在这种情况下，不论碳含量多少，$\gamma \rightarrow \alpha$相变时的膨胀将达到最大值，使铸件产生应力，并可出现裂纹。

(3) 珠光体转变后收缩，发生在$\gamma \rightarrow \alpha$相变终了到室温的范围内，以$\varepsilon_{V珠后}$和$\varepsilon_{珠后}$表示该阶段的体收缩和线收缩，其值一般为1%，提高碳含量时，改变也很小。

碳钢的固态体收缩由如下三部分确定。

$$\varepsilon_{V固} = \varepsilon_{V珠前} - \varepsilon_{V\gamma \rightarrow \alpha} + \varepsilon_{V珠后}$$

线收缩则为

$$\varepsilon_L = \varepsilon_{珠前} - \varepsilon_{\gamma \rightarrow \alpha} + \varepsilon_{珠后}$$

4. 碳钢的总收缩

根据以上的讨论，从浇注温度至冷却到室温的范围内，钢的总收缩为

$$\varepsilon_{总} = \varepsilon_{V液} + \varepsilon_{V凝} + \varepsilon_{V固} = \varepsilon_{V液} + \varepsilon_{V凝} + (\varepsilon_{V珠前} - \varepsilon_{V\gamma \rightarrow \alpha} + \varepsilon_{V珠后}) \quad (14-6)$$

碳钢的体积总收缩随钢中碳含量的提高而增大，当碳含量为1%时，$\varepsilon_{总}$可达14%，但是当钢中碳含量较低而过热度较大时，也有较大的体积总收缩。

奥氏体钢和铁素体钢在固态下不发生相变,它们的固态收缩曲线是平滑的。但是,奥氏体钢的 ε_L 比碳钢的大,而铁素体钢的 ε_L 比碳钢的小。例如,奥氏体高锰钢和耐酸钢的 $\varepsilon_L=2.7\%\sim 2.9\%$,铁素体高碳钢的 $\varepsilon_L=1.6\%\sim 1.8\%$。

14.1.3 铸铁的收缩

铸铁和任何铸造合金一样,收缩过程也分为液态收缩、凝固收缩和固态收缩 3 个阶段。其收缩过程曲线如图 14.4 所示。

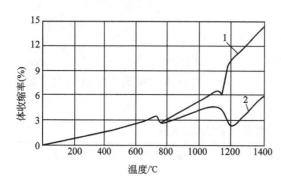

图 14.4 铸铁的收缩过程曲线
1—白口铸铁;2—灰口铸铁

1. 液态收缩

液态收缩率按公式 $\varepsilon_{V液}=\alpha_{V液}(T_{浇}-T_L)\times 100\%$ 计算。铸铁的液态收缩系数 $\alpha_{V液}$ 随碳含量增大而增大。对于亚共晶铸铁,$\alpha_{V液}$ 的平均值为

$$\alpha_{V液}=(90+30C)\times 10^{-6} \quad (14-7)$$

式中,C 为铸铁中的碳含量(%)。

根据相图,铸铁的碳含量每增大 1%,其液相线温度下降 90℃,液态收缩率为

$$\varepsilon_{V液}=\alpha_{V液}[T_{浇}-(1540-90C)]\times 100\% \quad (14-8)$$

由以上两式可知,当浇注温度一定时,铸铁的液态收缩随碳含量增大而增大。

表 14-3 所列的为亚共晶铸铁的液态收缩率,$\varepsilon_{V液}$ 是利用式(14-8)计算所得。可见,当相对过热度一定,而仅变化铸铁的碳含量时,$\varepsilon_{V液}$ 变化不大,这是因为 $\alpha_{V液}$ 随碳含量增大而增大得比较缓慢。

表 14-3 亚共晶铸铁的液态收缩率

$w_C(\%)$	2.0	2.5	3.0	3.5	4.0
$\varepsilon_{V液}(\theta_{浇}=1400℃)$	0.6	1.4	2.3	3.4	4.6
$\varepsilon_{V液}(\theta_{浇}-\theta_L=100℃)$	1.5	1.7	1.8	2.0	2.1

2. 凝固收缩

亚共晶白口铸铁的凝固收缩和铸钢一样,是状态改变和温度降低共同作用的结果,可用式(14-9)表示。

$$\varepsilon_{V凝}=\varepsilon_{V(L\to S)}+\alpha_{V(L\to S)}(T_L-T_S) \quad (14-9)$$

式中,$\varepsilon_{V凝}$ 为凝固收缩率;$\varepsilon_{V(L\to S)}$ 为因状态改变的体收缩,其平均值为 3.0%;$\alpha_{V(L\to S)}$ 为凝固温度范围内的体收缩系数,其平均值为 $1.0\times 10^{-4}\%/℃$。

$$\varepsilon_{V凝}=3.0\%+1.0\times 10^{-4}(T_L-T_S)$$

如前所述,对于亚共晶铸铁,w_C 每增大 1%,T_L 降低如 90℃,即 (T_L-T_S) 降低 90℃,因此有

$$T_L-T_S=90(4.3-C)$$

式中,C 为铸铁中的总含碳量。

因此，有
$$\varepsilon_{V凝}=3.0\%+1.0\times10^{-4}(T_L-T_S)=[3.0+0.9(4.3-C)]\%=(6.9-0.9C)\%$$

对于亚共晶灰铸铁，在凝固后期共晶转变时，由于石墨化的膨胀而使体收缩得到补偿。每析出 1%（体积分数）的石墨，体积增大 2%，故亚共晶灰铸铁的凝固收缩为

$$\varepsilon_{V凝}=(6.9-0.9C)\%-2\%C_{石墨} \tag{14-10}$$

在 $w_{Si}\approx 2\%$ 的一般铁液中，奥氏体中碳含量 $w_C\approx 1.6\%$，剩余的碳量在慢冷和碳硅量较高的条件下将沿稳定系结晶出石墨，其数量为

$$C_{石墨}\%=(C_{总}-1.6)\% \tag{14-11}$$

将式(14-11)代入式(14-10)，即得亚共晶灰口铸铁的凝固收缩率为

$$\varepsilon_{V凝}=(6.9-0.9C_{总})\%-2\%C_{石墨}=(10.1-2.9C_{总})\% \tag{14-12}$$

表 14-4 所列数据是分别按亚共晶白口铸铁和灰口铸铁的 $\varepsilon_{V凝}$ 表达式计算所得。

表 14-4 亚共晶白口铸铁和灰口铸铁的液态收缩率

w_C(%)		2.0	2.5	3.0	3.5	4.0
$\varepsilon_{V凝}$(%)	白口铸铁	5.1	4.6	4.2	3.7	3.3
	灰铸铁	4.3	2.8	1.4	-0.1	-1.5

从以上数据可以看出，随碳含量增大，铸铁的凝固收缩率减小。对于灰铸铁，碳量足够高时，在凝固后期将发生体积膨胀现象。这种膨胀作用在铸件内部产生很大压力，使尚未凝固的液体能对因收缩而形成的孔洞进行充填，所以灰铸铁有"自实"或"自补缩"作用。这是灰铸铁作为铸造合金的一大优点。

铸铁在液体冷却和凝固过程的总的体收缩为

$$\varepsilon_V=\varepsilon_{V液}+\varepsilon_{V凝} \tag{14-13}$$

铸件中缩孔的大小与此有关。总的体收缩与含碳量的关系见表 14-5。

表 14-5 亚共晶铸铁体收缩量与含碳量的关系

w_C(%)		2.0	2.5	3.0	3.5	4.0
ε_V(%) $T_{浇}=1440℃$	白口铸铁	5.7	6.0	6.5	7.1	7.9
	灰口铸铁	4.9	4.2	3.7	3.3	3.1
ε_V(%) $T_{浇}-T_L=100℃$	白口铸铁	6.6	6.3	6.0	5.7	5.4
	灰口铸铁	5.8	4.5	3.2	1.9	0.6

对于白口铸铁，当浇注温度固定时，提高碳量对增大液态收缩 $\varepsilon_{V液}$ 是主要的。因此，ε_V 随碳含量增大而增大。但是，当铁液过热度固定时，提高碳量而减小 $\varepsilon_{V凝}$ 的作用比较突出，所以 ε_V 随碳含量增大而降低。

对于灰铸铁，由于石墨化的膨胀作用而减小凝固体收缩 $\varepsilon_{V凝}$，在所有情况下都是主要的。所以，ε_V 随碳含量增大而降低。当铁液过热度固定时，这种作用就更加明显。只有在低的浇注温度和含碳量高的条件下，ε_V 才可能是负值。

3. 固态收缩

铸铁的固态收缩可分为 5 个阶段。

(1) 最初收缩阶段，体收缩 $\varepsilon_{V初缩}$，线收缩 $\varepsilon_{L初缩}$。铸铁凝固开始后，由于已凝固的外壳缩小，而使铸件发生最初的收缩。$\varepsilon_{V初缩}$ 的值很小，在一般的收缩曲线上表现不明显。

(2) 缩前膨胀，体膨胀 $\varepsilon_{V缩前}$，线膨胀 $\varepsilon_{缩前}$。铸铁件在凝固时期，当析出一定量的固相而连成骨架后，石墨析出的膨胀力作用在骨架上，使铸件尺寸变大，此即缩前膨胀。所以，缩前膨胀与石墨化有关。

(3) 珠光体前收缩，体收缩 $\varepsilon_{V珠前}$，线收缩 $\varepsilon_{珠前}$。到共析转变温度停止。固态下石墨化程度越大，$\varepsilon_{V珠前}$ 越小。

(4) 共析转变膨胀，体膨胀 $\varepsilon_{V共膨}$，线膨胀 $\varepsilon_{共膨}$。共析转变时，由于奥氏体分解为铁素体、石墨和珠光体而发生的膨胀。γ 完全转变为 α 时，体膨胀可达 1%，但随碳含量增大而降低。因此，在缓冷的条件下，相变的体膨胀不超过 0.3%，即线膨胀不超过 0.1%。对于淬火的铸件，只发生 $\gamma \rightarrow M$ 的马氏体转变，而没有石墨析出，线膨胀能达到 0.25%~0.3%，这是很危险的。

(5) 珠光体后收缩，体收缩 $\varepsilon_{V珠后}$，线收缩 $\varepsilon_{珠后}$。在共析温度以下开始，因石墨化微弱，$\varepsilon_{V珠后}$、$\varepsilon_{珠后}$ 珠后主要取决于这阶段的收缩系数 $\alpha_{V珠后}$、$\alpha_{珠后}$。

缩前膨胀和珠光体前收缩，对铸件的热裂倾向性有重要影响。$\varepsilon_{缩前}$ 越大，$\varepsilon_{珠前}$ 越小，则产生热裂的倾向性就越小。

$\varepsilon_{珠前}$、$\varepsilon_{共膨}$ 和 $\varepsilon_{珠后}$ 对铸件产生应力、变形和冷裂有重要影响。

综上所述，铸铁的固态体收缩应为

$$\varepsilon_{V固} = \varepsilon_{V初缩} - \varepsilon_{V缩前} + \varepsilon_{V珠前} - \varepsilon_{V共膨} + \varepsilon_{V珠后} \quad (14-14)$$

而线收缩为

$$\varepsilon_{L固} = \varepsilon_{初缩} - \varepsilon_{缩前} + \varepsilon_{珠前} - \varepsilon_{共膨} + \varepsilon_{珠后} \quad (14-15)$$

表 14-6 是几种合金的自由线收缩。由表中可以看出，普通灰铸铁的缩前膨胀为 0.148%，而球墨铸铁的缩前膨胀达 0.6%，为前者的 4 倍，因此球墨铸铁产生缩松的倾向性很大。造成这种差别的原因是两种铸铁的凝固特点不同。当球墨铸铁中的球状石墨稍稍减少而出现片状石墨时，缩前膨胀就有明显的降低。

表 14-6 几种合金的自由线收缩

材料名称	化学成分(质量分数)(%)						碳当量 CE (%)	缩前膨胀 (%)	珠光体前收缩 (%)	共析转变膨胀 (%)	珠光体后收缩 (%)	总收缩 (%)	浇注温度/℃
	C	Si	Mn	P	S	Mg							
碳钢	0.14	0.15	0.04	0.05	—			0	1.245	0.080	1	2.165	1530
白口铸铁	0.65	1.00	0.48	0.06	0.015	—	3.04	0	1.180	0	1	2.180	1300
灰铸铁	0.30	3.14	0.66	0.095	0.026	—	4.38	0.148	0.476	0.246	1	1.082	1270
球墨铸铁	3.00	2.96	0.69	0.11	0.015	0.045	4.02	0.600	0.418	0.011	1	0.807	1250

当球墨铸铁中的镁含量高于 0.05%(质量分数)时，会明显地增加组织中的碳化铁数量，并使线收缩倾向于白口铸铁的线收缩。

在其他元素中，磷对球墨铸铁的收缩影响最大。当含磷量增加时，缩前膨胀明显增加：当含磷量为 0.11%(质量分数)时，缩前膨胀为 0.6%；当含磷量为 0.53%(质量分数)

时,膨胀为1.6%;当含磷量为0.87%(质量分数)时,膨胀为2.18%。再提高含磷量,对膨胀不再发生影响。磷量对普通灰铸铁的缩前膨胀和共析膨胀的影响很小。

稀土镁球墨铸铁的缩前膨胀为0.2%~0.3%,比普通灰铸铁大,而比镁球墨铸铁小。这与稀土镁球墨铸铁的缩松倾向比灰铸铁大,而比镁球墨铸铁小的事实相吻合。

14.1.4 铸件的收缩

前面讨论的收缩条件和收缩量,只考虑了金属本身的成分、温度和相变的影响。实际上,铸件在进行收缩时,还会受到一些外界阻力的影响。当铸件在铸型中的收缩仅受到金属表面与铸型表面之间的摩擦阻力的阻碍时,为自由收缩。如果铸件在铸型中的收缩还受到其他阻碍,则称受阻收缩(图14.5)。很明显,对于同一种合金,受阻收缩率小于自由收缩率。

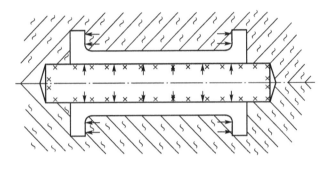

图14.5 受机械阻碍的铸件

铸件在铸型中收缩时受到的阻力有以下几种。

(1)铸型表面的摩擦力。当铸件收缩时,其表面与铸型表面之间的摩擦力的大小与铸件重量、铸型表面的平滑程度有关。例如,碳钢铸件在黏土砂型中铸造时,这种阻力使收缩率平均减小0.3%。铸型表面有涂料或覆料时,摩擦阻力可以忽略。

(2)热阻力。由于铸件结构特点或其他因素造成铸件各部分冷却速度不一致,使各部分的收缩彼此制约产生阻力,而当不能自由收缩时,称为热阻力。所以,热阻力的产生和铸件结构有关。

(3)机械阻力。当铸件由于本身结构的特点,如具有突出部分或内腔部分有型芯,在收缩时便会受到铸型和型芯的阻力,而不能自由收缩(图14.5),这种阻力称为机械阻力。该阻力的大小取决于造型材料的强度、退让性、铸型和型芯的紧实度、箱档和芯骨的位置以及铸件本身的厚度和长度。机械阻力使铸件收缩量减小。

由于上述3种阻力的影响,在进行铸件工艺设计时,模样尺寸就不能按照自由收缩率考虑。生产中采用的铸造收缩率,是考虑各种阻力影响之后的实际收缩率。

$$\varepsilon_{铸} = \frac{L_{模} - L_{件}}{L_{件}} \tag{14-16}$$

式中,$\varepsilon_{铸}$为铸造收缩率;$L_{模}$为相应模样尺寸;$L_{件}$铸件尺寸。

表14-7是常用合金的铸造收缩率。应该指出,实际铸件的结构往往是复杂的,各部分的收缩阻力不同,而且造型过程中拔出木模、铸型烘干和铸型在浇注时所受的静压力等因素都会改变型腔的尺寸,从而改变铸件的实际尺寸。所以,对表14-7的铸造收缩率应

根据生产实践加以修正。对于结构复杂或尺寸精度要求较高的铸件,其模样尺寸,必须经过数次尺寸定型实验确定。

表 14-7 常用合金的铸造收缩率

合金类别	收缩率(%)		合金类别	收缩率(%)	
	自由收缩	受阻收缩		自由收缩	受阻收缩
灰铸铁:中小型与小型铸件	1.0	0.9	球墨铸铁	1.0	0.8
中、大型铸件	0.5	0.8	铸钢(碳钢和低合金结构钢)	1.6~2.0	1.3~1.7
圆筒形铸件:长度方向	0.9	0.8	硅铝明(铝硅合金)	1.0~1.2	0.8~1.0
直径方向	0.7	0.5	锡青铜	1.4	1.2
孕育铸铁	1.0~1.5	0.8~1.0	无锡青铜	2.0~2.2	1.8~1.8
可锻铸铁	0.75~1.0	0.5~0.75	铝钢合金	1.6	1.4
白口铁	1.75	1.5	锌黄铜	1.8~2.0	1.5~1.7

14.2 铸件中的缩孔和缩松

铸件在凝固过程中,由于合金的液态收缩和凝固收缩,往往在铸件最后凝固的部位出现孔洞,称为缩孔。容积大而集中的孔洞称为集中缩孔,或简称为缩孔;细小而分散的孔洞称为分散性缩孔,简称为缩松。缩孔的形状不规则,表面不光滑,可以看到发达的树枝晶末梢,故可以和气孔区别开来。

在铸件中存在任何形态的缩孔,都会由于它们减小受力的有效面积,以及在缩孔处产生应力集中现象,而使铸件的力学性能显著降低。由于缩孔的存在,还降低铸件的气密性和物理化学性能,因此缩孔是铸件的重要缺陷之一,必须设法防止。

14.2.1 缩孔

1. 一般合金缩孔的形成

缩孔容积较大,多集中在铸件上部和最后凝固的部位。现以圆柱体铸件为例分析缩孔的形成过程。

假定所浇注的金属在固定温度下凝固,或结晶温度范围很窄,铸件由表及里逐层凝固。图 14.6(a)表示液态金属充满了铸型。由于铸型的吸热,液态金属温度下降,发生液态收缩,但它将从浇注系统得到补充,因此在此期间型腔总是充满着金属液。

当铸件外表的温度下降到凝固温度时,铸件表面凝固一层硬壳,并紧紧包住内部的液态金属。内浇口此时被冻结,如图 14.6(b)所示。

当进一步冷却时,硬壳内的液态金属因温度降低发生液态收缩,以及对形成硬壳时凝固收缩的补充,液面要下降。与此同时,固态硬壳也因温度降低而使铸件外表尺寸缩小。如果因液态收缩和凝固收缩造成的体积缩减等于因外壳尺寸缩小所造成的体积缩减,则凝固的外壳仍和内部液态金属紧密接触,不会产生缩孔。但是,由于合金的液态收缩和凝固收缩超过硬壳的固态收缩,因而液体将与硬壳的顶面脱离,如图 14.6(c)所示。依次进行下去，硬壳不断加厚，液面将不断下降，待金属全部凝固后，在铸件上部就形成了一个倒锥形的缩孔，如图14.6(d)所示。整个铸件的体积因温度下降至常温而不断缩小，使缩孔的绝对体积有所减小，但其值变化不大。如果铸件顶部设置冒口，缩孔将移至冒口中(图14.6(e))。

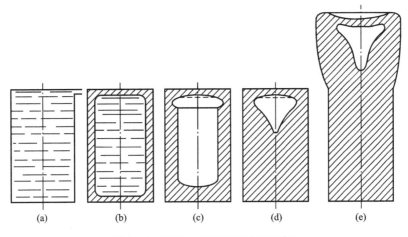

图14.6　铸件中缩孔形成过程示意图

在液态合金中含气量不大的情况下，当液态金属与硬壳顶面脱离时，液面上要形成真空。上面的薄壳在大气压力的作用下，可能向缩孔方向凹进去，如图14.6中虚线所示。因此，缩孔应包括外部的缩凹和内部的缩孔两部分。如果铸件项面的硬壳强度很大，也可能不出现缩凹。

综上所述，在铸件中产生集中缩孔的基本原因是合金的液态收缩和凝固收缩值大于固态收缩值；产生集中缩孔的条件是铸件由表及里地逐层凝固(而不是整个体积同时凝固)，缩孔就集中在最后凝固的地方。

2. 缩孔的容积

缩孔容积的理论计算，对确定冒口体积有实际意义。但是，由于影响缩孔容积的因素多而复杂，各方面提出的许多计算公式有很大差别，在生产中的实用价值也都有限。下面介绍一种理论计算方法，作为参考。通过计算公式的推导，进一步了解缩孔的形成机理和对影响因素进行分析。

为使问题简化，假设：①所浇注的金属在恒温下凝固，并在固态时没有相变；②铸件各方向均匀冷却；③在浇注过程中，铸件表面不形成硬壳，而且由于浇注迅速，铸件表面和中心无温差。

从上面介绍的缩孔形成过程可知，铸件中的缩孔是在铸件外表开始凝固而形成一薄层硬壳至铸件中心凝固完毕时期内形成的。缩孔容积$V_{缩孔}$等于所形成的薄壳冷却到某一温度T_F的体积$V_{壳}$减去由薄壳紧紧包围的液态金属所形成的致密固态金属的表面冷却到同一温度时的体积$V_{固}$(图14.7)，即

$$V_{缩孔} = V_{壳} - V_{固} \tag{14-17}$$

式中，$V_{缩孔}$为铸件中缩孔的体积；$V_{壳}$为T_F时薄壳的体积；$V_{固}$为表面温度为T_F时铸件的致密固态金属的体积。

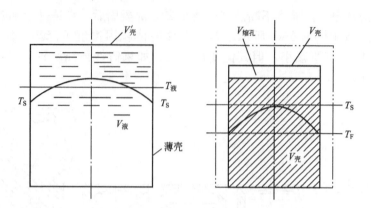

图 14.7 计算缩孔容积示意图

薄壳由凝固温度 T_S 降至 T_F 因固态体收缩，其体积为

$$V_{壳} = V'_{壳}[1-\alpha_{V固}(T_S-T_F)] \approx V_{液}[1-\alpha_{V固}(T_S-T_F)] \tag{14-18}$$

式中，$V'_{壳}$ 为薄壳在 T_S 时的体积；$\alpha_{V固}$ 为金属的固态收缩系数；$V_{液}$ 为薄壳在 T_S 时包围的液态金属体积，近似地等于型腔中的液态金属体积。

铸件中致密固态金属的体积 $V_{固}$ 等于原液态金属体积 $V_{液}$ 减去其全部收缩量。

(1) 液态金属由平均温度 $T_{液}$ 降至 T_S 的液态收缩量：$V_{液}\alpha_{V液}(T_{液}-T_S)$。

(2) 金属在恒温下凝固时的体收缩量：$V_{液}\varepsilon_{V凝}$，$\varepsilon_{V凝}$ 为金属的凝固收缩率。

(3) 铸件中心凝固后，金属由凝固温度 T_S 冷却至断面平均温度 $(T_S-T_F)/2$ 的固态体收缩量。

$$V_{液}\alpha_{V固}\left(T_S-\frac{T_S+T_F}{2}\right)=\frac{1}{2}V_{液}\alpha_{V固}(T_S-T_F) \tag{14-19}$$

所以，致密固态金属的体积 $V_{固}$ 为

$$V_{固}=V_{液}\left[1-\alpha_{V液}(T_{液}-T_S)-\varepsilon_{V凝}-\frac{1}{2}\alpha_{V固}(T_S-T_F)\right] \tag{14-20}$$

铸件中缩孔的容积为

$$V_{缩孔}=V_{液}\left[\alpha_{V液}(T_{液}-T_S)+\varepsilon_{V凝}-\frac{1}{2}\alpha_{V固}(T_S-T_F)\right] \tag{14-21}$$

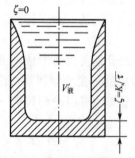

图 14.8 浇注过程中铸件表面形成的硬壳

以上所讨论的是迅速浇注的情况。如果浇注速度缓慢，或者铸型的激冷作用强，在浇注过程中铸件表面已形成一层硬壳(图 14.8)，则实际参加收缩的液态金属量由 $V_{液}$ 减到 $V'_{液}$，缩孔容积必然要减小。

假设铸件底部先被液态金属充满，其凝固层厚度为 ξ，根据平方根定律得

$$\xi=K\sqrt{\tau} \tag{14-22}$$

因为浇注结束时，铸件上沿的已凝固层厚度 $\xi=0$，故取凝固层平均厚度 $\xi_{平均}$ 为

$$\xi_{\text{平均}} = \frac{1}{2}K\sqrt{\tau} \qquad (14-23)$$

浇注结束时已凝固的金属体积为

$$V'_{\text{固}} = \frac{1}{2}K\sqrt{\tau}S_{\text{C}} \qquad (14-24)$$

式中，S_{C} 为铸件表面积。

$$V'_{\text{液}} = V_{\text{液}} - V'_{\text{固}} = V_{\text{液}} - \frac{1}{2}K\sqrt{\tau}S_{\text{C}} = V_{\text{液}} - \frac{K\sqrt{\tau}}{2V_{\text{液}}/S_{\text{C}}}V_{\text{液}} = V_{\text{液}}\left(1 - \frac{K\sqrt{\tau}}{2R}\right) \qquad (14-25)$$

在前述表达式中以 $V'_{\text{液}}$ 代替 $V_{\text{液}}$，得缩孔容积为

$$V_{\text{缩孔}} = V_{\text{液}}\left[\alpha_{V\text{液}}(T_{\text{液}} - T_{\text{S}}) + \varepsilon_{V\text{凝}} - \frac{1}{2}\alpha_{V\text{固}}(T_{\text{S}} - T_{\text{F}})\right]\left(1 - \frac{K\sqrt{\tau}}{2R}\right) \qquad (14-26)$$

显然，应用式(14-26)对缩孔容积进行计算，不但复杂，且存在很大困难。但是，通过该式可以清楚地了解各种因素对缩孔容积的影响，兹分述如下。

(1) 合金的液态收缩系数。$\alpha_{V\text{液}}$ 越大，则缩孔容积越大。

(2) 合金的凝固收缩 $\varepsilon_{V\text{凝}}$ 越大，缩孔容积就越大。灰口铸铁在凝固期间由于有石墨化膨胀，使缩孔容积显著减小。

(3) 合金的固态收缩系数。$\alpha_{V\text{固}}$ 越大，铸件的缩孔容积就越小。但是，相对液态收缩和凝固收缩而言，固态收缩的影响比较小。认为合金的线收缩越大，缩孔容积越大的概念是错误的。

(4) 铸型的激冷能力越大，缩孔容积就越小。因为铸型的激冷能力大，就越容易造成边浇注边凝固的条件，使金属的收缩在较大程度上被后注入的金属液所补充，使实际参加收缩的液态金属量 $V'_{\text{液}}$ 减少。如果冷却速度使得凝固时间等于浇注时间，铸件就不会出现缩孔。连续铸锭中没有缩孔，就是这个道理。

(5) 浇注温度越高，$T_{\text{液}}$ 就大，合金的液态收缩就越大，则缩孔容积越大。但是，在有冒口或浇注系统补缩的条件下，提高浇注温度固然能使液态收缩增加，但也使冒口或浇注系统的补缩能力提高。

(6) 浇注速度越缓慢，即浇注时间 τ 越长，缩孔容积就越小。如在浇注完毕时，铸件有很厚的硬壳形成，则缩孔容积可能很小。

(7) 铸件越厚，当铸件表面形成硬壳以后，内部的金属液温度就越高，液态收缩就越大，则缩孔容积不仅绝对值增加，其相对值也增加。

3. 缩孔位置的确定

集中缩孔产生在铸件最后凝固的区域，因此确定缩孔的位置就是确定铸件中最后凝固的区域。常用等固相线法确定缩孔的位置。

对于在恒温下凝固或凝固温度范围很小的合金，可将凝固前沿视为固-液相的分界线，也是一条等温线，称为等固相线。所谓等固相线法，就是在铸件断面上从冷却表面开始逐层向内绘制等固相线，直到最窄断面上的等固相线相接触为止。此时，等固相线不相接连的地方，就是铸件的最后凝固区域，也就是缩孔的位置，如图14.9所示。

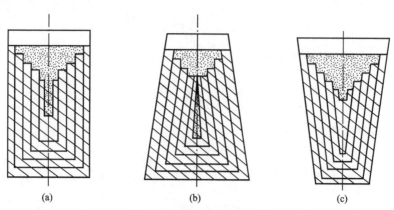

图 14.9　用等固相线法确定铸件中缩孔的位置

用等固相线法确定工字形截面铸件的缩孔位置如图 14.10 所示。图 14.10(a)是等固相线法确定的缩孔位置，14.10(b)是实际铸件的缩孔位置。如果在铸件的底边放冷铁，由于加大了该处的冷却速度，等固相线上移，缩孔全部集中在铸件上部，如图 14.10(c))所示，如果冷铁尺寸适当，并在上部设冒口，可以使铸件内部无缩孔(14.10(d))。

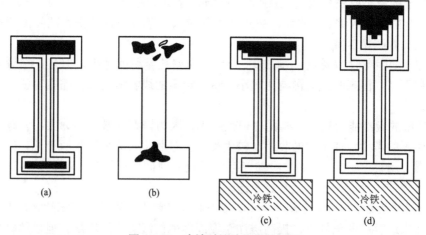

图 14.10　冷铁对缩孔位置的影响

铸件结构上两壁相交之处的内切圆大于相交各壁的厚度，凝固较晚，也是产生缩孔的部位，称为热节。此外，铸件中厚壁处，内浇口附近，也是凝固缓慢的热节。

14.2.2　缩松

缩松按其形态分为宏观缩松(简称缩松)和微观缩松(显微缩松)两类。

1. 缩松的形成

缩松常分布在铸件壁的轴线区域、厚大部位、冒口根部和内浇口附近。铸件切开后可直接观察到密集的孔洞。

图 14.11 所示为铸钢件的相对强度与其缩松度的关系。试样是从长 1100cm 的铸钢板件上切取的，浇注温度 1557℃，缩松度是用秤量法测定的，强度相对值是该试样的强度与从杆件上取的试样强度的比值。杆件在同样条件下浇注，但采取了良好的补缩措施。

可见，缩松对铸件的力学性能影响很大，且由于它分布面广，故难于补缩，是铸件最危险的缺陷之一。缩松分为显微缩松和宏观缩松两类。

形成显微缩松的基本原因和形成缩孔一样，是由于合金的液态收缩和凝固收缩大于固态收缩。但是，形成缩松的条件是合金的凝固温度范围较宽，倾向于糊状凝固方式，缩孔分散，或者是在缩松区域内铸件断面的温度梯度小，凝固区域较宽，合金液几乎同时凝固，因液态和凝固收缩所形成的细小孔洞分散且得不到外部合金液的补充而造成的。铸件的凝固区域越宽，就越倾向于产生缩松。显微缩松在各种合金铸件中或多或少都存在，它降低铸件的力学性能，对铸件的冲击韧性和延伸率影响更大，

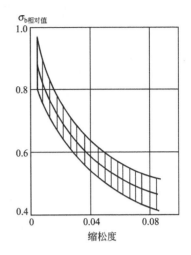

图 14.11　铸钢件的相对强度与其缩松的关系

也降低铸件的气密性和物理化学性能。对于一般铸件往往不作为缺陷。但是，在特殊情况下，如要求铸件有较高的气密性、高的力学性能和物理化学性能时，则必须设法减少和防止显微缩松的产生。

断面厚度均匀的铸件，如板状或棒状铸件，在凝固后期不不易得到外部合金液的补充，往往在轴线区域产生缩松，称为轴线缩松，这是一种宏观缩松。

2. 伴随气体析出的显微缩松

显微缩松产生在枝晶间和分枝之间，与微观气孔很难区分，且经常是同时产生的，在显微镜下才能观察到。图 14.12(a)所示为 Al-4.5%Cu 合金中含气量高时(氢含量 0.8mL/100g，浇注温度 825℃，水冷型)产生的显微缩松和球形孔洞，图 14.12(b)为该合金分枝间的显微缩松。

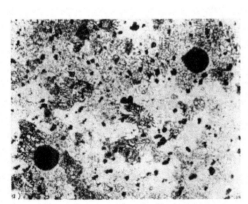
(a) 含气量高时产生的显微缩松和球形孔洞(×30)

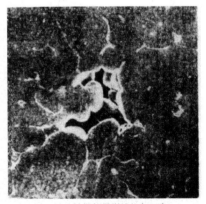
(b) 分枝间的显微缩松(×350)

图 14.12　Al-4.5%Cu 合金中的显微缩松

铸件在凝固过程析出气体时，显微缩松的形成条件可用下面的不等式表示。

$$P_g + P_s > P_a + \frac{2\sigma}{r} + P_H \tag{14-27}$$

式中，P_g为在某一温度下金属中气体的析出压力；P_s为对显微孔洞补缩的阻力；P_a为凝固着的金属上的大气压力；σ为气液界面上的表面张力；r为显微空洞的半径；P_H为空洞上的金属压头。

在一般大气压力下浇注时，变化的参数为P_g和P_s。气体析出压力P_g与液态金属中气体的含量有关，显微孔洞的补缩阻力P_s与枝晶间通道的长度、晶粒形态以及晶粒大小等因素有关。铸件的凝固区域越宽，树枝晶就越发达，则通道越长，晶间和分枝间被封闭的可能性越大，产生显微缩松的可能性就越大。

3. 缩孔和缩松的转化规律

从以上的讨论可知，铸件中形成缩孔或缩松的倾向与合金的成分之间有一定的规律性。逐层凝固的合金倾向于产生集中缩孔；糊状凝固的合金倾向于产生缩松。对一定成分的合金而言，缩孔和缩松的数量可以相互转化，但它们的总容积基本上是一定的，即

$$V_{缩总} = V_{缩孔} + V_{缩松}$$

总的缩孔容积决定于合金的收缩特性曲线，也受其他条件影响。以 Fe-C 合金（碳钢和白口铸铁）为例，各种成分的合金在不同条件下形成铸件时，其缩孔和缩松的分配和转化规律如图 14.13 所示。对于纯铁和共晶成分铸铁，由于在固定温度下凝固，铸件倾向于逐层凝固，容易形成集中缩孔而不形成缩松。如果浇冒口设置合理，则缩孔可以完全移入冒口中获得致密的铸件。结晶温度范围宽的合金，倾向于糊状凝固，补缩困难，容易形成缩松，铸件的致密性差。

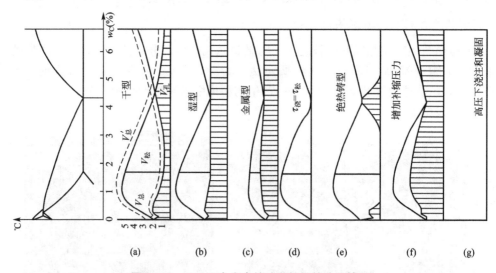

图 14.13 Fe-C 合金中缩孔和缩松的分配情况

铸件的凝固和补缩特性与合金成分有关，同时也受浇注条件、铸型性质以及凝固时补缩压力等因素的影响。

提高浇注温度，合金的液态收缩增加，缩孔容积和缩孔总容积增加（图 14.13(a)中虚线），但对缩松的容积影响不大。

湿型（图 14.13(b)）比干型对合金的激冷能力大，凝固区域变窄，使缩松减少，缩孔容积相应增加，但缩孔总容积不变。

金属型的激冷能力更大,缩松的容积显著减小。同时,由于在浇注过程中一部分合金的体收缩被后浇入的合金液补偿,故收缩的总容积也有所减小(图14.13(c))。

如果浇注速度很慢,使浇注时间等于铸件的凝固时间,则不需设置冒口即可消除铸件中的集中缩孔。在这种条件下,缩孔的总容积显然也将减小(图14.13(d))。

如果采用绝热铸型,则除了含碳量很低的钢和接近共晶成分的铸铁能形成集中缩孔外,其余成分的合金将出现缩松(图14.13(e))。

在凝固过程中增加补缩压力,可减少缩松而增加缩孔的容积(图14.13(f))。如果合金在很高的压力下浇注和凝固,则可以得到没有缩孔和缩松的致密铸件(图14.13(g))。

了解缩孔和缩松与合金状态图的关系,以及在不同铸造条件下它们之间的分配规律,即可根据铸件的技术要求正确地选择合金的成分,或采取相应的工艺措施,以防止和消除缩孔类缺陷的产生。

14.2.3 灰铸铁和球墨铸铁件的缩孔和缩松

灰铸铁和球墨铸铁在凝固过程中因析出石墨而发生体膨胀,使它们的缩孔和缩松的形成比一般合金复杂。

亚共晶灰铸铁和球墨铸铁凝固的共同点是,初生奥氏体枝晶迅速布满铸件整个断面,使铸件长期处于凝固状态,而且奥氏体枝晶具有很大的连成骨架的能力,使补缩难于进行。所以,这两种铸铁都有产生缩松的可能性。但是,由于它们的共晶凝固方式和石墨长大的机理不同,故产生缩孔和缩松的倾向性有很大差别。不同点主要表现在以下两个方面。

(1) 灰铸铁的共晶始点和共晶终点的距离较小,共晶凝固近似于中间凝固方式。球墨铸铁的共晶转变温度范围大,在动态曲线上,共晶始点和共晶终点的间距比灰铸铁的大得多,共晶凝固近于宽结晶温度范围合金的体积凝固方式。

由于灰铸铁的共晶凝固区域较窄,故凝固中期在铸件的断面就可以区别出"共晶固体区"和"共晶的固-液共存区",亦即铸件表面已经有了完全固态的外壳(图14.14(a))。球墨铸铁共晶凝固所表现的糊状凝固方式,使铸件表面在凝固后期仍有液体存在,而不具备一个完全固态的外壳(图14.14(b))。因此,在凝固期间球铁外壳的坚固程度远比不上灰铸铁。两种铸铁的共晶凝固的上述差异已经被实验证实。

(2) 两种铸铁在共晶凝固阶段都析出石墨而发生体积膨胀。但是,由于它们的石墨形态和长大机理不同,石墨化的膨胀作用对合金的铸造性能有着截然不同的影响。

在灰铸铁共晶团中的片状石墨,与枝晶间的共晶液体直接接触的尖端优先长大(图14.15(a))。所以,片状石墨长大时所产生的体积膨胀大部分作用在所接触的晶间液体上,迫使它们通过枝晶间的通道去充填奥氏体枝晶间的、由于液态和凝固收缩所形成的小孔洞,从而大大降低了灰铸铁产生缩松的严重程度。这就是灰铸铁所谓的"自补缩能

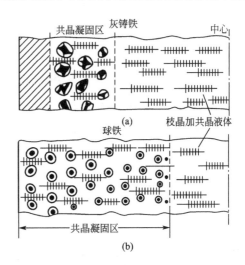

图14.14 亚共晶灰铸铁和球墨铸铁的凝固示意图

力"。对于一般灰铸铁件不需要设置冒口补缩。

被共晶奥氏体晶体包围的片状石墨,通过碳原子的扩散作用在横向上也要长大,但是速度很慢。石墨片在横向上长大而产生的膨胀力作用在共晶奥氏体上,使共晶团膨胀,并传到邻近的共晶团上或奥氏体晶体骨架上,使铸件产生"缩前膨胀"。这种缩前膨胀显然会抵消一部分自补缩效果。但是,由于这种横向的膨胀作用很小而且是逐渐发生的,同时因灰铸铁在共晶凝固中期,在铸件表面已形成硬壳,所以灰铸铁的缩前膨胀一般只有0.1%~0.2%,而灰铸铁件产生缩松的倾向性较小。

从图14.15(b)可以看出,球铁在凝固中后期,石墨球长大到一定程度后,四周形成奥氏体外壳,碳原子是通过奥氏体外壳扩散到共晶团中使石墨球长大的。当共晶团长大到相互接触后,石墨化膨胀所产生的膨胀力,只有一小部分作用在晶间液体上,而大部分作用在相邻的共晶团上或奥氏体枝晶上,趋向于把它们挤开。因此,球铁的缩前膨胀比灰铸铁大许多(图14.16)。由于铸件表面在凝固后期不具备坚固的外壳,如果铸型刚度不够,膨胀力将迫使型壁外移。随着石墨球的长大,共晶团之间的间隙逐步扩大,并使铸件普遍膨胀。共晶团之间的间隙就是球铁的显微缩松,布满铸件整个断面。

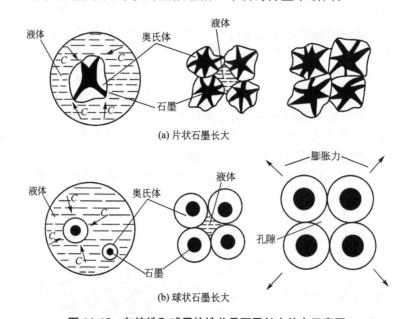

图 14.15　灰铸铁和球墨铸铁共晶石墨长大特点示意图

铸件的普遍膨胀也使铸件产生(宏观)缩松。这种缩松一般是由共晶团集团之间的间隙构成的,在铸件断面上可以直接观察到。所以,球铁件产生缩松的倾向性很大。如果铸件厚大,球铁的缩前膨胀也导致铸件产生缩孔。所以,球铁件一般要设置冒口进行补缩。

如果铸型刚度足够大,石墨化的膨胀力有可能将缩松压合,在这种情况下,球铁也可看作具有"自补缩"能力。这是球铁件实现无冒口铸造的基础。

综上所述,灰铸铁和球墨铸铁的缩孔和缩松的总容积可用式(14-18)表示。

$$V_{缩总} = V_{液缩} + V_{凝缩} - V_{石胀} + V_{型移} \tag{14-28}$$

式中,$V_{缩总}$ 为缩孔总容积;$V_{液缩}$ 为液态收缩体积;$V_{凝缩}$ 为凝固收缩体积;$V_{石胀}$ 为石墨化体积膨胀;$V_{型移}$ 为型壁迁移增加的缩孔容积。

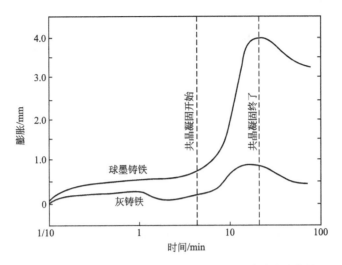

图 14.16　灰铸铁和球墨铸铁在湿砂型中浇注的膨胀曲线

影响灰铸铁和球墨铸铁缩孔和缩松的主要因素如下。

(1) 铸铁的成分。对于亚共晶灰铸铁，碳当量增加，共晶石墨的析出量增加，$V_{石胀}$ 增加，有利于消除缩孔和缩松。共晶成成分铸铁以逐层方式进行凝固，倾向于形成集中缩孔。但是，共晶转变的石墨化膨胀作用，能抵消或超过共晶液体的收缩，铸件中不产生缩孔，甚至使冒口和浇口的顶面鼓胀起来。

对碳当量超过 4.3% 的过共晶铸铁，可能由于 C、Si 含量过高，铁水中出现石墨漂浮，反而使石墨析出量减少。

球墨铸铁的碳当量对缩松有很大影响，碳比硅的影响更大。试验表明，碳减少缩松的能力比硅大 7～8 倍。对镁球墨铸铁件致密与不致密的分界区域以 C%+1/7Si=3.9% 为临界线，当这一数值大于 3.9% 时，经过充分孕育，当铸型刚度足够时，利用共晶石墨化膨胀作用，产生自补缩效果，可以获得致密的铸件。

球墨铸铁中磷含量、残余镁量及残余稀土量过高，都会增加缩松倾向，这是因为磷共晶削弱铸件外壳的强度，使其容易变形，增加缩前膨胀值，松弛了铸件内部压力。此外，当形成三元磷共晶时，使碳以碳化物的方式析出，减少石墨析出，促进二次收缩程度的增加。镁及稀土会增大白口倾向，减少石墨析出，石墨膨胀作用减弱。

(2) 铸型刚度。铸铁在共晶转变发生石墨化膨胀时，型壁是否迁移，是影响缩孔容积的重要因素。铸型刚度大，缩前膨胀就小，缩孔容积相应减小，具体见表 14-8。

表 14-8　用不同刚性铸型浇注的球墨铸铁试样比较

铸型种类	铸型平均硬度	铸件尺寸相对于型腔尺寸的变化/mm	收缩缺陷占铸件体积的百分比(%)
湿砂型	75	+0.40	8.5
干砂型	88	+0.35	3.4
水泥型	94	-0.05	0.2

注：铸型硬度是用湿型硬度计测得。

14.3 防止铸件产生缩孔和缩松的途径

14.3.1 合适的凝固原则——顺序凝固和同时凝固

防止铸件中产生缩孔和缩松的基本原则是针对该合金的收缩和凝固特点制定正确的铸造工艺，使铸件在凝固过程中建立良好的补缩条件，尽可能地使缩松转化为缩孔，并使缩孔出现在铸件最后凝固的地方。这样，在铸件最后凝固的地方安置一定尺寸的冒口，使缩孔集中于冒口中，或者把浇口开在最后凝固的地方直接补缩，即可获得健全的铸件。

使铸件在凝固过程中建立良好的补缩条件，主要是通过工艺设计控制铸件的凝固过程，使之符合"顺序凝固原则"或"同时凝固原则"。

1. 顺序凝固的工艺设计原则

铸件的顺序凝固原则是采用各种措施保证铸件结构上各部分，按照远离冒口的部分先凝固，然后是靠近冒口部分，最后才是冒口本身凝固的次序进行，即在铸件上远离冒口或浇口的部分到冒口或浇口之间建立一个递增的温度梯度，如图 14.17 所示。铸件按照顺序凝固原则进行凝固，能保证缩孔集中在冒口中，获得致密的铸件。

图 14.18(a)是带有冒口的板状铸件，厚度为 δ，金属液从冒口浇入，即顶注式。因为金属液是从冒口浇入的，所以中心线上的温度依次向冒口方向递增。图 14.18(b)是铸件纵断面上中心线的温度曲线及随时间变化情况。

在向着冒口张开的 φ 角范围内，金属都处于液态，形成"楔形"补缩通道，使冒口中的金属液有可能补缩到凝固区域中，φ 角越大，则越有利于补缩。

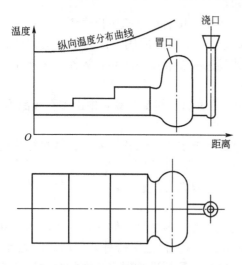

图 14.17 顺序凝固原则示意图

因此，顺序凝固的实质是采取各种措施，保证铸件在整个凝固过程中始终存在着和冒口流通的"楔形"补缩通道，使冒口能发挥补缩作用(图 14.18(c))。

在铸件中，液固两相区与铸件壁热中心相交的线段为补缩困难区 μ。液固两相越宽，扩张角越小，补缩困难区就越长，如图 14.19 所示。在液固两相区中，尤其在补缩困难区 μ 中，液相与固相之间的附着力往往大于液体本身的重量，而且存在于晶体骨架之间的液体以其附加压力反作用于补缩力，致使合金液在凝固终了以前便失去补缩能力，因此倾向于逐层凝固的共晶成分合金和结晶温度范围较小的合金，其等液相线和等固相线之间的凝固区域较窄，容易实现补缩。相反，在相同的 φ 角条件下，结晶温度范围较宽的合金，就不容易实现补缩。在这种情况下，有时缩松不能完全转化为缩孔而集中到冒口中去。

顺序凝固的优点如下：冒口补缩作用好，可以防止缩孔和缩松，铸件致密。因此，对

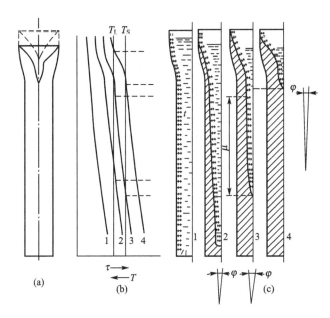

图 14.18　均匀壁厚铸件顺序凝固示意图

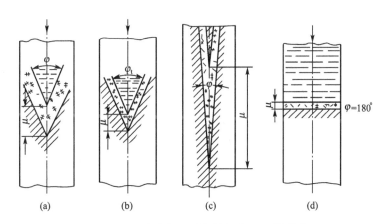

图 14.19　扩张角 φ 对补缩困难区 μ 的影响

凝固收缩大，结晶温度范围较小的合金，常采用这个原则以保证铸件质量。

顺序凝固的缺点如下：由于铸件各部分有温度差，在凝固期间容易产生热裂，凝固后也容易使铸件产生应力和变形。顺序凝固原则需加冒口和补贴，工艺出品率较低，且切割冒口费工。

如果采取底注式浇注系统，由于铸件底部金属液流动时间长，故金属液的温度最高，而上升到冒口中去的金属液温度最低。因此，形成的纵向温度分布是远离冒口部分温度最高，冒口温度最低，形成反向温差，为"反顺序凝固"，如图 14.20 所示。

从图 14.20 中可以看出，补缩通道扩张角 φ 在底注的情况下，是对着内浇口张开的。所以，补缩通道和浇口相通，而冒口和补缩通道之间充塞着凝固区域。在这种情况下，凝固过程中液体可能被分割成两部分或更多部分，在铸件壁的热中心线上产生轴线缩松或区域性缩松，而且加大冒口效果也不明显，如图 14.20(a)、(b)、(c)所示。

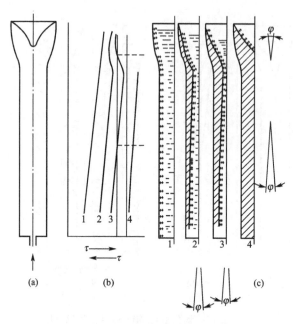

图 14.20 反顺序凝固示意图

根据以上分析，决定角 φ 方向、大小和变化速度的是铸件的纵向温差，即远离冒口部分到冒口之间的温差，它决定着补缩通道的特征，即凝固方向的倾向性。

因此，设法使冒口凝固得越慢，远离冒口部分凝固得越快，则越倾向于顺序凝固。

2. 同时凝固的工艺设计原则

同时凝固原则是采取工艺措施保证铸件结构上各部分之间没有温差或温差尽量小，使各部分同时凝固，如图 14.21 所示。在同时凝固条件下，扩张角 φ 等于零，没有补缩通道。

同时凝固原则的优点如下：凝固时期铸件不容易产生热裂，凝固后也不易引起应力、变形；由于不用冒口或冒口很小，而节省金属，简化工艺，减少劳动量。其缺点是铸件中心区域往往有缩松，铸件不致密。因此，这种原则一般用于以下情况。

(1) 碳硅含量高的灰铸铁，其体收缩较小甚至不收缩，合金本身就不易产生缩孔和缩松。

(2) 结晶温度范围大，容易产生缩松的合金（如锡青铜），对气密性要求不高时，可采用同时凝固原则，使工艺简化。事实上，这种合金即使加冒口也很难消除缩松。

(3) 壁厚均匀的铸件，尤其是均匀薄壁铸件，倾向逐层凝固，因该类铸件消除缩松有困难，应采用同时凝固原则。

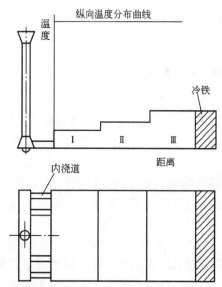

图 14.21 同时凝固原则示意图

(4) 当球墨铸铁铸件利用石墨化膨胀力实现自身补缩时，则必须采用同时凝固原则。

(5) 从合金性质看适宜采用顺序凝固原则的铸件，当热裂、变形成为主要矛盾时，也可采用同时凝固原则。

以上介绍了两种凝固原则及其适用范围。对于某一具体铸件，则要根据合金的特点、铸件的结构及其技术要求，以及可能出现的其他缺陷，如应力、变形、裂纹等综合考虑，找出主要矛盾，合理地确定采用那种凝固原则。

应该指出，两种凝固方式在凝固顺序上虽然是对立的，但是在某个具体铸件上又可以将二者结合起来。铸件结构一般比较复杂，例如从整体看某个铸件壁厚均匀，但个别部位有热节。所以，不能简单地采用顺序凝固或同时凝固方式，而往往是采用复合的凝固方式，即从整体上是同时凝固，为了个别部位的补缩，铸件局部是顺序凝固，或者相反。

为使铸件实现顺序凝固原则或同时凝固原则，可采取下列工艺措施。

(1) 正确布置浇注系统的引入位置，确定合理的浇注工艺。

(2) 采用冒口。

(3) 采用补贴。

(4) 采用不同蓄热系数的造型材料或冷铁。

14.3.2 浇注系统的引入位置及浇注工艺

1. 浇注系统的引入位置

图14.22所示为浇注系统不同引入位置与铸件纵向温度分布的关系。可以看出，浇注系统的引入位置对铸件的温度分布有重要影响。

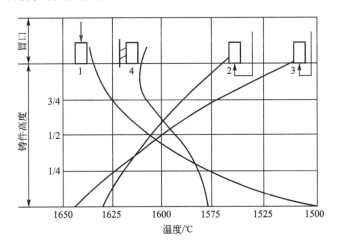

图14.22 浇注系统的不同引入位置与铸件纵向温度分布的关系
1—顶注式；2—底注快浇；3—底注慢浇；4—阶梯式浇注

在生产中，为保证充型平稳和排气顺利，常常采用底注式浇注系统，冒口设在顶部。在这种情况下，铸件初期的纵向温度分布为反顺序凝固(图14.23)。但是，对于凝固时间较长的铸件，当冒口尺寸较大时，这种不利的温度分布有可能逐步改变过来，如图14.24所示。如果这种转换发生在铸件开始凝固以前，仍能得到满意的补缩效果。铸件越厚，这种转换越容易实现，对于垂直壁也是如此。

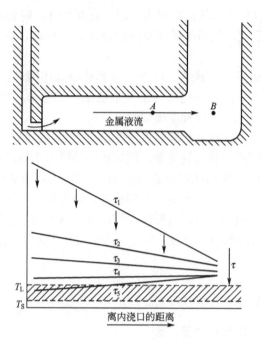

图 14.23 铸件纵向温度分布

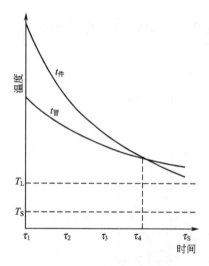

图 14.24 A 点和 B 点的温度
梯度在 τ_4 时刻转换

2. 浇注工艺

调整液态金属的浇注温度和浇注速度,可以加强顺序凝固或同时凝固。用高的浇注温度缓慢地浇注,能增加铸件的纵向温差,而有利于顺序凝固原则。通过多个内浇口低温快浇,则减小纵向温差,而有利于同时凝固原则。

因此,当铸件顶部设置冒口并采用顶注时,则应采取高温慢浇工艺,以加强顺序凝固。但是,这种浇注工艺可能带来其他弊病。有时可采用阶梯式或缝隙式浇注系统,在某些情况下,可用"回转铸型法"解决这个矛盾。

对于底注式浇注系统,采用低温快浇和补浇冒口的方法,可以减小铸件的逆向温差。

冒口设在分型面上,液态金属通过冒口引入内浇道,并采用高温慢浇,是比较合理的。

为实现同时凝固原则,内浇道应从铸件薄壁处引入,增加内浇道数目,采用低温快浇工艺。

14.3.3 冒口、补贴和冷铁的应用

在铸件的厚壁上或热节部位设置冒口,是防止缩孔和缩松最有效的工艺措施。冒口的尺寸应保证冒口比铸件被补缩部位凝固得晚,并有足够的金属液供补缩需要,这是冒口发

挥补缩作用的必要条件。此外，冒口与被补缩部位之间还必须有楔形补缩通道。

1. 冒口尺寸确定原则

确定冒口尺寸的方法有图表法、数学解析法和经验计算法。图表法在生产上使用方便，但有一定的局限性。数学解析法根据不同的理论提出了各样的公式，但都比较复杂，很难直接应用。经验计算法是在一定的理论基础上加入经验系数得出的，有一定应用价值，也有一定的准确性。下面仅介绍一种经验计算方法。

根据冒口的尺寸应保证冒口比铸件被补缩部位凝固得晚，且有足够的金属液存储量这一原则，得出

$$\frac{V_h}{S_h} > \frac{V_c}{S_c}$$

$$\frac{V_h}{S_h} = k \frac{V_c}{S_c}$$

即

$$R_h = k R_c \tag{14-29}$$

式中，V_h、V_c 分别为冒口和铸件被补缩部位的体积（m^3）；S_h、S_c 分别为冒口和铸件被补缩部位的表面积（m^2）；R_h、R_c 分别为冒口和铸件被补缩部位的折算厚度（模数）（m）。

以式（14-29）为基础，有各种计算公式，此处仅介绍一种比较简单的方法（J. B. Caine 法）。

$$R_h = \left(\frac{a}{\frac{V_h}{V_c} - b} + C\right) R_c \tag{14-30}$$

令 $X = \frac{R_h}{R_c}$，$Y = \frac{V_h}{V_c}$，代入式（14-30）得

$$X = \frac{a}{Y - b} + C \tag{14-31}$$

式中，a 为与合金种类有关的常数，根据实验确定；b 为合金的体收缩率；C 为常数，与浇注后铸件的温度分布，以及冒口的保温状况等因素有关。

如果浇注后冒口和铸件具有相同的温度和冷却速度，$C=1$。钢：$a=0.12$，$b=0.05$；铸铁和黄铜：$a=0.04$，$b=0.017$；铝合金：$a=0.24$，$b=0.017$。

普通冒口可根据式（14-31）确定冷速比 X，然后即可求出冒口体积。如果采用保温冒口或发热冒口，则其体积可以大大缩小。

2. 冒口的有效补缩距离和补贴的应用

图 14.25 为板形铸钢件的凝固过程，可以把铸件分为 3 个区域。

（1）冒口区。由于冒口中金属液的热作用，这个区段在纵向上有温度梯度（图 14.25(a)）。等液相线和等固相线越靠近冒口，向铸件中心推进得越慢。在冒口区中形成楔形补缩通道，其扩张角 φ_2 向冒口张开（图 14.25(b)），为顺序凝固。铸件在这区段内是致密的。因此，冒口不仅有补缩作用，还为顺序凝固创造条件。

（2）末端区。因末端多一个散热端面，所以冷却得快，在纵向上有较大的温度梯度。等液相线和等固相线越靠近端面，向铸件中心推进得越快，形成楔形补缩通道，其扩张角 φ_1 也向着冒口张开，为顺序凝固。铸件在这区段内也是致密的。

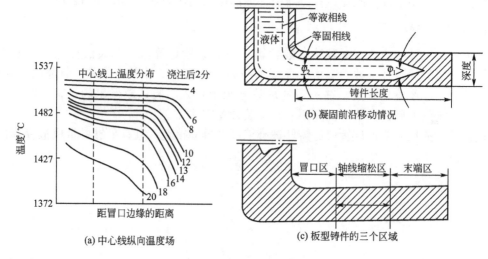

图 14.25 板形铸钢件的凝固过程

(3) 轴向缩松区。在冒口和末端作用不到的中间区段，在纵向上没有温度梯度，铸件上各点冷却速度相同。等液相线和等固相线平行铸件上下表面向中心推进，侧面也是这样，所以其铸件轴线上产生缩松。显而易见，有

$$冒口区＋末端区＝冒口的有效补缩距离$$

对于所实验的板形碳钢件，冒口区等于板厚的 2 倍，末端区等于板厚的 2.5 倍，故有效补缩距离为板厚的 4.5 倍板厚。

冒口的有效补缩距离与铸件形状、纵向温度梯度、析出气体的反压力、冒口的补缩压力，以及合金的凝固特性等因素有关。纵向温度梯度和冒口补缩压力大，有效补缩距离加长；铸件断面上的凝固区域宽，金属液在发达的枝晶间流动的阻力就大，补缩效果就差。析出气体的反压力和金属液的黏度也增加补缩液流的阻力，而减小冒口的有效补缩距离。

如果铸件的长度或高度大于冒口的有效补缩距离，则可在铸件上加"补贴"，增大扩张角 φ，造成人为的楔形补缩通道，消除中间区段的轴线缩松。

3. 采用冷铁

凡是用以加大铸件局部冷却速度的激冷物通称冷铁。它包括铸铁、钢材、铜等金属材料，以及蓄热系数比石英砂大的非金属材料。由金属材料制成的激冷物应用最广。

在铸件中间放置冷铁，造成人为末端区，可延长冒口的有效补缩距离。

所以，冒口、补贴和冷铁的综合运用是消除铸件中缩孔和缩松的有效措施。

采用冷铁加速铸件壁某局部热节的冷却，还可以实现同时凝固的原则。

14.3.4 加压补缩

显微缩松产生在枝晶间和分枝之间，孔洞细小弯曲，且弥散分布于铸件整个断面上，采用一般的工艺措施很难消除。

将铸型置于压力罐中，浇注后迅速关闭浇注孔，使铸件在压力下凝固，可以消除或减轻显微缩松的程度（图 14.26）。在压力下凝固，还可以减少或抑制溶解于金属液中的气体的析出。建压时间对补缩效果有很大影响，建压越早，压力越高，补缩效果越好。

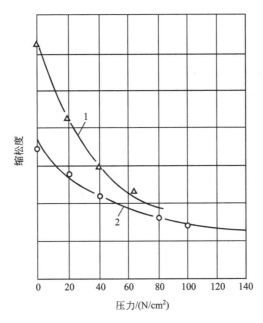

图 14.26 加压铸造对棒状铸件缩松度的影响(青铜,浇注温度 1140~1160℃)

习题

1. 在铸件形成过程中,合金收缩要经历哪几个阶段?各有什么特点?阐述铸造收缩与合金收缩的区别与联系。
2. 缩孔和缩松的形成原因和形成条件,以及防止措施有何异同?
3. 宏观缩松和显微缩松在形态、分布特征和形成过程上有何区别?与气体析出相伴生成的显微缩松的形成条件是什么?对铸件质量有何影响?如何防止和消除显微缩松?
4. 缩孔与缩松之间的转化规律受哪些因素影响?举例说明。
5. 顺序凝固与逐层凝固,同时凝固与体积凝固之间有何区别和联系?举例说明。
6. 当铸锭凝固时,存在晶粒下沉形成的沉积锥,这一现象对缩孔容积将产生什么影响?
7. 试分析 Zn-28%Al 合金在砂型中铸造易产生底部缩孔的原因。
8. 宏观偏析、气孔及缩松之间有何联系?试以铸钢锭中 V 型偏析为例加以说明。
9. 如何防止轴线缩松(铸件轴线部位的缩松)的产生?有人说:"在通常条件下,轴线缩松很难消除。"你认为这种说法对吗?
10. 球铁铸件表面容易形成微缩孔,这种微缩孔是表面气体析出压力低于大气压力造成的,试结合球铁凝固特点分析该缺陷产生过程。
11. 试分析灰铸铁、球墨铸铁产生缩孔及缩松的倾向性及影响因素。
12. 顺序凝固原则和同时凝固原则各适用哪些情况?生产中采取哪些措施控制凝固顺序?

第 15 章 铸件凝固过程中产生的偏析

本章教学要点

知识要点	掌握程度	相关知识
微观偏析的基本规律及影响因素	(1) 掌握微观偏析和溶质再分配的关系 (2) 掌握减轻和消除微观偏析的措施	(1) 枝晶偏析、胞状偏析和晶界偏析 (2) 偏析系数 (3) 偏析的消除
宏观偏析的基本规律及影响因素	掌握几种典型的宏观偏析的产生条件及其控制	(1) 正常偏析和逆偏析 (2) 带状偏析 (3) 密度偏析

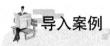

导入案例

超声波处理对 Al-Pb 合金铸锭偏析的影响

利用高能超声场处理合金熔体是一种相对环保且安全的技术,且可以循环再利用,因此近年来得到了人们的广泛关注。利用超声波处理合金熔体可以达到细化晶粒、去除气体、改善铸锭偏析等效果。Al-Pb 合金是作为轴承材料被应用的,它具有一系列的优点,如有超导性、耐磨性以及成本低等特点。但是,由于熔炼时偏析严重,所以在铸造条件下得到比较困难。因此,有人研究了超声波处理对 Al-Pb 合金铸锭溶质分布的影响。利用 BSE 对试样进行了检测,且测试了试样的硬度以及磨损性能。结果表明,在铸造条件下,采用合适的超声波处理时间能够有效抑制 Al-Pb 合金的溶质偏析;当溶质含量过高时,超声波处理熔体分散溶质效果不好,当处理时间为 180s 时,Al-1%Pb 的分散效果最好;超声波功率对 Pb 溶质分散性有直接的影响,功率过大或功率过小都达不到令人满意的分散效果。

15.1 概 述

在铸造条件下(近平衡凝固条件),获得化学成分完全均匀的铸件(锭)是十分困难的。铸件(锭)中化学成分不均匀的现象称为偏析。

偏析分为微观偏析和宏观偏析两大类。前者又称短程偏析,是指微小范围内的化学成分不均匀现象,一般在一个晶粒尺寸范围左右;后者又称长程偏析或区域偏析,表现为铸件各部位之间化学成分的差异。

偏析也可根据铸件各部位的溶质浓度 C_S 与合金原始平均浓度 C_0 的偏离情况分类。

凡 $C_S > C_0$ 者,称为正偏析;$C_S < C_0$ 者,称为负偏析。这种分类不仅适用于微观偏析,也适用于宏观偏析。

微观偏析对铸件力学性能的影响是明显的。由于成分不均匀造成组织上的差别,导致冲击韧性和塑性下降,增加铸件的热裂倾向性,有时还使铸件难于加工。

宏观偏析使铸件各部分的力学性能和物理性能产生很大差异,影响铸件的使用寿命和工作效果。例如,铅青铜容易产生宏观偏析,铅的不均匀分布使其耐磨性能变坏;锡青铜铸件的表面含锡量有时较高,使切削加工性能变坏。铸钢锭的中心和上部碳、硫、磷的含量往往较高。硫偏析破坏了金属的连续性,锻造时引起钢坯的热脆,也是零件疲劳破坏的主要原因;磷偏析使铸件产生冷脆性和回火脆性。在空气中或在腐蚀性介质中工作的铸件,偏析部位更容易遭受腐蚀破坏。

因此,偏析是铸件的主要缺陷之一。认识偏析的形成规律,对于防止偏析的产生,寻求消除偏析的工艺措施,改善铸件组织,提高铸件性能有着重要意义。

偏析也有有益的一面,如利用偏析现象可以实现净化或提纯金属的目的。通过控制金属的凝固过程,使有害杂质偏析到指定部位。

15.2 微观偏析

微观偏析按其形式分为枝晶偏析、胞状偏析和晶界偏析。它们的表现形式虽不同，但形成的机理是相似的，都是合金在凝固过程中溶质再分配的必然结果。

15.2.1 枝晶偏析（晶内偏析）

固溶体类型合金在凝固时发生各组元原子在相内和相间的扩散。这种扩散，特别是固相中的扩散极其缓慢。由于溶质原子的扩散系数只是热扩散率的 $10^{-8} \sim 10^{-5}$，因此在实际生产条件下，铸件的凝固是近平衡凝固过程。在合金凝固时，因冷却速度快，固相中的溶质还未充分扩散，液体温度降低，固液界面向前推进，又结晶出新成分的晶粒外层，致使每个晶粒内部的成分存在差异。这种存在于晶粒内部的成分不均匀性，称为晶内偏析。由于固溶体合金多按枝晶方式生长，分枝本身（内外层）、分枝与分枝间的成分是不均匀的，故也称枝晶偏析。

如图 15.1(a) 所示，Ni-Cu 合金在 T_1 温度首先结晶出成分为 α_1 的固相成分，其含 Ni 量远远高于合金原始成分，故与之相邻的液体含 Ni 镍量降低（L_1）。接着，在 T_2 温度时，固相的平衡成分应为 α_2，液相成分改变到 L_2。但由于冷速较快，液相和固相，尤其是固相中的扩散来不及充分进行，其内部成分仍低于 α_2 甚至保留为 α_1，从而产生成分不均匀现象，此时整个结晶固体的平均成分实际为 α_1 与 α_2 之间的 α_2'，而整个液体的平均成分是 L_1 和 L_2 的平均值 L_2'。再继续冷却到 T_3 温度，结晶的固体成分应为 α_3，液体成分应变化为 L_3，同样因扩散不充分而达不到平衡。此时，整个结晶固体的实际成分为 α_1、α_2、α_3 的平均值 α_3'；整个液体的成分则是 L_1、L_2、L_3 的平均值 L_3'，说明此时凝固过程尚未结束。合金一直要冷却到 T_4 温度时才凝固完毕，此时固体的平均成分为 α_4'，相当于原合金的成分，凝固才完毕。如果把每一温度下固体和液体的平均成分点连接起来，分别如图 15.1 中的虚线 $\alpha_1 \alpha_2' \alpha_3' \alpha_4'$（固体平均成分线）和 $L_1 L_2' L_3' L_4'$（液体平均成分）。它们都偏移了平衡相图的固相线和液相线。液体因其原子扩散较快，故偏离较少；固相线与冷却速度有关，而固体平均成分线的位置与冷却速度有关，冷却越快，它偏离固相成分越远。图 15.1(b) 和 15.1(c) 分

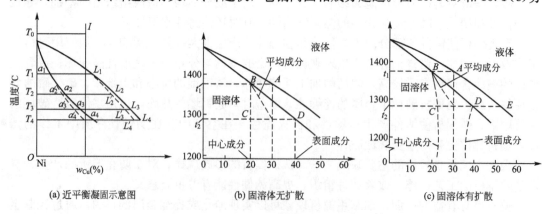

(a) 近平衡凝固示意图　　(b) 固溶体无扩散　　(c) 固溶体有扩散

图 15.1　Ni-Cu 近平衡凝固下溶质分布

别表示含 30%Cu 的 Ni-Cu 固溶体合金在凝固时固体中无扩散和有若干扩散时的晶体中心成分、表面成分以及平均成分随温度的变化。当固溶体无扩散时，晶体的中心成分和表面成分差别最大，而固溶体有扩散结晶时，晶体中心成分和表面成分的差别将随冷却速度的缓慢而逐渐缩小。当固溶体中的溶质在凝固过程中能充分扩散时，晶体的中心成分和表面成分将无区别，这时已达到平衡凝固的条件。

因此，在枝晶偏析区，各组元的分布规律如下：使合金熔点升高的组元富集在分枝中心和枝干上；使合金熔点降低的组元富集在分枝的外层或分枝间，甚至在分枝间出现不平衡第二相，其他部位的成分位于二者之间。

图 15.2(a) 是 Cu-Ni 合金的显微组织，图 15.2(b) 是与之相对应的由电子探针测得的 Ni 和 Cu 的特征 X 射线强度曲线。可以看出，Ni 和 Cu 的分布正好相反，枝干上富 Ni 贫 Cu，不易腐蚀故呈亮色；分枝间贫 Ni 富 Cu，易腐蚀而呈暗色；其他部位的化学成分介于二者之间。

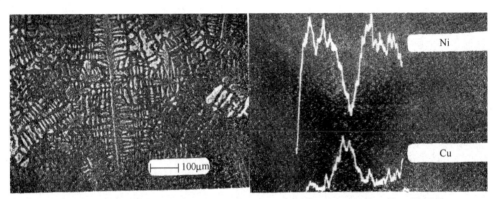

(a) Cu-Ni 合金的树枝晶组织　　(b) 用电子探针测的 Cu-Ni 合金枝晶偏析中两枝晶间的 Cu 和 Ni 的成分变化

图 15.2　Cu-Ni 合金的铸态组织

研究表明，当金属以枝晶方式生长时，虽然分枝的伸展和继续分枝进行得很快，但在整个晶体中 90% 以上的金属是以充填分枝间的方式凝固（即分枝的侧面生长）。分枝的侧面生长往往采取平面生长方式。因此，铸件凝固后，各组元在枝干中心与其边缘之间的成分分布 C_S' 可近似地用 Seheil 方程式描述。

$$C_S' = k_0 C_0 (1-f_S)^{(k_0-1)} \tag{15-1}$$

但 Seheil 方程是在假定固相没有扩散的条件下导出的，是一种极端情况。实际上，特别是在高熔点合金中，如碳、氮这些原子半径较小的元素在奥氏体中的扩散往往是不可忽视的。当考虑固相中有扩散、液相均匀混合时，固液界面上溶质浓度 C_S' 和固相分数 f_S 的关系可用式 (15-2) 表示。

$$C_S' = k_0 C_0 \left(1 - \frac{f_S}{1+\alpha k_0}\right)^{(k_0-1)} \tag{15-2}$$

$$\alpha = D_S \tau / \lambda^2$$

式中，D_S 为溶质在固溶体中的扩散系数；τ 为局部凝固时间；λ 为枝晶间距的一半；f_S 为固相分数；C_0 为原始浓度；k_0 为平衡分配系数。

由式 (15-2) 可知，枝晶偏析的产生主要决定于：①溶质元素的分配系数 k_0 和扩散系

数 D_S；②冷却条件 τ 和枝晶间距 λ。

各种元素在不同合金系中的分配系数 k_0 和扩散系数 D_S 是不同的，因此枝晶偏析程度也不同。分配系数 k_0 越小（$k_0<1$ 时）或 k_0 越大（$k_0>1$ 时），或扩散系数 D_S 越小，则枝晶偏析愈严重。因此，可用 $|1-k_0|$ 定性地衡量枝晶偏析的程度。$|1-k_0|$ 越大，枝晶偏析越严重，$|1-k_0|$ 称为偏析系数。几种元素在铁中的 k_0 和 $|1-k_0|$ 见表 15-1。可以看出，在碳钢中，硫、磷、碳是最易产生枝晶偏析的元素。

表 15-1　几种元素在铁中的分配系数和偏析系数

元素	元素的含量和 k_0 值						平均值 k_0	偏析系数 $1-k_0$
	%	k_0	%	k_0	%	k_0		
P	0.01	0.04	0.02	0.05	0.03	0.08	0.06	0.94
S	0.01	0.09	0.02	0.10	0.04	0.11	0.10	0.90
B	0.002	0.10	0.01	0.16	0.10	0.14	0.13	0.87
C	0.3	0.25	0.6	0.27	1.0	0.28	0.26	0.74
V	0.5	0.35	2.0	0.37	4.0	0.40	0.38	0.62
Ti	0.2	0.48	0.5	0.46	1.2	0.47	0.47	0.53
Mo	1.0	0.42	2.0	0.50	4.0	0.56	0.49	0.51
Mn	1.0	0.11	1.5	0.16	2.5	0.16	0.14	0.86
Ni	1.0	0.35	3.0	0.35	4.5	0.37	0.35	0.65
Si	1.0	0.64	2.0	0.66	3.0	0.66	0.65	0.35
Cr	1.0	0.62	4.0	0.63	8.0	0.72	0.66	0.34

溶质的偏析程度可用偏析度表示

$$S_C = \frac{C_{max} - C_{min}}{C_0} \tag{15-3}$$

式中，C_{max} 为某组元在枝晶偏析区内的最高浓度；C_{min} 为某组元在枝晶偏析区内的最低浓度；C_0 为某组元的原始平均浓度。

偏析度 S_C 越大，表示元素的偏析程度越严重。钢中各元素的偏析度见表 15-2。

表 15-2　钢中各元素的偏析度

元素	S	P	W	V	Si	Mo	Cr	Mn	Ni
S_C	200	150	60	55	40	40	20	15	5

枝晶的偏析程度还可以用枝晶偏析比 S_R 表示。

$$S_R = \frac{枝晶中的最高溶质深度}{枝晶中的最低溶质深度}$$

这些数值可由电子探针直接测得。

冷却速度 v_0 对枝晶偏析的影响是通过 τ 和 λ 体现的。冷却速度对镁合金铸锭中 Ca 枝晶偏析的影响如图 15.3 所示。可以看出，即使冷却速度很小，S_R 仍大于 1，这表明铸锭中仍存在枝晶偏析，且随冷却速度 v_0 的增大而增大；当冷却速度增大到某一值后，再继续增加冷却速度，枝晶偏析程度减轻。

在产生枝晶偏析的同时，常在枝晶间生成不平衡第二相。几种合金出现不平衡第二相时的溶质浓度与冷却速度 v_0 的关系见表 15-3，其结果与上述情况基本相似。

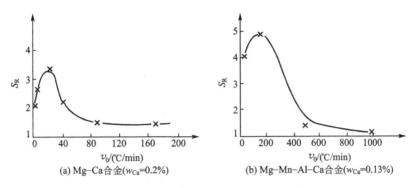

图 15.3　冷却速度 v_0 对铸锭中 Ca 偏析的影响

表 15-3　冷却速度 v_0 对合金形成不平衡共晶物的影响

合金系	最大溶解度质量分数(%)	出现共晶物时溶质的临界含量(%)		
		冷却速度 v_0 (℃/s)		
		0.008~0.03	1.3~1.7	7
Al-Cu	5.65	0.1	0.1	0.3
Al-Mg	16.35	4.5	0.5	0.3
Mg-Al	12.90	2.0	0.1	0.3
Cu-Sn	13.50	1.8	4.0	4.0
Cu-Al	7.60	7.0	7.0	7.0

曾认为，冷却速度越大，枝晶偏析越严重。由上述结果可知，这种看法是不全面的。增大冷却速度有时反而减轻枝晶偏析，甚至当冷却速度增大到某一临界值（$10^6 \sim 10^8$ ℃/s）时，不仅固相的扩散不能进行，液相中的扩散也被抑制，反而得到成分均匀的非晶态组织。

某元素在铸件中的枝晶偏析程度因其他元素存在而有相当大的变化。例如，硫、磷在碳钢中的枝晶偏析程度与碳含量有关，如图 15.4 所示。随着碳含量的增加，硫、磷在碳钢中的枝晶偏析程度明显增加。这可能是由于碳改变了硫、磷在钢中的分配系数和扩散系数。枝晶偏析使晶粒的物理和化学性能不均匀，铸件的力学性能下降，特别对塑性和韧性的影响更为显著。

枝晶偏析是近平衡凝固的结果，在热力学上是不稳定的，如能设法使溶质原子进行充分扩散

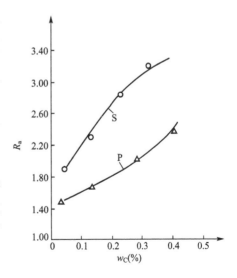

图 15.4　碳对硫、磷在铸锭中枝晶偏析的影响

即能消除枝晶偏析，把铸件加热到低于固相线 100~200℃，长期保温，使溶质原子充分扩散，则可减轻或消除枝晶偏析。图 15.5 是图 15.2 所示的 Cu-Ni 合金经均匀化退火后的组织及与之相对应的特征 X 射线强度曲线。可以看出，枝晶偏析已基本消除。

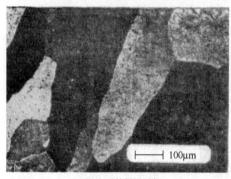

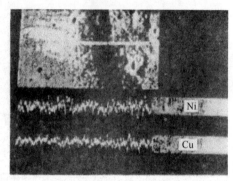

(a) 退火后的显微组织　　　　　　　　　　(b) Cu 和 Ni 的特征 X 射线强度曲线

图 15.5　Cu-Ni 合金扩散退火后的组织

枝晶间距越小，均匀化退火时原子扩散路程越短，故均匀化时间越短。因此，凡能细化枝晶的各种工艺措施均有利于以后的均匀化退火。偏析元素的扩散系数越大，在其他条件相同时，均匀化退火时间越短。

在进行均匀化退火时，退火温度不可超过固相线温度，否则会发生晶界熔化（过烧现象），损坏铸件的性能。

晶内偏析完全消除后，力学性能则明显提高。

在某种情况下，合金的晶内偏析也有它有益的一面。例如，作为轴承合金的锡青铜，由于晶内偏析而具有良好的耐磨性。

15.2.2　胞状偏析

前面讨论过成分过冷问题，当成分过冷较小时，晶体呈胞状方式生长。胞状结构由一系列平行的棒状晶体所组成，沿凝固方向长大，呈六方断面。由于凝固过程中溶质再分配，故若合金的分配系数 k_0 小于 1，则在胞壁处将富集溶质，如图 15.6 所示；如果分配系数 k_0 大于 1，则胞壁处的溶质会贫化。这种化学成分不均匀性称为胞状偏析。

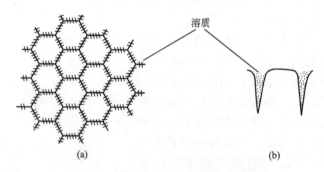

图 15.6　胞状生长时产生的溶质偏析

用电子探针分析表明，有的金属（$k_0<1$）在胞壁处溶质浓度可比整体平均浓度大两个

数量级。胞状偏析由于胞体较小,即成分变化范围较小,进行均匀化退火即可消除这种偏析。

15.2.3 晶界偏析

微观偏析的另一种形式是晶界偏析。铸件在凝固过程中有以下几种情况能够产生晶界偏析。

第一种情况:如图 15.7 所示,两个晶粒并排生长,晶界平行于生长方向,由于表面张力平衡条件的要求,在晶界与熔液交界的地方会出现一个凹槽,深度可达 10^{-8} cm,此处有利于溶质原子的富集,凝固后就形成了晶界偏析。晶界之间除溶质元素富集外,同样也可能存在其他低熔点和高熔点的杂质。

第二种情况:两个晶粒相对生长,相互接近,相遇,如图 15.8 所示。在固液界面,溶质被排出($k_0<1$),还可能有其他低熔点的物质也被排出在固液界面。这样,在最后凝固的晶界将有较多的溶质成分或其他低熔点的物质。

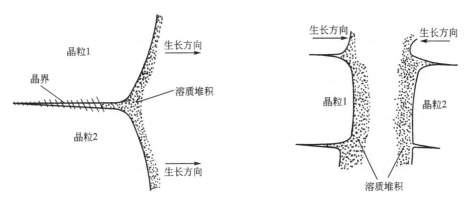

图 15.7　晶粒并排生长形成的晶界偏析　　图 15.8　晶粒相对生长形成的晶界偏析

合金的晶界偏析往往能降低合金高温性能,促使铸件在凝固过程产生热裂。

晶界偏析的预防和消除方法如同晶内偏析所采用的措施相同:细化晶粒,均匀化退火,但是晶界上存在的稳定化合物,如氧化物、硫化物和某些碳化物,即使采用均匀化退火往往也无能为力。因此,对于这些化合物所引起的晶界偏析,应从减少合金中的硫和氧入手。

15.3　宏 观 偏 析

保证凝固前沿为平界面时,铸件内的宏观偏析可用 Scheil 方程近似地描述。但在实际生产条件下,保证凝固前沿为平界面是困难的,往往存在固液两相区。此时,铸件产生宏观偏析的途径:①在铸件凝固早期,固相或液相的沉浮;②在固液两相区内液体沿枝晶间流动。

15.3.1 正常偏析

当铸件或铸锭凝固时,由于型壁强烈地定向散热,故在进行凝固的合金内形成一个温度梯度。这时，凝固不是在整个截面同时进行，而是从与铸型壁相接触的外层先开始。

当溶质的分配系数 $k_0<1$ 的合金进行凝固时，凝固界面的液相中将有一部分溶质被排出，随着温度的降低，溶质的浓度将逐渐增加，越是后来结晶的固相，溶质浓度越高。如果是溶质的分配系数 $k_0>1$ 的合金，固液界面的液相中溶质是减少的，因此越是后来结晶的固相，溶质的浓度越降低。这种成分的偏析谓之正常偏析，这从合金的平衡状态图上也容易想象出。

正常偏析是由于合金中固溶体初晶析出后，在型壁形成没有结晶游离的凝固壳并向铸型中心成长的结果。溶质的偏析系数 $|1-k_0|$ 大的合金，其偏析程度越大，换句话说，状态图上液相线和固相线之间的角度越大，正常偏析程度越大。但是，偏折系数 $|1-k_0|$ 大的，含溶质多的合金，如在凝固初期存在对流或结晶游离，则正常偏析的程度即可以减轻。

为了知道正常偏析随凝固条件是如何变化的，假设铸型壁上没有结晶游离，而且晶粒是按柱状晶成长。为了容易说明起见，取一细长的棒状液态合金，且凝固仅从一端开始，固-液界面为平滑面，液体合金的平衡分配系数 $k_0<1$。

第一种情况：取成分为 C_0 的合金，在凝固过程中固相和液相中的溶质都可以得到充分扩散，由于长时间的缓慢冷却，可以达到平衡结晶的目的，这时从铸棒的冷却端开始到凝固终了端为止，溶质的分布是均匀的，任何偏析都不会引起。

第二种情况：固体内溶质无扩散或扩散不完全，而在液体内有溶质扩散，这时将在凝固过程引起偏析，其偏折程度将与固体内溶质的扩散情况和液体内溶质的移动程度有关。

为了说明方便起见，考虑固体内没有溶质扩散，液体内也没有混合和搅拌，溶质在液体内只有单方向扩散(图 15.9)。

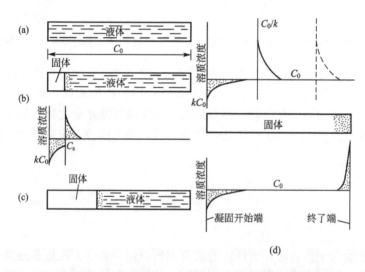

图 15.9 固体内无溶质扩散，液体内有溶质扩散凝固时溶质的分布

图 15.9(a)为合金凝固开始前，液体的平均溶质浓度为 C_0，凝固开始时在冷却端结晶的固体溶质浓度为 k_0C_0，之后结晶出的固相中的溶质浓度将逐渐增加，固液界面溶质的富集如图 15.9(b)所示。图 15.9 上固体部分的阴影表示溶质的贫乏，而液体部分的阴影表示溶质富集的程度，二者应该相等。当结晶出的固相浓度在 k_0C_0 的基础上逐渐增大到 C_0 时，

如图 15.9(c)所示,这时达到稳定状态并将继续向前推进。在凝固最终端的凝固界面附近的固相的溶质浓度如图 15.9(d)那样将急剧上升。

如不考虑凝固开始和终了状态,当凝固过程处于稳定状态时,固-液界面前液相中溶质浓度分布曲线可用式(15-4)表示。

$$C_L(x') = C_0 \left[1 + \frac{1-k_0}{k_0} \exp\left(-\frac{v}{D_L} x'\right) \right] \qquad (15-4)$$

从式(15-4)不难看出,溶质浓度分布曲线形状与溶质在合金的分配系数 k_0、固相的生长速度 v 及溶质在液体中的扩散系数 D_L 有关(图 15.10)。

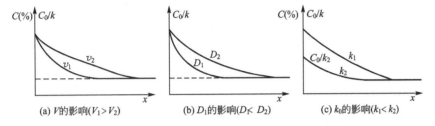

图 15.10　v、D_L、k_0 对界面前溶质浓度分布的影响

第三种情况:在固体内没有溶质的扩散,而液体则得到完全的混合。这时,凝固的固体在其固液界面排出的溶质如图 15.11(a)所示,在残液中又得到均匀的混合,而在固液界面溶质富集层并不形成,溶质在固体中的分布如图 15.11(b)所示。

以上列举了两种极端的情况,实际上铸造合金凝固时,固体内溶质有若干扩散,液体中由于对流也存在着若干混合,而铸棒中溶质浓度的分布如同图 15.12(d)那样,它是图 15.9(d)和图 15.11(b)两种曲线的中间某种状态。

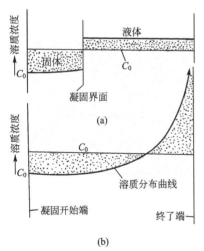

图 15.11　固体内无溶质扩散,液体得到混合时溶质的分布

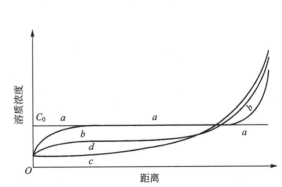

图 15.12　定向凝固时铸棒溶质的分布

a—平衡凝固;b—固体无扩散,液体有扩散;c—固态无扩散,液体完全混合;d—固态有若干扩散,液体部分混合

图 15.12 所表示的几种情况是在假定晶体是按柱状晶形式单方向成长,固液界面为平界面,并且认为铸型壁或固液界面上不存在结晶游离。实际上铸件在凝固时,由于合金的

类型不同，冷却条件的差异，等轴晶的产生，结晶游离的存在，故使铸件断面成分偏析变得很复杂。因此，对具体的铸件应做具体的分析。

铸件断面宏观偏折与合金的凝固特点有密切的关系，多数合金凝固后，铸件断面往往形成3个结晶区：外层是细晶粒区，接着是柱状晶区，中心部分是粗等轴区。以厚壁铸钢件为例，C、S、P的偏析规律与铸钢的凝固特点有着内在联系，如图15.13所示。

由图15.13可见，铸件外表面细晶粒区，基本上没有偏析现象，在柱状晶区内，C、S、P的含量甚至比原平均成分稍低，而在柱状晶和粗等轴晶之间偏析物质最多，在粗大等轴晶区基本上也没有明显的宏观偏折现象。

当钢液浇入铸型以后，由于型壁温度很低，金属迅速冷却，钢液来不及在宏观范围内选择结晶，使铸件表面形成一层细晶粒区，故不易产生宏观偏析，与细晶粒区相连的柱状晶区，其结晶速度要比表层慢，但凝固次序仍然是由外向里依次进行。柱状晶先形成的部分，由于溶质的再分配，含溶质元素较低，而与之相接触的液相则富集着较多的溶质元素。这样依次进行，使未凝固的钢液中C、S、P的浓度逐渐增高，凝固温度也相应降低。当整个铸件截面上温度继续降低，中心部分也降至凝固温度以下时，由于中心部

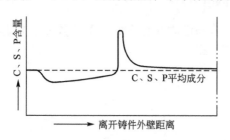

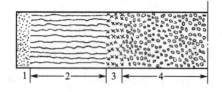

图 15.13　厚壁铸钢断面 C、S、P 的偏析规律与铸钢凝固特点的关系

1—细晶粒区；2—柱状晶区；
3—偏析物富集区；4—粗等轴晶区

分冷却缓慢，基本上是同时凝固，生成的等轴晶向外生长，于是柱状晶前沿，固液界面附近的溶质浓度高的液体就被阻滞在柱状晶与粗大等轴晶之间区域3内，使该处含溶质元素最高，偏析最大。

由此可见，正常偏析规律与铸件凝固过程密切相关。通过控制铸件的凝固过程，可以达到控制偏析的目的。

当铸件凝固区域较宽时，枝晶得到充分的发展，排出的溶质在枝晶间富集，且液体在枝晶间可以流动，从而使正常偏析减轻甚至完全消除。

正常偏析随着溶质偏析系数 $|1-k_0|$ 的增大而增大。但对于偏析系数较大的合金，当溶质含量较高时，铸件倾向体积凝固，反而减轻正常偏析或不产生正常偏析。

正常偏析的存在使铸件性能不均匀，随后的加工和处理也难以根本消除，故应采取适当措施加以控制。

15.3.2　逆偏析

所谓逆偏析，是指在 $k_0<1$ 的合金中，虽然凝固是由外向内循序进行，但在表面层的一定范围内溶质的浓度分布却由外向内逐渐降低，恰好与正常偏析相反，故又称反常偏析，Cu-Sn合金和Al-Cu合金就是经常产生逆偏析的两种典型合金。当浇注含10% Sn 的 Cu-Sn 合金时，铸件表面有时会出现含 20%～25% Sn 的锡汗。在灰铸铁件表面有时会出现磷共晶的汗点。铸件产生逆偏折能明显地降低铸件的力学性能、耐气密性和切削加

工性能。

图 15.14 表示含 Cu 4.7%的铝合金铸件断面上产生逆偏析的情况，虚线表示原始成分，而实线表示铜的实际成分。

逆偏析的形成有以下几方面的共同特点，即结晶温度范围宽的固溶体型合金易产生逆偏析，缓慢冷却时逆偏析程度增加，粗大的树枝状晶易形成逆偏析。上述共同特点联系起来，对逆偏析的形成原因可做如下解释：宽结晶温度范围的固溶体型合金在缓慢凝固时易形成粗大的树枝状晶，枝晶相互交错，枝晶间富集着低熔点的溶质，当铸件产生体收缩时，低熔点溶质将沿着树枝状晶间向外移动。如果液态合金中溶解有较多的气体，则在凝固过程中将助长逆偏析的形成。

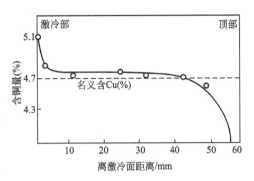

图 15.14 含 Cu4.7%的铝合金铸件断面上产生逆偏析的情况

雄谷等对铜锡合金的树枝状形态与逆偏析的关系进行研究表明，在 Cu-Sn 合金中加入第三种元素，如能缩短树枝状晶的尺寸，则将会改变逆偏析的倾向，促使正常偏析形成。加入的元素如增加树枝晶尺寸，则得到相反的结果，助长逆偏折的形成。图 15.15 表示在采用定向凝固法浇注的 Cu-8%Sn 合金铸锭(20mm×40mm×90mm)中加入元素与 Sn 的分布之间的关系。从图 15.15 中可以看到，含 8%Sn 的 Cu-Sn 合金得到的是逆偏析，而向其中加入 2%Ni 或 1.2~2.0%Fe 时，铸锭获得正常偏析。当加入少量的 Si 和 Al 时，则得到与 Ni 和 Fe 相反的结果，即逆偏析。

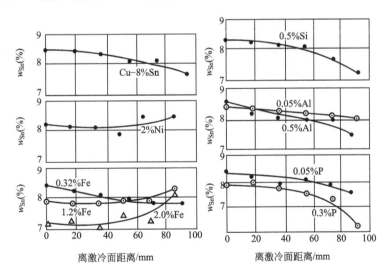

图 15.15 添加元素对 Cu-8%Sn 合金铸锭中 Sn 的分布的影响
注：图中元素含量均为质量分数

上述试验结果，可以从以下方面进行分析。如图 15.16 所示，Ni 和 Fe 细化树枝晶一次分枝，Si 和 Al 能增加一次分枝尺寸。当合金结晶时，树枝状晶较大而且枝晶较长时，枝晶变得复杂，从 α 固相排出的溶质浓缩在枝晶之间，促进微观偏析。当铸件收缩时，含溶质高的液相容易沿着树枝状晶间的隙孔道向激冷方向移动。如果树枝状晶短小，形态也变得简单，从固相排出的溶质也不易被枝晶间捕获，枝晶间的通道也不易形成，逆偏析难以形成。但是，P 的影响例外，能细化一次分枝，却促进逆偏析的形成。由此事实可知，逆偏析不仅受树枝状晶的形态影响，而且还受溶质的微观偏析状态以及液相中溶质的扩散的影响。

通过上述分析，逆偏析的形成原因是具有一定结晶温度范围的固溶体型合金在缓慢凝固时易形成粗大树枝晶、枝晶相互交错，枝晶间富集着低熔点溶质，当铸件产生体收缩时，低熔点溶质将沿着树枝状晶向外移动。

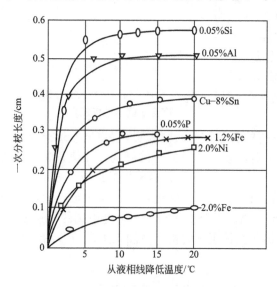

图 15.16　添加元素对 Cu-8%Sn 合金一次分枝长度的影响

注：图中元素含量均为质量分数

综上所述，铸件凝固过程中是否会出现偏析以及形成什么样的偏析与很多因素有关，归纳起来主要有以下方面。

(1) 结晶温度范围。合金的结晶是在一个温度范围内进行，这是形成宏观偏析的先决条件。当结晶温度范围较小时，一般倾向于产生正常偏析。结晶温度范围越大，树枝状晶越发达，在其他条件相同时，易产生逆偏析。

(2) 树枝状晶的尺寸。研究结果表明，树枝状晶的尺寸对偏析有明显的影响。向合金中添加某种元素如能使一次分枝的尺寸缩短，将有助于缓和或防止逆偏析的形成；相反，能促使一次分枝的尺寸增长的元素，将助长逆偏析的形成。

(3) 冷却条件的影响。铸件凝固速度缓慢，宽凝固温度范围的合金易形成发达的树枝状晶，逆偏析易于形成。采用砂型浇注厚大的锡青铜铸件，表面容易产生"锡汗"就是这个道理。改用金属型浇注，加速铸件的凝固速度，细化晶粒，可以防止逆偏析-锡汗的产生。但也有例外的情况，采用连续铸造 Al-Cu 合金铸锭，由于冷却速度快，故铜在铸锭表层富集，形成逆偏折。由此可见，冷却条件对铸件偏析的影响还有待进一步研究。

(4) 合金凝固过程液体金属所受的压力。由于枝晶偏析，枝晶间含低熔点溶质元素较多，故低熔点的溶液在液体金属静压力或在大气压力作用下，通过枝晶间的渠道向外补缩，有利于形成逆偏析。当合金中溶解有较多的气体时，在凝固过程中由于气体的析出，形成的压力有助于产生逆偏析。

15.3.3　V 型偏析和逆 V 型偏析

在镇静钢锭中常常观察到 V 型和逆 V 型偏析带，其中富集碳、硫和磷。图 15.17 为钢锭纵剖面上的 V 型和逆 V 型偏析。

一般认为，凝固初期，晶粒从型壁或固液界面脱落沉积，堆积在下部。凝固后期堆积层的收缩下沉对形成 V 型偏析起着重要的作用。

在钢锭凝固的各个阶段向液面添加同位素 Ir^{192}，由于钢锭凝固过程中有晶体沉积，则可借助同位素判断不同时刻界面的位置，如图 15.18 所示。可以清楚地看到，凝固后期堆积层中央的下部发生下沉。用有机物做凝固模拟实验也可观察到随着晶体堆积层中央部位的下沉，铸锭凝固初期，由于初晶的沉淀，在铸锭下半部形成负偏析区。与此相反，在铸锭的上半部则形成正偏析区。

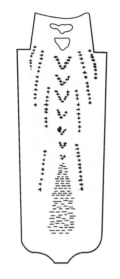

+正偏析区，-负偏析区

图 15.17 镇静钢的宏观偏析

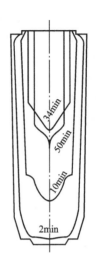

图 15.18 根据 Ir^{192} 确定的 3.5 吨钢锭的凝固界面

在铸锭凝固过程中，堆积层中央下部的晶体收缩下沉，而上部的晶体不能同时下沉，在堆积层中则产生 V 型裂缝，其中被富溶质的液体充填，形成 V 型偏析带。

在铸锭中央部分下沉的同时，侧面向斜下方产生拉应力。在此拉应力作用下，铸锭产生逆 V 型裂缝，其中被富集溶质的低熔点液体充填，形成逆 V 型偏析带。

另一种看法认为，逆 V 型偏析是由于密度小的溶质浓化液在固液两相区内上升而引起的。例如，钢锭的残余熔体中富集着硫、磷、碳等溶质元素，其密度小、熔点低。该富集溶质的液体沿枝晶间上升，在其流经的区域，枝晶发生熔断，形成沟槽。残余液体沿沟槽继续上升，产生逆 V 型偏析。

降低铸锭的冷却速度，枝晶粗大，液体沿枝晶间的流动阻力减小，促进溶质富集液的流动，增加形成 V 型和逆 V 型偏析的倾向。已经发现，当 35 钢钢锭的凝固速度 $v_0 \geqslant 0.045$ mm/s 时，不产生这类偏析。

关于这类偏析的形成机理仍未完全认识清楚，有待进一步深入研究。

15.3.4 带状偏析

在铸锭或厚壁铸件中有时能观察到一种带状偏折，这种带状偏析有时是间断的，有时则是连续的，带状偏析的形成有一个特点，它总是和凝固的液固界面相平行。这种偏析在不连续的机械振动和搅拌的情况下形成比较容易理解，然而即使没有机械的外因存在，也会产生带状偏析，关于带状偏析形成的机理可借助图 15.19 加以说明。取一单元液柱，令液体金属从左端向右进行定向凝固，在凝固过程不受外界机械因素的影响。

当液体金属中的溶质的扩散速度低于固体的生长速度时，在固液界面将如图15.19(a)所示的那样产生溶质偏析，固液界面的过冷将下降，如图15.19(b)所示。由于液固界面的过冷降低，故固体就不能像原来那样连续向前推进。因此，结晶将在固液界面前方过冷较大的部位优先成长，优先结晶的突出部位，如图15.19(c)那样长出分枝，进而成长为树枝状，溶质浓化液将被树枝状的晶枝所捕捉。此时，枝晶的成长将与邻近的枝晶连接在一起，再度形成宏观的平滑界面。此时，固液界面的过冷再度下降如同图15.19(e)和(f)那样，结晶前沿的成长又会出现新的停滞，如此重复，在铸件断面可能会出现数条带状偏折。带状偏析的形成不仅与固液界面溶质富集而引起的过冷程度有关，而且与晶体成长速度变化有关。当固液界面前方有对流或搅拌时，由于溶质的均化，带状偏析将不易形成。

此外，当固液界面过冷降低，固液界面向前推进受到溶质偏析的阻碍时，由于界面前方的冷却，从侧壁上可能产生新的晶粒并继续长大，从前方横切溶质浓化带，形成带状偏折，如图15.19(g)所示。

图15.20表示松本等对 Ni-2.2%C-S(150×10^{-6})合金进行定向凝固研究观察到的带状偏析的照片。作者发现在亮白条状部位，石墨为球状，如图15.20(b)所示，而在硫的偏析部位，即黑暗带，石墨为片状，如图15.20(a)所示。众所周知，硫是阻碍石墨球化的元素，硫的带状偏析进一步证实了硫在石墨成长过程中的作用。

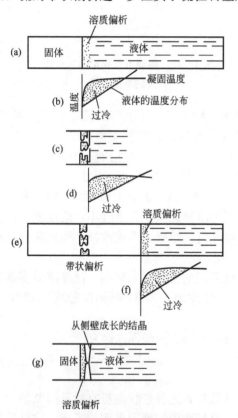
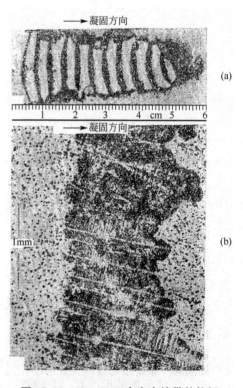

图15.19　带状偏析形成机理示意图　　图15.20　Ni-C-S合金中的带状偏析

当离心铸造厚壁管状铸件时，在经过腐蚀的铸件断面上，有时也可以看到不同颜色环状带，这些环状带就是带状偏析遗留下的痕迹。图15.21表示离心铸造低合金钢管铸件断面的带状偏析。当采用水冷金属型离心铸造铸钢件时，金属的凝固特点是由外向内，定向进行，一些容易形成偏析的溶质元素，如 C、P、S 在环状偏析带中，常高出平均值。但是，当离心铸造时，如外界机械因素引起铸型振动，也将促进环状偏折的形成。此外，当离心浇注较长的管状铸件时，由于液体金属从一端流向另一端作螺旋形层状流动，当浇注速度较慢或金属温度较低时，由于影响金属的凝固过程在铸件的断面也会留下环状偏析的痕迹。

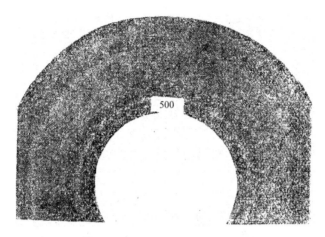

图 15.21　厚壁离心铸造低合金钢件的带状偏析

很明显，偏析系数 $|1-k_0|$ 大的溶质有利于带状偏析的形成。减少溶质的含量，采取孕育措施细化晶粒，加强固液界面前的对流和搅拌，都有利于减少带状偏析。

15.3.5　密度偏析

当液体和固体共存或者是相互不混合的液相之间存在着密度差时，将产生密度偏析。密度偏析产生于金属凝固前或刚刚开始凝固之际。如亚共晶或过共晶合金，如果初生相与液相之间密度相差较大，当其在缓慢冷却条件下凝固时，初生相又能上浮或下沉，从而导致铸件中组成相上下分布及成分不均匀，产生密度偏析。最简单的实例是 Cu-Pb 合金（Cu 的相对密度为 8.24，Pb 为 10.04），在液态时由于密度不同，分层存在，上部为密度小的 Cu，下部为 Pb，在凝固前即使进行很好的搅拌，凝固后的铸件上部也富集着 Cu。轴承用的 Sn-Sb 合金也出现类似的现象，铸件上部富集着较多的 Sb。

密度偏析可以采取一些措施加以限制或防止。

（1）在浇注前对合金液应充分搅拌，使密度不同的液体尽可能处于均匀状态。

（2）从合金成分方面考虑，可以加入能够阻碍初晶沉浮的元素。例如，在铝青铜中加 Ni，能使铜的固溶体初晶成为树枝状，从而阻止 Pb 的偏析。又如，Pb-Sn-Sb 轴承合金(图 15.22)，含 Sb 较多的 β 固溶体(图 15.22 中呈白色方块状)，密度比

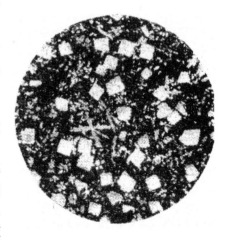

图 15.22　Pb-Sn-Sb 轴承合金组织

液体轻,易上浮。如加少许 Cu,使生成化合物 Cu_3Sn(呈白色星状)和 Cu_6Sn_5(呈白色针状或粒状),化合物 Cu_3Sn 和 Cu_6Sn_5 首先从液相中析出,其密度与液相接近,可形成均匀的骨架,阻止密度较小的 β 上浮,因而减少密度偏析。

(3) 从铸型条件方面,加快铸件的冷却速度,缩短合金处于液态的时间,使初生相来不及上浮或下沉,以防止密度偏析的产生。此外,局部采用冷铁,合理地控制凝固方向,也可收到较好的效果。

(4) 从浇注条件方面,应尽可能降低合金的浇注温度和浇注速度。有时,可以将在坩埚内或浇包内容易偏析的金属留待在浇注过程中连续少量地加到液流中。

1. 试分析在实际生产条件下,各因素对枝晶偏析形成的作用。
2. 能否把枝晶偏析看成正常偏析?它与宏观正常偏析在形成过程上有何异同?
3. 试分析枝晶间液体的流动对枝晶偏析程度的影响。
4. 宏观正常偏析形成的条件是什么?为什么在实际生产中宏观正常偏析并不多见?
5. 简述逆偏析的形成机理。哪些因素促进逆偏析的形成?
6. 简述铸锭中的 V 型和逆 V 型偏析的形成机理。生成中如何减轻该类偏析?
7. 试分析铸件凝固方式与产生宏观偏析的关系及采用离心铸造生产的铸件易产生带状偏析的原因。
8. Zn-28%Al 合金铸锭为什么易产生密度偏析?应采取哪些工艺措施防止其产生?

第 16 章

铸件中产生的气孔与非金属夹杂物

 本章教学要点

知识要点	掌握程度	相关知识
3种类型气孔产生的基本规律及其防止措施	掌握3种类型气孔的形成机理及其防止措施	(1) 析出性气孔、侵入性气孔和反应性气孔 (2) 气体的来源及其控制、工艺因素的影响、各种去气措施
非金属夹杂物的产生、影响因素和防止方法	(1) 掌握液态金属中非金属夹杂物的来源和主要类型 (2) 掌握3种非金属夹杂物的形成机理和防止措施	初生夹杂物、二次氧化夹杂物和次生夹杂物的产生及控制

> **导入案例**
>
> **铝合金精炼中的环保问题**
>
> 铝熔体在高温下不但要和炉气相接触产生吸气及氧化等问题，而且不可避免地同炉衬相接触并发生物理化学反应，使熔体遭受杂质的污染，这就是造成铸锭气孔、夹杂等具有遗传性的冶金缺陷的主要根源。所以，在金属熔炼过程中，设法防止和排除金属中的气相和非金属夹杂，是铝合金熔炼中净化处理的重要目标。
>
> 目前，铝合金精炼技术主要以炉内熔剂喷射精炼和炉外泡沫陶瓷过滤为主。铝熔体熔剂净化过程产生含 Cl、F 等有害的白色烟尘，对大气、人体和设备都存在着严重危害。尤其是熔剂精炼产生的含 Cl、F 等有害炉渣，对环境的污染更加严重，雨淋后可造成周围的作物和花、草、树木枯死，污染空气与水资源。据不完全统计，铝合金熔剂全国销售量在 3 万吨/年以上，废弃渣达 60 万吨/年以上，其对环境的危害不容忽视。尽管熔剂净化处理曾经发展过无毒熔剂，其组成主要由硝酸盐等氧化剂和碳组成，在高温下发产化学反应生成 N_2、CO_2 气体起一定的精炼作用，但由于对铝熔体又造成二次污染，无法达到净化指标而停滞，且增加废弃的炉渣量。因此，发展绿色熔炼技术，解决熔炼过程中的环保问题具有十分重要的意义。

气孔和夹杂物在金属凝固过程中极易产生，它们以不同的类型和形态出现在固体金属中，对金属的性能产失不同的影响。本章主要介绍气孔和夹杂物的形成机理、影响因素以及防止和减少气孔均夹杂物的途径。

16.1 气孔的种类

金属在熔炼、浇注、凝固过程中，炉料、铸型、浇包、空气及化学反应产生的各种气体会溶入到液态金属中，随温度下降气体会因在金属中的溶解度的显著降低而析出。尚未从金属中逸出的气体会以分子的形式残留在固体金属内部而形成气孔。气孔的存在不仅能减少铸件的有效面积，且能使局部造成应力集中成为零件断裂的裂纹源。一些不规则的气孔，增加缺口敏感性，使金属强度下降，零件的抗疲劳能力降低。

按气体的来源不同，金属中的气孔可以分为 3 类。

(1) 析出性气孔。金属液在冷却及凝固过程中，因气体溶解度下降，析出的气体来不及从液面排除而产生的气孔称为析出性气孔。这类气孔在铸件断面上大面积分布，靠近冒口、热节等温度较高的区域，其分布较密集，形状呈团球形，裂纹多角形，断续裂纹状或混合型（图 16.1）。

(2) 反应性气孔。金属液和铸型之间或在金属液内部发生化学反应所产生的气孔，称为反应性气孔。

金属-铸型间反应性气孔，通常分布在铸件表面皮下 1～3mm，表面经过加工或清理后，就暴露出许多小气孔，所以通称皮下气孔（图 16.2），形状有球状、梨状。有些皮下气

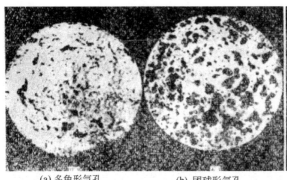
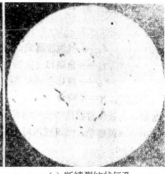

(a) 多角形气孔　　　　(b) 团球形气孔　　　　(c) 断续裂纹状气孔

图 16.1　铸铁件中的析出性气孔

孔呈细长状，垂直于铸件表面，深度可达 10mm 左右。孔内气体主要是 H_2、CO 和 N_2 等。

另一类反应性气孔是金属内部化学成分之间或与非金属夹杂物发生化学反应产生的，形状呈梨形或团球形，均匀分布。

(3) 侵入性气孔。砂型和砂芯等在液态金属高温作用下产生的气体（并无明显的化学反应），侵入金属内部所形成的气孔，称为侵入性气孔（图 16.3）。其特征是数量较少，体积较大，孔壁光滑，表面有氧化色，常出现在铸件表层或近表层，形状多呈梨形、椭圆形或圆形，梨尖一般指向气体侵入的方向。侵入的气体一般是水蒸气、一氧化碳、二氧化碳、氢、氮和碳氢化合物等。

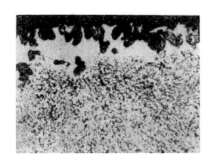
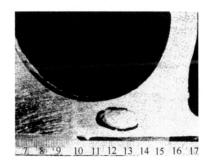

图 16.2　白口铸铁件皮下气孔（被氧化皮覆盖）　　图 16.3　铸铝件湿型下产生的侵入性气孔

16.2　气孔的形成机理

16.2.1　析出性气孔的形成机理

在铸造过程中，当金属凝固时液相中含气量较多时，随着温度下降溶解度降低（图 16.4），气体析出压力增大，当大于外界压力时便形成气泡。气泡如来不及浮出液面，便留在铸件中形成气孔这就是析出性气孔。

当金属液中的含气量较低时，甚至在含气量比凝固温度下液相中的溶解度还低时，也可能产生气孔。这种现象需用溶质再分析来解释。

1. 凝固时气体溶质再分配

因为金属凝固时气体溶解度急剧下降，所以在铸造条件下，在金属凝固过程中，可认为液相中气体溶质只存在有限扩散，无对流，无搅拌，而固相中气体溶质的扩散可忽略不计，这样就可应用固-液界面前液相中溶质分布方程式。

$$C_L(x) = C_0 \left[1 + \frac{1-k_0}{k_0} \exp\left(-\frac{v}{D_L}x\right) \right] \tag{16-1}$$

式中，k_0 为气体溶质平衡分配系数；D_L 为气体在金属液中的扩散系数；v 为凝固速度；x 为离液固界面处距离；C_0 为液相中的气体浓度。

当金属凝固时，根据上式可得出气体在液相中的浓度分布，如图 16.5 所示。最初析出的固相中气体浓度为 $k_0 C_0$，在凝固前沿 $x=0$ 处，液相中气体浓度将达到最大值 C_0/k_0。设此时气体溶解度为 S_L，则液相中气体浓度超过 S_L 时才析出气泡。产生过饱和浓度区 Δx，可由此导出（$\Delta x = x$ 时，$C_L = S_L$）

$$\Delta x = \frac{D_L}{v} \ln \frac{1-k_0}{k_0 \left(\frac{S_L}{C_0} - 1 \right)} \tag{16-2}$$

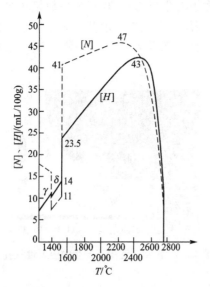
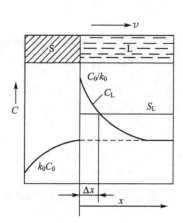

图 16.4　氢与氮在 Fe-1%Mn 合金中的溶解度　　图 16.5　金属凝固时气体在固液界面前沿的分布

析出气泡还决定于 Δx 存在时间 $\Delta \tau$ 的长短，$\Delta \tau$ 越长，越有利于气孔的生长，由式(16-2)可求出

$$\Delta \tau = \frac{\Delta x}{v} = \frac{D_L}{v^2} \ln \frac{1-k_0}{k_0 \left(\frac{S_L}{C_0} - 1 \right)} \tag{16-3}$$

可见，当合金成分一定时，$\Delta \tau$ 主要由凝固速度 v 决定，而 Δx 是枝晶间尚待凝固的液相内气体溶质的富集区。所以，凝固速度 v、分配系数 k_0、扩散系数 D_L 及气体原始浓度 C_0 都会影响到 Δx、$\Delta \tau$ 以及液相中气体浓度的分布。

可见，即使金属液中气体原始浓度 C_0 小于凝固温度下液相中的饱和浓度，由于金属凝固时存在溶质再分配,在凝固过程中液-固界面处的液相里,于某一时刻所富集的气体浓度将可能大于饱和浓度 S_L 而析出气体。

2. 析出性气孔的形成机理及影响因素

金属在凝固过程中,如果按照体积凝固方式进行,在凝固后期,液相被周围树枝晶分割成体积很小的液相区。这种情况下,可以认为液相中气体浓度是均匀的。在随后的结晶过程中,剩余的液相中气体浓度将不断增加,后结晶的固相中气体浓度也不断提高,凝固后期的液、固相中气体析出压力不断加大,到凝固末期将达到最大值。

从上面金属凝固过程的气体溶质再分配的规律可见,结晶前沿,特别是枝晶间液相的气体浓度聚集区 Δx 中,气体浓度将超过它的饱和浓度 S_L,且被枝晶封闭在液相内,具有更大过饱和浓度,有更大的析出压力,而又以液-固界面($x=0$)处气体的浓度最高,该处也同样有其他气体的偏析,也易产生非金属夹杂物。如果枝晶间产生收缩,则该处易出现气泡,而保留下来形成气孔。在铸件最后凝固的热节处,液相中气体浓度更大,所以在该处往往产生的析出性气孔最大,数量也最多。

显然,有以下主要因素影响析出性气孔的形成。

(1) 金属液原始含气量 C_0。C_0 越大,C_L、Δx 和 $\Delta \tau$ 也相应增大。

(2) 冷却速度。铸件冷却速度越快,凝固区域就越小,枝晶不易封闭液相,且凝固速度 v 越大,则 Δx 和 $\Delta \tau$ 越小,气体来不及扩散,因而气孔不易形成。

(3) 合金成分。合金成分影响原始含气量 C_0,还决定分配系数 k_0 和扩散系数 D_L,以及合金收缩大小及凝固区域。特别是 k_0 越小,合金液收缩越大及凝固温度范围越大的合金更容易产生气孔和气缩孔。

(4) 气体性质。氢比氮的扩散速度快,即扩散系数 D_L 大,因此氢比氮易析出;而氮的浓度需很高时才会析出,故在最后凝固的热节和厚大断面处易出现氮气孔。

3. 金属产生气孔倾向的判断方法

(1) 气孔准则数。用式(16-4)可判断金属和合金产生气孔的倾向。

$$\eta = \frac{S_L - S_S}{S_S} \quad \text{或} \quad \eta' = \frac{S_L}{S_L - S_S} \tag{16-4}$$

式中,η、η' 分别为气孔准则数;S_L、S_S 分别为合金凝固时气体在液相和固相中的溶解度。

由于 $k_0 = S_S/S_L$,所以式(16-4)可写为

$$\eta = \frac{1-k_0}{k_0} \quad \text{或} \quad \eta' = \frac{1}{1-k_0} \tag{16-5}$$

对于一定金属或合金而言,η、η' 值是一定的,具体见表 16-1。

表 16-1 氢在各种金属中的 k_0、η 及 η' 值

金属	$S_L/(\text{cm}^3/100\text{g})$	$S_S/(\text{cm}^3/100\text{g})$	k_0	η	η'
Al	0.69	0.036	0.53	17.8	1.055
Cu	6.00	2.1	0.35	1.86	1.54
Fe	23.80	14.3	0.60	0.67	2.50
Mg	26.00	18.0	0.69	0.45	3.25

若将 η 值代入 C_L 表达式并令 $x=0$，则

$$C_L = C_0(1+\eta) \quad (16-6)$$

可见，气孔准则数 η 的物理意义乃是表示凝固界面上液相的气体浓度 C_L 比原始液相气体浓度 C_0 所增加的倍数。因此，η 越大，气孔越易形成。

(2) 用饱和气体浓度 S_L 来判断。对每一种金属和合金在一定铸造条件下，经过试验，总可以找到不产生气孔的饱和气体浓度 S_L。若金属液含气量超过 S_L，将产生气孔。S_L 值与铸造条件有关，金属型比砂型大，压力铸造又比金属型大。

16.2.2 反应性气孔的形成机理

1. 金属与铸型间反应性气孔

在高温下各气相反应达到平衡状态时，金属液-铸型界面处的气相成分中 H_2 和 CO 的含量较多，CO_2 较少。

反应性气孔的成因目前尚无统一说法，而有关皮下气孔形成的原因有如下几种理论。

(1) 氢气说。在金属液浇入铸型后，由于金属液-铸型界面处气相中含有较高的氢（包括原始含量和浇注中增加的量），故使金属液表面层氢的浓度增加，在硬皮（氧化膜）附近发生下列反应。

$$2[H] + FeO \rightarrow H_2O + Fe$$

生成的水就附着在生长着的晶粒上成为气泡核心。凝固析出的氢和由界面侵入的氢及其他气体都向气泡核心集中，使气泡沿着枝晶间长大，来不及逸出，形成皮下气孔。

在凝固过程中，液固表面前沿易形成过饱和气体浓度和很高的气体析出压力，金属液-铸型界面处的化学反应在金属液表面所产生的各种氧化物如 FeO、Al_2O_3、MgO 等都促进气孔的产生并能使气体附着它形成气泡，表面层气泡一旦形成后，液相中的氢等气体都向气泡扩散，随着金属结晶沿枝晶间长大，形成皮下气孔。

(2) 氮气说。一些研究者认为，铸型或型芯采用各种含氮树脂做粘结剂，分解反应造成界面处气相氮气浓度增加。提高树脂及乌洛托品含量，也会导致型内气相中氮含量增加，当氮含量达到一定浓度时，就会产生皮下气孔。

(3) CO 说。一些研究者通过对铸钢件皮下针孔的试验和分析认为，金属与铸型表面处金属液与水蒸气或 CO_2 相互作用，使铁液生成 FeO。

$$[Fe] + H_2O \rightarrow FeO + 2H$$
$$[Fe] + CO_2 \rightarrow FeO + CO$$

生成的 FeO 来不及扩散，而且铸件凝固时由于结晶前沿枝晶内液相碳浓度的偏析，将产生下列反应。

$$FeO + C \rightarrow Fe + CO\uparrow$$
$$FeO + CO_2 \rightarrow Fe_2O_3 + CO\uparrow$$

CO 不溶于钢液，沿晶界或杂质形成气泡核，金属中的 H、N 通过扩散进入气泡核长大，沿阻力最小的方向，形成垂直于铸件表面的针孔。

2. 金属液内反应性气孔

(1) 渣气孔。金属在凝固过程中，如果存在氧化夹杂物，其中的 FeO 可以与液相中富集的碳产生下列反应。

$$FeO+[C] \rightarrow Fe+CO \uparrow$$

当碳和 FeO 的量较多时，就可能形成渣气孔。如果铁液中存在石墨相，将发生下列反应。

$$FeO+C \rightarrow Fe+CO \uparrow$$

上述反应生成的 CO 气体，依附在 FeO 熔渣上，就形成了渣气孔，其特点是气孔和熔渣依附在一起。

(2) 金属液中元素间反应性气孔。

① 碳氧反应气孔，钢液脱氧不全或铁液严重氧化，溶解的氧若与铁液中的碳相遇，将产生 CO 气泡而沸腾，CO 气泡上浮中，吸入氢和氧，使其长大，由于型内温度下降快，凝固时气泡来不及完全排除，最终产生蜂窝状气孔。

② 水蒸气反应气孔，金属液中溶解的 [O] 和 [H]，如果相遇就会产生 H_2O 气泡，凝固前来不及析出的话，就会产生气孔。

③ 碳氢反应气孔，铸件最后凝固部位由于液相中的偏析，含有较高浓度的 [H] 和 [C]，凝固过程中产生 CH_4，形成局部性气孔。

16.2.3 侵入性气孔的形成机理

将金属液浇入砂型中时，由于各种原因会产生大量的气体。气体的体积随着温度的升高而增大，造成金属-铸型界面上的气压增大。当界面上局部气体的压力 $p_气$ 满足下列条件时，

$$p_气 > p_静 + p_阻 + p_腔 \tag{16-7}$$

式中，$p_静$ 为是液体金属的静压力，$p_静 = h\rho g$，由气泡以上的金属液柱高度、密度决定；$p_阻$ 为气体进入液体金属的阻力，由液态金属的黏度、表面张力和氧化膜等决定；$p_腔$ 为型腔中自由表面上气体的压力。

满足上式气体就能在铸件开始凝固的初期侵入金属液中成为气泡，气泡不能上浮逸出时就形成梨形气孔。

气体由砂型表面进入金属液中形成气泡的形态决定于润湿角 θ、微孔在空间的位置和它的孔径。出现在接触表面上的孔隙曾经有过气相的地方，可以看成是准备好的气泡核，最容易形成气泡。当润湿角不同时，气体进入金属液中形成气泡的过程如图 16.6 所示。

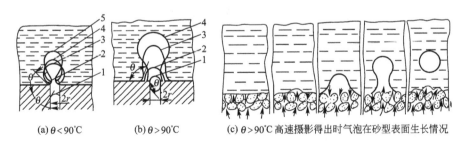

图 16.6 气体进入金属液中形成气泡的过程

如果表面润湿并且如图 16.6(a) 所示的那样，气体由下向上在微孔中运动并具有一定的压力时，其弯月面由微孔中的位置 1 移至出口处，在位置 2 保持着半径为 r 的球形表面。气泡以自己的基底贴紧在孔的周边上。当它们与固体水平表面之间的 θ 角未达到极限

值时,气泡开始长大。图 16.6 中气泡 3 的直径已超过微孔口的直径,垂直向上的力要使它脱离基底。气泡在这个力和金属侧压力的影响下继续长大并形成颈部。随着颈部的不断缩小,气泡 5 的上面部分脱离基底成为自由气泡。此后,在条件许可时再重复这一过程。在非润湿表面,气泡的长大表现为气泡的基底不断扩大,如图 16.6(b)所示。从图 16.6 中可看出,随着气体压力的增大,弯月面处于位置 1,气泡的基底开始增大。与此同时,因其沿表面展开,故使球状表面发生变形,形成细腰,如图 16.6(b)中 3 及 4 所示。随着气泡不断地向上长大,一方面拉紧气泡的基底,另一方面细腰处不断缩小而最终断开,成为自由气泡并在铸型表面留下胚芽。自由气泡的直径大于微孔的直径。当 $\theta > 90°$ 时,这样断开而形成的气自由泡的直径和容积取决于微孔直径和 θ 值。

当液体金属不润湿型壁时,侵入气体容易在型壁上形成气泡,从而增大了侵入性气孔的形成倾向。当液态金属的黏度增大时,气体排出的阻力增大,形成侵入性气孔的倾向也随之增大。

16.3 气孔的防止

16.3.1 防止或减少析出性气孔的措施

1. 减少金属液的原始含气量 C_0

(1) 减少金属液的吸气量,采取烘干、除湿等措施,防止炉料、空气、铸型、浇包等方面的气体进入金属液。

(2) 对金属液进行除气处理,常用的方法有以下几种。

① 浮游去气,即向金属液中吹入不溶于金属的气体加入,如惰性气体、氮气及氯盐等使溶解的气体进入气泡而排除。

② 氧化去气.对能溶解氧的金属液,可先吹氧去氢,然后再脱氧。

2. 阻止金属液中气体析出

(1) 提高铸件冷却速度,如采用金属型铸造等方法。

(2) 提高铸件凝固时的外压,如密封加压凝固等方法。

3. 型(芯)砂处理

(1) 减少砂型(芯)在浇注时的发气量。

(2) 使浇注时产生的气体容易从砂型(芯)中排出。例如多扎排气孔、使用薄壁或空心和中间填焦炭块的砂芯等方法。

16.3.2 防止皮下气孔的措施

通过金属液-铸型界面间和金属液内部气相反应的分析,可以从以下几方面来防止皮下气孔的生成。

(1) 采取烘干、除湿等措施,防止和减少气体进入金属液。

(2) 严格控制合金中氧化性较强元素的含量,如球墨铸铁中的镁及稀土元素、铸钢中用于脱氧的铝。

(3) 砂型(芯)要严格控制水分,重要铸件可采用干型或表面烘干型,含氮树脂砂要尽量减少尿素含量,控制乌洛托品固化剂的加入量,保证铸型有良好的透气性。

(4) 适当提高浇注温度,能够降低凝固速度,有利于气体排除。

(5) 在工艺方案设计中,尽量保证金属液平稳进入铸型内,减少金属液的氧化。

16.3.3 防止侵入性气孔的措施

防止侵入性气孔应主要从减小 $p_气$,增加气体进入金属液的阻力和使气泡容易从金属液中浮出等方面入手。

(1) 减少砂型(芯)在浇注时的发气量。

(2) 使浇注时产生的气体容易从砂型(芯)中排出。例如保证砂型有必需的透气性,多扎出气孔,使用薄壁或空心和中间填焦炭块的砂芯,避免大平面在水平位置浇注,设置出气冒口,适当提高浇注温度和注意引气等。

(3) 提高气体进入金属液的阻力。例如保证直浇道有所需的高度和金属液在型内的上升速度,在砂芯(型)表面使用涂料以减小砂型(芯)表面孔隙等。

16.4 夹 杂 物

16.4.1 液态金属中非金属夹杂物的来源与类型

1. 夹杂物的来源

金属在熔炼与铸造过程中,原材料本身所含有的夹杂物,如金属炉料表面粘氧化锈蚀、随同炉料一起进入熔炉的泥沙、焦炭中的灰分等,熔化后变为溶渣。

当金属熔炼时,脱氧、脱硫、孕育、球化等处理过程,产生大量 MnO、Al_2O_3、SiO_2 等夹杂物。

当液态金属与炉衬、浇包的耐火材料以及溶渣接触时,会发生相互作用,产生大量 MnO、Al_2O_3 等夹杂物。

在精炼后转包及浇注过程中,因金属液表面与空气接触,其表面很快地形成一层氧化膜,当其受到紊流、涡流等破坏而卷入金属中,可形成二次氧化夹杂物。

此外,金属在凝固过程中进行的各种物理化学反应也会形成 Al_2O_3、FeO、FeS 等夹杂物。

2. 常见的非金属夹杂物

(1) 氧化物:如 FeO、MnO、Al_2O_3、SiO_2 等。

(2) 硫化物:如 FeS、MnS、Cu_2S 等。

(3) 硅酸盐:成分较复杂,是一种玻璃体夹杂物,如 $FeO \cdot SiO_2$、Fe_2SiO_4、Mn_2SiO_4、$FeO \cdot Al_2O_3 \cdot SiO_2$、$nFeO \cdot mAl_2O_3 \cdot pSiO_2$ 等。

各种氧化物及硅酸盐的熔点与密度见表16-2;各种硫化物的熔点与密度见表16-3。

表 16-2　几种化合物的熔点和密度

化合物	FeO	MnO	SiO$_2$	TiO$_2$	Al$_2$O$_3$	(FeO)$_2$SiO$_2$	MnO·SiO$_2$	(MnO)$_2$SiO$_2$
熔点/℃	1370	1580	1713	1825	2050	1205	1270	1326
密度×10^3/(kg/cm^3)(20℃)	5.80	5.11	2.26	4.07	3.95	4.30	3.60	4.10

表 16-3　几种硫化夹杂物的熔点和密度

夹杂物	熔点/℃	密度/(g/cm^3)
Al$_2$S$_3$	1100	…
MnS	1610±10	3.6
FeS	1193	4.5
MgS	2000	2.8
CaS	2525	2.8
CeS	2450	5.88
Ce$_2$S$_3$	1890	5.07
LaS	2200	5.75
La$_2$S$_3$	2095	4.92
LaS$_2$	1650	5.75

夹杂物按其形成的时间可分为初生和次生夹杂物以及二次氧化夹杂物。初生夹杂物是在金属熔炼及炉前处理过程中产生的。次生夹杂物是在金属凝固过程中产生的，而在浇注过程中因氧化而产生的夹杂物称为二次氧化夹杂物。

夹杂物的形状可分为球形、多面体、不规则多角形、条状及薄板形、板形等。氧化物一般呈球形或团状。同一类夹杂物在不同铸造合金中也有不同形状，如 Al$_2$O$_3$ 在钢中呈链球多角状，在铝合金中呈板状。同一类型夹杂物，含有不同的成分，形态也不相同，如 MnS 在钢中通常有球形、枝晶间杆状、多面体结晶形 3 种形态(图 16.7)。

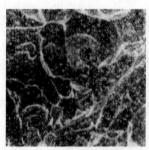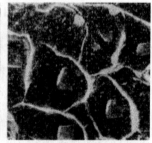

(a) MnS-Ⅰ型(球形)　　(b) MnS-Ⅱ型(枝晶间杆状)　　(c) MnS-Ⅲ型(多面体型)

图 16.7　钢中 MnS 夹杂物存在的 3 种形态(电子扫描照片)

16.4.2　非金属夹杂物对铸件质量的影响

夹杂物的存在将影响金属的力学性能。为确保铸件的质量，对宏观夹杂物的数量、大小等有较严格的检验标准，铸件中除宏观夹杂物外，通常不可避免地含有 $10^7 \sim 10^8$ 个/cm³ 数量的微观夹杂物，它会降低铸件的塑性、韧性和疲劳性能。试验证明，疲劳裂纹源主要发生在非金属夹杂物处(图 16.8)。这是因为夹杂物与金属基体有着不同的弹性模量和膨胀系数。将夹杂物与基体相比，若其弹性模量较大、而膨胀系数又较小，则将使基体产生较大的拉应力，此时在夹杂物的尖角处出现应力集中，甚至出现裂纹。

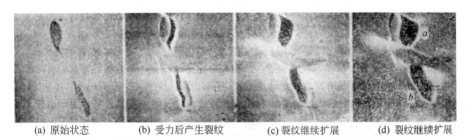

(a) 原始状态　　(b) 受力后产生裂纹　　(c) 裂纹继续扩展　　(d) 裂纹继续扩展

图 16.8　钢中 MnS 夹杂物引起的裂纹源及扩展过程(电子扫描照片)

此外，金属液内含有的悬浮状难熔固体夹杂物显著降低其流动性。易熔的夹杂物(如钢铁中的 FeS)，往往分布在晶界，导致铸件或产生热裂，收缩大，熔点低的夹杂物(如钢中 FeO)，将促进微观缩孔形成(图 16.9)。

在某些情况下，可以利用夹杂物来改善合金某些方面的性能：如是铝合金液中加入 Ti，可形成 $TiAl_3$，在 Ti 的质量分数超过 0.15% 时，发生 $TiAl_3 + L \to \alpha$ 的包晶反应，所产生的 α 相可作为铝合金的异质核心，使 α 相细化。

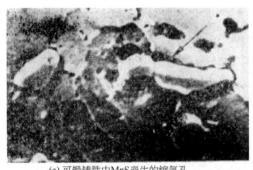 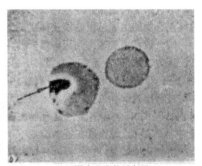

(a) 可锻铸铁中MnS产生的缩气孔　　(b) FeO钢中产生的缩气孔

图 16.9　夹杂物引起的缩气孔

16.4.3　初生夹杂物的形成与防止措施

1. 初生夹杂物的形成

① 夹杂物的偏晶结晶。金属熔炼过程及炉前处理，都会在金属液内产生大量一次非金属夹杂物，从金属液中析出固相夹杂物是一个结晶过程，夹杂物往往是结晶过程中最先析出相，属于偏晶反应。

夹杂物一般是由金属液内的少量或微量元素组成的，金属液原有的固体夹杂物，有可能作为非自发晶核，在金属液中总是存在着浓度起伏，若向金属液加入某些附加物(如脱氧剂、变质剂等)，由于对流、传质和扩散的作用，则金属内会出现许多有利于夹杂物形成的元素微观聚集区域,当该区的液相浓度到达 L_1 时,将析出非金属夹杂物相,产生偏晶反应。

$$L_1 \rightarrow L_2 + A_mB_n$$

也就是说,在 T_0 温度下,含有形成夹杂物元素 A 和 B 的高浓度聚集区域的液相,析出固相非金属夹杂物 A_mB_n 和含有与其平衡的液相 L_2。由于 L_1 与 L_2 的浓度差,故反应朝生成 A_mB_n 的方向进行,在 T_0 温度下达到平衡时,只存在 L_2 与 A_mB_n 相。

② 夹杂物的聚合长大。初生夹杂物通过偏晶反应从液相中析出,尺寸非常小,仅有几个微米。但是,它的成长速度非常快。试验证明,钢液中加入脱氧剂 10s 后,SiO_2 夹杂就长大了一个数量级(图 16.10)。显然,仅仅通过扩散作用,夹杂物的长大是不会如此迅速的。其中一个重要原因是夹杂物粒子的碰撞和聚合。

在金属液内,由于对流、环流及夹杂物本身的密度差,故产生上浮或下沉运动导致夹杂间发生碰撞,碰撞后,有些夹杂物间产生化学反应,如

$$3Al_2O_3 + 2SiO_2 \rightarrow 3Al_2O_3 \cdot 2SiO_2$$
$$SiO_2 + FeO \rightarrow FeSiO_3$$

有些夹杂物间机械粘连在一起,组成各种成分分布不均匀、形状极不规则的复杂夹杂物。夹杂物粗化后,提高了运动速度,再与其他夹杂物发生碰撞,这样不断进行,使夹杂物不断长大,成分或形状也越来越复杂,这些复杂的夹杂物有的由于熔点降低而重新熔化,有的上浮到金属液表面。

(a) 单球

(b) 发生聚合后的多链球形状

图 16.10 深腐蚀后的铁基合金中 SiO_2 形态(电子扫描照片)

2. 排除金属液中初生夹杂物的途径

(1) 加熔剂。金属液表面覆盖一层熔剂,上浮的夹杂物被它吸收。如铝合金精炼时加入氯盐,球墨铸铁加珍珠岩。

(2) 过滤法。金属液通过过滤器达到去除夹杂物的目的。过滤器分非活性与活性两种,前者起机械作用,如用石墨、镁砖、陶瓷碎屑等;后者还多一种吸附作用,排渣效果更好,如用 NaF、CaF、Na_3AlF_6 等。

此外,排除和减少金属液中气体的措施,同样也能达到排除和减少夹杂物的目的,如合金液静置处理、浮游法净化、真空浇注等。

16.4.4 二次氧化夹杂物的形成与防止措施

1. 二次氧化夹杂物的形成

金属液在浇注及填充铸型的过程中,所产生的氧化物称二次氧化夹杂物。

当液态金属与大气接触时,表面很快会形成一层氧化薄膜。随着吸附在表面的氧元素向液体内部扩散,内部易氧化的金属元素向表面扩散,使得氧化膜不断增厚。如果形成的是一层致密的氧化膜,则能阻止氧原子继续向内扩散,氧化过程被停止。若氧化膜被破坏,在被破坏的表面上又会很快形成新的氧化膜。

在浇注及充型过程中，由于金属液的流动会产生涡流、紊流、对流、飞溅等，表面氧化物会被卷入金属液内部，此时因温度下降很快，来不及上浮到表面，留在金属中形成二次氧化夹杂物。

二次氧化夹杂物常常出现在铸件上表面及型芯下表面及死角部分，是铸件非金属夹杂缺陷的主要来源，二次氧化夹杂物的形成与以下因素有关。

（1）化学成分。二次氧化夹杂物的形成，取决于金属中各氧化元素的热力学及动力学条件。首先，金属液中要含有强氧化性元素，氧化物的标准生成吉布斯能越低，氧化反应的自发倾向越大，表明该元素氧化性越强，生成二次氧化夹杂物的可能性越大。其次，二次氧化夹杂物的生成还取决于氧化反应的速度，即与合金元素的活度有关。通常合金元素含量都不大，合金液可以看作稀溶液，可用浓度近似代替它的活度。因此，被氧化元素的含量多少就直接影响二次氧化夹杂物的速度和数量。

（2）金属液流。金属液与大气接触的机会越高，接触面积越大和接触时间越长，产生的二次氧化夹杂物就越多。金属液若是紊流运动，且金属液产生的涡流、对流会使金属液表面产生波动，增加了与大气接触机会，容易产生二次氧化夹杂物。

2. 防止和减少二次氧化夹杂物的途径

首先，必须采取合理的浇注工艺及浇冒口系统，保持金属液充型过程平稳流动。其次，正确选择合金成分，严格控制易氧化元素的含量。此外，严格控制铸型水分，加入煤粉等碳质材料，或采用涂料，形成还原性气氛，都有利于减少二次氧化夹杂物。

对要求高的重要铸件或易氧化的合金铸件，可以采用真空或在保护性气氛下浇注。

16.4.5 次生夹杂物

次生夹杂物是指合金凝固过程中，金属相结晶的同时伴生的非金属夹杂物，其大小属于微观范畴。它的形成与合金凝固时液相中溶质元素的富集有着密切关系。

当合金凝固时，由于溶质再分配，在凝固区域内合金及杂质元素将高度富集在枝晶间尚未凝固的液相内，在某温度下靠液固界面的"液滴"有可能具备产生某种夹杂物的条件，这时该处的液相 L_1 中溶质处于过饱和状态，将产生 $L_1 \rightarrow L_2 + \beta$ 的偏晶结晶，析出夹杂物 β，这种夹杂物是从偏析液相中产生的，因此又称为偏析夹杂物。各枝晶间偏析的液相成分不同，产生的偏析夹杂物也就有差异。

例如，铁合金中某处"液滴"仅富集了 Mn 和 S，从 Mn－MnS 相图可以看出，产生偏晶反应为

$$L_1(33.2\%S) \xrightarrow{1580℃} L_2(0.3\%) + MnS$$

析出的固相夹杂物 MnS，将被正在成长的枝晶（δ-Fe）所粘附，最后产生在枝晶内。

偏析夹杂物有的能被枝晶粘附陷入晶内（图 16.11），分布较均匀；有的被生长的晶体推移到尚未凝固的液相内，在液相中产生碰撞，聚合而粗化。它们一般保留在凝固区域的液相内，凝固完毕时，被排挤到初晶晶界上（图 16.12），大多密集分布在断面中心或铸件上部。

当三相界面晶体、夹杂物、液体处于平衡时，如图 16.13(a) 所示。其界面张力之和应等于零，通过分析其界面张力在 x 轴方向和 y 轴方向的平衡，可求出

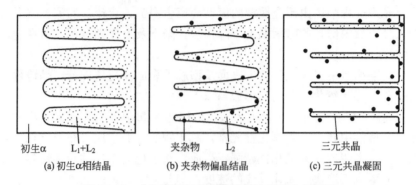

图 16.11　合金凝固时偏析夹杂物陷入晶内示意图

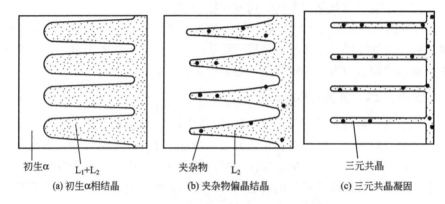

图 16.12　合金凝固时夹杂物被推向液相示意图

$$\frac{\sigma_{12}}{\sin\theta_3}=\frac{\sigma_{23}}{\sin\theta_1}=\frac{\sigma_{13}}{\sin\theta_2}$$

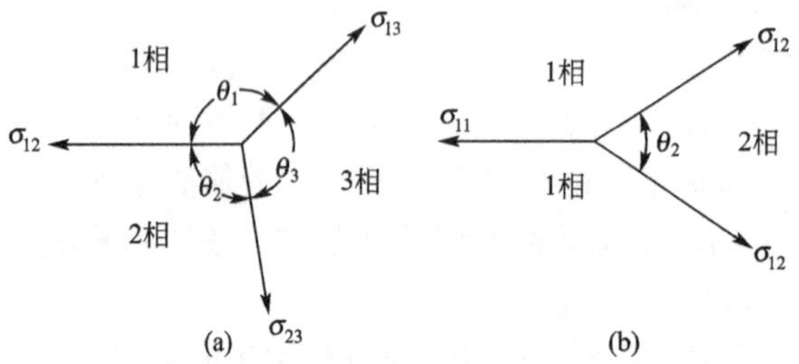

偏析夹杂物的形状决定于界面张力和双边角 θ（两个晶体间的夹角）。实际上多数体系是由夹杂物和晶体两相组成，如图 16.13(b) 所示，相邻两晶体的界面和晶体与偏析夹杂物之间的界面张力 σ_{12} 的平衡条件为

$$\cos\frac{\theta}{2}=\frac{\sigma_{11}}{2\sigma_{12}} \quad (16-8)$$

图 16.13　三相接触界面平衡示意图

式(16-8)表明，当 $\sigma_{12} \geqslant 1/2\sigma_{11}$ 时，才能处于平衡状态，θ 从 0°到 180°的不同值，决定夹杂物与晶体交接处的形状，如图 16.14 所示。从图 16.14 中可以看出，随着夹杂物与晶体界面张力的增加，双边角的增大，夹杂物形状将趋近球形；反之，随着夹杂物与晶体间界面张力的降低，双边角等随之减小，夹杂物将沿晶界分布。

如果 $\sigma_{12}<1/2\sigma_{11}$，则平衡状态遭到破坏，夹杂物将以薄层状分布在晶界上。

合金液成分影响偏析夹杂物的形状，因为它决定界面张力和双边角大小。现以钢中硫化夹杂物为例，含硫的铁液中，硫是一个表面活性元素，它降低该铁液的表面张力，使被

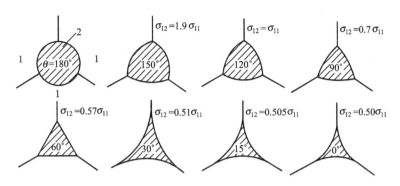

图 16.14 不同双边角晶间夹杂物的形状示意图

活化的液相表面能很好地润湿晶体表面，低熔偏析液体便沿枝晶间流散，结果硫化物沿晶界形成带尖角薄膜状二元或三元硫共晶。

为消除 FeS 共晶夹杂物的有害作用，可在铁碳合金中加入比铁与硫亲合力更大的元素，形成难熔硫化夹杂物，并改变其形状。一般情况下，可用加入 Mn 来平衡 S，形成 MnS 的形态比硫共晶好多了。图 16.7 所示的 3 种 MnS 类型的出现，也是由于它们含有成分差别引起的，为避免杆状（或称棒锤状）MnS-Ⅱ型（呈枝晶分布），可加入比 Mn 的亲合力更大的微量元素，如 Ca、Mg、Zr 及稀土元素，形成熔点更高的难熔硫化物，由于提高了表面张力，硫化物呈球形或多面体结晶形（即 MnS-Ⅲ），且夹杂物质点还小，因此就大大削弱了硫化物的危害。

偏析夹杂物的大小决定于合金的凝固条件和成分，凡是能使晶粒细化的条件都能减小偏析夹杂物的尺寸。形成夹杂物的元素原始含量越高，枝晶间偏析液相中富集该元素的数量越大，同样凝固条件下，产生的夹杂物越大，数量也越多。

偏析夹杂物是枝晶间偏析液相中产生的，因此若改变枝晶间的距离，缩小树枝状晶体的一次、二次分枝间距离，使晶粒细化，偏析夹杂物也随之细小，从而也能改变它的形状和分布。例如，提高铸件冷却速度，细化了晶粒，也就减小了钢中 SiO_2 夹杂物的大小，如图 16.15 所示。

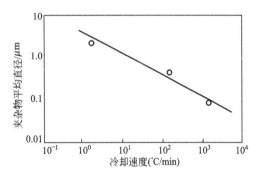

图 16.15 Fe-O-Si 系合金冷却速度与 SiO_2 夹杂物平均直径的关系

习 题

1. 按气体的来源，铸件中产生的气孔有几类？各有什么特点？
2. 试分析析出性气孔产生的机理。
3. 在潮湿地区或雨季，铝合金、铜合金铸件因产生析出性气孔缺陷而大量报废，试分析其原因及防止措施。

4. 在铸件形成过程中气体的不平衡析出是怎样产生的？合金液中气体含量低于饱和溶解度时，能否产生析出性气孔，如何防止？

5. 皮下气孔与析出性气孔的形成过程有何异同？

6. 铸件中的皮下气孔有哪些共同特点？说明什么？皮下气孔形成过程分哪几个阶段？在每个阶段哪些因素起主导作用？

7. 浇注前和浇注过程中形成的非金属夹杂物在生成过程中有何异同？其成分和组成有何差异？

8. 试分析凝固过程生成的夹杂物物与铸件的微观偏析的联系。

9. 为什么夹杂物最终的形态和组成十分复杂？夹杂物的分布取决于哪些因素？如何减少和排除铸件中的非金同夹杂物？

10. 防止球铁和铸钢件产生二次氧化夹杂物的途径有何异同？

11. 夹杂物的数量、大小、形态和分布对钢的质量有很大影响，夹杂物在铸件中又不易消除，对上述四方面怎样要求和控制？

第 17 章 铸件凝固后期产生的热裂纹

本章教学要点

知识要点	掌握程度	相关知识
热裂纹的产生机理	掌握强度理论和液膜理论	（1）有效结晶温度区间和脆性温度区间 （2）强度理论和液膜理论
影响因素和防止措施	掌握影响热裂纹的主要工艺因素及对应的防治措施	（1）铸造合金性质、铸型条件、浇注条件和铸件结构对热裂纹产生的影响 （2）改变工艺条件可有效防止热裂纹的产生

导入案例

铸件热裂过程的可视化处理技术

热裂是一个受多种因素影响的复杂过程，是铸件最严重的缺陷之一，现有的研究成果尚不能很好地预测铸件热裂倾向。利用可视化处理技术显示铸件热裂过程是实现直观准确地预测热裂倾向的关键。由于有限元分析计算具有分析准确，计算效率高的特点，因此利用有限元分析求解热裂问题的计算结果对铸件热裂过程进行可视化显示是一种有效的解决方法。有研究者在有限元分析软件 ANSYS 求解热裂问题的基础上，利用标准数据存取接口 SDAI 完成了计算结果数据的转换和提取任务，通过绘制网格图、彩色云图、动态云图、热裂纹分布图显示了铸件以及铸件表面物理场的情况，从而实现了预测热裂的目的。将结果数据的转换和提取作为可视化处理的一个因素，而且数据的转换和提取也是提高图形显示准确性的关键技术。通过 SDAI 与 C++语言联编，生成了 SDAI 接口，读取了有限元分析软件生成的 AP209 模式文件，并将其数据结构转换为相应的 C++数据结构。在绘制图形过程中，采用了表层网格单元可见面提取算法实现了铸件模型网格图的显示。通过对有限元数据场与 NURBS 曲面之间的关系进行分析，找到了有限元单元表面的 NURBS 等效形式，利用计算机图形学中的 NURBS 方法和 OpenGL 提供的 NURBS 函数绘制了有限元数据场表面云图。此外，该研究采用了二维数据场表面云图的动态显示方法显示了铸件表面物理场随时间的变化情况。绘制了热裂纹分布图显示了铸件产生热裂的部位和大小。该研究利用 C++和 OpenGL 开发了铸件热裂过程的可视化处理程序，在铸件结构整体及一些需要重点考察和显示的表面上，得到了全面翔实的图形结果。

17.1 概　　述

热裂是铸钢件、可锻铸铁坯件和某些轻合金铸件生产中最常见的铸造缺陷之一，裂口的外观形状曲折而不规则（图 17.1），裂口的表面呈氧化色，对于铸钢件裂口表面近似黑色，而铝合金则呈暗灰色，这说明铸件裂口被空气氧化。当铸钢件冷却缓慢时，裂口的边缘尚有脱碳现象（图 17.2）。根据裂口的形状和颜色的特征，证明裂缝是在高温下形成的，故这种裂纹称为热裂。

热裂的另一特征是裂口沿晶粒边界通过（图 17.3），而在低温时由于铸造应力形成的冷裂，其裂口是穿过晶粒的，而且是连续直线状，没有分叉。

热裂又可分为外裂和内裂。在铸件表面可以看见

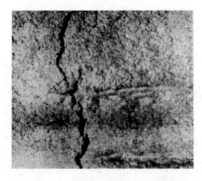

图 17.1　铸件热裂的外观特征图

的热裂称为外裂，裂口从铸件表面开始，逐渐延伸到铸件内部，表面宽而内部窄，裂口有时贯穿铸件整个断面。裂口常从铸件的拐角处、截面厚度有改变处或局部冷凝缓慢容易产生应力集中的地方开始。使铸件开裂的主要原因是拉伸应力。

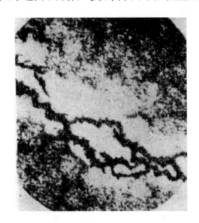

图17.2 铸钢件热裂边缘的脱碳（高温氧化的影响）

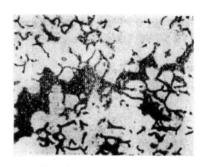

图17.3 热裂沿晶粒边界通过

内裂通常产生在铸件内部最后凝固的部位，有时出现在缩孔的下部。裂口的表面很不规则，常有很多分叉（图17.4）。在通常情况下内裂不会延伸到铸件表面，故人们不易发觉，需用X射线、γ射线或超声波探伤才能检查出来。由于内裂与外界隔绝，故氧化程度不如外裂明显。

对于任何一类铸件来说，是不允许有裂缝存在的。铸件的外裂可以从表面看出，如果铸造合金本身焊接性能好，铸件经焊补后可以使用；如果焊接性能差，则铸件往往要报废。内裂纹隐藏在铸件内部，不易被发现，它的危险性更大，往往由于事先未被发现，在使用中造成严重事故。因此，在生产中对如何防止热裂的产生应该给予足够的重视。

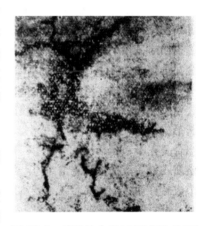

图17.4 铸件的内裂（用透视法检查）

17.2 热裂形成的温度范围及形成机理

17.2.1 热裂形成的温度范围

关于热裂形成的温度范围，说法很多，归纳起来主要有以下两种说法：①热裂是在凝固温度范围内近于固相线温度时形成的，或者说是在有效结晶温度区间形成的，此时金属处于固液态；②认为热裂是在金属凝固以后即稍低于固相线温度下形成的。

所谓有效结晶温度区间，其上限是指形成晶体骨架，线收缩开始温度，其下限为凝固结束的固相线温度（图17.5）。

有效结晶温度区间越大，凝固期间的线收缩越大。对铝-硅、铝-铜以及铝-镁两元合

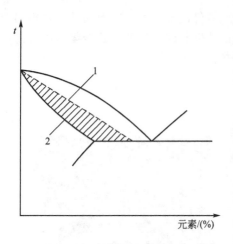

图 17.5　合金的有效结晶温度区间
1—有效晶间温度区间的上限；
2—有效晶间温度区间的下限

金的热裂倾向性与化学成分之间的关系研究表明，热裂产生在结晶末期，此时残余液体还有 10% 左右，并得出最大热裂性与最大有效结晶区间相一致的结论。

有人通过 X 射线照相方法来研究铸件收缩时热裂产生的温度范围。当铸件凝固冷却时，一方面测定其温度变化，一方面摄取 X 射线照片，每隔一定时间，记录温度的同时，更换一张 X 射线照相底片。对含碳 0.03%～1.0% 的碳素钢进行实验的结果如图 17.6 所示。图 17.6 内 "○" 为产生热裂前所显示的温度，"×" 为 X 射线底片上出现裂纹时的温度。实际热裂产生的温度范围应在 ○-× 之间，即不论含碳量多少，碳钢产生热裂的温度范围都在固相线附近。当钢中硫和磷量增多时，热裂产生温度便逐渐下移，出现在平衡图固相线以下。此时硫和磷在碳钢中形成低熔点化合物，分布于晶界，使实际固相线下移。从平衡图上来看，产生热裂温度虽在平衡固相线以下，但实际上在晶界还有少量液体存在，故不能认为热裂将在合金完全凝固以后才开始发生。

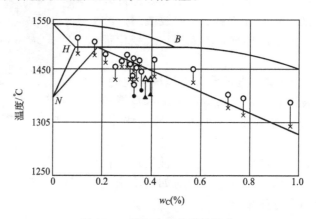

图 17.6　碳钢出现热裂的温度

有一点必须牢记，用平衡图上的固相线温度来说明热裂产生的温度范围，往往会得出错误的结论。从合金的近平衡凝固过程和微观偏析形成理论得知，当合金在近平衡条件下凝固时，低熔点的溶质或低熔点化合物将被排斥在晶界，形成晶界偏析，使实际固相线温度明显下移，有效结晶温度区间显著增大。因此，实际固相线温度往往低于平衡固相线温度。从近平衡凝固的观点来看，在实验过程中即使发现裂纹产生在平衡固相线温度以下（图 17.6），也不应得出热裂出生于固相线以下的结论。

热裂之所以容易产生在实际固相线温度以上，可以用合金在凝固过程收缩系数的急剧改变加以解释。图 17.7 表示合金的收缩系数（膨胀系数）α 与温度 T 的关系曲线（α-T 曲线）。$ABCD$ 表示该合金在平衡状态下的 α-T 曲线。在实际情况下，合金在冷至 E 点以前由于固相没有形成完整的骨架，只进行凝固收缩，α 值没有明显的改变。

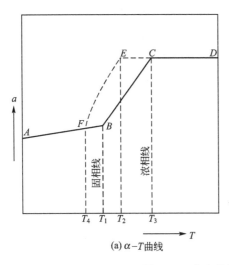
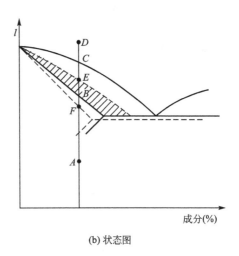

(a) α-T 曲线　　　　　(b) 状态图

图 17.7　合金收缩系数与温度的关系

从 E 点开始，合金形成骨架，开始产生收缩，α 值急剧变化（特别是在 $T_2 \rightarrow T_1$ 温度范围内），温度降至平衡固相线 B 点以后，由于尚有部分残留液体，而未完全凝固，故只有温度降至 T_4 以后，才转入完全的固态收缩。因此，合金凝固期间的收缩情况如图 17.7(a) 中的 CEF 线所示。通过合金在凝固期间收缩值的变化也可以说明，热裂是在固相线附近 T_2-T_4 温度范围内产生的。当出现裂缝时，如附近的液态金属有良好的流动性，裂口可能被液体充填而愈合，裂缝内往往浓聚着低熔点偏析物可说明这一点。

17.2.2　热裂形成机理

关于热裂形成机理现在主要有 3 种理论：强度理论、液膜理论及形成功理论。本书只介绍前面两种理论。

1. 强度理论

研究合金高温力学性能表明，合金在固相线上下温度范围内延伸率极低，金属呈脆性断裂，研究者把这个温度范围称作"脆性温度区间"或简称"脆性区"，并确认热裂就是在脆性区内形成的。脆性区越大，金属处于低塑性区时间越长，热裂越易形成。

事实上，有效结晶温度区间和脆性温度区间是从不同角度提出来的，前者从冶金角度出发，着眼于合金的结晶收缩过程；而后者是从力学性能出发，着眼于合金的力学性能，两者所指的温度范围基本上是一致的。

因此，可以认为铸件的热裂发源于凝固期间的有效结晶温度区间，并有可能在凝固后进一步扩展。

合金在凝固期间的强度和塑性是很低的，以 30 碳钢为例，在室温时，其强度极限 $\sigma_b >$ $48 \times 10^7 \text{N/m}^2$，延伸率 $\delta > 15\%$，而当温度为 1410～1385℃时，强度极限仅为 $(0.075\sim 0.21)\times 10^7 \text{N/m}^2$，延伸率为 $0.23\% \sim 0.4\%$。

对铝合金进行高温性能试验也证实了温度高于固相线时强度急剧下降的事实。有人采用不同成分的 Al-Cu 合金做实验，试件是在相同的条件下浇注出来，经加工后装入炉内，在所需的温度下保温 10min，然后做拉断试验。图 17.8 表示 Al-Cu 合金的高温强度。图

17.9表示Al-Cu合金近平衡状态下于液固态范围内能够觉察到强度时的线收缩开始温度线。由图17.8可见，Al-Cu合金在温度低于固相线时，合金强度因温度升高而缓慢下降，高于固相线温度时强度急剧下降，而在凝固温度范围内，强度转为缓慢下降。因此，可以认为Al-Cu合金在实际固相线温度以上形成热裂的可能性最大。

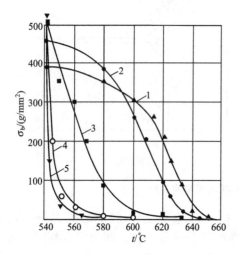

图17.8 Al-Cu合金凝固温度范围内的高温强度
1—1%Cu；2—2%Cu；3—4%Cu；4—6%Cu；5—8%Cu

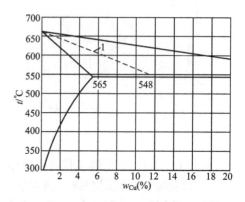

图17.9 Al-Cu合金凝固温度范围内能察觉到强度时的线收缩开始温度

图17.10表示Al-Cu合金在固相线温度附近时的塑性，可见合金在固相线附近时延伸率极低，基本上呈现脆性。

铸件凝固时如能自由收缩，不受外部和内部阻力，即使合金在凝固期呈现较低的强度和塑性，也不致形成热裂。事实上，由于铸件形状不同，凝固收缩时往往受到铸型、型芯、铸件结构本身以及浇注系统等各种阻力，致使铸件内部产生应力。如果应力超过金属在该温度下的强度，则产生热裂。

2. 液膜理论

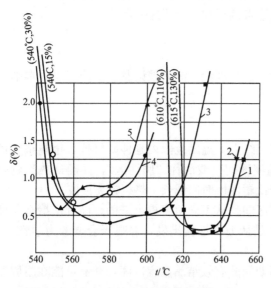

图17.10 Al-Cu合金在固相线附近的塑性
1—1%Cu；2—2%Cu；3—4%Cu；
4—6%Cu；5—8%Cu

研究表明，合金的热裂倾向性与合金结晶末期晶体周围的液体性质及其分布有关。当铸件冷却到固相线附近时，晶体周围还有少量未凝固的液体，构成液膜。温度越接近固相线，液体数量越少，铸件全部凝固时液膜即消失。如果铸件收缩受到某种阻碍，则变形主要集中在液膜上，晶体周围的液膜被拉长。当应力足够大时，液膜开裂，形成晶间裂纹。

因此，液膜理论认为，热裂纹的形成是由于铸件在凝固末期晶间存在液膜和铸件在凝固过程中受拉应力共同作用的结果。液膜是产生热裂纹的根本原因，而铸件收缩受阻是产生热裂纹的必要条件。

但在铸件凝固过程中，为什么在"液膜期"合金产生热裂的可能性最大，则需进一步说明。为便于讨论，以成分为 C_0 的合金为例，将其凝固过程分成以下几个阶段（图 17.11）。

第一阶段：合金处于液态，可以任意流动，不会产生热裂。

第二阶段，合金的温度已降到液相线以下，析出固相，初期固相枝晶悬浮在液体中，未连成骨架，固相能同液体一起自由流动，随着温度下降，固相不断增加，相邻晶粒之间开始接触，但液体在晶粒之间仍可以自由流动，此时合金处于液固态。图 17.12(a) 为液固状态下，受剪切应力作用下的变形示意图。图 17.12(a) 表示 4 个晶粒间的液相可以自由流动的状态。虚线表示晶体承受两对切应力 τ_1、τ_2 的作用，晶粒间的箭头表示液相受力后的移动方向。此时，合金仍具有很好的流动能力，一旦产生裂纹，裂纹能被液体充填愈合。也不产生裂纹。

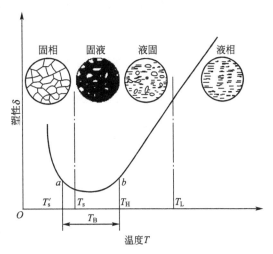

图 17.11 成分为 C_0 的合金的结晶过程图

第三阶段：合金冷却到液相线以下某温度后，枝晶彼此接触，连成骨架，并不断挤在一起，晶间存在液相但很少，液体的流动发生困难。由于晶间结合力很弱，在拉应力作用下极易产生晶间裂纹，裂纹一旦产生又很难被液态金属弥合，因此在该阶段产生热裂的几率最大。此时，合金处于固液态。

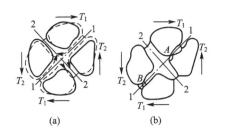

图 17.12 固液阶段晶粒受切应力变形示意图

图 17.12(b) 表示凝固后期晶粒在 A、B 处发生长合时的状态。由于液相的抗变形阻力小，故形变将集中于断面 2-2，使之成为薄弱环节。在晶粒尚未能发生塑性变形时，就易于沿晶界断面 2-2 发生开裂。这意味着金属的延性达到了极限，呈现出极微小的延性。该固液状态存在的温度区间 T_B 被定义为"脆性温度区"，简称 BTR。其上限为枝晶开始交织长合的温度，其下限为液膜完全消失的实际固相线温度。

第四阶段：合金处于固态，在固相线附近合金的塑性好，在应力作用下，很容易发生塑性变形，形成裂纹的几率很小。

合金热裂倾向与晶间液体的性质密切相关。当晶间液体铺展液膜时，热裂倾向显著增大；若晶间液体呈球状而不易铺展，合金热裂倾向明显减轻。

热裂的产生通常要经过裂纹的形核和发展两个阶段。根据理论分析，裂纹的形核容易发生在固相晶粒相交的液相汇集部位。由于受到凝固过程溶质再分配而引起的晶界偏折

（包括晶界夹杂物）的影响，故液相汇集部位的双边角 θ 也会因润湿性不同而在 $0°\sim 180°$ 之间变化（图 17.13(b)）。

晶间液体的形态受晶间界面张力 σ_{SS} 和固液界面张力 σ_{SL} 的平衡关系支配（图 17.13(a)）。

$$\sigma_{SS} = 2\sigma_{SL}\cos\theta \tag{17-1}$$

式中，θ 为液体双边角。

当 σ_{SS}/σ_{SL} 具有不同的数值时，θ 可以从 $0°$ 变化到 $180°$。$\theta=0°$，液体在晶间铺展成液膜；$\theta=180°$，液体呈球状。

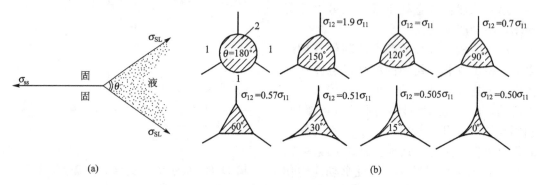

图 17.13　液相与固相间的界面张力及双边角

晶间裂缝的形成是一个复杂的过程，它决定于许多变化的因素，在这些因素中，晶间液膜的表面张力和液膜厚度具有很大意义。利用被润湿的玻璃板之间的液膜则不难想象出表面张力的作用，这样的玻璃板如果是彼此相对地错移，则容易被分开。但如果使一个玻璃板和另一个脱开，而使用之力又是垂直玻璃板的平面，那么为了把液膜拉断，所需之力为

$$P = -\frac{2\sigma A}{b} \tag{17-2}$$

式中，σ 为液体的表面张力（N/m）；A 为玻璃板同液体接触的表面积（m）；b 为液膜的厚度（m）。

可见，把液膜拉断之力与液体的表面张力，固体同液体的接触面积成正比，而与液膜的厚度成反比。根据上式可以看出晶间液膜的表面张力和其厚度对铸件抗裂性的影响。液膜的表面张力与合金的化学成分和铸件冷却条件有关。液膜厚薄决定于晶粒大小，晶粒越细，由于晶粒表面积的增加就降低了单位表面上的液膜数量和其厚度，故增加了铸件的抗裂性。因此，可以推定，凡是能够降低晶体和液膜之间表面张力的表面活性元素，都能够促使合金抗裂性下降。钢中硫、磷、氧都属于表面活性元素，故在一定范围内，随着其含量增加，钢的抗裂型也随之下降。如果晶间存在大量低熔点物质，则液膜 b 变厚，且熔点下降，也会增加热裂产生的几率。

17.3　影响热裂形成的因素

影响铸件形成热裂的因素很多，归纳分类，主要与铸造合金性质，铸型性质，浇注条件和铸件结构四方面因素有关。兹分述如下：

17.3.1 铸造合金性质的影响

1. 化学成分和凝固温度区间及脆性温度区间

铸造合金的化学成分影响有效凝固温度区间，从而影响脆性温度区间，对热裂有明显的影响。合金有效凝固温度区间的宽窄决定了合金在形成热裂温度范围内的绝对收缩量大小。图 17.14 表明有限固溶体共晶类型平衡和近平衡状态图与热裂倾向性之间的关系，从图 17.14 中可见，自线收缩开始温度至固相线之间的有效结晶区间越小，则合金在此温度范围内的绝对收缩量越小，铸件内产生的应力越小，故合金形成热裂倾向性越小，反之亦然。图 17.15 为 Al-Si 合金成分与热裂性之间的关系。

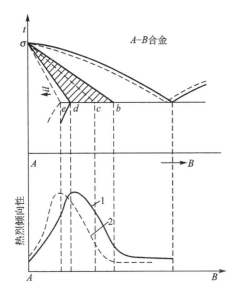

图 17.14 有效凝固温度区间与热裂倾向的关系
1—平衡条件；2—近平衡条件

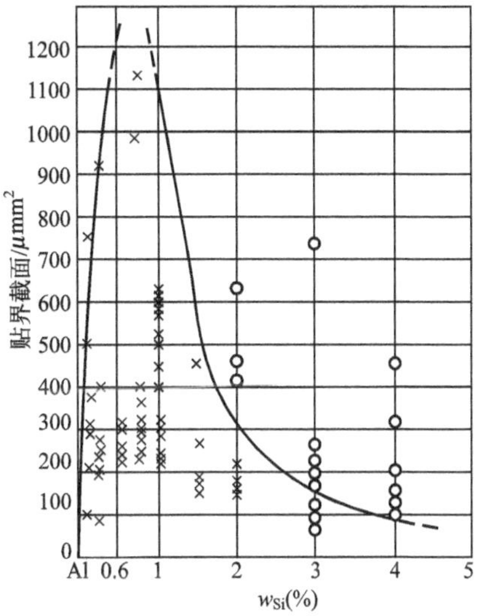

图 17.15 Al-Si 合金成分与热裂性之间的关系

由此可见，凡是能够扩大有效凝固温度区间的杂质，都能够促使热裂的形成。硫在钢中与硫化铁能形成低熔点共晶，熔点只有 935℃，使固相线下移，扩大了有效凝固温度区间，使钢的热裂倾向性增加。为限制硫的有害作用，规定硫在高级钢中不超过 0.02%～0.025%，优质钢中为 0.03%～0.035%，普通钢中应小于 0.050%。

以典型固溶体合金为例，假设合金的固相线 T_S 和液相线 T_L 为直线。如图 17.16 所示，合金的原始成分为 C_0，其凝固温度范围可表示为

$$\Delta T_f = m_L C_0 \frac{1-k_0}{k_0} \tag{17-3}$$

式中，ΔT_f 为成分为 C_0 的合金的结晶温度范围；m_L 为液相线斜率；k_0 为平衡分配系数。

令

$$r_f = m_L \frac{1-k_0}{k_0}$$

则有

$$\Delta T_f = r_f C_0 \tag{17-4}$$

可见，r_f 越大，ΔT_f 越大。一般来说，合金的热脆性温度区间 T_B 随凝固温度范围 ΔT_f

的增大而增大。所以，r_f 值越大，合金的热脆区也就越大。几种常见元素在铁基合金中的 r_f 值见表 17-1。可以看出，硫、磷等元素在铁合金中的 r_f 值很大，具有增大热脆区的作用。因此，在铸钢中，为了防止产生热裂纹，最基本的措施就是严格控制磷和硫的含量。

表 17-1 几种合金元素在铁基合金中的 r_f 值

元素	C	S	P	Mn	Cu	Nl	Si	Al
r_f	322	295	121.1	26.2	3.61	2.93	1.75	1.52

2. 合金的收缩量和相变

此外，凡是能够减小合金在有效凝固温度区间绝对收缩量的元素或相变，都能降低形成热裂之倾向。灰口铸铁、球墨铸铁在凝固温度范围内伴随着石墨化，故在凝固温度范围内不仅没有收缩，反而发生膨胀，使铸件体积增大。白口铁和普通低碳钢在凝固温度范围内则没有膨胀现象。由此不难理解，为什么灰口铸铁件和球墨铸件不易形成热裂，而可锻铸铁件和碳钢件则容易产生热裂。

当生产冷硬铸铁件（铸铁轧辊、冷硬车轮等）时，由于冷硬部分不产生石墨化，故为了防止该部分产生热裂，往往向铸铁中加入 0.3%～0.4%磷，此时形成的 Fe_3P+Fe 共晶，发生体积膨胀，从而减少了总的收缩量。

3. 凝固温度范围的强度和表面活性元素的影响

提高合金在凝固温度范围内的强度可以减少热裂倾向。图 17.16 表示碳钢断裂时的抗裂力与主要化学成分之间的关系，所有合金浇注温度均高于液相线 500℃。

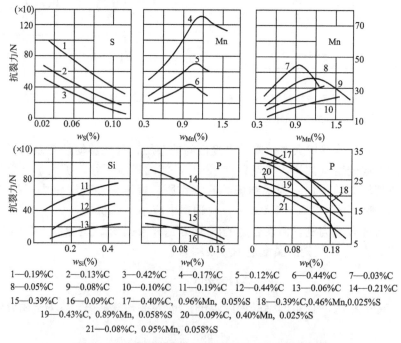

1—0.19%C 2—0.13%C 3—0.42%C 4—0.17%C 5—0.12%C 6—0.44%C 7—0.03%C
8—0.05%C 9—0.08%C 10—0.10%C 11—0.19%C 12—0.44%C 13—0.06%C 14—0.21%C
15—0.39%C 16—0.09%C 17—0.40%C, 0.96%Mn, 0.05%S 18—0.39%C, 0.46%Mn, 0.025%S
19—0.43%C, 0.89%Mn, 0.058%S 20—0.09%C, 0.40%Mn, 0.025%S
21—0.08%C, 0.95%Mn, 0.058%S

图 17.16 碳钢的抗裂力与硫、锰、硅、磷的关系

从图 17.16 中不难看出，硫和磷在碳钢中都是十分有害的杂质，随着含量增加，铸钢的抗裂力明显下降，一方面是由于它们扩大有效凝固温度区间，另一方面是它们在钢中属

于表面活性元素，能吸附在晶粒表面，减低相间界面张力，并对晶粒生长及非金属夹杂物的形状和分布产生不良影响。

关于硅的影响，从图17.16可知，硅含量在0.1%~0.6%范围内可以提高钢的抗裂力。锰在钢中可以限制硫的有害作用，形成硫化锰，熔点较高，锰在1%以下，增加锰量能增加钢的抗裂力。氧在铁中是表面活性元素，它能大大降低铁的表面张力（图17.17）。因此，随着氧化铁夹杂物的增加，钢的抗裂力也随之下降。

实验表明，氧化硅特别是高氧化硅化合物在钢中均属表面活性物质，在结晶过程中将吸附在晶粒的表面。氧化硅相不仅强度小而且具有脆性，特别是它以链状形式存在时，将大大削弱晶间的联系，促使热裂的形成。

氧化锰同样是表面活性物质，凝固时它沿晶界分布，使钢的抗裂力降低。氧化锰对高锰钢的影响如图17.18所示，随氧化锰含量的增加，高锰钢的抗裂力急剧降低。

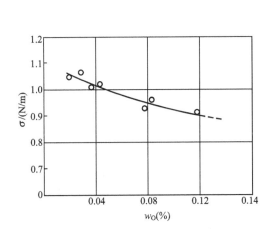

图17.17　氧对铁的表面张力的影响　　图17.18　氧对高锰钢抗裂力的影响

氮在铁中也是一种表面活性元素，能降低铁的表面张力并能降低钢的抗裂力。

有关氢对钢的抗裂性的影响更为复杂，实验证明，含氢量高的钢，具有明显发达的柱状晶和粗大的晶粒，而经真空处理后具有细密的组织。因此，氢能降低钢的抗裂力。

4. 化学成分与晶间层形态

热裂纹的产生与晶间层性质密切相关。当晶界上存在易熔第三相且铺展为液膜时，热裂倾向显著增大；若呈球状，热裂倾向性则显著减小。例如，在铸钢中，当锰硫比达到一定值时，硫化物呈球状，热裂倾向明显减轻。

17.3.2　铸型性质的影响

铸件凝固收缩时受到铸型的阻力，此种阻力越大，铸件内产生的收缩应力越大，铸件越易开裂，故铸型的退让性对铸件形成热裂起着重要作用。铸型退让性好铸件受到的阻力较小，形成热裂的可能性也越小。湿型较干型退让性好，故铸件不易形成热裂。铸型或型芯的退让性与混合料所用粘结剂十分有关，表17-2列举几种不同粘结剂和型芯种类对30铸钢件内所产生的应力值的影响。不难看出，用酚醛树脂和水玻璃为粘结剂的薄壳砂芯具有良好退让性,而用黏土、水玻璃做粘结剂的铸型或型芯具有较差的退让性。以黏土为粘结剂的砂型有一个主要缺点,即随温度升高而抗压强度也急剧上升,此种砂要在1100℃以上才有较好的退让性。值得注意的是,铸型退让性对产生热裂的影响不仅与其退让性大小有关,更重要的还是与其退让的时刻有关。如果型砂受热而引起抗压强度升高达到最大值的时刻恰好与铸件凝固即将结束的时刻相吻合,则产生热裂的可能性最大,所以在采用黏土砂制造薄壁铸件的型芯时,应注意改善型芯的退让性。

表17-2 粘结剂和型芯种类对30铸钢件内所产生的应力值的影响

粘结剂材料	砂芯种类	铸件内所产生的应力值×10⁷/(N/m²)	
		1300℃	珠光体转变开始前
酚醛树脂	壳状	0	0
水玻璃	壳状	0	0
黏土和废纸浆	实心,湿态	0.030	0.52
糊精	实心,干态	0.035	0.67
废纸浆	实心,干态	0.040	0.68
黏土	实心,干态	0.090	0.86
水玻璃	实心,干态	0.120	0.95

铸件表面粘砂将影响铸件相对于铸型表面移动,因而会影响铸件收缩并促使热裂形成,选择防止粘砂的涂料对防止热裂也有一定的作用。

采用金属型浇注大的铸钢件,由于铸件表面冷却很快,形成一层凝固层,同时由于收缩使铸件表面离开铸型壁,在金属液体静压力作用下,因凝固层强度不足而形成热裂。当金属型涂料涂刷不均时,往往因冷却快慢不均,促使慢冷部位产生裂纹。提高金属型的温度可以减少热裂的倾向性。

17.3.3 浇注条件的影响

1. 浇冒口系统

靠近浇冒口部位温度高,冷却速度较慢,易产生集中变形,故易形成热裂。因此,为防止铸件产生缩孔而采用顺序凝固原则时,则要根据合金的特点和可能出现的缺陷(热裂纹)综合考虑。

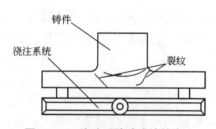

图17.19 浇注系统造成铸件产生机械阻碍而产生热裂

浇注时金属引入铸型的方法对热裂形成也有不可忽视的影响,内浇口附近长期受到热金属液的冲刷,温度较高,冷却较慢,受阻时此处为薄弱环节,容易产生裂纹。如能将内浇口分散在几个地方引入铸型,使收缩应力分散,也可以减少热裂倾向。

浇冒口的布置也可能造成铸件收缩时的机械阻碍,导致铸件产生热裂(图17.19)。铸件的披缝也会阻碍铸件收缩,引起热裂。

2. 浇注工艺

浇注工艺对热裂倾向性的影响没有一个简单的规律。

提高浇注温度可减轻薄壁铸件的热裂倾向。这是因为一方面，增大了高温对铸型材料的热作用时间，使之失去强度，提高铸型的退让性；另一方面，降低了铸件收缩速度和集中变形程度。

但对于厚大铸件，浇注温度过高，会使铸件晶粒粗大，晶间结合力降低，同时浇注温度高会增加钢水中的气体含量，增加热裂的倾向性。

但提高浇注温度能提高其流动性，降低金属的凝固速度并有利于非金属夹杂物的排除。这些因素对热裂的影响是综合的。

在生产中为了防止热裂，浇注温度应该根据铸件壁厚来选定，薄壁铸件要求较高的浇注温度，使凝固速度缓慢均匀，从而减少热裂的倾向。对于厚壁铸件，浇注温度过高会增加缩孔容积，减缓冷却速度，使初晶粗化，形成偏析，因而促使热裂更易形成。此外，浇注温度过高往往容易引起铸件粘砂或与金属型壁粘合，阻碍铸件收缩，引起热裂。

浇注速度对热裂也产生影响，浇注速度是通过改变铸件的温度分布影响热裂的。浇注薄壁件，希望型腔内液面上升速度较快，防止局部过热，而对于厚壁件则要求浇注速度尽可能慢一些。

17.3.4 铸件结构的影响

铸件结构设计不合理，在尖角处容易产生应力集中，热裂则容易在这些部分产生。例如，铸件两壁直角相交，两壁十字相交或相交处圆角过小，在交接处容易产生热裂（图17.20(a)），若改用图17.20(b)所示的圆弧形过渡，则可消除热裂纹。

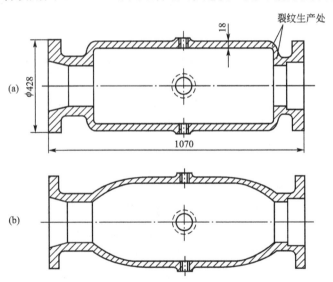

图17.20　铸钢件结构设计对热裂的影响

铸件厚度不均，冷却速度快慢也不同，薄的部分先凝固，降至较低的温度时具有较高的强度。当较厚部分凝固时，收缩应力易集中于此处，所以厚的部位易出现裂纹。

铸件壁十字交接，会在该处形成热节并产生应力集中现象，因而也容易形成热裂。浇冒口开设不当会对铸件收缩起阻碍作用，增大铸件收缩应力使铸件开裂，对铸钢件尤甚。

17.4 防止铸件产生热裂形成的途径

根据上述分析可见，影响铸件形成热裂的因素是多方面的，因此当考虑防止热裂的措施时也要结合具体合金铸件做具体分析并采取相应的措施。

17.4.1 合金成分、熔炼工艺的精炼方面

(1) 在不影响铸件使用性能的前提下，可适当调整合金的化学成分，缩小凝固温度范围，减少凝固期间的收缩量或选择抗裂性较好的接近共晶成分的合金。

(2) 对碳钢及合金钢进行微合金化和变质处理，可以大大提高铸钢件的抗裂强度。加入稀土元素、或其他元素可以达到此目的，加入量一般均在0.3%以下。可以单独加入一种元素，也可以几种元素同时加入，常用的元素有钒、钛、铌、锆、铈、钙、硼等。这种方法可以使铸钢晶粒细化、减少非金属夹杂、改变夹杂物的形状和分布状态，从而改变了钢的一次结晶过程，提高了铸钢件的抗裂性能和力学性能。如在20碳钢中加入微量的钒可使晶粒细化，消除粗大的魏氏组织，向铬、镍、钼钢中加入0.05%～0.1%的铈可以消除柱状晶组织；向2Cr13和1Cr18Ni9铸钢中加入微量铈可以消除晶界夹杂并使硫化物夹杂分布均匀，因而提高了铸钢的抗裂性。稀土元素有脱氧、脱硫、去除夹杂物的综合作用，对提高铸钢的抗裂性能有良好效果。我国稀土金属资源丰富，故应该立足本国资源，大力研究其在铸件生产中的应用。

(3) 改进铸钢的脱氧工艺，提高铸钢的抗裂性能。铸钢件晶界的氧化夹杂物是热裂形成的主要原因之一。提高脱氧效果，减少氧化夹杂物并改变其分布状态可以减少铸钢热裂倾向。实验证明，采用综合脱氧剂要比单独采用硅、锰、铝进行脱氧的效果要好得多。这是因为脱氧产物的尺寸要比单独用硅和锰脱氧时大得多，因而有利于钢液将脱氧产物排除。综合脱氧剂中因有钙，减少了钢的二次脱氧，同时使钢铸件变得更加致密，例如用一般方法脱氧时(加锰铁、硅铁、铝)钢的密度为$7.78g/cm^3$，用锰硅铝钙综合脱氧时，密度可达$7.9g/cm^3$。在容易出现热裂的15CrMoV汽轮机铸钢件上，熔炼时加入硅、钙、铈综合脱氧剂，可防止裂纹的产生。

(4) 对钢液进行真空处理可使钢中气体含量显著下降，从而减少非金属夹杂物，提高铸钢的抗裂性能。此外，用合成渣处理钢水可以达到脱硫、脱氧和去除夹杂物的目的。用石灰和铝矾土的合成渣(主要成分 CaO53%～55%；$Al_2O_3$43%～45%)以及利用电炉冶炼的白渣作合成渣处理钢水，可使钢中0.035%～0.045%含硫量降到0.006%～0.012%，同时可以减少钢中含氧量，从而提高了钢的塑性和抗裂性能。

(5) 控制铸钢的结晶过程，使初晶组织细化，减少热裂倾向。用超声波振动可使碳钢、高铬钢和高烙镍钢铸件结晶细化，晶粒尺寸可减小3～6倍。使金属在旋转磁场的作用下凝固也可以使晶粒细化。采用悬浮浇注法，即在钢水浇注的同时通过浇口或其他通道加入细颗粒金属粉末使初晶组织细化。例如，35碳钢铸件加入2%粒度为0.1mm的铁粉；高锰钢铸件浇注时加入2%的锰铁粉；浇注铬钼模具铸件时加入粒度0.1mm的钼粉，均有细化晶粒提高力学性能，减少热裂缺陷的作用。

17.4.2 造型工艺方面

(1) 增加铸型的退让性，减少铸型对铸件的收缩阻力。

① 当采用黏土砂时，可加入一些细木屑，以降低砂型的热裂强度或采用有机化合物做粘结剂的型砂。

② 采用薄壳泥芯或中空泥芯，或在粗大的泥芯中间放置松散物质，如焦炭，炉渣等。

③ 减少泥芯骨和箱档的阻力。

④ 采用涂料，使铸型和泥芯表面光滑，防止粘砂，以减少铸件收缩阻力。

⑤ 当采用金属型铸造时，可将金属型预热，以降低铸件冷却速度并减少铸型对铸件的收缩阻力。浇注管状或空心圆柱体铸件时，金属型表面的涂料厚薄要均匀，以防止冷凝快慢不均，造成应力集中。

(2) 改进金属引入铸型的方法。液体金属经过内浇口进入型腔后，靠近内浇口的铸件冷却较慢，当铸件收缩受阻时，温度较高的部位易形成热裂。为了使热量分散消除热影响区，可以增加内浇口的数量。

(3) 采用冷铁加速局部冷却温度。铸件上两壁相交部位，往往是冷却较慢的热节，容易产生热裂。采用冷铁加速热节的冷却，能防止热裂。

(4) 设置防裂筋。铸件在凝固收缩时，由于受到型或芯的阻碍，故在受拉的热节部位容易产生热裂。为了防止热裂，在造型时可以设防裂筋（图17.21），由于防裂筋较薄，凝固迅速，具有较高的强度，从而加强了铸件易裂处的强度。防裂筋可在清理时除去，如不影响使用可以不去除。

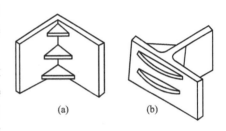

图 17.21　铸钢件防裂筋的应用

17.4.3 浇注条件方面

(1) 减小浇冒口系统对铸件收缩的机械阻碍。图 17.22 所示的可锻铸铁框架采用浇注系统 a 时，框架收缩受到较大的机械阻碍，经常出现热裂；将浇注系统改为 b 或 c 时，避免了热裂产生。

(2) 减少铸件各部分温差。内浇道开设在铸件薄的部分，或采用多内浇道分散引入，不使每个内浇道流经金属液过多，使铸件各部分的温度趋于一致，防止铸件局部产生集中变形。

(3) 用冷铁消除热节的有害作用。在铸件壁与壁的相交处放置冷铁，加快该处的冷却，消除热节，减轻集中变形。

(4) 浇注薄壁件，为了减缓凝固速度并减少热裂倾向，通常要求较高的浇注温度和

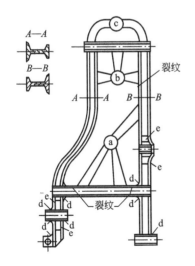

图 17.22　可锻铸铁框架浇注系统

a、b、c—分别为采取不同浇注工艺时的浇注系统；
d—防裂筋；e—外冷铁

较快的浇注速度，面对于厚壁铸件则相反。

17.4.4 铸件结构方面

铸件结构设计不合理，往往是热裂产生的原因之一。因此，在设计铸件时应注意以下几方面。

(1) 两截面相交处不要做成直角拐弯，而应做成圆角。

(2) 应避免采用十字交叉的截面，应将交叉的截面错开。

(3) 必须在铸件上采用不等厚度的截面时，应使铸件各部分收缩时彼此不发生阻碍。例如皮带轮，齿轮的轮辐应做成可伸缩的弯曲形状。

(4) 可以采用铸焊结构，把一个铸件分成几部分铸出，然后把它们焊起来。

1. 试分析热裂与偏析以及与缩孔之间的关系。
2. 强度理论的实质是什么？它与液膜理论有何内在联系？
3. 晶间液膜的形态对形成热裂纹有何影响？共晶成分的合金在凝固后期也有液膜存在，为什么产生热裂的倾向小？
4. 合金中存在能生成低熔点物质的元素，增大合金的热裂倾向性，但合金在凝固末期存在一定量的液体又可防止热裂，试进行分析。
5. 铸件凝固方式和铸件的凝固原则与形成热裂有何联系？为什么凝固温度范围越宽的合金热裂倾向性越大？
6. 合金的热裂倾向性与铸件的热裂倾向性有何区别和联系？
7. 铸型阻碍越大，铸件产生热裂的倾向越大，但为了提高铸件尺寸精度和内在质量，往往又采用金属型。试从热裂纹的产生是由于铸件不均匀变形这个观点讨论二者是如何统一的。
8. 当采用真空浇注和高转速离心浇注时，为什么易产生热裂纹？
9. 一种简单的鉴定合金由于收缩受阻产生热裂的装量如下图所示。试说明法兰盘距离越长而不产生热裂的合金，其抗裂性越大。

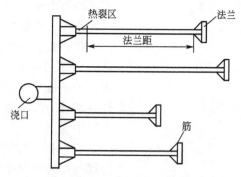

10. 研究表明，铸造合金在凝固区间的自由线收缩系数远小于合金在该温度范围的断裂应变，为什么铸件产生热裂？为什么在上图中法兰盘距越长越易产生热裂？

第 18 章 铸件凝固后产生的应力、变形和冷裂纹

本章教学要点

知识要点	掌握程度	相关知识
铸造热应力、机械应力的产生及其防治	(1) 掌握铸造热应力产生的机理、热应力的部位和性质 (2) 掌握机械应力产生的原因 (3) 掌握减轻和消除铸造应力的工艺措施	(1) 残余应力和暂时应力 (2) 铸件壁厚不均匀所产生的热应力性质分析 (3) 机械阻碍产生的暂时应力 (4) 合金性质、铸型条件、浇注条件和铸件结构对铸造应力的影响及应对措施
变形和冷裂纹的产生及其防治	掌握变形和冷裂纹的产生及其防治措施	(1) 铸件在应力作用下变形的原因和方向 (2) 冷裂纹的特点 (3) 防治铸件变形和冷裂纹的工艺措施

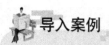

导入案例

绿色消除应力方法-振动时效

1. 残余应力的产生与危害

零件在加工过程和使用过程中,受外界条件的影响,在其内部会有残余的应力产生。这些应力集中起来,会使工件在工作中处于不稳定的状态,影响使用甚至导致工件失效。传统的残余应力消除的方法有:

自然时效:一种消除周期长、占地面积大,大批量生产会受到限制。

热时效:耗能高、占用面积也大,有时候会因受热不均使其断裂,而冷却的过程更容易产生新的应力。这两个方法的限制,使工业上的工件残余应力都不能得到很好的处理。

2. 振动时效的简介

振动时效技术起源于欧美国家,振动消除残余应力是用机械方法调整残余应力的一种工艺,该工艺的主要特点是成本低、效率高、低能耗、生产周期短、清洁生产、低噪声。此方法是利用受控振动的能能量对工件进行处理来消除残余应力。振动时效适用于碳素结构钢、低合金钢、不锈钢、铸铁、有色金属(铜、铝、钛及其合金)等金属材料的铸件、锻件、焊接件、模具、机械加工件。

18.1 概 述

铸件凝固以后在冷却过程中,将继续收缩。有些合金还会发生固态相变而引起收缩或膨胀,这些都使铸件的体积和长度发生变化。此时,如果这种变化受到阻碍,就会在铸件内产生应力,称为铸造应力。这种铸造应力可能是拉应力,也可能是压应力。

铸造应力可能是暂时的,当产生这种应力的原因被消除以后,应力即告消失。这种应力称作临时应力;如原因消除以后,应力依然存在,这种应力就称作残余应力。在铸件冷却过程中,两种应力可能同时起作用,冷却至常温并落砂以后,只有残余应力对铸件质量有影响。

铸造应力按其产生的原因可分为3种:热应力,相变应力和机械阻碍应力。

热应力:铸件在冷却过程中,由于铸件各部分冷却速度不同,便会造成同一时刻各部分收缩量不同,因此在铸件内彼此相互制约的结果便产生应力。这种由于受阻碍而产生的应力称为热应力。

相变应力:具有固态相变的合金,铸件各部分在冷却过程中由于散热和冷却条件不同,它们到达固态相变温度的时间也不同,各部分相变的程度也不同,由此而引起的应力称为相变应力。

机械阻碍应力:铸件收缩受到铸型、型芯、浇注系统和冒口的机械阻碍而产生的应力称为机械阻碍应力。

机械阻碍应力往往是临时应力;相变应力因发生相变的时间和程度不同,可能是临时应力或残余应力;热应力常常是残余应力。

由于应力的存在,故将引起铸件变形和冷裂的缺陷。当铸件内产生的总应力值超过合金屈服极限 σ_s 时,铸件将发生塑性变形,使铸件尺寸发生改变。当总应力值超过合金的强度极限 σ_b 时,铸件将产生裂纹。若总应力低于合金的弹性极限,则以残余应力存在于铸件内。

铸造应力对铸件质量影响甚大,尤其在交变载荷作用下工作的零件,当载荷作用方向与铸造应力方向一致时,则内外应力总和可能超过材料的强度极限,严重时使铸件局部或整体断裂。有残余应力的铸件,经机械加工,往往会发生变形或降低零件精度。在腐蚀性介质中工作还会降低其耐腐蚀性能,甚至产生应力腐蚀开裂。因此,应尽量减小铸件在冷却过程中产生的残余应力并设法消除残留于铸件中的铸造应力。

18.2 铸件在冷却过程中产生的热应力

18.2.1 热应力的产生过程

热应力产生的原因在于铸件各部分冷却速度不一致,在同一时刻引起的收缩量不一致,但各部分又彼此相联,相互制约,因而产生了内应力。现以两部分厚度不均匀的T字梁为例(图18.1)来讨论残余热应力的产生过程。

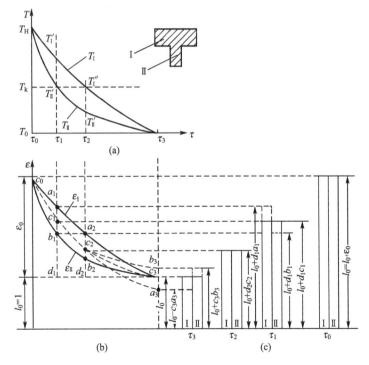

图 18.1 壁厚不同的T形铸件热应力形成过程示意图

T字梁铸件由杆Ⅰ和杆Ⅱ两部分组成,杆Ⅰ较厚,杆Ⅱ较薄。为了讨论简化起见,现做如下假设。

(1) 杆Ⅰ和杆Ⅱ从同一温度 T_H 开始冷却,最后冷却到同一温度 T_0。

(2) 合金有一个临界温度 T_k,在此温度以上,合金处于塑性状态,以下处于弹性状态。

(3) 合金在冷却过程中没有固态相变,铸件收缩不受铸型的阻碍。

(4) 材料的膨胀(收缩)系数 α 和弹性模量 E 不随温度而变,其值为一常数。

图 18.1(a)是杆Ⅰ和杆Ⅱ的冷却曲线($T-\tau$ 曲线)。开始冷却时两杆温度相同,为 T_H,冷到最后时,两杆温度也相同,为 T_0。由于杆Ⅰ较厚而杆Ⅱ较薄,所以冷却前期杆Ⅱ的冷却速度比杆Ⅰ快。但两杆温度最后相同,所以冷却后期必然是杆Ⅰ的冷却速度比杆Ⅱ快。

假如收缩(膨胀)系数 α 不随温度而变,其值为一常数,则铸件在各个温度时的自由收缩量 ε 与温度成正比,亦即 $\varepsilon-\tau$ 曲线在外形上与 $T-\tau$ 曲线完全一致,因而可得图 18.1(b)所示的收缩曲线。虚线 $C_0C_1C_2C_3$ 为两杆联在一起时的线收缩曲线。

热应力产生过程,可根据图 18.1 分为 3 个阶段进行说明。

第一阶段:从 τ_0 到 τ_1;$T_Ⅰ$、$T_Ⅱ > T_k$,杆Ⅰ及杆Ⅱ均处于塑性状态。如两杆均能自由收缩,则杆Ⅰ的长度为 $l_0 + d_1a_1$,杆Ⅱ的长度应为 $l_0 + d_1b_1$。但事实上两杆联在一起,收缩彼此受到限制,故两杆应具有长度 $l_0 + d_1c_1$。此时,若不产生弯曲变形,杆Ⅰ被塑性地压缩 a_1c_1,而杆Ⅱ被塑性地拉伸 c_1b_1。两杆发生塑性变形后,铸件不产生残余热应力。

第二阶段:从 τ_1 到 τ_2;$T_Ⅰ > T_k$,$T_Ⅱ < T_k$。此阶段杆Ⅱ的温度已降至 T_k 以下,转变为弹性状态,而杆Ⅰ仍处于塑性状态。由于弹性杆的变形比塑性杆困难得多,所以整个铸件的收缩显然是由变形较困难的处于弹性状态的杆Ⅱ所确定,即 c_1c_2 应平行 b_1b_2。杆Ⅱ不再增加新的变形($b_2c_2 = b_1c_1$),而杆Ⅰ继续发生塑性变形。τ_2 时两杆应具有同一长度 $l_0 + d_2c_2$。由于杆Ⅰ仍处于塑性状态,所以变形后应力消失,铸件中仍不产生残余应力。

第三阶段:从 τ_2 到 τ_3;$T_Ⅰ$、$T_Ⅱ < T_k$。两杆都处于弹性状态。τ_2 时两杆长度相等,但温度不同,杆Ⅰ温度 $T'_Ⅰ$ 高于杆Ⅱ温度 $T'_Ⅱ$。如果两杆各自能自由收缩,则杆Ⅰ的长度应该沿 c_2a_3 变化($c_2a_3 /\!/ a_2c_3$);杆Ⅱ长度沿 c_2b_3 变化($c_2b_3 /\!/ b_2c_3$),两杆实际上是联在一起的,收缩时彼此阻碍,若不产生弯曲变形,则只能具有同一长度,即杆长沿 c_2c_3 变化到 c_3。因此,τ_3 时杆Ⅰ被弹性拉伸 $\varepsilon_Ⅰ = a_3c_3$,杆Ⅱ被弹性压缩 $\varepsilon_Ⅱ = b_3c_3$。由于这一阶段两杆均处于弹性阶段,所以杆Ⅰ内有拉应力,而杆Ⅱ内有压应力。当铸件冷至常温时,就成为残余热应力。

铸件厚壁处或高温处,收缩后滞,在冷却后期,进入弹性阶段后收缩受阻,产生残余拉应力,而薄壁处产生残余压应力。

18.2.2 影响残余热应力的因素

如果T字形铸件在应力的作用下没有产生弯曲变形,则杆Ⅰ和杆Ⅱ中的残余热应力与所产生的弹性变形量($\varepsilon_Ⅰ$ 及 $\varepsilon_Ⅱ$)有关。

杆Ⅰ所受的拉力为

$$P_Ⅰ = \sigma_Ⅰ F_Ⅰ$$

杆Ⅱ所受的压力为

$$P_{\text{II}} = -\sigma_{\text{II}} F_{\text{II}}$$

式中，σ_{I}、σ_{II} 分别为杆 I 及杆 II 所受的应力；F_{I}、F_{II} 分别为杆 I 及杆 II 的截面积。

如果铸件在受应力情况下不产生弯曲变形，则杆系中各力均衡，即 $\sum P = 0$，即 P_{I} 与 P_{II} 大小相等，方向相反。

$$\sigma_{\text{I}} F_{\text{I}} = \sigma_{\text{II}} F_{\text{II}}$$

$$\frac{\sigma_{\text{I}}}{\sigma_{\text{II}}} = \frac{F_{\text{II}}}{F_{\text{I}}} \tag{18-1}$$

假设材料的拉伸和压缩弹性模量相等，其值为 E，则根据胡克定律有

$$\sigma_{\text{I}} = E \varepsilon_{\text{I}}$$

$$\sigma_{\text{II}} = E \varepsilon_{\text{II}}$$

式中：ε_{I} 和 ε_{II} 分别为杆 I 和杆 II 的弹性变形量。

综合整理得

$$\frac{\varepsilon_{\text{I}}}{\varepsilon_{\text{II}}} = \frac{F_{\text{II}}}{F_{\text{I}}}$$

或

$$\frac{\varepsilon_{\text{I}}}{\varepsilon_{\text{I}} + \varepsilon_{\text{II}}} = \frac{F_{\text{II}}}{F_{\text{I}} + F_{\text{II}}}$$

由图 18.1 可知，$\varepsilon_{\text{I}} + \varepsilon_{\text{II}} = a_3 b_3$，即等于杆系铸件的总变形量，其值与杆 I 温度冷至 T_k 时两杆的温度差 $(T''_{\text{I}} - T''_{\text{II}})$ 成正比，即

$$\varepsilon_{\text{I}} + \varepsilon_{\text{II}} = \alpha (T''_{\text{I}} - T''_{\text{II}})$$

故有

$$\varepsilon_{\text{I}} = \frac{F_{\text{II}}}{F_{\text{I}} + F_{\text{II}}} \alpha (T''_{\text{I}} - T''_{\text{II}})$$

$$\varepsilon_{\text{II}} = \frac{F_{\text{I}}}{F_{\text{I}} + F_{\text{II}}} \alpha (T''_{\text{I}} - T''_{\text{II}}) \tag{18-2}$$

得到两杆中的弹性应力分别为

$$\sigma_{\text{I}} = E \frac{F_{\text{II}}}{F_{\text{I}} + F_{\text{II}}} \alpha (T''_{\text{I}} - T''_{\text{II}})$$

$$\sigma_{\text{II}} = E \frac{F_{\text{I}}}{F_{\text{I}} + F_{\text{II}}} \alpha (T''_{\text{I}} - T''_{\text{II}}) \tag{18-3}$$

以上讨论了 T 字梁铸件在冷却过程中残余热应力的产生过程，并在开始时所作的 4 项假设条件的基础上，导出了厚薄两杆中残余热应力的数学表达式。ε 和 σ 两式是德国人海因(E. Heyn)于 1907 年在材料力学的基础上建立的热应力理论。由于在推导过程给定了许多假定条件，例如认为合金在冷却过程有一个临界温度 T_k，在 T_k 以上合金处于塑性状态，在 T_k 以下合金处于弹性状态。而这一假设与实际情况不符，因为合金处于高温时虽以塑性为主，但也具有弹性，而于低温时虽以弹性为主，但也具有塑性。但这一假设可使问题理解容易，而不影响基本结论。因此，这些热应力表达式可以帮助我们定性地分析铸件中的残余热应力与哪些影响因素有关。

根据所推导的 ε 和 σ 表达式可以看出，残余热应力与下列因素有关。

1. 金属性质的影响

(1) 金属的弹性模量越大，铸件中的残余热应力越大。例如铸钢、白口铁和球墨铸铁

的热应力比灰铸铁大,主要是与合金的弹性模量有关(表 18-1)。

表 18-1 一些铸造合金的弹性模量

材　料	钢	白口铁	球墨铸铁	灰铸铁	铜合金	铝合金
$E \times 10^7 (N/m^2)$	19600	16600	13500~18200	7350~10800	11000~13200	6500~8300

(2) 合金材料的线收缩(膨胀)系数 α 与铸件中的残余应力成正比。图 18.2 表示灰铸铁、碳钢、铁素体不锈钢(15%Cr 和 30%Cr)和奥氏体不锈钢(18%Cr 和 8%Ni)从 0~600℃的线膨胀。当其他条件相同时,奥氏体不锈钢铸件由于 α 值大,产生的残余热应力比铁素体不锈钢要大 50%。

(3) 合金的导热性能直接影响铸件厚薄两部分温差的大小。合金钢比碳钢具有较低的导热性能。导热性能低的合金,$(T''_I - T''_{II})$较大,因此在其他条件相同时,将具有较大的残余热应力。

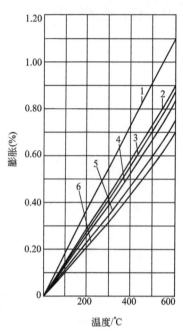

图 18.2 几种铸造材料从 0~600℃的线膨胀
1—18%Cr 和 8%Ni;2—Cr-Mo 钢;
3—0.25%Cr 钢;4—30%Cr 钢;
5—灰铸铁;6—15%Cr 钢

2. 铸型性质的影响

铸件冷却速度快慢主要取决于铸型的蓄热系数 $b_2 = \sqrt{\lambda_2 \rho_2 c_2}$。铸型的蓄热系数越大,铸件冷却速度越快,引起的温差$(T''_I - T''_{II})$越大,因此产生的热应力也越大。例如金属型比砂型容易引起更大的热应力;提前打箱虽然可以减小铸件收缩阻力,但却能造成较大的热应力。

3. 浇注条件的影响

提高浇注温度,能使铸型受热温度提高,延缓铸型的冷却速度,使铸件各部分温度趋于均匀,因而可以减少热应力。

4. 铸件结构的影响

铸件壁厚差越大,冷却时厚薄壁温差越大,引起的热应力也越大。从减小铸件热应力出发,设计铸件应力求壁厚均匀。

以上讨论了 T 型铸件的残余热应力的形成过程和影响残余热应力的因素。对于圆柱体铸件,例如轧辊型铸件,内外冷却条件也不同,开始时外层冷却较快,内部冷却较慢。这时,外层相当于薄部分,而内部相当于厚部分。当铸件冷却到室温时,内部产生残余拉应力,而外层产生残余压应力。

以上分析了铸件由高温冷却到常温时热应力产生的过程及其影响因素。下面再讨论铸件在加热过程中,热应力产生的情况。

铸件加热过程,由于铸件各部分温度上升不均匀,也会产生热应力。这种热应力往往是临时热应力。例如，将具有内应力的铸件进行消除内应力退火或正火时，如升温过快，就会出现裂纹。复杂的铸件以及飞轮、齿轮类铸件常常出现这样的废品。可锻铸铁件升温过快也会出现裂纹而报废。这是因为加热时铸件薄的部分或表面升温快于厚部或内部。因此，厚薄之间或里表之间产生临时热应力，与原来的残余热应力符号一致。如果总应力大于铸件在该温度下的强度极限，则铸件就要在厚部或内部产生开裂。

在某些情况下，即使铸件各部分温度上升比较均匀，也可能出现裂缝。这是因为合金强度因温度上升而降低的速度大于应力消失速度的缘故。如图 18.3 所示，当应力超过在该温度下的强度极限，即 $T>T_1$ 以后，铸件将发生开裂。

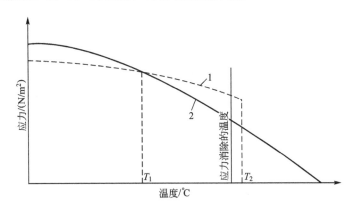

图 18.3　铸件加热时应力(1)和强度(2)的变化

18.3　铸件在冷却过程中产生的相变应力

铸件在冷却过程中往往产生固态相变，而相变时的相变产物往往具有不同的比容。例如碳钢发生 $\delta \rightarrow \gamma$ 转变时，体积缩小；而发生 $\gamma \rightarrow \alpha$ 转变时，体积胀大。钢的各种组织的密度及比容见表 18-2。

表 18-2　钢的各种组织的密度及比容

钢的组成相	铁素体	渗碳体	奥氏体 $w_C 0.9\%$	珠光体 $w_C 0.9\%$	马氏体
密度($\times 10^3$)/(kg/cm³)	7.864	7.670	7.843	7.778	7.633
比容($\times 10^{-3}$)/(cm³/kg)	0.1271	0.1304	0.1275	0.1286	0.1310

可见，马氏体具有最大的比容。如当铸件淬火或加速冷却（如水爆清砂）时，在低温形成马氏体，由于相变引起的内应力可能使铸件破裂。当普通碳钢缓慢冷却时，铸件中不致产生相变应力，因为 $\gamma \rightarrow \alpha$ 的相变是在塑性高温区完成的。如铸件各部分温度均匀一致，相变同时发生，则可能不产生宏观应力，而只有微观应力。如铸件各部分温度不一致，相变不同时发生，则会产生相变应力，并且根据发生相变的温度不同，可以是临时应力也可以是残余应力。应力符号因合金的性质，铸件的结构和冷却条件不同，可能与热应力符号一致或相反。当符号相同或相变应力本身数值过大时，铸件也会产生裂缝。

在研究厚壁铸件中的相变应力时,可将其产生的情况区分为两种。

(1) 铸件内层还处于塑性状态时,外层已开始发生相变。如果析出的新相其比容大于旧相,则铸件外层发生弹性膨胀,内层发生塑性变形,结果铸件内不产生相变应力。

当铸件继续冷却时,内层温度也达到弹性状态,如此时产生使体积膨胀的相变,则外层被弹性拉伸,产生拉伸应力,而内层被弹性压缩,产生压缩应力。所以相变应力与热应力符号相反。

(2) 当外层发生相变时,内层处于弹性状态,但内层不发生相变,这相当于进行表面淬火处理。在这种情况下,外层发生相变产生的体积膨胀受到内层的制约而受到压缩应力,内层受拉伸应力。其结果(内层)相变应力与热应力符号相同。

由此可见,在冷却过程中,凡是产生相变的合金,若新旧两相的比容相差很大,同时产生相变的温度低于塑性向弹性转变的临界温度,都会在铸件中产生很大的相变应力,可能导致铸件的开裂,尤其是当相变应力与热应力符号一致时,危险性更大。

以球墨铸铁为例,金属基体的热膨胀系数要比石墨大 1.5 倍,因此金属基体的热收缩要比石墨球大得多。所以,当铸件处于高温时,金属基体的收缩受到石墨的阻碍,则发生弹性变形,铸件处于应力状态。因此,球墨铸铁有较大的产生应力的倾向。当然在普通铸铁中也会发生类似的现象,但是其差别在于,普通铸铁中的石墨呈片状,形成缺口,能能使应力松弛。

上述情况在实践中也得到说明,如大型球墨铸铁的铸件,特别是各部分厚度相差很大的铸件,常因出现冷裂而报废。裂纹是在铸件清理或热处理不慎时出现的。由于球墨铸铁的弹性模量较大,故残余应力也较大,再加上相变应力的作用,往往使铸铁的韧性降低很多。

18.4 铸件在冷却过程中产生的机械阻碍应力

铸件中的机械阻碍应力是由于金属在冷却过程中转入弹性状态以后,因收缩受到机械阻碍而产生的。机械阻碍的来源大致有以下几个方面。

(1) 铸型和型芯有较高的强度和较低的退让性。
(2) 砂箱内的箱档和型芯内的芯骨。
(3) 设置在铸件上的拉杆、防裂筋、分型面上的铸件飞边。
(4) 浇冒口系统以及铸件上的一些突出部分。

机械阻碍应力一般使铸件产生拉伸或剪切应力。由于应力是在弹性范围内产生的,形成的原因一经消除,应力即告消失,故为临时应力,但如临时应力与残余应力同时起作用,则会促使裂纹形成。

在断面厚薄均匀的圆筒形铸件中,当温度进入弹性状态时,若型芯退让性不良,就会在铸件内引起机械阻碍应力,其值如下:

$$\sigma = E(\varepsilon - K) \tag{18-4}$$

式中,ε 为圆筒自由收缩时的受速率;K 为型芯退让性。

由式(18-4)可知,当型芯的退让性很差($K=0$)时,机械阻碍应力达最大值,$\sigma_{max} = E\varepsilon$,此时铸件会产生裂纹。

如型芯的退让性很好（$K=\varepsilon$），则 $\sigma=0$，铸件内不产生机械阻碍应力。

由于铸型和型芯阻碍而产生的机械阻碍应力，都是拉伸应力，故与铸件厚部或铸件内部的残余热应力符号相同，而与铸件薄部或外部残余热应力的符号相反，因此冷裂容易在铸件厚部和内部产生。

综合上述可见，铸造应力是热应力、相变应力以及机械阻碍应力的总和。在某一瞬间，一切应力的总和大于金属在该温度下的强度极限时，铸件就要产生裂纹。

铸件中的残余应力并非永久性的，在一定的温度下，经过一定的时间后，铸件各部分应力会重行分配，也会使铸件产生塑性变形（扭曲或弯曲变形）以后应力消失。

铸件在有内应力的情况下，如受到外界的撞击作用（如出砂时锤击振动，清理时截凿飞边和冒口，运输和装卸时碰撞等）或加热过快（热处理加热，火焰切割浇冒口）都会引起铸件产生裂缝。严寒的冬天，这种可能性会更大，故操作时应特别注意。

18.5　减小或消除铸造应力的途径

1. 减小铸造应力的措施和途径

减小铸造应力的主要途径是针对铸件的结构特点在制定铸造工艺时，尽可能地减小铸件在冷却过程中各部分的温差，提高铸型和型芯的退让性，减小机械阻碍。可采用以下具体措施。

(1) 合金方面。在零件能满足工作条件的前提下，选择弹性模量 E 和收缩系数 α 小的合金材料。

(2) 铸型方面。为了使铸件在冷却过程中温度分布均匀，可在铸件厚实部分放置冷铁，或采用蓄热系数大的型砂，也可对铸件特别厚大部分进行强制冷却，即在铸件冷却过程中，向事先埋设在铸型内的冷却器吹入压缩空气或水汽混合物，加快厚大部位的冷却速度。也可在铸件冷却过程中，将铸件厚壁部位的砂层减薄。

预热铸型能有效地减小铸件各部分的温差。在熔模铸造中，为了减小铸造应力和裂纹等缺陷，型壳在浇注前被预热到 600~900℃。

为了提高铸型和型芯的退让性，应减小砂型的紧实度，或在型砂中加入适量的木屑，焦炭等，采用壳型或树脂砂型，效果尤为显著。

采用细面砂和涂料，可以减小铸型表面的摩擦力。

(3) 浇注条件。内浇口和冒口的位置应有利铸件各部分温度的均匀分布，内浇口布置要同时考虑温度分布均匀和阻力最小的要求。

铸件在铸型内要有足够的冷却时间，尤其是当采用水爆清砂时，不能打箱过早，水爆温度不能过高。但对一些形状复杂的铸件，为了减小铸型和型芯的阻力，又不能打箱过迟。

(4) 改进铸件结构。为了避免产生较大的应力和应力集中，铸件壁厚差要尽可能地小，厚薄壁连接处要合理地过渡，热节要小而分散。

2. 消除铸件中残余应力的方法

铸件中的残余应力可以通过以下一些方法消除。

(1) 人工时效。去除残余应力的热处理温度和保温时间应根据合金的性质、铸件结构以及冷却条件不同而作不同的规定。但一般规律是将铸件加热到弹塑性状态，在此温度下保温一定时间，使应力消失，再缓慢冷却到室温。

确定热处理规范应注意的是，在铸件升温和冷却过程中力求其各处温度均匀，以免温差过大产生附加应力，造成铸件变形或冷裂。为此，铸件升温、冷却速度不宜过快，但从生产实际出发，为了提高生产效率，加热和冷却速度均不应过小，保温时间不易过长，要根据具体情况制定既有较高生产效率，又不产生较大附加热应力的最佳热处理规范。

根据对热应力产生过程的分析可知，铸件在冷却过程产生的热应力大小与铸件厚部到达弹塑性临界温度 T_k 时，厚薄两部分温度差成正比。根据这个道理，在热处理规范中，规定保温后冷却过程，在塑性区可以快冷，接近 T_k 时缓冷，使铸件各部分温度几乎同时到达 T_k，即在 T_k 时使各部分温差最小。从 T_k 以后，继续缓冷一段时间，便可以加快冷却，图 18.4 为理想热处理规范示意图。这样既消除了应力，又提高了生产率。

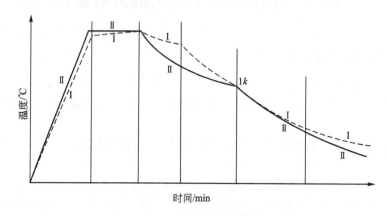

图 18.4　理想热处理规范示意图

在确定某合金铸件的热处理规范时，可用同种合金铸成许多尺寸相同的环形试样，环上开有同样尺寸的缺口，并在缺口处楔入楔形铁，使环处于应力状态(图 18.5)，然后将试样放入加热炉内按不同规范退火。退火后去掉楔铁，根据缺口大小，可知应力减小程度。楔铁能自由地从缺口中取出的规范为最佳热处理规范。

(2) 自然时效。将具有残余应力的铸件放置在露天场地，经数月至半年以上，应力慢慢自然消失，称此消除应力方法为自然时效。

铸件中存在残余应力，必然使晶格发生畸变，畸变晶格上的原子势能较高，极不稳定。长期经受不断变化的温度作用，原子有足够时间和条件发生能量交换，原子的能量趋于均衡，晶格畸变得以恢复，铸件发生变形，应力消除。

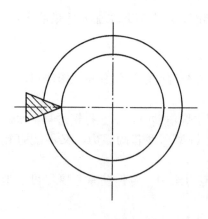

图 18.5　环形试样

这种方法虽然费用低，但最大缺点是时间太长、效率低，近代生产很少采用。

（3）共振时效。共振时效的原理如下：调整振动频率，使铸件在具有共振频率的激振力作用下，获得相当大的振动能量。在共振过程中，交变应力与残余应力叠加，铸件局部屈服，产生塑性变形，使铸件中的残余应力逐步松弛、消失。同时，也使处在畸变晶格上的原子获得较大能量，使晶格畸变恢复，应力消失。

激振器主要由振动台和控制箱组成，工作时把振动器牢固地夹在工件的中部或一端（小件则装在振动台上）。其主要工艺参数是共振频率、动应力和激振时间。

① 共振频率的确定。调整振动器的频率，振动器频率与工件固有频率一致时，振幅达到最大值，此时的频率就是共振频率。

② 动应力接近35Pa时能获得最大效益。

③ 激振时间应依据铸件的原始条件和处理过程中的实际条件而定。重量大的铸件处理时间要长一些。

共振时效具有显著的优越性：时间短、费用低、功率小，一马力的振动器可处理50t以上铸件，省能源，无污染，机构轻便，易操作，铸件表面不产生氧化皮，不损害铸件尺寸精度。该方法对箱、框类铸件效果尤为显著，但对盘类和厚大铸件效果较差，有待进一步完善。

18.6　铸件的变形

从前面分析铸造应力产生的原因可知，当残余应力是以热应力为主时，铸件中冷却较慢的部分有残余拉应力，铸件中冷却较快的部分有残余压应力。处于应力状态（不稳定状态）的铸件，能自发地进行变形以减少内应力趋于稳定状态。显然，只有原来受弹性拉伸部分产生压缩变形，而原来受弹性压缩部分产生拉伸变形时，才能使铸件中的残余应力减小或消除。铸件变形的结果将导致铸件产生挠曲。图18.6(a)所示为厚薄不均匀的T字形梁铸件挠曲变形的情况，变形的方向是厚的部分向内凹，薄的部分向外凸，如图18.6中虚线所示。

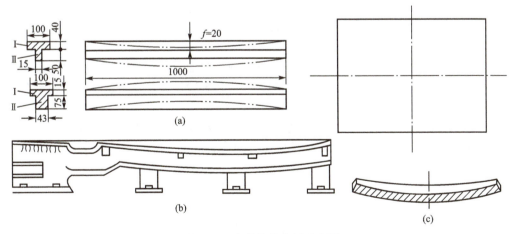

图18.6　各种挠曲变形示意图

机床床身由于其导轨面较厚，其侧面较薄，因而在冷却过程中厚薄两部分产生温差，致使导轨面受拉应力，侧面受压应力。变形的结果，导轨面向下凹，薄壁侧面向下凸，如图 18.6(b)所示。

截面均匀的平板铸件，由于某种原因而使得上下两面冷却速度不均匀时，也会产生挠曲变形。如图 18.6(c)所示的平板铸件，中心部分比边缘部分冷得慢，产生拉应力，而边缘部分产生压应力，使平板铸件产生挠曲变形。

图 18.7 为带轮铸件的波浪变形。带轮的特点是轮缘和轮辐比轮毂薄，当轮毂进入弹性状态时，其收缩受到轮缘和轮辐的阻碍，所以轮毂受拉应力，轮缘受压应力，轮辐亦受拉应力。结果呈现为图 18.7 所示的波浪形。

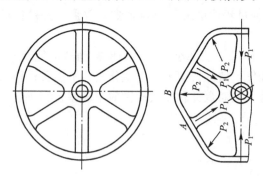

图 18.7　带轮的波浪变形

铸件产生挠曲变形后，对于具有一定塑性的材料(如钢、有色合金)可以校正(冷态或加热)，而对于像灰铸铁这样的脆性材料则不易校正。产生挠曲变形的铸件可能因加工余量不够而报废，为此需加大加工余量而造成不必要的浪费。

铸件产生挠曲变形以后往往只能减少应力，而不能完全消除应力。机械加工以后，由于失去平衡的残余应力存在于零件内部，经过一段时间后，又会产生二次挠曲变形，至使机器的零部件失去应有的精度。因此，为保证零件的精度采取消除应力的办法仍有必要。

18.7　铸件的冷裂

冷裂是铸件处于弹性状态时，铸造应力超过合金的强度极限而产生的。冷裂往往出现在铸件受拉伸应力的部位，特别是在有应力集中的地方。因此，铸件产生冷裂的倾向与铸件形成内应力的大小密切相关。影响冷裂的因素与影响铸造应力的因素基本是一致的。

冷裂的特征与热裂不同，外形呈连续直线状或圆滑曲线，而且常常是穿过晶粒而不是沿晶界断裂。冷裂纹断口干净，具有金属的光泽或呈轻微的氧化色。这说明冷裂是在较低的温度下形成的。

形状复杂的大型铸件，容易形成冷裂。有些冷裂往往在打箱清理后即能发现，有些是在水爆清砂后发现，有些是因铸件内部有很大的残余应力，在消理及搬运时受到震击才开裂。

图 18.8 是 ZG35CrMo 齿轮毛坯产生的冷裂。齿轮的轮缘和轮辐比轮毂薄，因此冷却较快，比轮毂先收缩，并对轮毂施加压力，轮毂产生塑性变形。但当轮毂温度降至低的温度进行收缩时，却受到先已冷却的轮缘的阻碍，轮辐中就会产生拉应力，形成冷裂。

合金的成分和熔炼质量对冷裂的影响很大。例如钢中的碳、铬、镍等元素，虽能提高钢的强度，但却降低了钢的导热性，因而这些元素的含量相对较高时，能够增大钢的冷裂倾向。磷能增加钢的冷脆性，当钢中含磷量大于0.1%时，它的冲击韧性急剧下降，冷裂倾向也明显增加。同理，当灰铸铁中磷的含量超过0.5%时，往往有大量网状磷共晶出现，冷裂倾向明显增大。当钢脱氧不足时，氧化夹杂物聚集在晶界上，降低钢的冲击韧性和强度，促使冷裂的形成。铸件中非金属夹杂物增多时，冷裂的倾向性也增大。

铸件的组织和塑性对冷裂也有很大影响。如低碳镍铬耐酸不锈钢和高锰钢都是奥氏体钢，且都容易产生很大的热应力，但是镍铬耐酸钢不易产生冷裂，而高锰钢却极易产生冷裂。这是因为低碳奥氏体钢具有低的屈服极限和高塑性，铸造应力往往很快就超过屈服极限，使铸件发生塑性变形；高锰钢，碳量偏高，在奥氏体晶界上析出脆性碳化物，严重降低了塑性，易形成冷裂。

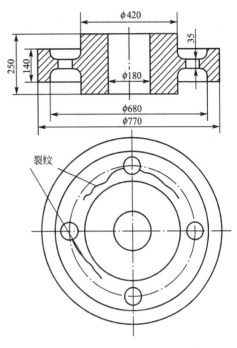

图 18.8　铸钢 ZG35CrMo 齿轮毛坯的冷裂

铸钢件的冷裂经焊补后，铸件可以使用。有些合金其焊接性差（如灰铸铁），铸件出现裂纹则要报废。

18.8　防止铸件产生变形和冷裂的途径

铸件产生变形和冷裂的共同原因是铸件在冷却过程中由于前述各种原因而产生的铸造应力，当铸造应力超过金属的屈服极限并产生塑性变形时，就会出现变形或挠曲现象，如铸造应力超过强度极限，即产生冷裂。因此，要防止铸件产生变形和冷裂最根本的办法还是从防止铸件产生铸造应力入手，或将铸造应力减少至最小程度。前节所述防止铸造应力的方法都可以应用于防止变形和冷裂的产生。

此外，从工艺方法上防止变形还可以采取以下措施。

(1) 反变形措施，即在模样上做出与铸件变形量相等，方向相反的预变形量，按该模样生产的铸件，经过冷却变形后，尺寸、形状刚好符合要求。

例如图 18.9(a)所示的带轮，由于轮缘和轮辐比轮毂薄，常发生图 18.9(b)所示的变形情况。在机械加工轮子外径时，往往发现轮缘 A 处加工量不足，而 B 处加工后轮缘过薄。因此，需在 A 处轮缘的外侧，局部加厚，以防止加工量不足；同时在 B 处轮缘的内侧，局部增加壁厚，以防止加工后此处过薄。这种方法运用于单件生产。如大量生产，则采用图 18.10 所示的反变形即假曲率的方法。

(2) 改变铸件结构，采用弯形轮辐代替直轮辐，以减小收缩阻力，防止变形。

(3) 控制铸件打箱时间。打箱过早，铸件内外温差增大，应力增加，变形加剧。生产条件允许时尽量晚打箱，铸件在型内冷却温度分布均匀、应力小，减少了变形。但结构复杂的铸件，铸型退让性不良，过迟打箱反而增加收缩应力，对重要易变形的零件，采取早打箱，立即放入炉内闷火的方法效果良好。

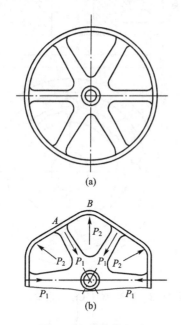

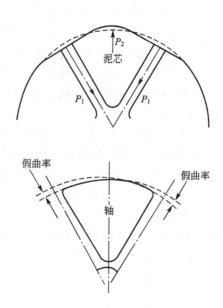

图 18.9　带轮的变形

图 18.10　带轮的假曲率

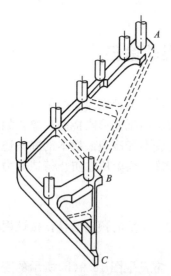

图 18.11　铸件的防变形筋

(4) 在铸造应力集中的部位设置拉筋，使其接受一部分应力，可以防止变形，热处理后除去拉筋。图 18.11 所示的铸件是以防变形筋保证 A、B、C 三点之间的尺寸(虚线所示为防变形筋)。在条件许可时，可用浇注系统兼起防变形筋的作用，以节约金属。图 18.12(a) 所示的敞口形状铸件常产生图 18.12(b) 所示的变形，加防变形筋后(图 18.12(c))消除了变形。

对于结构简单，尤其对平直板状类铸件，为防止变形，可提高铸型刚度，浇注时加大压铁重量，亦可收到效果。

关于防止冷裂的方法，在要求降低铸件冷却速度、减少铸型和型芯阻力方面，与防止铸造应力的方法相同；在要求铸件结构和设加强筋方面与防止热裂的要求大致相同。

当采用水爆清砂工艺时，如打箱过早，则水温过低，铸件厚薄温差增大，铸造应力增加，常出现冷裂纹。某机床厂铸铁件水爆清砂，水爆温度为 250～360℃，水温根据季节不同大件控制在 6～42℃ 范围内。某重型机器厂铸钢件水爆清砂的经验，水爆温度为 400～650℃。一般小件浇注后经 3～4h 便可以进行水爆，而对于大型铸件，多数铸件壁厚在 36～80mm 之间，当重量在 100t 左右时，铸件在铸型内冷却需 200h 左右才能到达水爆温度。对于形状简单的低碳钢铸件，水爆温度应控制在上限，即 500～650℃；而对于形状复杂、重量大的铸钢件,则应控制在下限,即 400～500℃。

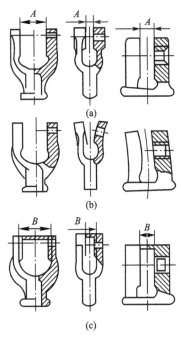

图 18.12 敞口铸件的防变形筋

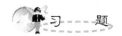

1. 根据临时应力的形成原因,试从合金性质和铸造工艺两方面阐述生产低应力铸件的途径。
2. 试分析灰铁铸件比碳钢铸件残余应力小的原因。
3. 试分析平板铸件在有上盖砂型和无上盖砂型中冷却过程中发生不向方向变形的原因。
4. 钢锭易产生纵向裂纹,试分析产生原因。
5. 工型铸件和 T 型铸件的铸造艺相同时,哪种铸件残余应力大?哪种铸件易产生挠曲变形?为什么?并讨论防止措施。
6. 杆状铸件在冷却过程中,垂直杆长方向温度如何分布时只产生变形而无应力?
7. 铸件在冷却过程中产生挠曲变形和临时应力的原因有何异同?
8. 试从铸造合金、铸型条件及浇注工艺综合考虑防止或减小铸件变形和残余应力的措施。